普通高等教育“十一五”规划教材
PUTONG GAODENG JIAOYU SHIYIWU GUIHUA JIAOCAI

JIANZHU SHEBEI GONGCHENG GAILUN

建筑设备工程概论

Introduction of Construction Equipment Engineering

主　编　韦节廷
副主编　韩风毅　王　浩
编　写　吕耀军　李树录　崔玖力　王　丹
主　审　李德英

中国电力出版社
http://jc.cepp.com.cn

内 容 提 要

本书为普通高等教育“十一五”规划教材。全书共分十二章，主要讲述了流体力学基本知识，热工学基本知识，建筑给排水系统的设备及组成，供热工程基本知识，供燃气工程的基本知识，空气调节、通风工程、建筑供电、楼宇自动化等方面的基本知识。通过对这些知识的学习，可使读者对建筑设备有一个全面的了解。

本书可作为普通高等院校土建类专业教材，也可作为高职高专院校相关专业教材，还可作为函授和自考辅导用书及从事相关专业技术人员的参考书。

图书在版编目（CIP）数据

建筑设备工程概论/韦节廷主编. —北京：中国电力出版社，2008.8（2017.8 重印）

普通高等教育“十一五”规划教材

ISBN 978-7-5083-7393-5

Ⅰ.建… Ⅱ.韦… Ⅲ.房屋建筑设备-高等学校-教材 Ⅳ.TU8

中国版本图书馆 CIP 数据核字（2008）第 091841 号

中国电力出版社出版、发行

（北京市东城区北京站西街 19 号 100005 http://jc.cepp.com.cn）

北京天宇星印刷厂印刷

各地新华书店经售

*

2008 年 8 月第一版 2017 年 8 月北京第九次印刷

787 毫米×1092 毫米 16 开本 17.75 印张 429 千字

定价 **27.00** 元

前　言

为贯彻落实教育部《关于进一步加强高等学校本科教学工作的若干意见》和《教育部关于以就业为导向深化高等职业教育改革的若干意见》的精神，加强教材建设，确保教材质量，中国电力教育协会组织制订了普通高等教育"十一五"教材规划。该规划强调适应不同层次、不同类型院校，满足学科发展和人才培养的需求，坚持专业基础课教材与教学急需的专业教材并重、新编与修订相结合。本书为修订教材。

《建筑设备工程概论》是叙述建筑物内的给水、排水、供热、通风、空气调节、燃气输配、供电、照明、通信等系统及设备的基本知识和技术。这些设备及组成的系统置于建筑物内，在设计的施工过程中，必须和建筑很好的配合，才能既不影响建筑的美观，又达到理想的使用效果。

《建筑设备工程概论》是工民建、建筑、建筑预算等专业的一门专业课。本课程主要讲述流体力学基本知识、热工学基本知识、建筑给排水系统的设备及组成、供热工程基本知识、供燃气工程的基本知识，讲述空气调节、通风工程、建筑供电、楼宇自动化等方面的基本知识，通过对这些知识的学习，可使建筑工程技术人员对建筑设备有一个全面的了解。由于我国幅员辽阔，南北气象条件相差较大，对建筑设备工程的内容要求也不一致。在编写过程中我们力争满足不同的要求，尽量反映国内外新的技术和设备，并满足新编规范的要求。

本书第一、二章由长春工程学院王浩编写；第三章由长春工程学院吕耀军编写；第四、五章由长春工程学院韩风毅编写；第六章由长春工程学院王丹编写；第七、八章由长春工程学院韦节廷编写；第九、十章由长春工程学院李树录编写；第十一、十二章由长春工程学院崔玖力编写。全书由长春工程学院韦节廷主编，韩风毅、王浩副主编。本书的插图由于春艳、金洪文和王江红三位老师绘制，并对本书的书稿进行了校对。在这里一并表示感谢。

由于编者水平所限，本书有很多不足之处，恳请读者给予指正。

编　者

2008 年 4 月

目　录

前言

第一篇　建筑设备基础知识

第一章　流体力学基本知识 …… 1
　第一节　流体的主要力学性质 …… 1
　第二节　流体静力学的基本概念 …… 5
　第三节　流体动力学的基本概念 …… 8
　第四节　流动阻力与能量损失的基本概念 …… 10
第二章　传热学基本知识 …… 14
　第一节　稳定传热的基本概念 …… 14
　第二节　对流换热的基本概念 …… 18
　第三节　辐射换热的基本概念 …… 29
　第四节　传热和换热器 …… 44

第二篇　建筑给水排水工程

第三章　建筑给水工程 …… 52
　第一节　建筑给水系统的分类 …… 52
　第二节　建筑给水系统的设备 …… 54
　第三节　给水管道及给水设备的布置 …… 60
　第四节　建筑消防给水 …… 63
　第五节　建筑热水系统 …… 77
　第六节　给水系统与建筑的配合 …… 82
第四章　建筑排水工程 …… 83
　第一节　建筑排水系统的组成 …… 83
　第二节　排水管道的布置与敷设 …… 85
　第三节　建筑排水设计举例 …… 88

第三篇　暖通空调工程

第五章　供热与供燃气 …… 92
　第一节　供热系统的形式与特点 …… 92
　第二节　供暖热负荷 …… 103
　第三节　供暖系统的设备及附件 …… 107
　第四节　供暖系统管网的布置 …… 114
　第五节　高层建筑采暖的特点 …… 115
　第六节　燃气供应 …… 117
第六章　通风 …… 122

第一节　概述……122
第二节　室内外空气计算参数……123
第三节　局部通风……125
第四节　自然通风……127
第五节　通风系统的主要设备和构件……131
第七章　空气调节……142
第一节　概述……142
第二节　空气调节方式和设备的组成……143
第三节　空气处理及设备……148
第四节　空气调节系统与建筑的配合……164
第八章　冷热源……166
第一节　冷热源组成……166
第二节　空调冷热源流程……175
第三节　冷热源设备布置及实例……185

第四篇　建筑电气工程

第九章　建筑供配电系统……189
第一节　变电所的形式及对建筑的要求……189
第二节　供电系统线路及对建筑物的要求……196
第十章　电气照明……203
第一节　电气照明常用参数……203
第二节　电光源与灯具……206
第三节　配电设备、配电箱的布置……216
第四节　电气照明线路的布置及敷设……220
第五节　电气照明网络计算……222
第六节　电气工程照明设计实例……230
第七节　建筑电气识图……235
第十一章　电气安全、接地和防雷……248
第一节　电气安全……248
第二节　接地、接零和等电位连接……250
第三节　防雷……259
第十二章　智能建筑……262
第一节　电话系统……262
第二节　有线电视与监控电视系统……268
第三节　建筑火灾报警及消防联动系统……271
第四节　建筑自动化系统……273
参考文献……276

第一篇　建筑设备基础知识

第一章　流体力学基本知识

物质在自然界中通常按其存在状态的不同分为固体（固相）、液体（液相）和气体（气相）。液体和气体因具有较大的流动性，被统称为流体，它们具有和固体截然不同的力学性质。研究流体处于静止状态与运动状态的力学规律及其实际应用的科学称为流体力学，它是力学的一个分支。

在建筑设备工程技术领域的许多内容，包括建筑物内部的给水、排水及采暖、通风、空调工程等，都是以流体为工作介质，因此，掌握好流体力学的基本原理、概念和方法，对分析和解决一些实际工程中的问题大有帮助。

第一节　流体的主要力学性质

流体中由于各质点之间的内聚力极小，不能承受拉力，静止流体也不能承受剪切力。正因为如此，所以流体具有较大的流动性，且不能形成固定的形状。但流体在密闭状态下却能承受较大的压力。充分认识以上所说流体的基本特征，深入研究流体处于静止或运动状态的力学规律，才能很好地把水、空气或其他流体按人们的意愿进行输送和利用，为人们日常生活和生产服务。

下面介绍一下流体主要的力学性质。

一、流体的惯性

流体和其他固体物质一样都具有惯性，即物体维持其原有运动状态的特性。物质惯性的大小是用质量来度量的，质量大的物体，其惯性也大。对于均质流体，单位体积的质量，称为流体的密度，即

$$\rho=\frac{m}{V} \tag{1-1}$$

式中　ρ——流体的密度，kg/m^3；

m——流体的质量，kg；

V——流体的体积，m^3。

对于非均质流体，任一点的密度为

$$\rho=\lim_{\Delta V=0}\frac{\Delta M}{\Delta V} \tag{1-2}$$

式中　ρ——某点的流体密度；

ΔM——微小体积 ΔV 的流体质量；

ΔV——包含该点在内的流体体积。

对于均质流体，单位体积的流体所受的重力称为流体的重力密度，简称重度。即

$$\gamma=\frac{G}{V} \tag{1-3}$$

式中 γ——流体的重度，N/m^3；

G——流体所受的重力，N；

V——流体的体积，m^3。

由牛顿第二定律得：$G=mg$。因此

$$\gamma=\frac{G}{V}=\frac{mg}{V}=\rho g \tag{1-4}$$

式中 g——重力加速度，$g=9.807m/s^2$。

流体的密度和重度随其温度和所受压力的变化而变化。也就是说同一流体的密度和重度在不同状态下不是一个固定值。但在实际工程中，液体的密度和重度随温度和压力的变化而变化的数值不大，可视为一固定值；而气体的密度和重度随温度和压力的变化而变化的数值较大，设计计算中通常不能视为一固定值。常用流体的密度和重度如下：

水在标准大气压，温度为4℃时密度和重度分别为

$$\rho=1000kg/m^3，\gamma=9.807kN/m^3$$

水银在标准大气压，温度为0℃时其密度和重度是水的13.6倍。

干空气在标准大气压，温度为20℃时密度和重度分别为

$$\rho=1.2kg/m^3，\gamma=11.82N/m^3$$

二、流体的粘滞性

流体在运动时，由于内摩擦力的作用，使流体具有抵抗相对变形（运动）的性质称为流体的粘滞性。流体之间层与层流动时将产生摩擦力以反抗本身的相对运动。流体的粘滞性可通过流体在管道中流动情况来加以说明。

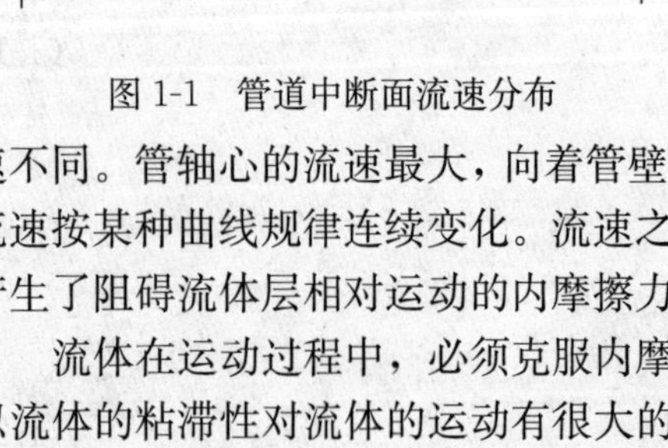

图1-1 管道中断面流速分布

当流体在管内缓慢流动时，紧贴管壁的流体质点，粘附在管壁上，流速为零。位于管轴上的流体质点，离管壁的距离最远，受管壁的影响最小，因而流速最大。介于管壁和管轴的流体质点，将不同的速度向前流动，它们的速度从管壁到管轴，从零增大到最大的轴心速度。用流速仪可测得流体管道中某一断面的流速分布，如图1-1所示。

流体沿管道直径方向分成很多流层，各层的流速不同。管轴心的流速最大，向着管壁的方向逐渐减小，直至管壁处的流速最小，几乎为零，流速按某种曲线规律连续变化。流速之所以有此分布规律，正是由于相邻两流层的接触面上产生了阻碍流体层相对运动的内摩擦力，或称粘滞力，这是流体的粘滞性显示出来的结果。

流体在运动过程中，必须克服内摩擦阻力，因而要不断消耗运动流体所具有的能量，所以流体的粘滞性对流体的运动有很大的影响。在水力计算中，必须考虑粘滞力的重要影响。对于静止流体，由于各流体层间没有相对运动，粘滞性不显示。

流体粘滞性的大小，通常用动力粘滞性系数 μ 和运动粘滞性系数 ν 来反映，它们是与流体种类有关的系数。粘滞性大的流体，μ 和 ν 的值也大，它们之间存在一定的比例关系。同时，流体的粘滞性还与流体的温度和所受压力有关，受温度影响大，受压力影响小。实验证明，水的粘滞

性随温度的增高而减小，而空气的粘滞性却随温度的增高而增大（参见表1-1、表 1-2）。

表 1-1　水的粘滞性系数

t (℃)	$\mu\times10^{-3}$ (Pa·s)	$\nu\times10^{-6}$ (m^2/s)	t (℃)	$\mu\times10^{-3}$ (Pa·s)	$\nu\times10^{-6}$ (m^2/s)
0	1.792	1.792	40	0.656	0.661
5	1.519	1.519	50	0.549	0.556
10	1.308	1.308	60	0.469	0.477
15	1.140	1.140	70	0.406	0.415
20	1.005	1.007	80	0.357	0.367
25	0.894	0.897	90	0.317	0.328
30	0.801	0.804	100	0.284	0.296

表 1-2　一个大气压下空气的粘滞性系数

t (℃)	$\mu\times10^{-3}$ (Pa·s)	$\nu\times10^{-6}$ (m^2/s)	t (℃)	$\mu\times10^{-3}$ (Pa·s)	$\nu\times10^{-6}$ (m^2/s)
−20	0.0166	11.9	70	0.0204	20.5
0	0.0172	13.7	80	0.0210	21.7
10	0.0178	14.7	90	0.0216	22.9
20	0.0183	15.7	100	0.0218	23.6
30	0.0187	16.6	110	0.0239	29.6
40	0.0192	17.6	120	0.0259	25.8
50	0.0196	18.6	130	0.028	42.8
60	0.0201	19.6	140	0.0298	49.9

内摩擦力的大小可用下式表示

$$T=\mu A\frac{\mathrm{d}u}{\mathrm{d}y} \tag{1-5}$$

式中 T——流体的内摩擦力；

μ——流体的动力粘性系数；

A——层与层的接触面积；

$\frac{\mathrm{d}u}{\mathrm{d}y}$——流体的速度梯度。

流体的动力粘性系数与运动粘性系数有如下关系

$$\mu=\nu\rho \tag{1-6}$$

式中 ν——流体的运动粘性系数；

ρ——流体的密度。

三、流体的压缩性和热胀性

流体的压强增大，体积缩小，密度增大的性质，称为流体的压缩性。体积增大，密度减小的性质，称为流体的热胀性。

液体的压缩性和热胀性都很小。例如，水从 1 个大气压增加到 100 个大气压时，每增加 1 个大气压，水的体积只缩小 0.5/10000；在 10～20 ℃的范围内，温度每增加 1℃，水的体积只增加 1.5/10000；在 90～100℃ 的范围内，温度每增加 1℃，水的体积也只增加 7/10000。因此在很多工程技术领域中，可以把液体的压缩性和热胀性忽略不计。但在研究有压管路中水击现象和热水供热系统时，就要分别考虑水的压缩性和热胀性。

气体与液体有很大不同，其具有显著的压缩性和热胀性。气体虽然是可以压缩和热胀的，但是，具体问题也要具体分析。我们在分析任何一种具体流动中，主要关心的问题是压缩性是否起显著作用。对于气体速度较低（远小于音速）情况，在流动过程中压强和温度的变化较小，密度仍然可以看作是常数，这种气体称为不可压缩气体。反之，对于气体速度较高（接近或超过音速）的情况，在流动的过程中其密度的变化很大，密度已经不能视为常数的气体，称为可压缩流体。在供热通风空调工程中，所遇到的大多数的气体流动，速度远小于音速，其密度变化不大，因此可以当作不可压缩流体对待。也就是说，将空气认为和水一样是不可压缩流体。

气体的压缩性和热胀性可用如下两式表示

$$\beta=\frac{\frac{d\rho}{\rho}}{dp} \tag{1-7}$$

式中 β——压缩系数，m^2/N。

$$\alpha=\frac{\frac{d\rho}{\rho}}{dT} \tag{1-8}$$

式中 α——流体的热胀系数，T^{-1}。

温度和压强的变化对气体的容重影响很大。在温度不过低，压强不过高时，气体密度、压强和温度三者之间的关系，有下列气体状态方程式表示

$$p=\rho RT \tag{1-9}$$

式中 p——气体的绝对压强，N/m^2；

T——气体的热力学温度，K；

ρ——气体的密度，kg/m^3；

R——气体常数，J/(kg·K)。对于理想气体有 $R=\frac{8314}{n}$，n 为气体的分子量。

四、流体的表面张力

由于流体分子之间的吸引力，在流体的表面上能够承受极其微小的张力，这种张力称表面张力。表面张力不仅存在于液体表面，在液体与固体的接触周界面上也有张力。

由于表面张力的作用，如果把两端开口的玻璃管竖在液体中，液体会在细管中上升或下降一定高度，这种现象称作毛细现象。表面张力的大小可用表面张力系数 σ 表示，单位是 N/m。

由于重力和表面张力产生的附加铅直分力相平衡，所以有下式

$$\pi r^2 h\gamma=2\pi r\sigma\cos\alpha$$

故有

$$h=\frac{2\sigma}{r\gamma}\cos\alpha \tag{1-10}$$

式中 γ——液体的容重；

r——玻璃管内径；

σ——液体的表面张力系数。

如果把玻璃管垂直竖立在水中，则有下式

$$h=\frac{15}{r} \tag{1-11}$$

表面张力的影响在一般工程中可以忽略，但在水滴和气泡的形成、液体的雾化、气液两相流的传热与传质的研究中，将是不可忽略的因素。

第二节　流体静力学的基本概念

流体处于静止（平衡）状态时，因其不显示粘滞性，所以流体静力学的中心问题是研究流体静压强的分布规律。

一、流体静压强及其特性

在一个容器的静止水中，取出小水体Ⅰ作为隔离体来进行研究，图 1-2 所示为保持其静止（平衡）状态，周围水体对隔离体有压力作用。设作用于隔离体表面某一微小面积 $\Delta\omega$ 上的总压力是 ΔP，则 $\Delta\omega$ 面积上的平均压强为

$$p=\frac{\Delta P}{\Delta\omega} \tag{1-12}$$

当所取的面积无限缩小为一点 a 时，即 $\Delta\omega\to0$，则平均压强的极限值为

$$p=\lim_{\Delta\omega\to0}\frac{\Delta P}{\Delta\omega} \tag{1-13}$$

流体静压强具有两个基本特性：

（1）静压强的方向指向受压面，并与受压面垂直。

（2）流体内任一点的静压强在各个方向面上的值均相等。

二、流体静压强的分布规律

在静止液体中任取一垂直小圆柱体作为隔离体，研究其底面点的静压强，如图 1-3 所示。已知圆柱体高度为 h，端面面积为 $\Delta\omega$，圆柱体顶面与自由面重合，所受压强为 p_0。在圆柱体侧面上的静水压力，方向与轴向垂直（水平方向，图 1-3 中未绘出），而且是对称的，故相互平衡。则圆柱体轴向的作用力有：

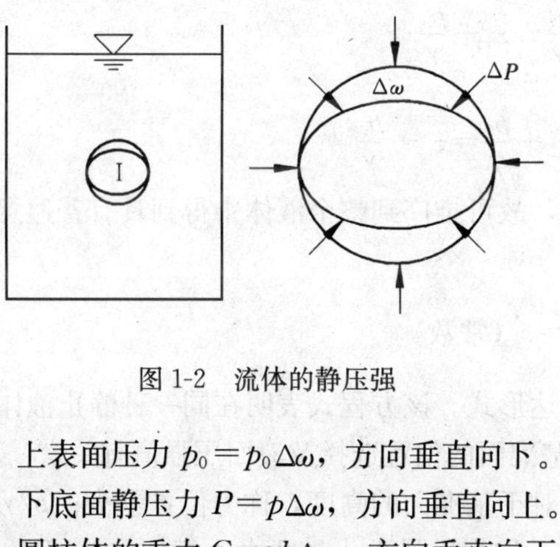

图 1-2　流体的静压强

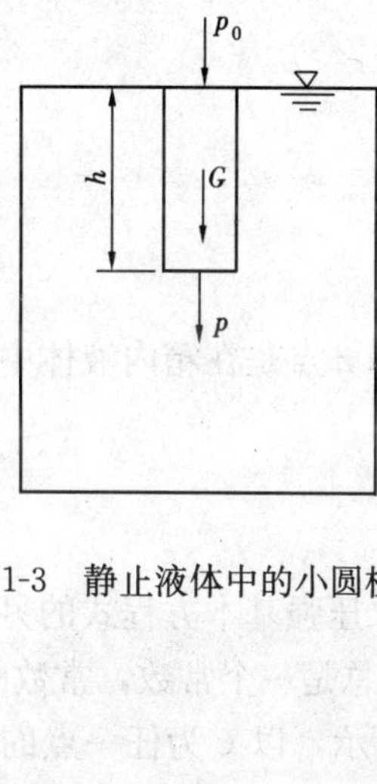

图 1-3　静止液体中的小圆柱体

（1）上表面压力 $p_0=p_0\Delta\omega$，方向垂直向下。

（2）下底面静压力 $P=p\Delta\omega$，方向垂直向上。

（3）圆柱体的重力 $G=\gamma h\Delta\omega$，方向垂直向下。

根据圆柱体静止状态的平衡条件，令方向向上为正，向下为负，则可得圆柱体轴向平衡方程，即

$$p\Delta\omega-\gamma h\Delta\omega-p_0\Delta\omega=0$$

整理得

$$p=p_0+\gamma h \tag{1-14}$$

式中 p——静止流体中任一点的压强，N/m^2；

p_0——液体表面压强，N/m^2；

γ——液体的重度，N/m；

h——所研究的点在液面下的深度，m。

式（1-14）是静水压强基本方程式，又称为静水力学基本方程式。方程式表达了只有重力作用时流体静压强的分布规律。如图 1-4 所示。

(1) 静止液体内任意一点的压强等于液面压强加上液体重度与深度乘积之和。

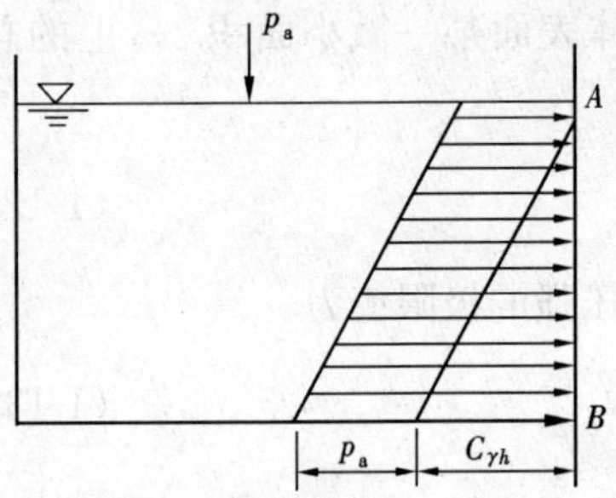

图 1-4 流体静压强分布图

(2) 在静止液体内，压强随深度按直线规律变化。

(3) 在静止液体内同一深度的点压强相等，构成一个水平的等压面。

(4) 液面压强可等值地在静止液体内传递。水压机等一些液压传动装置就是根据这一原理制成的。

静水压强的基本方程式（1-14）还可表示成为另一种形式，如图 1-5 所示。设水箱水面的压强为 p_0，在箱内的液体中任取两点，在箱底以下任取一基准面 0—0。箱内液面到基准面的高度为 z。1 点和 2 点到基准面的高度分别为 z_1 和 z_2，根据静水压强基本公式，可列出 1 点和 2 点的压强表达式

$$p_1 = p_0 + \gamma\ (z_0 - z_1)$$

$$p_2 = p_0 + \gamma\ (z_0 - z_2)$$

将上等式的两边除以液体重度 γ 并整理得

$$z_1 + \frac{p_1}{\gamma} = z_0 + \frac{p_0}{\gamma}$$

$$z_2 + \frac{p_2}{\gamma} = z_0 + \frac{p_0}{\gamma}$$

进而得

$$z_1 + \frac{p_1}{\gamma} = z_2 + \frac{p_2}{\gamma} = z_0 + \frac{p_0}{\gamma}$$

由于 1 点和 2 点是在箱内液体中任取的，故可推广到整个液体中得到具有普遍意义的规律，即

$$z + \frac{p}{\gamma} = c\ （常数） \tag{1-15}$$

这就是静水压强基本方程式的另一种表达形式。该方程式表明在同一种静止液体中，任一点的 $z + p/\gamma$ 总是一个常数，常数的值与基准面的位置选择及液面压强值有关。

如图 1-6 所示，以 z 为任一点的位置相对于基准面的高度，称为位置水头；p/γ 是在该点压强作用下液体沿测压管所能上升的高度，称为压强水头；两水头相加：$z + P/\gamma$ 称为测压管水头。而 $z + P/\gamma = c$ 表示在同一容器内的静止液体中，所有各点的测压管水头均相等。

对于静止气体的压强计算，由于气体的重度很小，在高度差不大的情况下可将方程中的 γh 项忽略不计，认为 $p = p_0$。也就是说在密闭容器中，可以认为容器内各点的气体压强是相等的。

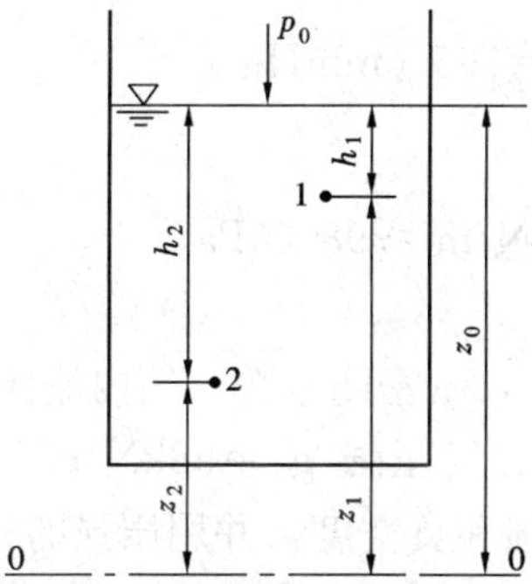

图 1-5 静水压强基本方程的另一形式

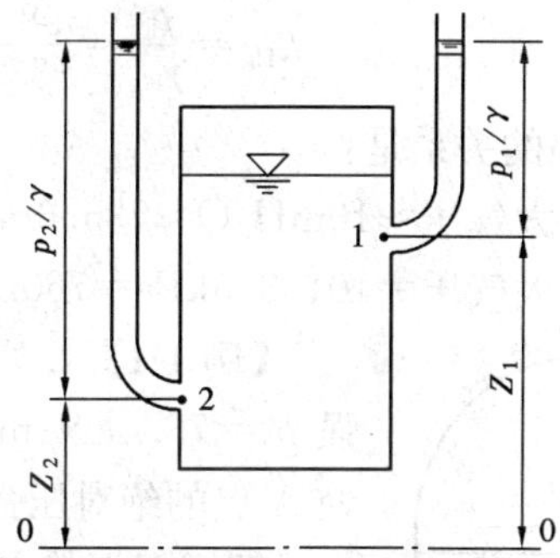

图 1-6 测压管水头

三、工程计算中压强的表示方法和计量单位

1. 压强的两种计算基准

(1) 绝对压强。以绝对真空为零点计算的压强称为绝对压强，用 p_j 表示。绝对压强是流体的全部压强，当讨论流体的本身的性质时，当采用状态方程时都要用到绝对压强。

(2) 相对压强。以大气压强 p_0 为零点计算的压强称为相对压强，用 p_a 表示。采用相对压强基准，则大气压强的相对压强值为零。

在实际工程中，通常采用相对压强。相对压强与绝对压强的关系为

$$p_a = p_j - p_0 \tag{1-16}$$

相对压强可能是正值，也可能是负值。当绝对压强大于大气压强时，相对压强的正值称正压，可用压力表测出，也称表压；当绝对压强小于大气压强时，则相对压强为负值称为负压，这时该流体处于真空状态。通常用真空度 p_k(或真空压强)来表示流体的真空程度。即

$$p_k = p_0 - p_j = -p_a \tag{1-17}$$

真空度是指某点的绝对压强不足于一个大气压强的数值，可用真空表测出。

某点的真空度愈大，说明它的绝对压强愈小。在标准大气压下，真空度的最大值为 $p_k = p_0 = 101.325\text{kN/m}^2$，即绝对压强为零，处于完全真空状态；真空度的最小值为零时，$p_k = 0$，即在一个标准大气压强下，真空度在 $p_k = 0 \sim 101.325\text{kN/m}^2$ 的范围内变动。

2. 压强的计量单位

压强的计量单位为：

(1) 用单位面积的压力来表示，单位是 N/m^2（帕，Pa）或 kN/m^2（千帕，kPa）。

(2) 用工程大气压来表示，单位是工程大气压，1 工程大气压＝98.07kPa，在工程单位制中，1 工程大气压＝1kgf/cm^2（千克力/厘米^2）。

(3) 用液柱高度来表示，单位是 mH_2O（米水柱）、mmHg（毫米汞柱）。

将压强转换为某种液柱高度的计算公式为

$$h = p/\gamma \tag{1-18}$$

当水的重度 $\gamma = 9.807\text{kN/m}^3$，汞的重度为 133.38kN/m^3，则 1 个大气压相应于水柱和汞柱高度为

$$h = \frac{p_0}{\gamma} = \frac{98.07\text{kN/m}^2}{9.807\text{kN/m}^3} = 10\text{mH}_2\text{O}$$

$$h_{Hg}=\frac{p_0}{\gamma_{Hg}}=\frac{98.07kN/m^2}{133.38kN/m^3}=735.6mmHg$$

三种压强的关系是：

1 个工程大气压≈$10mH_2O$≈735.6mmHg≈$98kN/m^2$≈98000Pa

1 个标准大气压＝101.325kPa＝760mmHg

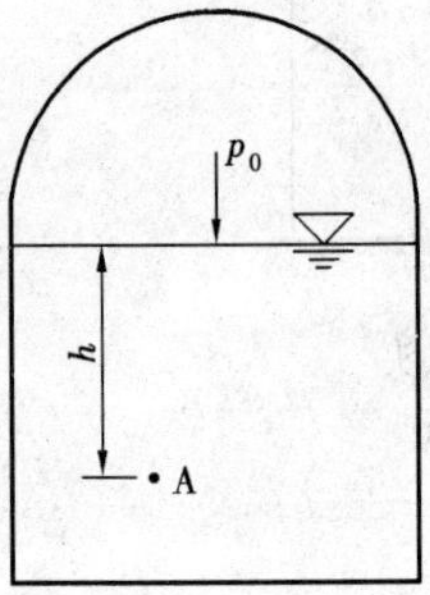

图 1-7 密闭水箱

【例 1-1】 如图 1-7 所示，一密闭水箱，箱内流体表面的绝对压强 $p_0=78.4kN/m^2$，箱外的大气压强 $p_0=98kN/m^2$，求水深 1.5m 处 A 点的绝对压强、相对压强和真空度，并用压强的三种单位表示。

解： 根据静水压强基本方程式，则 A 点的绝对压强为

$$p_{jA}=p_0+\gamma h=78.4+9.807\times1.5=78.3+14.811=93.111\ (kN/m^2)$$

A 点的相对压强为

$$p_A=p_{jA}-p_0=93.111-98=-4.889\ (kN/m^2)$$

因为 A 点的相对压强是负值，说明 A 点处于真空状态，其真空度为

$$p_{kA}=p_0-p_{jA}=98-93.111=4.889\ (kN/m^2)$$

用工程大气压表示 A 点的压强

$$p_{jA}=93.111/98=0.95 \text{ 个工程大气压}$$

$$p_A=-4.889/98=-0.05 \text{ 个工程大气压}$$

$$p_{kA}=4.889/98=0.05 \text{ 个工程大气压}$$

用 mH_2O 表示 A 点的压强：

因为 1 个工程大气压＝$10mH_2O$，则 A 点的压强可表示为

$$p_{ja}=0.95\times10=9.5mH_2O$$

$$p_A=-0.95\times10=-9.5mH_2O$$

$$p_{ka}=0.05\times10=0.5mH_2O$$

第三节 流体动力学的基本概念

流体在建筑设备工程中都和运动密切相关，因此我们需要了解一些流体运动的基本概念。

一、流体动力学的一些基本概念

（1）元流。流体运动时，为研究方便我们把流体中一微小面积形成的一股流束称为元流。

（2）总流。流体运动时，无数元流的总和称为总流，如图 1-8 所示。

（3）过流断面。流体运动时，与流体的运动方向垂直的流体横断面。过流断面可能是平面，也可能是曲面，形状有圆形、矩形、梯形等，如图 1-9 所示。

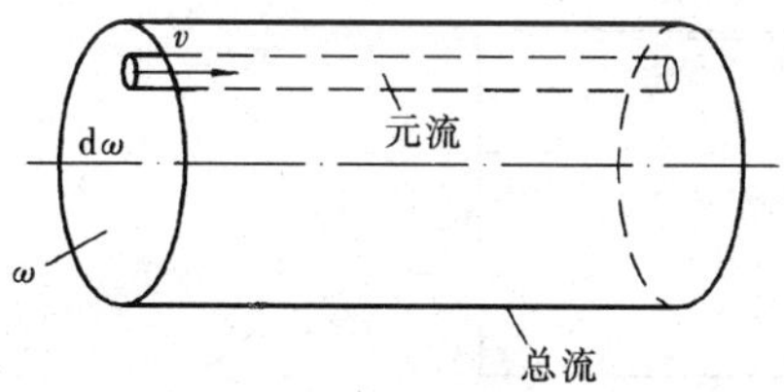

图 1-8　元流与总流

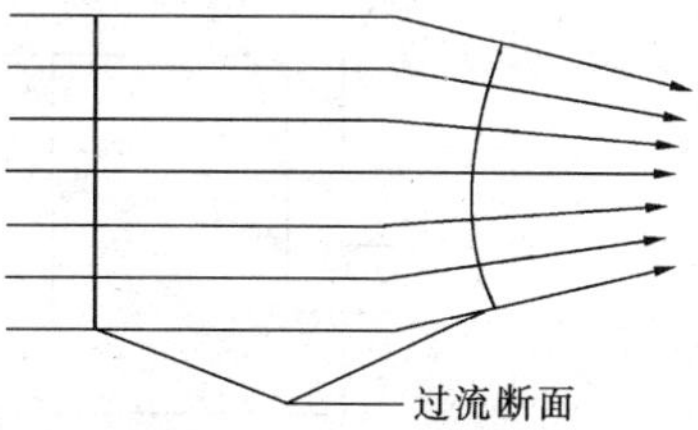

图 1-9　过流断面

（4）流量。在单位时间内流体通过过流断面的体积或质量。一般流量指的是体积流量，但也可用质量流量来表示。

（5）流速。在单位时间内流体移动所通过的距离。

流体运动时，由于流体粘滞性的影响，过流断面上的流速不等且一般不易确定，为便于分析和计算，在实际工程中通常采用过流断面上各质点流速的平均值即平均流速。平均流速通过过流断面的流量应等于实际流速通过该断面的流量，这是确定平均流速的假定条件断面流速如图 1-10 所示。

流量、过流断面和流速三者之间应符合下面关系

$$Q=\omega v \tag{1-19}$$

式中　Q——体积流量，m^3/s；

v——平均流速，m/s；

ω——过流断面，m^2。

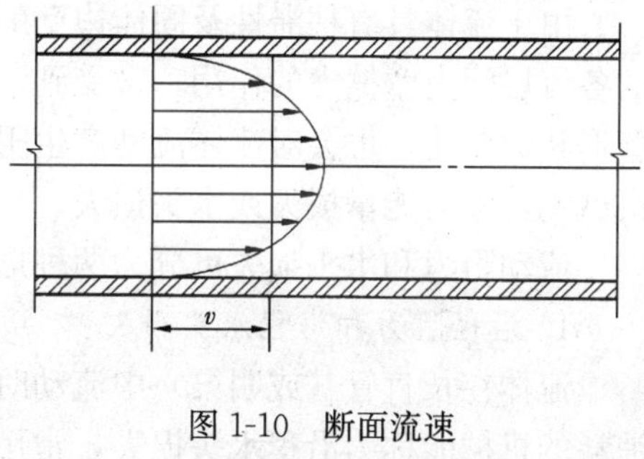

图 1-10　断面流速

二、流体运动的类型

影响流体运动的因素有很多，因而流体的运动状态也是多种多样的，根据流体运动的一些主要特征可将流体运动分为以下几种主要类型。

（1）有压流。流体在压差作用下流动，流体各个过流断面的整个周界都与固体壁相接触，没有自由表面，这种流体运动称为有压流或压力流，也称为管流。如供热管道中的汽、水带热体，给水管中的水流都是有压流。

（2）无压流。流体在重力作用下流动，流体各个过流断面的部分周界与固体壁相接触，具有自由表面，这种流体的运动称为无压流或重力流，或称为明渠流。如天然河道、明渠、排水管中的水流都是无压流。

（3）恒定流。流体运动时，流体中任一位置的压强、流速等运动要素不随时间变化，这种流体运动称为恒定流，如图 1-11（a）所示。

（4）非恒定流。流体运动时，流体中任一位置的运动要素如压强、流速等随时间变化而变化，这种流体运动称为非恒定流，如图 1-11（b）所示。

在实际建筑设备工程中，为使研究的问题得到合理的简化，在绝大多数情况下都可以把流体的运动状态看作是恒定流。但在研究如水泵或风机等启动时的流体运动情况时，因其流速和压强随时间变化较大，流体的运动须看作是非恒定流。

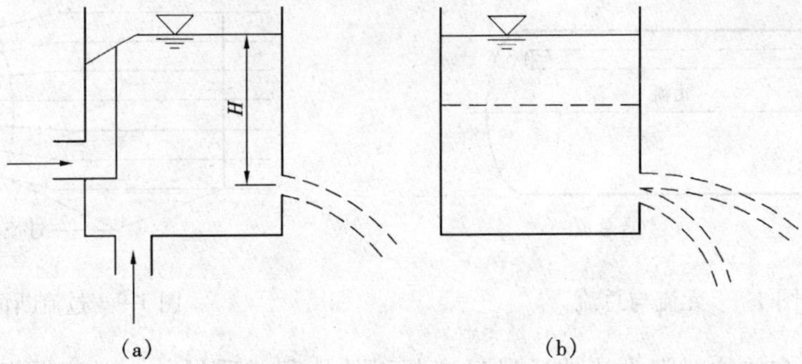

图 1-11 恒定流与非恒定流

(a) 恒定流；(b) 非恒定流

第四节 流动阻力与能量损失的基本概念

一、流动阻力与能量损失的两种形式

由于流体具有粘滞性及固体边壁的不光滑，所以流体在流动过程中既受到存在相对运动的各流层间内摩擦力的作用，又受到流体与固体边壁之间摩擦阻力的作用。同时由于固体边壁形状的变化，也会对流体流动产生阻力。为了克服上述流动阻力，必须消耗流体所具有的机械能，称为能量损失或水头损失。

流动阻力和水头损失可分为两种形式。

1. 沿程阻力和沿程水头损失

流体在长直管（或明渠）中流动时，所受到的摩擦力称为沿程阻力，单位质量的流体所消耗的机械能称为沿程水头损失，常用 h_f 来表示。

2. 局部阻力和局部水头损失

流体的边界在局部地区发生急剧变化时，迫使流体流速的大小和方向发生显著变化，甚至使主流脱离边壁形成旋涡，流体质点间产生剧烈的碰撞，从而对流体运动形成了阻力。这种阻力称为局部阻力。除旋涡之外，摩擦损失和扩散损失等也是局部阻力形成的主要因素。为了克服局部阻力，单位质量的流体所消耗的机械能称为局部水头损失，通常用 h_j 表示。

管道系统中，在管径不变的直管段上，只有沿程水头损失 h_f，在管道入口处和管道变径处以及弯头、闸门等水流边界急剧改变处产生局部水头损失 h_j。

整个管道的总水头损失等于各管段的沿程水头损失与各局部水头损失分别叠加之和，即

$$h_\omega = \sum h_f + h_j \tag{1-20}$$

在给排水与采暖工程中，确定管路系统中流体的水头损失是进行工程计算的重要内容之一，也是对工程中有关的设备和管路中的管径进行选择的重要依据。

二、流态与判定

流体在流动过程中，呈现出两种不同的流动形态——层流和紊流。

如图 1-12（a）所示为一玻璃管中水的流动。

不断投加红颜色水于液体中。当液体流速较低时，玻璃管内有股红色水流的细流，像一条线一样，如图 1-12（b）所示，说明水流是成层成束地流动，各流层之间并无质点的掺混

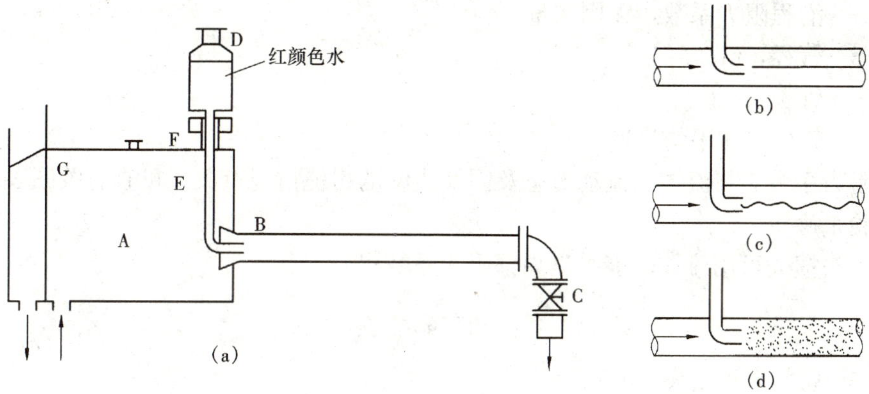

图 1-12　管中液流的流动状态

(a) 玻璃管中的水；(b) 层流；(c) 波浪形流动；(d) 紊流

现象，这种水流形态称为层流。如果加大管中水的流速，红颜色水随之开始动荡，呈波浪形，如图 1-12（c）所示。继续加大流速，将出现红颜色水向四周扩散，质点或液团相互混掺，流速愈大，混掺程度愈大，这种水流形态称为紊流，如图 1-12（d）所示。判断流体的流动形态，常用无因次量纲分析方法得到无因次量——雷诺数 Re 来判别

$$Re=\frac{vd}{\nu} \tag{1-21}$$

式中　Re——雷诺数；

v——圆管中流体的平均流速，m/s；

d——圆管的直径，m；

ν——流体的运动粘滞系数，m^2/s。

对于圆管的有压管流：当 $Re<2000$ 时，流体为层流形态，对于明渠流，雷诺数按下式计算

$$Re=\frac{vR}{\nu} \tag{1-22}$$

式中　R——水力半径，$R=\omega/x$，其中，ω 是过流断面面积，x 是湿周，为流动的流体同固体边壁在过流断面上接触的周边长度。

当 $Re<500$ 时，明渠流为层流形态；

当 $Re>500$ 时，明渠流为紊流形态。

在建筑设备工程中，绝大多数的流体运动都处于紊流形态。只有在流速很小，管径很细或粘滞性很大的流体运动时才可能发生层流运动，如地下水渗流、油管输送等。

三、沿程水头损失和局部水头损失

流体在运动过程中，其水头损失与其流动形态有关，因工程中大多数流动是紊流，所以紊流形态的水头损失是工程计算中的重要内容。目前采用理论和实验相结合的方法，建立半经验公式来计算沿程水头损失

$$h_f=\lambda\frac{lv^2}{d2g} \tag{1-23}$$

式中　h_f——沿程水头损失，m；

λ——沿程阻力系数，无因次量；

d——管径，m；

l——管长，m；

v——管中流体平均流速，m/s。

沿程阻力系数 λ 与流体的流动形态及固体边壁的粗糙情况有关。可查有关图表确定，也可通过实验来确定。

局部水头损失可用流体动能乘以局部阻力系数得到

$$h_j=\zeta\frac{v^2}{2g} \tag{1-24}$$

式中 h_j——局部水头损失，m；

ζ——局部阻力系数（无因次量）；

v——过流断面的平均流速，m/s；

g——重力加速度，m/s²。

局部阻力系数 ζ 的取值多是根据管配件、附件不同，由实验测出。各种局部阻力系数 ζ 值可查有关手册得到。

将各管段的水头损失计算相叠加就得到了整个管道的总水头损失。

四、非圆管的沿程损失

以上讨论的是圆管，圆管是最常用的断面形式。但工程上也常用到非圆管的情况。例如通风系统中的风道，有许多就是矩形的。如果把非圆管折合成圆管计算，那么前面讲述的公式和图表等，也就适用于非圆管了。折合的方法是通过建立非圆管的当量直径来实现的。

在总流的有效截面上，流体与固体壁面接触的长度称为湿周，用 X 表示；

水力半径 R 的定义为过流断面面积 A 和湿周 X 之比

$$R=\frac{A}{X} \tag{1-25}$$

圆管的水力半径为

$$R=\frac{A}{X}=\frac{\frac{\pi d^2}{4}}{\pi d}=\frac{d}{4}$$

边长为 a 和 b 的矩形断面水力半径为

$$R=\frac{A}{x}=\frac{ab}{2\ (a+b)}$$

边长为 a 的正方形断面的水力半径为

$$R=\frac{A}{X}=\frac{a^2}{4a}=\frac{a}{4}$$

令非圆管的水力半径 R 和圆管的水力半径 $d/4$ 相等，即得当量直径的计算公式

$$d_e=4R \tag{1-26}$$

当量直径为水力半径的 4 倍。因此矩形管的当量直径为

$$d_e=\frac{2ab}{(a+b)} \tag{1-27}$$

方形管的当量直径为

$$d_e=a \tag{1-28}$$

有了当量直径，只要用 d_e 代替 d，非圆管的沿程阻力损失就可以计算出来

$$h_f=\lambda\frac{lv^2}{d_e 2g}=\lambda\frac{lv^2}{4R2g} \tag{1-29}$$

同理非圆管的雷诺数也能计算出来

$$Re=\frac{vd_e}{\nu}=\frac{v(4R)}{\nu} \tag{1-30}$$

管道的阻力大小是输送流体耗用动力大小的依据，在采暖系统中的循环水泵的选择就是根据水系统的总阻力来进行选择的。通风和空调系统中通风机的压头也是根据系统的阻力选择的。所以阻力小耗能量就少，反之亦然。在实际工程中应尽可能减小阻力。减小阻力的办法很多，一是改进流体外部的边界，改善边壁对流动的影响；另一是在流体内部投加极少量的添加剂，使其影响流体的内部结构来实现减阻。

第二章　传热学基本知识

第一节　稳定传热的基本概念

一、温度场

导热与物体内的温度场密切相关。温度场是某一时刻空间中各点温度分布的总称。一般来说，温度场是空间坐标和时间的函数，即

$$t=f(x,y,z,\tau) \tag{2-1}$$

式中　t——温度；

x，y，z——空间坐标；

τ——时间。

式（2-1）表示物体内部温度在 x，y，z 三个方向和在时间上均发生变化的三维非稳态温度场。如果温度场不随时间变化，则上式变为

$$t=f(x,y,z) \tag{2-2}$$

上式所表达的内容是温度场内各点的温度不随时间变化，这样的温度场就是稳态温度场，它只是空间坐标函数。

如果在式（2-2）的基础上温度场内的温度变化仅与两个或一个坐标有关，则称为二维或一维稳态温度场，即

$$t=f(x,y)\text{或}t=f(y,z)\text{或}t=f(x,z) \tag{2-3}$$

$$t=f(x)\text{或}t=f(y)\text{或}t=f(z) \tag{2-4}$$

从上述分析中可以看出在直角坐标中将温度场分为不随时间变化的和随时间变化两种，即稳态温度场和非稳态温度场。

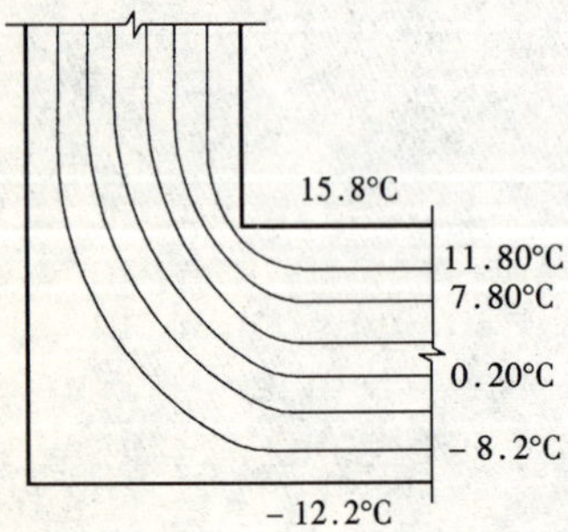

图 2-1　房屋墙角内的温度场

二、等温面与等温线

为了能够更好地说明温度场的概念，常引入等温面（线）的概念。等温面是同一时刻在温度场中所有温度相同的点连接构成的面。不同的等温面与同一平面相交所得到一簇曲线为等温线。同时刻两根不同的等温线不会彼此相交。在任何时刻，标绘出物体中所有等温面（线），即描绘出了物体内部温度场。图 2-1 即为用等温线来描述的温度场。

三、温度梯度

在温差的作用下，才有热量传递。而在等温面（线）上不可能有热量传递。所以热量传递只能发生在不同的等温线之间（或称不同等温面之间的两点）。但通过事实证明，两个等温线之间的变化以垂直于法线方向上温度的变化率最大。这一温度最大变化率称为温度梯度。用 grad$t$ 表示。即

$$\text{grad}t=n\lim_{\Delta n\to 0}\frac{\Delta t}{\Delta n}=n\frac{\partial t}{\partial n} \tag{2-5}$$

式中 n——法线方向上的单位向量；

$\partial t/\partial n$——表示沿法线方向温度的方向导数。

温度梯度在直角坐标系中可表示为

$$\mathrm{grad}t = i\frac{\partial t}{\partial x} + j\frac{\partial t}{\partial y} + k\frac{\partial t}{\partial z} \tag{2-6}$$

式中 i、j 和 k 分别是 x、y 和 z 轴方向的单位向量。温度梯度的负值，称为温度降度。

【例 2-1】 在稳态情况下，有一厚度为 50mm 的平壁，其材料的导热系数为定值，平壁两侧表面的温度分别为 400℃ 和 600℃。如图 2-2 所示的温度梯度是多少？

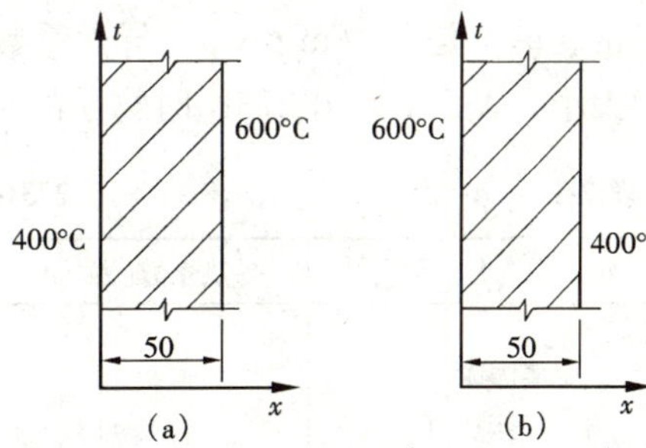

图 2-2

解：由于在稳态情况下，再根据给出的条件，图 2-2（a）的温度梯度为

$$\frac{\partial t}{\partial x} = \frac{600-400}{0.05} = 4000\ (℃/\mathrm{m})$$

图 2-2（b）的温度梯度为

$$\frac{\partial t}{\partial x} = -\frac{600-400}{0.05} = -4000\ (℃/\mathrm{m})$$

四、导热定律

在上节中已经论述过，热量的传递只能发生在不同的等温线之间（或称不同等温面之间的两点）。单位时间内通过单位给定截面的导热量，称为热流密度，记作 q，单位是 $\mathrm{W/m^2}$。

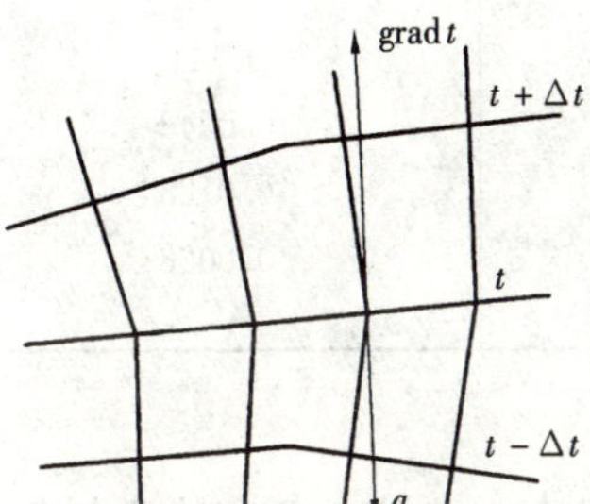

图 2-3 热流密度和温度梯度

1882 年，法国数学物理学家傅里叶提出热流密度与温度梯度有关。即

$$q = -\lambda \mathrm{grad}t\ (\mathrm{W/m^2}) \tag{2-7}$$

上式系导热基本定律的数学表达式，亦称傅里叶定律。

式（2-7）表明，热流密度是一个向量（热流向量），它与温度梯度位于等温面同一法线上，但指向温度降低的方向，式（2-7）中的负号就表示热流密度和温度梯度的方向相反，永远顺着温度降低的方向。图 2-3 示出了热流密度和温度梯度的关系。

既然热流密度是一个向量，那么它在直角坐标系中的三个分量可以表示为

$$q = q_x i + q_y j + q_z k \tag{2-8}$$

根据式（2-6）、式（2-8），对于均匀的各向同性材料，将式（2-7）改写成

$$q = -\lambda\left(\frac{\partial t}{\partial x}i + \frac{\partial t}{\partial y}j + \frac{\partial t}{\partial z}k\right) \tag{2-9}$$

于是，热流向量 q 沿 x、y、z 轴的分量应分别为

$$q_x = -\lambda\frac{\partial t}{\partial x} \quad q_y = -\lambda\frac{\partial t}{\partial y} \quad q_z = -\lambda\frac{\partial t}{\partial z} \tag{2-10}$$

需要注意的是，上式只适用于均匀的各向同性材料。即认为导热系数 λ 在各个不同方向是相同的。对于同种材料来说导热系数是不是常数呢？接下来我们将进行讨论。

五、导热系数

（一）导热系数的定义

导热系数的定义式由式（2-7）可得出，即

$$\lambda=-\frac{q}{\text{grad}t} \tag{2-11}$$

由上式可知，导热系数在数值上等于温度降度为1℃/m时单位时间内单位导热面积的导热量。单位是W/(m·℃)。导热系数是材料固有的热物理性质，其数值表示物质导热能力的大小。表2-1列出273K时物质的导热系数。

表2-1 273K时物质的导热系数

物质名称	导热系数[W/(m·℃)]	物质名称	导热系数[W/(m·℃)]
金属固体：		熔凝石英	1.21
银（最纯的）	418	硼硅酸耐热玻璃液体	1.0
铜（纯的）	387	水银	8.21
铅（纯的）	203	水	0.2
锌（纯的）	112.7	二氧化硫	0.211
铁（纯的）	73	氯代甲烷	0.178
锡（纯的）	66	二氧化碳	0.10
铅（纯的）	34.7	氟利昂	0.0728
非金属固体：		气体：	
方镁石 MgO	41.6	氢	0.17
石英（平行于轴）	12.1	氦	0.141
刚玉石，Al_2O_3	10.4	空气	0.0243
大理石	2.78	戊烷	0.0128
冰，H_2O	2.22	三氯甲烷	0.0068

（二）导热系数的影响因素

影响物质导热系数的因素很多，其中主要是物质的种类和温度。此外，还和物质材料的湿度、密度及压力等因素有关。

1. 温度

许多工程材料，在一定温度范围内，导热系数可以认为是温度的线性函数，它们的关系可以用下式表达（图2-4是导热系数与温度的关系曲线）

$$\lambda=\lambda_0(1+bt) \tag{2-12}$$

其中，λ_0是某个参考温度时的导热系数，b是由实验确定的常数。

图2-4中实线为实测曲线$\lambda=f(t)$，在t_1到t_2的温度范围内近似地用直线（图2-4中点画线）$\lambda=\lambda_0(1+bt)$来代替；λ_0为$t=0$℃时直线与纵坐标的截距，而此时材料的导热系数为$\lambda(0)$。

当材料的导热系数随温度呈线性变化时，只要用算术平均温度代入式（2-12），算出平均温度下的导热系数，再代入有关的常物性物体的导热计算式中，就能完成这类变导热系数物体的导热计算。几种物体的导热系数随温度变化情况如图2-5～图2-7所示。

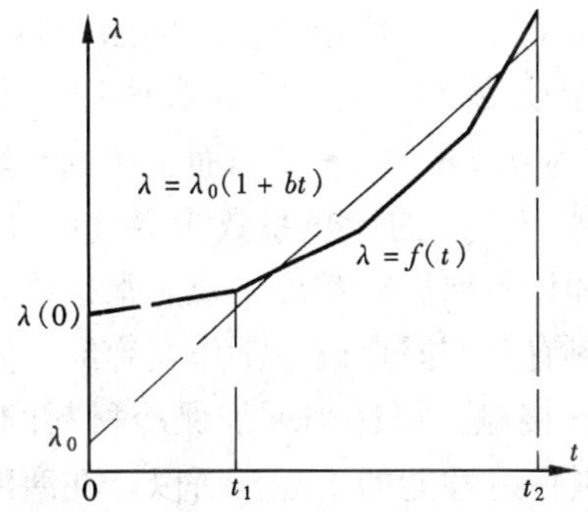

图 2-4 导热系数与温度的关系曲线

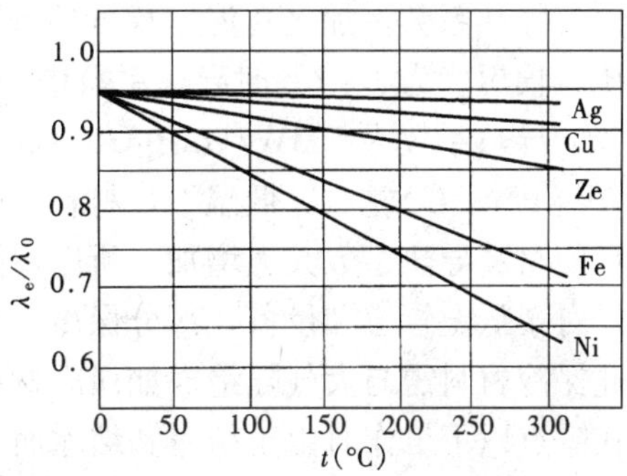

图 2-5 金属的导热系数

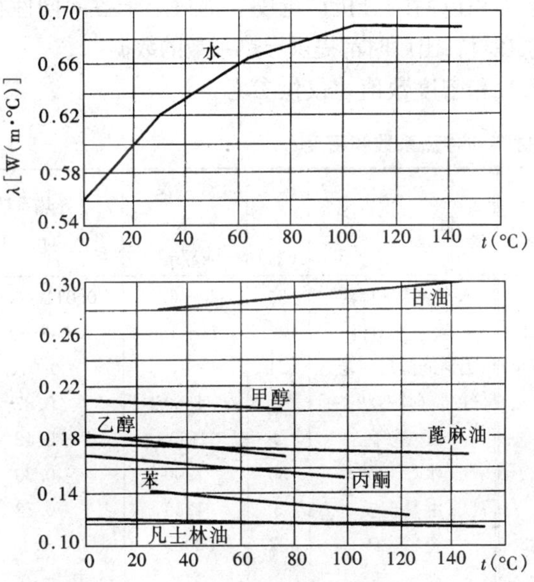

图 2-6 各种液体的导热系数

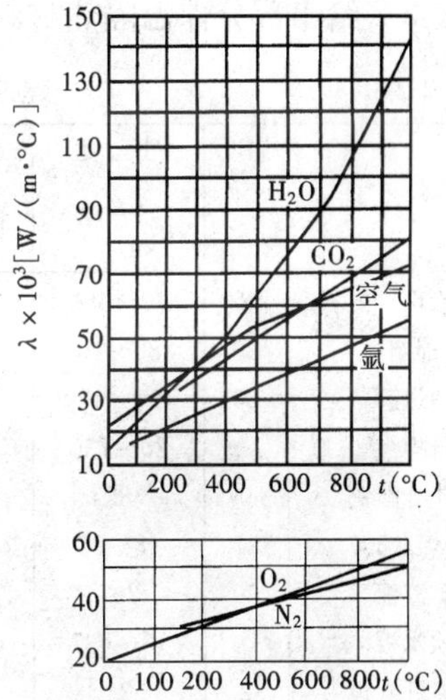

图 2-7 各种气体的导热系数

2. 密度

在供热通风与空调专业所涉及的管道用保温隔热材料，这些材料呈纤维状或多孔结构。例如岩棉、矿渣棉、玻璃棉、微孔硅酸钙、膨胀珍珠岩、泡沫塑料和发泡石棉等，它们的导热系数是固体骨架和内部介质的导热、对流换热和辐射换热综合作用结果的折算导热系数。这些材料的导热系数较小，一般约 0.02～3.0W/(m·℃)。习惯上把导热系数小于 0.12W(m·℃)的材料定义为保温隔热材料。究其原因是骨架间的空隙和孔腔内含有导热系数较小的介质（空气等），而且这些介质在保温材料中很少流动或不流动。这些材料的密度实际上应称为堆积密度或折算密度。一般来讲，密度越小，这些材料中所含的导热系数小的介质越多，材料的导热系数越小。但密度太小，孔隙尺寸变大，这时引起空隙内的空气对流作用加强，空隙壁间的辐射亦有所加强，导热系数反而会增加。在一定温度下，某种材料有一最佳密度，此时导热系数最小。最佳密度一般由实验确定。

3. 湿度

类似保温隔热性的多孔材料很容易吸收水分。吸水后，由于孔隙中充满了水，水导热系数大于空气导热系数，加之在温度梯度的推动下引起水分迁移而传递热量。例如，导热系数较小的矿渣棉湿度为10.7%时导热系数增加2%，而湿度为23%时导热系数增加10%。再如，干砖的导热系数为0.3W/(m·℃)，水的导热系数为0.6W/(m·℃)，而湿砖的导热系数高达1.0W/(m·℃)左右。低温下，材料中的水会结冰，因冰的导热系数为空气的几十倍，故结冰将使材料导热系数大大增加。所以，露天管道和设备保温时都要采取防水措施，外包保护层。对于低温管道和设备，部分保冷（隔热）材料有时在露点以下工作，容易结露和结冰，因此保冷材料需与大气隔绝。如保冷材料仍与大气接触，可适当增加保冷材料的厚度，以弥补在露点以下工作时由于结露和结冰而引起的材料保冷性能的下降。所以，在寒冷地区保温隔热时要特别注意防潮。

影响材料导热系数的因素还有材料的成分、结构和所处的状态。对于各向异性的材料(如木材、石墨等)，其导热系数还与方向有关，本书在以后的分析讨论中，都只限于各向同性材料。材料的导热系数主要通过实验测定，一般厂家在材料出厂时都提供导热系数的数据。

表2-2给出部分保温隔热材料的导热系数和密度数值，仅供参考。

表2-2 建筑隔热保温材料的导热系数和密度

材料名称	温度 t (℃)	密度 ρ (kg/m^3)	导热系数 [W/(m·℃)]	材料名称	温度 t (℃)	密度 ρ (kg/m^3)	导热系数 [W/(m·℃)]
膨胀珍珠岩散料	2	60～300	0.021～0.062	硬泡沫塑料	30	20～6.3	0.011～0.042
岩棉制品	20	80～10	0.03～0.038	软泡沫塑料	30	41～162	0.043～0.06
膨胀蛭石	20	100～130	0.01～0.07	铝箔间隔层（层）	21		0.042
石棉绳		20～730	0.1～0.21	红砖（营造状态）	2	1860	0.87
微孔硅酸钙	0	82	0.042	红砖	3	160	0.42
粉煤灰砖	27	48～82	0.12～0.22	水泥	30	1200	0.30
矿渣棉	30	207	0.08	混凝土板	3	1230	0.72
软木板	20	10～437	0.044～0.272	瓷砖	37	2020	1.1
木绝纤维板	2	24	0.048	玻璃	4	200	0.6～0.71
云母		220	0.8	聚苯乙烯	30	24.7～37.8	0.04～0.043

第二节 对流换热的基本概念

流体和固体壁面直接接触时发生的热量传递过程称为对流换热，它是比导热更为复杂的一种换热过程。本章主要讨论影响对流换热的因素、对流换热的热工机理和解决对流换热问题的方法。

一、对流换热概述

人们对于对流换热现象都有一些感性认识。冷却物体时，用风吹比放在空气中自然冷却快些；增加风速，冷却作用增强；若改用水冷方法，则会比空气的冷却作用强得多；物体的形状、位置等不同也会影响冷却过程的速度。由此可见，影响对流换热的因素是很多的。

（一）对流换热过程的特点

对流换热是一种复杂的热交换过程，它已不是导热的基本方式，这种过程既包括流体分子之间的导热作用，同时也包括流体位移所产生的对流作用。

对流换热现象在工程上十分常见。例如，冬季房间中的热量依靠对流换热传给外墙，而外墙又依靠对流换热将热量传给室外空气；锅炉中的省煤器、空气预热器以及工业中许许多多冷却、加热设备中的换热过程等，都主要是对流换热。与固体中的导热相同，流体中的导热也是由温度梯度和导热系数决定的。而对流时的热量转移，则是依靠流体产生的位移。这就使得对流换热现象极为复杂。显然，一切支配流体导热和热对流作用的因素，诸如流动起因、流动状态、流体的种类和物性、壁面几何参数等因素都会影响对流换热。

（二）影响对流换热的因素

1. 流动的起因

驱动流体在壁面上流动的原因有两种。一种是自然对流，即由于流体各部分温度不同所引起的密度差异产生的流动；另一种是受迫运动，即受外力影响，例如受风力、风机、水泵的作用所发生的流体运动。

自然对流的发生及其强度完全取决于过程的受热情况、流体的种类、温度差以及空间大小和位置来决定。

受迫运动的情况则取决于流体的种类和物性、流体的温度、流动速度以及流道形状和大小。在一般情况下，流体发生受迫对流时，也会发生自然对流。

2. 流体流动状态

流体的流动存在着两种不同状态。流动速度较小时，流体各部分均沿流道壁面作平行运动，互不干扰，这种流动称为层流；当流动速度较大时，流体各部分的运动呈不规则的混乱状态，并有旋涡产生，这种流动称为紊流。

在对流换热过程中热量转移的规律随流体的流动状态不同而不同。在层流状态下，沿壁面法线方向的热量转移主要依靠导热，其数值大小取决于流体的导热系数。在紊流状态下，依靠导热转移热量的方式，只存在于层流边界层中，而紊流核心中的热量转移则依靠流体各部分的剧烈位移，由于层流边界层的热阻远大于紊流核心的热阻，前者在对流换热过程中起决定性作用。所以对流换热的强度主要取决于层流边界层的导热。因此，要增强换热，可以在某种程度上，用增加流体流速的方法来实现。在紊流时，对流传递作用得到加强，换热较好。

3. 流体的物理性质

流体的物性因种类、温度、压力而变化。影响换热过程的物理参数有：导热系数 λ、比热 c、密度 ρ、动力粘度 μ 等。导热系数大，流体内和流体与壁之间的导热热阻小，换热就强。比热和密度大的流体，单位体积能携带更多的热量，从而使对流作用传递的热量提高。对于每一种流体，当状态确定后，这些参数都具有一定的数值。这些参数的数值随流体温度改变而按一定的函数关系变化，其中某些参数还和流体的压力有关。在换热时，由于流场内温度各不相同，物性各异，通常选择一个特征温度以确定物性参数，把物性当作常量处理，这一温度称为定性温度。

4. 换热表面的几何尺寸、形状与大小

壁面的几何因素影响流体在壁面上的流态、速度分布、温度分布。在研究对流换热问题时，应注意对壁面几何因素作具体分析。表面的大小、几何形状、粗糙度以及相对于流体流动方向的位置等因素都直接影响对流换热过程，这是因为换热表面的特征不同导致流体的运动和换热条件不同所致。在分析计算时，可以采用对换热有决定影响的特征尺寸作为依据，这个尺寸称为定型尺寸。

总之，流体和固体表面之间的换热过程是极其复杂的，影响因素很多，以上只分析了其主要因素。

（三）表面换热系数

一般情况下计算流体和固体壁面间的对流换热热流密度 q 是以牛顿公式（牛顿 1701 年提出）为基础的，其公式如下

$$q=\alpha\ (t_w-t_f) \tag{2-13}$$

式中　q——对流换热热流密度，W/m^2；

t_w——壁面的温度，℃；

t_f——流体的温度，℃；

α——表面传热系数，$W/(m^2\cdot ℃)$。

表面传热系数 α 的物理意义指单位面积上，当流体和固体壁之间有单位温差，在单位时间内传递的热量。换热系数的大小反映了对流换热的强弱。

由于 α 的影响因素很多，并且在理论上使解决对流换热问题集中于求解表面传热系数问题，因此对流换热过程的分析和计算以表面传热系数的分析和计算为主。综合上述几方面的影响，不难得出结论，表面传热系数将是众多因素的函数，即

$$\alpha = f(\lambda、c、\beta、\rho、\mu、w、t_w、t_f、l、\oint) \tag{2-14}$$

其中，l 表示定型尺寸，$\oint$ 则为几何形状因素的影响。

研究对流换热的目的之一就是通过各种方法寻求不同条件下式（2-14）的具体函数式。

二、自然对流换热

流体由于冷、热各部分之间的密度不同所引起的流体运动称为自由运动。在自由运动情况下的换热称为自然运动换热或自然对流换热。

流体的自由运动完全取决于壁面与流体之间的换热强度。换热过程愈强烈，流体的自由运动就愈剧烈。由于换热过程中热交换量的大小不仅取决于换热表面积，而且也取决于换热表面与流体之间的温度差，所以，流体的自由运动要由换热表面积和温差来决定。温差影响流体的密度差和浮升力，而加热表面积的大小则影响过程区域范围。自然对流换热因流体所处的空间不同情况分为几种类型，本节只讨论最常见的两类。一类是流体在很大的空间中，如建筑物外墙表面的换热，室内散热器对空气的换热等，自然对流不受干扰，称为无限空间自然对流换热。另一类是流体在狭小空间内，如流体在双层玻璃中的空气层等，称为有限空间自然对流换热。

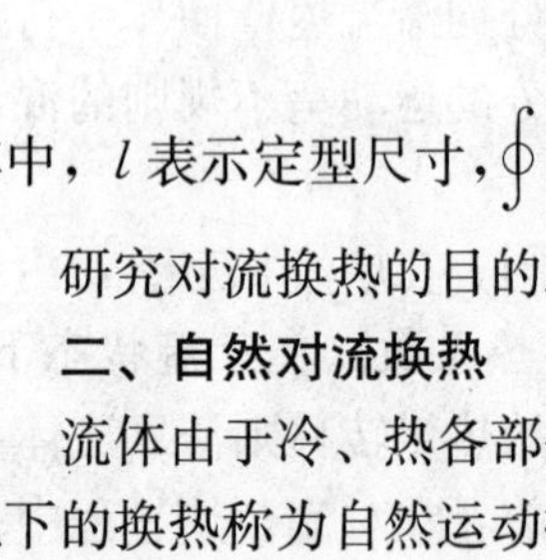

图 2-8　空气沿竖壁作自由运动

（一）无限空间中的自然对流换热

当流体自由运动所处的空间很大，因而冷热流体的运动相互之间不发生干扰时，这种换热过程称为无限空间中的换热。我们首先研究在无限空间时空气沿热的竖壁作自由运动的情况。有一竖壁（见图 2-8），空气沿其表面作自由运动。空气层的厚度从下向上逐渐增加，在壁的下部，空气以层流的形式向上流动，而壁的上部，空气呈紊流运动。两者之间出现一过渡状态。至于以哪一种状态为主，要由换热表面与空气之间的温差大小来决定。在

温差比较小时，由于换热过程比较缓慢，层流运动占优势；在温差比较大时，换热过程比较剧烈，紊流运动占优势。沿竖壁的换热情况也不相同。在竖壁下部，由于层流底层的厚度自下而上逐渐增加，局部换热系数将沿壁的高度逐渐减小。在层流到紊流的过渡区中，由于边界层中紊流成分不断加强，换热系数逐渐增大。在紊流区中，换热系数保持为定值，而与竖壁高度无关。

在自然对流换热的计算中，通常采用准则关联式的形式，即

$$Nu=f\ (Gr,\ Pr)$$

$$Nu=\alpha l/\lambda$$

$$Gr=\beta g l^3 \Delta t/\nu^2$$

$$Pr=\nu/a$$

式中　Nu——努谢尔特准则；

l——定型尺寸，m；

Gr——格拉晓夫准则；

g——重力加速度，m/s^2；

β——体积膨胀系数，1/K；

Δt——流体与壁的温差，℃；

Pr——普朗特准则；

ν——流体的运动粘度，m^2/s；

a——导温系数，m^2/s。

经实验研究得出这一准则关联式的具体形式

$$Nu=C\ (Gr\cdot Pr)^n \tag{2-15}$$

其中，C 和 n 为常数，其值可根据 $Gr\cdot Pr$ 的数值范围由表 2-3 选取，各式的定性温度均为边界层平均温度 $t_m=1/2\ (t_w+t_f)$。

表 2-3　式（2-15）中的常数

表面形状及位置	流动情况示意图	C、n 值			定型尺寸 l (m)	运用范围 $Gr\cdot Pr$
		流态	C	n		
垂直平壁及垂直圆柱	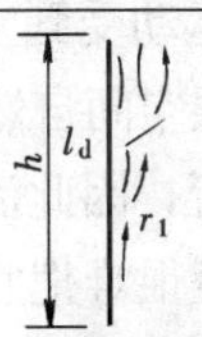 	层流 紊流	0.59 0.12	$\frac{1}{4}$ $\frac{1}{3}$	高度 h	$10^4\sim10^9$ $10^9\sim10^{12}$
水平圆柱	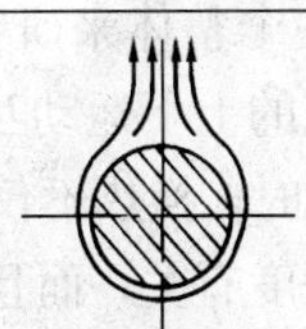	层流 紊流	0.53 0.13	$\frac{1}{4}$ $\frac{1}{3}$	圆柱外径 d	$10^4\sim10^9$ $10^9\sim10^{12}$
热面朝上或冷面朝下的水平壁	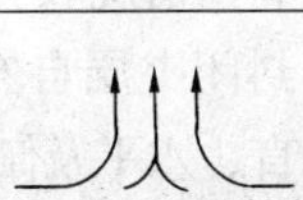	层流 紊流	0.54 0.14	$\frac{1}{4}$ $\frac{1}{3}$	矩形取两个边长的平均值；圆盘取 0.9d	$10^5\sim2\times10^7$ $2\times10^7\sim3\times10^{10}$

续表

表面形状及位置	流动情况示意图	C、n 值			定型尺寸 l (m)	运用范围 $Gr \cdot Pr$
		流态	C	n		
热面朝下或冷面朝上的水平壁	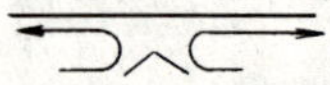	层流	0.27	$\frac{1}{4}$	矩形取两个边长的平均值；圆盘取 0.9d	$3\times10^5 \sim 3\times10^{10}$

【例 2-2】 已知某室内采暖管道外径 d=50mm，表面温度 t_w=75℃，室内空气温度为 t_f=25℃，试求此管道外表面的换热系数。

解：首先确定定性温度

$$t_m=\frac{1}{2}(t_w+t_f)=\frac{1}{2}(75+25)=50(℃)$$

定型尺寸 d=0.05m，按定性温度 t_m=50℃，由附录查得干空气的物理参数

$$\lambda=0.0283\text{W/(m}\cdot℃),\ \nu=17.95\times10^{-6}\text{m}^2/\text{s}$$

$$Pr=0.698$$

$$\beta=\frac{1}{T}=\frac{1}{273+50}=\frac{1}{323}(1/\text{K})$$

$$Gr=\frac{\beta g\Delta td^3}{\nu^2}=\frac{1}{323}\times\frac{9.81\times(75-25)\times0.05^3}{(17.95\times10^{-6})^2}=5.89\times10^5$$

$$Gr\cdot Pr=5.89\times10^5\times0.698=4.14\times10^5=4.11\times10^5>10^4$$

由表 7-1 查得 C=0.23，$n=\frac{1}{4}$=0.22，将以上数据代入准则方程式 $Nu=C(Gr\cdot Pr)^n$ 得

$$Nu=0.23\ (4.14\times10^2)^{0.22}=13.44$$

由 $Nu=\frac{\alpha l}{\lambda}$ 得

$$\alpha=\frac{Nu\lambda}{l}=\frac{13.44\times0.0283}{0.05}=7.61[\text{W/(m}^2\cdot℃)]$$

（二）有限空间中的换热

如果流体作自然对流所在的空间较小，冷热流体下沉或上浮运动受到空间因素的影响，此时的自然对流称为有限空间自然对流。在有限空间里，冷、热表面距离较近，因此流体的冷却和受热现象也就靠得很近，甚至很难把它们划分开来，所以常把全部过程作为一个整体来研究。由于空间的局限性，使得冷热气流的上下运动互相干扰，致使换热情况极为复杂。此时，换热不仅仅与流体的物理性质和过程的强烈程度有关，而且还要受到换热空间的形状和大小的影响，情况较为复杂。本节将只述及常见的扁平矩形封闭夹层自然对流换热。按它的几何位置可分为垂直、水平及倾斜三种，如图 2-9 所示。

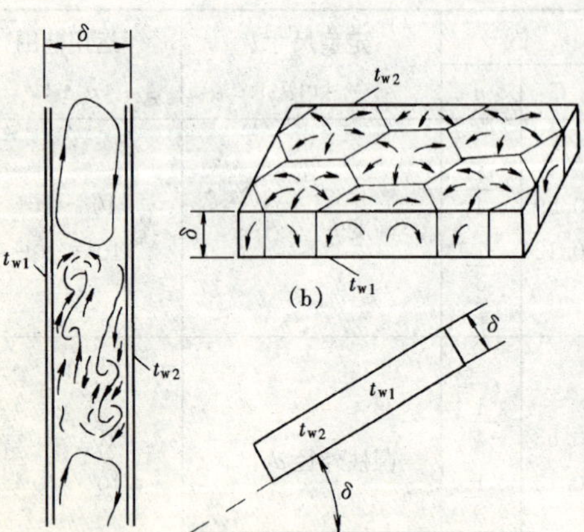

图 2-9 有限空间自然对流换热
(a)垂直封闭夹层；(b)水平封闭夹层；(c)倾斜封闭夹层

(1) 垂直封闭夹层的自然对流换热问题可分

为三种情况：①在夹层内冷热两股流动边界层相互结合，形成环流，如图 2-9（a）所示，整个夹层内可能有若干个这样的环流；②夹层厚度 δ 与高度 h 之比较大，冷热两壁的自然对流边界层不会互相干扰，不出现环流；③两壁的温差与夹层厚度都很小，以至可认为夹层内没有流动发生，通过夹层的热量可以按纯导热过程计算。

（2）对于水平封闭夹层可有两种情况：①热面在上，冷热面之间无流动发生，如无外界扰动，则应按导热问题分析；②热面在下，对气体 $Gr_z<1700$，可以按纯导热过程计算。$Gr_z>1700$ 夹层内的流动将出现图 2-9（b）的情形，形成有秩序的蜂窝状分布的环流，当 $Gr>2000$ 后，蜂窝状流动消失，出现紊乱流动。

（3）至于倾斜封闭夹层，它与水平夹层相类似，当 $Gr \cdot Pr>1700/\cos\theta$，将发生蜂窝状流动。

有限空间自然对流换热的计算，多采用准则关联式形式，如表 2-4 所示，定性温度为 $t_m=1/2(t_1+t_2)$，定型尺寸为夹层厚度 δ。

表 2-4　　有限空间自然对流换热准则关联式

夹层位置	Nu_d 准则关系式	运用范围
垂直夹层（气体）	$=0.197\ (Gr_\delta \cdot Pr)^{1/9}\left(\frac{\delta}{h}\right)^{1/9}$	$6000<Gr_\delta \cdot Pr<2\times10^5$
	$\approx0.073\ (Gr_\delta \cdot Pr)^{1/3}\left(\frac{\delta}{h}\right)^{1/4}$	$2\times10^5<Gr_9 \cdot Pr<1.1\times10^7$
水平夹层（热面在下）（气体）	$=0.059\ (Gr_\delta \cdot Pr)^{0.4}$	$1700<Gr_\delta \cdot Pr<7000$
	$=0.212\ (Gr_\delta \cdot Pr)^{1/4}$	$7000<Gr_\delta \cdot Pr<3.2\times10^5$
	$=0.061\ (Gr_\delta \cdot Pr)^{1/3}$	$Gr_\delta \cdot Pr>3.2\times10^5$
倾斜夹层（热面在下与水平夹角为 θ）（气体）	$=1+1.446\left(1-\frac{1708}{Gr_\delta \cdot Pr \cdot \sqrt{\cos\theta}}\right)$	$1708<Gr_\delta \cdot Pr \cdot \cos\theta<5900$
	$=0.229\ (Gr_f \cdot Pr \cdot \cos\theta)^{0.252}$	$5900<Gr_\delta \cdot Pr \cdot \cos\theta<9.23\times10^4$
	$=0.157\ (Gr_f \cdot Pr \cdot \cos\theta)^{0.285}$	$9.23\times10^4<Gr_\delta \cdot Pr \cdot \cos\theta<10^6$

三、管内受迫流动换热

流体在管内受迫流动时的换热在工程上应用极为广泛，例如各种管式冷、热流体换热器，锅炉过热器或省煤器，燃气热水器的换热，热水管道的换热，冷凝器换热等均属于这种换热过程。

（一）流体在管内流动的特征

1. 层流和紊流

前面已经讲过，流体在管内流动时可分为层流和紊流两种流态。流体运动速度较小时，呈现出层流状态；运动速度较大时，呈现出紊流状态。两者分界的速度称为临界速度。对于不同流体和不同直径的管路，临界速度的数值也不同。但是，流体在管内流动时，从层流状态到紊流状态的转变完全取决于雷诺准则的数值。各种不同的流体在不同直径的管内流动时，只要雷诺准则数值相同，运动情况就相同。层流与紊流分界的雷诺准则数值称为临界雷诺准则或称临界雷诺数。实验表明，流体在管内流动时的临界雷诺数为 $Re2320$。$Re<2320$ 时，为层流，$Re>2320$ 时，出现了由层流状态到紊流状态的转变过程，当 $Re>10^4$ 时，达到了旺盛的紊流状态。雷诺数 Re 介于 2320 与 10^4 之间时，为层流向紊流转变的过渡阶段，称为过渡状态。

2. 进口段和充分发展段

流体从进入管口开始，需经历一段距离，管内断面流速分布和流动状态才能达到定型，这一段距离称为进口段。之后，流态定型，流动达到充分发展，称为流动发展段。在流动充分发展段，流体的径向 r 速度分量 v_r 为零，且轴向 x 速度 v_x 不随管长改变。即

$$\frac{\partial v_x}{\partial x}=0;\ v_r=0$$

在有热交换的情况下，同时还存在热充分发展段。由于换热，管断面的流体平均温度 t_f 将不断发生变化，壁温 t_w 也可能发生变化。但实验发现，在热充分发展段，一个综合的无量纲温度 $\frac{t_w-t}{t_w-t_f}$ 随管长保持不变，即

$$\frac{\partial}{\partial x}\left(\frac{t_w-t}{t_w-t_f}\right)=0$$

在管道入口处，边界层较薄，所以温度梯度也较大；离入口处较远，则边界层较厚，温度梯度也较小。对应于这种变化，在管道入口处的局部换热系数最大，以后沿管道长度变小，最后趋于某一极限值，然后保持不变。图 2-10 表明了管内局部换热系 α_x 与平均换热系数 α 随管长 x 的变化情况。由图 2-10 中可以看出，在进口处，边界层最薄，α_x 具有最高值，随后逐渐降低。在层流情况下，α_x 趋于不变值的距离较长。

3. 温度场对速度分布的影响

当流体在管内流动过程中被热的管壁加热或被冷的管壁冷却时，流动为非等温过程。这时，流体的温度不仅沿管道长度发生变化，而且沿截面也要改变。因而流体的物性也随之而变。对于液体来说，主要是粘性随温度而变化；对于气体，除粘性外，密度和导热系数也随温度不同而改变。图 2-11 所示为流体在管内作层流流动时被加热和被冷却时的速度分布曲

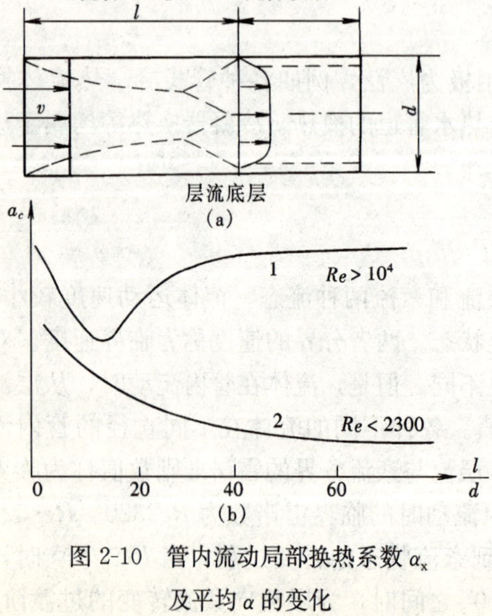

图 2-10 管内流动局部换热系数 α_x 及平均 α 的变化

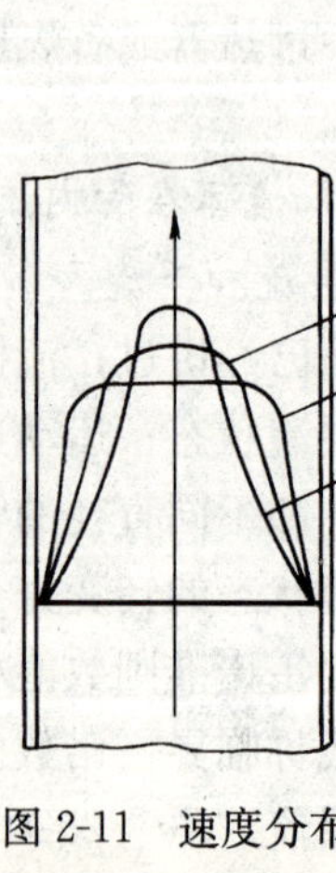

图 2-11 速度分布曲线

线。曲线 1 为等温流动时的速度分布曲线。当液体被冷却时，管壁处的温度低于管中心，这时壁面附近的液体粘度高于管中心的液体粘度，与曲线 1 相比，管壁附近的流速减小，管中心处的速度增大，速度分布见曲线 2。当液体被加热时，管壁处的温度高于中心，此时壁面附近的液体粘度降低，流速增大；而管中心液体的粘度增大，流速减小。曲线 3 表示了液体被加热时的速度分布情况。对于气体，由于其粘度随温度的升高而增大，所以换热对其速度分布的影响与液体的情况相反。

（二）流体在层流时的换热

流体在管内作层流运动时，由于各部分之间换热靠导热方式，因此换热过程比较缓慢。在这种情况下，自然对流的产生会造成流体的扰动，因而显著增强了换热，这就使得在层流时，自然对流的作用不能忽略。考虑到上述影响，流体在层流时换热的准则方程式具有下列形式

$$Nu=CNu^{n}\cdot Pr^{m}\cdot Gr^{P} \tag{2-16}$$

计算时可采用下列实验公式

$$Nu=0.12Re^{0.33}Pr^{0.43}Gr^{0.1}\left(\frac{Pr_1}{Pr_b}\right)^{0.22} \tag{2-17}$$

利用上式可求出 $l/d<20$（l 为管长，d 为管径），和（$Gr\cdot Pr$）$\geqslant 8\times10^{2}$ 时管道全程长度的平均换热系数。这个公式适用于液态金属以外的任何流体，并且也考虑了热流方向和自然对流的影响。

当 $l/d<20$ 时，管道的换热系数可按上式求出 α 值后再乘上修正系数 ε_l。ε_l 值可由表 2-5 查得。

表 2-5 层流时的 ε_l 值

l/d	1	2	2	10	12	20	30	40	20
ε_l	1.90	1.70	1.44	1.28	1.18	1.13	1.02	1.02	1

当 $Gr\cdot Pr\leqslant 8\times10^{2}$ 时，层流换热还可用下式计算

$$Nu=1.86Re^{1/3}Pr^{1/3}(l/d)^{1/3}(\mu_1/\mu_{ww})^{0.14} \tag{2-18}$$

式中 d——管子直径，m；

l——管子长度，m。

上式不能用于很长的管子，当管长很长时，d/l 将趋近于零。

由于层流时放热系数的数值小，所以绝大多数的换热设备都不是按层流范围设计，只有在少数应用粘性很大的流体的设备中才能见到层流流动。

（三）流体在过渡状态时的换热

在管内流动的流体，当其雷诺数 Re 在 2320～10000 之间时，是从层流到紊流的过渡状态。在这种状态下，流体的流动既不是层流，也不完全符合紊流的特征。由于流动中出现了旋涡，过渡状态的换热系数，将随雷诺数 Re 而增加。在温差大时，还有自然对流带来的复杂影响。在整个过渡状态中换热规律是多变的。在选用计算公式时必须注意适用条件。下面介绍一种常用的计算式

当 $Pr_1=0.6\sim1.2$，$T_1/T_w=0.2\sim1.2$，$Re_1=2320\sim10000$ 时，对于气体

$$Nu=0.0214(Re_1^{0.8}-100)Pr^{0.4}[1+(d/L)^{2/3}](T_1/T_w)^{0.42} \tag{2-19}$$

其中，L 为管长，T_1、Pr_1 以流体的平均温度为定性温度。

当 $Pr=1.2\sim200$，$Pr_1/Pr_w=0.02\sim20$，$Re=2320\sim10000$ 时，对于液体

$$Nu=0.07(Re^{0.87}-280)Pr^{0.4}[1+(d/L)^{2/3}](Pr_1/Pr_w)^{0.11} \tag{2-20}$$

上两式是根据实验数据整理而得，对于90%的实验点偏差不超过±20%。

（四）流体在紊流时的换热

在紊流状态下，流体各部分之间的热量传递，主要是依靠流体本身各部分之间的扰动混合。当$Re>10000$，流体达到旺盛的紊流状态时，这种扰动混合过程非常剧烈，使得紊流核心截面上的流体温度几乎一致。只有在层流边界层中才出现温度的显著变化。这种温度分布不会引起自然对流，所以流体的运动完全取决于受迫运动。

前面已经谈到，在不考虑自由运动时，受迫运动的准则方程式应具有下列形式

$$Nu=f(Re\cdot Pr)$$

考虑到定性温度的选择和消除热流方向的影响，上式应变为

$$Nu=[f(Re_1\cdot Pr_1)](Pr_1/Pr_w)^{0.22}$$

根据实验数据，按照上式综合的结果，可得到下列准则方程式

$$Nu=0.021Re_1^{0.8}\cdot Pr_1^{0.43}\quad(Pr_1/Pr_w)^{0.22}\tag{2-21}$$

上式以流体的平均温度t_1作为定性温度，以管子的直径d或流道的当量直径d_e作为定型尺寸。上式适用于$Re=1\times10^4\sim2\times10^2$，$Re=0.6\sim2200$的一切液体和弹性流体，也适合于任何截面形状（如圆形、矩形、三角形）的流道。

【例2-3】　计算水在管内流动时与管壁间的换热系数α。已知管内径$d=32$mm，长度$l=4$m，水的平均温度$t_m=60$℃，水在管内的流速$w=1.5$m/s。

解：首先取定性温度为流体的平均温度$t_m=60$℃，查得水在60℃时的物性参数为：

$$\lambda=0.659\text{W/m}\cdot℃,\ v=0.478\times10^{-6}\text{m}^2/\text{s}\quad Pr=2.98$$

然后确定管内流动的Re

$$Re=\frac{wd}{v}=\frac{1.5\times0.032}{0.478\times10^{-6}}=1.004\times10^5>10^4$$

因为$Re>10^4$，管内流动为旺盛紊流，故可采用公式计算Nu数。因为未给出热流方向，可以忽略$(Pr_1/Pr_w)^{0.22}$项，于是

$$Nu=0.021Re_1^{0.8}\cdot Pr_1^{0.43}=0.021\times(1.004\times10^5)^{0.8}\times2.98^{0.43}=336.91$$

计算换热系数α

$$\alpha=\frac{Nu\lambda}{d}=\frac{336.91\times0.659}{0.032}=6938.24[\text{W/(m}^2\cdot℃)]$$

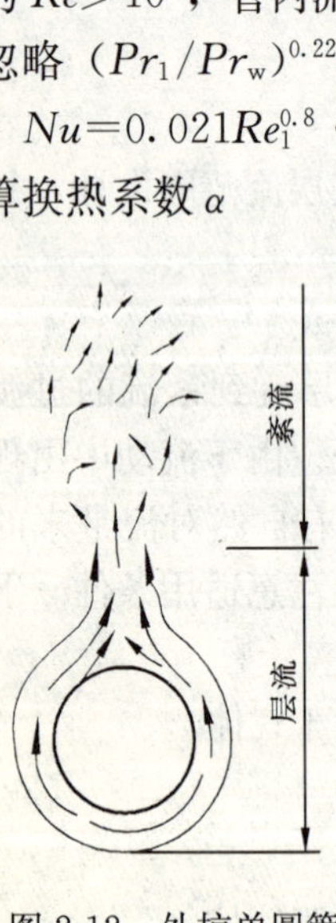

图2-12　外掠单圆管流动边界层

四、流体在圆管外横向流过时的换热

工程中常遇到流体横向流过管束时的换热过程，例如空气通过空气加热器被加热的过程；烟气横向冲刷锅炉对管束的换热过程；蒸汽横向从管外流过壳管式换热器的管束等，本节先分析外掠单管，然后讨论管束的情况。

（一）外掠单圆管

外掠单圆管流动边界层特征，如图2-12所示。

流体绕流圆管壁时，流体压强沿程将发生变化，大约在管的前半部递降，即$dp/dx<0$，而后又逐渐回升，即$dp/dx>0$。与压强的变化相应，主流速度先逐渐增加，而后又逐渐降低。在$dp/dx>0$的区域

内，流体需靠本身的动能以克服压强的增长而向前流动，但靠近壁面的流体由于粘滞力的影响速度比较低，动能也较小，其结果是从壁面的某一位置开始停止向前流动，并随即向相反的方向流动。这时的壁面的速度梯度为0，如图2-13中的0点。该点称为绕流脱体点。脱体点的位置取决于Re，由于紊流边界层中流体的动能大于层流，故紊流的脱体点位置滞后于层流。

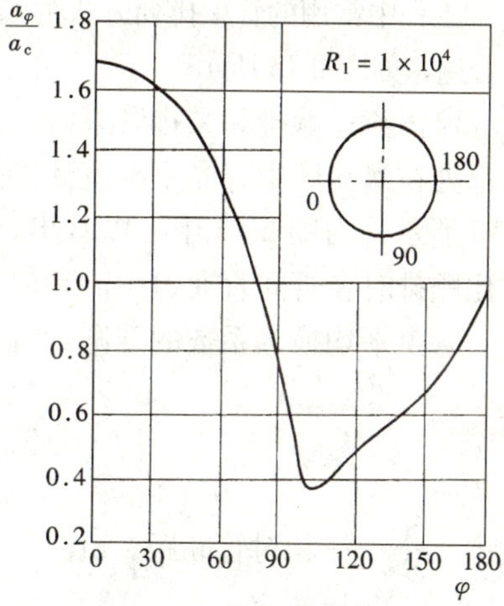

图2-13　外掠单圆管局部换热系数的变化

壁面边界层的流动状况，决定了换热特征。图2-13为常热流条件下单圆管壁面局部换热系数Nu_φ的分布，这些曲线都表明局部换热系数从管正面停滞点$\varphi=0°$开始，由于层流边界层厚度的增加而下降。图2-13中Re最低的两个工况，其脱体点前一直保持层流，在脱体点附近出现Nu_φ的最低值。随后因脱体区的混乱运动，Nu_φ又趋回升。图2-13中Re较高的其他工况的曲线表明，壁面边界层发生脱体时已是紊流，Nu_φ出现了两次低的数值，第一次相当于层流到紊流的转变区，另一次则发生在紊流边界层与壁脱离的地方。

根据流体外掠单圆管换热实验研究结果，整理成准则关联式为

$$Nu_f = C_1 Re^n \tag{2-22}$$

其中，定型尺寸为管的外径；Re中的流速为通道最窄处的流速，定性温度为流体平均温度。

对于空气和烟气，C_1和n的值列于表2-6中。

对于液体，可以采用下式

$$Nu_f = 1.112 C_1 Pr^{1/3} Re^n \tag{2-23}$$

表2-6　空气外掠单圆管的C_1及n值

Re	1～4	4～40	40～4000	4000～40000	40000～220000
C_1	0.891	0.821	0.612	0.174	0.0239
n	0.330	0.392	0.466	0.618	0.802

（二）外掠光滑管束

在实际工程中常遇到的往往不是流体横向流过单管，而是流过许多管子组成的管束。流体流过管束不同于流过单管的情况，对于图2-14（a）所示，第2和3排管子的迎风而并不受流体的直接冲击，而是处在第1排管子的阴影区，换热情况有所不同。

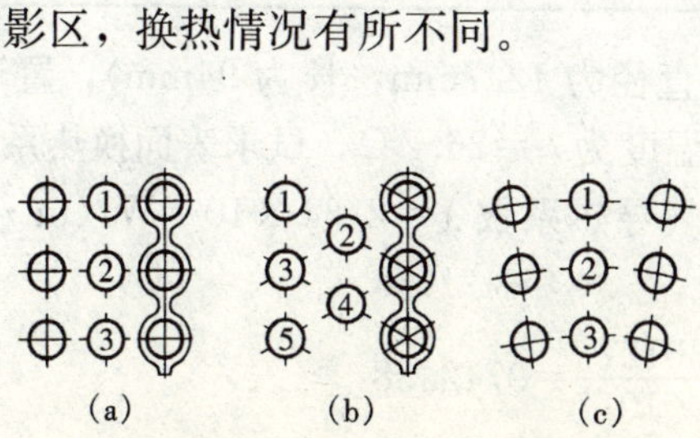

图2-14　顺排和叉排管束

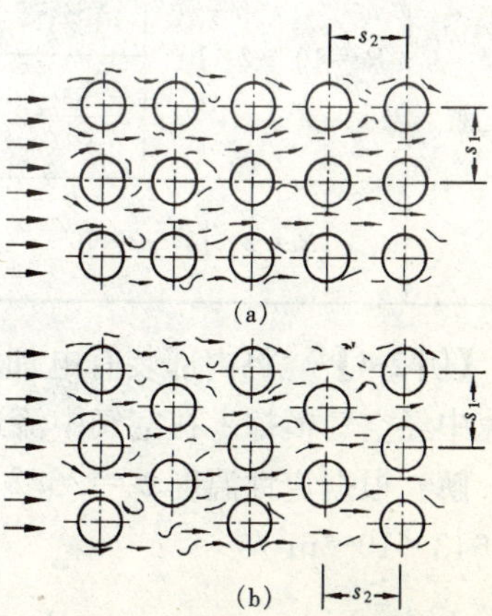

图2-15　流体在管束间流动
（a）顺排；（b）叉排

工程中常用的管束排列方式为顺排和叉排管束。管束的排列方式有很多，但以顺排与叉排最为普遍，如图 2-15 所示。

流体流过顺排和叉排管束时，其流动状况大不一样。顺排时，除了第一排外，管子的前后都处在涡流区中，受不到流体的直接冲刷；叉排时，各排管子受到的冲刷比较接近，如图 2-15 所示。由图 2-15 中可以看出，叉排时流体在管间弯曲、交替扩张和收缩的通道中流动要比顺排时在管间直通道中流动时的扰动剧烈得多。因此换热过程叉排也比顺排强烈。

管束平均换热系数的准则方程式为

$$Nu=CRe^nPr^m\left(\frac{Pr_f}{Pr_w}\right)^{0.22}\left(\frac{S_1}{S_2}\right)^P\varepsilon_z \tag{2-24}$$

式中 $\frac{S_1}{S_2}$——相对管间距，m；

ε_z——排数修正系数（见表 2-7）。

表 2-7　排数修正系数 ε_z

排数	1	2	3	4	2	6	8	7	16	20
顺排	0.69	0.80	0.86	0.90	0.93	0.92	0.96	0.98	0.99	1.0
叉排	0.62	0.76	0.84	0.88	0.92	0.92	0.96	0.98	0.99	1.0

由实验给出式（2-24）的具体形式列于表 2-8 中，各式定性温度用流体在管束中的平均温度，定型尺寸为管外径。

表 2-8　管束平均换热系数准则关联式

排列方式	适用范围 0.7<Pr<500		准则关联式	对空气或烟气的简化式 (Pr=0.7)
顺排	$Re=10^3\sim2\times10^5$，$\frac{S_1}{S_2}<0.7$		$Nu_f=0.27Re_f^{0.63}Pr_f^{0.36}\left(\frac{Pr_f}{Pr_w}\right)^{0.25}$	$Nu_f=0.24Re_f^{0.63}$
	$Re=2\times10^3\sim2\times10^5$		$Nu_f=0.27Re^{0.84}Pr_f^{0.36}\left(\frac{Pr_f}{Pr_w}\right)^{0.25}$	$Nu_f=0.018Re_f^{0.84}$
叉排	$Re=10^3\sim2\times10^5$	$\frac{S_1}{S_2}\leqslant2$	$Nu_f=0.35Re_f^{0.6}Pr_f^{0.36}\left(\frac{Pr_f}{Pr_w}\right)^{0.25}\left(\frac{S_1}{S_2}\right)^{0.2}$	$Nu_f=0.31Re_f^{0.6}\left(\frac{S_1}{S_2}\right)^{0.2}$
		$\frac{S_1}{S_2}>2$	$Nu_f=0.40Re_f^{0.6}Pr_f^{0.36}\left(\frac{Pr_f}{Pr_w}\right)^{0.25}$	$Nu_f=0.35Re_f^{0.6}$
	$Re=2\times10^5\sim2\times10^6$		$Nu_f=0.022Re_f^{0.6}Pr_f^{0.36}\left(\frac{Pr_f}{Pr_w}\right)^{0.25}$	$Nu_f=0.019Re_f^{0.84}$

【例 2-4】 将内部装有电加热器的圆管（直径为 12.7mm，长为 94mm），置于低速的风速中经空气横掠。在空气中流速 $w=7\text{m/s}$，温度为 $t_f=26.2$℃，试求表面换热系数。

解： 根据定性温度 $t_f=26.2$℃查附表的空气导热系数 $\lambda=2.64\times10^{-2}$ W/(m·℃)，$v=12.643\times10^{-6}\text{m}^2/\text{s}$

$$Re_f=\frac{wd}{v}=\frac{12\times0.0127}{15.643\times10^{-6}}=9742.38$$

根据表 2-3 查得 $C_1=0.174$；$n=0.618$，于是 $Nu_f=0.174Re^{0.618}=0.174\times9742.38^{0.618}$

$=50.76$

$$\alpha=\frac{Nu_f\lambda}{d}=\frac{50.76\times0.0264}{0.0127}=102.22[\mathrm{W/(m^2\cdot ℃)}]$$

【例 2-5】　某空气加热器由 8 排（每排 16 根）管束组成，每根长 1.2m，外直径 20mm。管子排列方式为叉排，管间距 $S_1=60\mathrm{mm}$，$S_2=40\mathrm{mm}$，空气平均温度为 20℃，流经管束最窄处的速度为 1.6m/s。试求流经换热器的空气所获得的热量。

解：由有关资料查得空气平均温度为 20℃时的物性参数为

$$\lambda=0.0257\mathrm{W/(m\cdot ℃)}$$

$$v=12.06\times10^{-6}\mathrm{m^2/s}$$

管间距之比 $S_1/S_2=60/40=1.2<2$

$$Re=\frac{wd}{v}=\frac{1.6\times0.02}{15.06\times10^{-6}}=2024.8$$

根据 $S_1/S_2<2$，$Re=2\times10^2\sim10^3$ 选用表 2-8 中的准则关联式，再乘以排数修正系数 ε_z，即

$$Nu=0.31Re^{0.6}(S_1/S_2)^{0.2}\varepsilon_z=0.31\times2021.2^{0.6}\times(1.2)^{0.2}\times0.96=31.34$$

$$\alpha=\frac{Nu_f\lambda}{d}=\frac{31.34\times0.0257}{0.02}=40.27[\mathrm{W/(m^2\cdot ℃)}]$$

流经换热器的空气所获得的热量为

$$Q=\alpha\Delta tF=\alpha\Delta tn\pi dl=40.27\times(100-20)\times8\times16\times3.14\times0.02\times1.2=31.08(\mathrm{kW})$$

第三节　辐射换热的基本概念

辐射换热是三种基本传热方式之一，工程中也有许多辐射换热的现象。本章将介绍辐射换热的基本概念及基本规律，并在此基础上进一步分析辐射换热的计算方法。

一、基本概念

（一）辐射

辐射是波或大量微观粒子从发射体向四周传播的过程。发射辐射能是各类物质的固有特性。

电磁波理论解释说，物质是由分子、原子、电子等基本粒子组成的，当原子内部的电子受激和振动时，产生交替变化的电场和磁场，发出电磁波向空间传播，这就是辐射。电磁波在介质中以光速传播，其频率、波长与光速有如下关系

$$c=\lambda\nu \tag{2-25}$$

式中　c——介质中的光速，m/s，在真空中 $c=3\times10^8\mathrm{m/s}$；

λ——波长，μm；

ν——频率，Hz。

量子理论解释说，辐射是离散的量子化能量束，即光子传播能量的过程。光子的能量与频率的关系可以用普朗克公式表示

$$e=h\nu \tag{2-26}$$

式中　e——光子的能量，J；

h——普朗克常数，$h=6.63\times10^{-34}\mathrm{J\cdot s}$；

ν——频率，Hz。

从本质上说，辐射既具有波动性又具有粒子性，并且不同波长的电磁波具有的能量也不相同。

(二) 热射线

波长 $\lambda=0.1\sim100\mu m$ 之间的电磁波称为热射线，它们投射到物体上能产生热效应。热射线包括部分紫外线、可见光和部分红外线。

其中，紫外线连同伦琴射线、γ 射线，是波长 $\lambda<0.38\mu m$ 范围的电磁波；可见光是波长 $\lambda=0.38\sim0.76\mu m$ 范围的电磁波；红外线是 $\lambda=0.76\sim1000\mu m$ 范围的电磁波。各类电磁波的波长可以从几万分之一微米到数公里，它们的分布如图 2-16 所示。

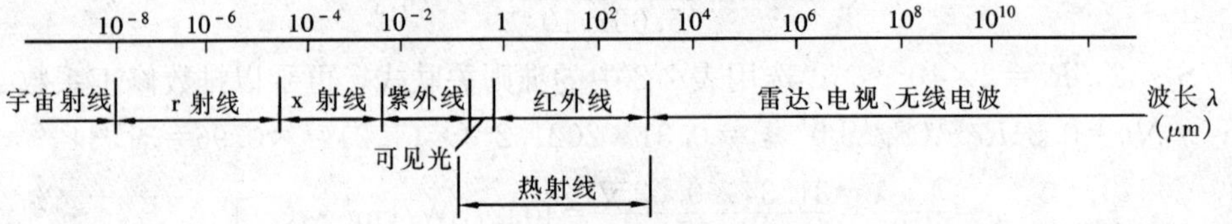

图 2-16　电磁波谱

(三) 热辐射

热辐射是物体因自身具有温度而向外发射能量的现象。由于原子内部电子可能被不同的方法所激发，于是相应地会产生不同波长的电磁波，继而投射到物体上产生不同的效应。如果是由于自身温度或热运动的原因而激发产生的电磁波传播，就称为热辐射。

热辐射就是热射线的传播过程。对于工程上的辐射体，热力学温度如果在 2000K 以下，其热辐射主要是红外辐射，而可见光的能量所占比例很少，通常可以略去不计。

(四) 辐射换热

不论物体的冷热程度和周围情况如何，只要其热力学温度 $T>0K$，都会不断地向外界发射热射线。物体的温度愈高，它辐射的能量就愈强。若物体间温度不相等，高温物体辐射给低温物体的能量将大于低温物体向高温物体辐射的能量，其结果热量从高温物体传给了低温物体，这就是物体间的辐射换热。

导热、对流、辐射是三种基本传热方式。但辐射换热与导热和对流换热又有着本质的差别。

首先，辐射换热不依靠物质的接触就可以进行热量传递。而导热和对流换热都必须由冷、热物体直接接触或通过中间介质相接触才能进行。

其次，辐射换热伴随着能量形式的转化。例如，一个物体不时地将自身部分内能转化为电磁波能向空间发射，当波辐射到另一物体表面时，电磁波能将被该物体吸收并转化为该物体自身的内能。

再次，物体间的辐射换热无时无刻不在进行。例如，考察两物体之间所发生的辐射换热。当这两物体之间有温差时，高温物体向外辐射的总能量将大于低温物体向外辐射的总能量，此时总的结果是高温物体将能量传给了低温物体。当这两物体之间无温差时，不论这两物体的冷热程度如何，它们都会不断地向周围发射热射线。然而此时其中任何一个物体所辐射出去的能量，同时又等于它自身所吸收的能量。所以归根到底，这是一种动态的平衡。

（五）辐射强度

辐射强度是指物体表面朝向某给定方向，对垂直于该方向的单位面积，在单位时间、单位立体角内所发射的全波长总能量。用符号 I 表示，单位为 W/(m^2 · sr)，如图 2-17 所示。

在这里，sr 为球面度，是立体角的单位。所谓立体角又称球面角或空间角，是指在以 r 为半径的球面上，某割切的面积 F 所对应的球心角度。用符号 ω 表示，单位为 sr。立体角大小用下式计算

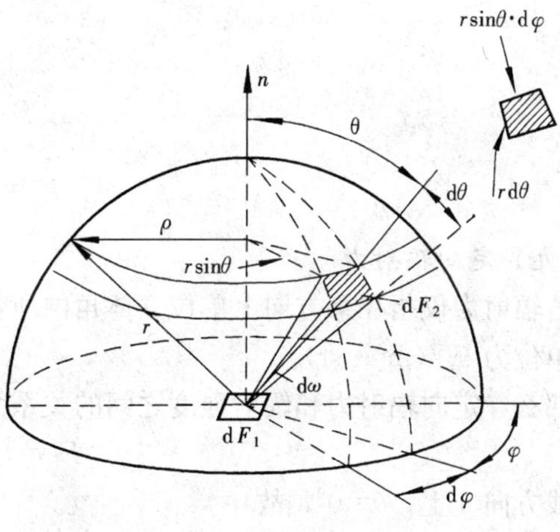

图 2-17 dF_1 上某点对 dF_2 所张的立体角

$$\omega=\frac{R}{r^2}\ (\mathrm{sr}) \tag{2-27}$$

如图 2-17 所示，对于微元面积 dF_2，辐射表面 dF_1 的半球空间，其立体角是 2π，即

$$\omega=\frac{2\pi r^2}{r^2}=2\pi \tag{2-28}$$

（六）单色辐射强度

若辐射强度仅指某波长 λ 下波长间隔 $d\lambda$ 范围内所发射的能量，即称单色辐射强度。用符号 I_λ 表示，单位为 W/(m^2 · μm · sr)。

可见，辐射强度和单色辐射强度之间的关系为

$$I=\int_0^\infty I_\lambda d\lambda \tag{2-29}$$

或

$$I_\lambda=\frac{dI}{d\lambda} \tag{2-30}$$

（七）辐射力

辐射力是指发射物体每单位表面积在单位时间内向半球空间所发射的全波长能量。用符号 E 表示，单位为 W/m^2。它的全称是半球向总辐射力。

可见，辐射力和辐射强度之间的关系为

$$E=\int_{\omega=2\pi} I\cos\theta d\omega \tag{2-31}$$

从而，辐射力和单色辐射强度之间的关系为

$$E=\int_{\omega=2\pi}\int_0^\infty I_\lambda\cos\theta d\omega d\lambda \tag{2-32}$$

（八）单色辐射力

若辐射力仅指在某波长 λ 下波长间隔 $d\lambda$ 范围内所发射的能量，即称单色辐射力。用符号 E_λ 表示，单位为 W/(m^2 · μm)。

则辐射力和单色辐射力之间的关系为

$$E = \int_0^\infty E_\lambda \mathrm{d}\lambda \tag{2-33}$$

或

$$E_\lambda = \frac{\mathrm{d}E}{\mathrm{d}\lambda} \tag{2-34}$$

（九）定向辐射力

若辐射力仅指在某方向上单位立体角内所发射的能量，即称定向辐射力。用符号 E_θ 表示，单位为 $\mathrm{W/(m^2 \cdot sr)}$。

那么，定向辐射力和辐射强度之间的关系为

$$E_\theta = I_\theta \cos\theta \tag{2-35}$$

在法线方向 n 上，$\theta=0°$，故

$$E_\mathrm{n} = I_\mathrm{n} \tag{2-36}$$

（十）吸收、反射和透射

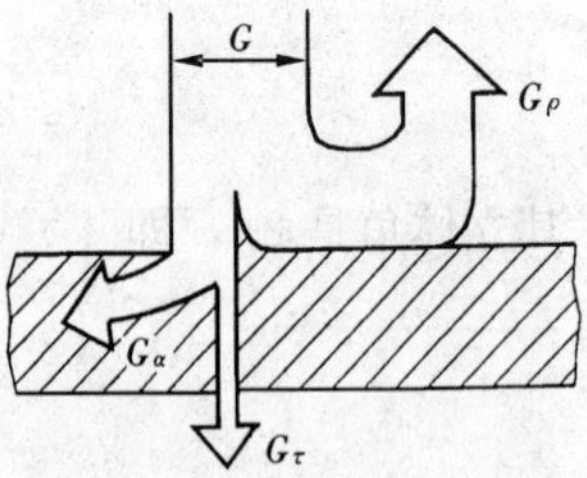

图 2-18　热射线的吸收、反射和透射

热射线和可见光在物理本性上是相同的，所以光的投射、反射和折射规律对热射线也同样适用。当热射线投射到物体上时，遵循可见光的规律，其中部分被物体吸收，部分被物体反射，其余的则会穿透物体，如图 2-18 所示。

假设投射到物体上的总能量为 G，被吸收能量为 G_α、反射能量为 G_ρ、透射能量为 G_τ，根据能量守恒，可有

$$G_\alpha + G_\rho + G_\tau = G \tag{2-37}$$

上式两端同除以 G 得

$$\alpha + \rho + \tau = 1 \tag{2-38}$$

式中　α——吸收率，表示在投射总能量中被吸收的能量所占份额，即物体对辐射能的吸收能力，无因次量，$\alpha = \frac{G_\alpha}{G}$；

ρ——反射率，表示在投射总能量中被反射的能量所占份额，即物体对辐射能的反射能力，无因次量，$\rho = \frac{G_\rho}{G}$；

τ——透射率，表示在投射总能量中被透射的能量所占份额，即物体对辐射能的透过能力，无因次量，$\tau = \frac{G_\tau}{G}$。

如果投射的是某一波长下的单色能量，上述的关系也同样适用，即

$$\alpha_\lambda + \rho_\lambda + \tau_\lambda = 1 \tag{2-39}$$

式中　α_λ——单色吸收率；

ρ_λ——单色反射率；

τ_λ——单色透射率。

工程物体一般为固体或液体，这些物体的吸收率很高，投射能量在距表面极薄的一层中就会被吸收完毕。因此，工程材料可以认为无透射性，即

$$\alpha+\rho=1 \tag{2-40}$$

这也表示，就不同的工程材料而言，善于吸收的表面就不善于反射。反之亦然。

与固体和液体不同，气体的分子间距之大，会使得投射能量在其表面几乎没有反射能力。因此，气体可以认为无反射性，即

$$\alpha+\tau=1 \tag{2-41}$$

显然，这也表示就不同气体而言，善于吸收的就不善于透射。反之亦然。

（十一）黑体、白体和透明体

如果物体能完全吸收外来的投射能量，即 $\alpha=1$，这样的物体称为绝对黑体，简称黑体。

如果物体能完全反射外来的投射能量，即 $\rho=1$，这样的物体称为绝对白体，简称白体。

如果物体能完全透射外来的投射能量，即 $\tau=1$，这样的物体称为透明体，或称透热体。

在自然界中，黑体、白体和透明体是不存在的，它们只是研究实际物体热辐射性能的理想模型。

例如，烟煤 $\alpha\approx0.96$，抛光的金属表面 $\rho\approx0.97$。

必须指出，这里的黑体、白体、透明体都是对全波长射线而言的，由于可见光只占全波长射线中的一小部分，所以在一般温度条件下，物体对外来射线的吸收和反射能力，并不能简单地按照物体颜色来判断。

我们知道，由于物体对可见光的吸收率不尽相同，所以世界会呈现出纷繁的色彩。例如，白布和黑布，虽然它们有着不同的颜色，但是对于红外线它们却有着相同的吸收率。又如，雪对可见光吸收率很小，但实验证明它对全波长射线的吸收率 $\alpha\approx0.98$，其数值非常接近于黑体。再如，普通玻璃可以透过可见光，但它对于 $\lambda>3\mu m$ 的红外线几乎是不透明体。

实际上，物体的性质、表面状况、自身温度和发射体温度等，都是物体对外来射线的吸收和反射能力的相关影响因素。

黑体是一个理想的吸收体，在辐射换热的分析中非常重要。通常我们可以将实际物体同黑体相比较，借助已知的黑体辐射和吸收规律，以修正的方式解决实际物体的辐射和吸收问题。

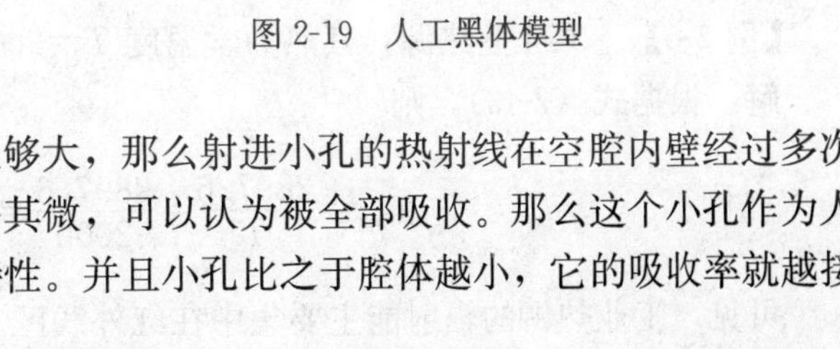

图 2-19 人工黑体模型

尽管在自然界里不存在黑体，但是我们可以根据黑体原理进行模拟，如图 2-19 所示。内表面处于均温的空腔壁上的小孔，如果空腔内表面积比小孔面积足够大，那么射进小孔的热射线在空腔内壁经过多次吸收和反射后，由小孔射出的能量就微乎其微，可以认为被全部吸收。那么这个小孔作为人工黑体，就具有黑体表面的辐射和吸收特性。并且小孔比之于腔体越小，它的吸收率就越接近于 1，从而小孔就越接近于黑体。

生活中白天从远处看房屋的窗孔会觉得较暗，工程中可以在锅炉膛壁上设定窥视孔，如此这些都再现了黑体原理。作为比较的标准，黑体这个理想模型对研究实际物体的热辐射特性具有非常重要的意义。

二、热辐射的基本定律

热辐射的基本定律主要有，普朗克定律、维恩（位移）定律、斯蒂芬—玻尔兹曼定律和

基尔霍夫定律。

（一）普朗克定律

普朗克定律表达了黑体单色辐射力与波长、热力学温度之间的函数关系，这种函数关系可以表示为

$$E_{b\lambda}=\frac{c_1}{\lambda^5\left(e^{\frac{c_2}{\lambda T}}-1\right)} \tag{2-42}$$

式中　$E_{b\lambda}$——黑体单色辐射力，$W/(m^2\cdot\mu m)$；

λ——波长，μm；

T——绝对温度，K；

c_1——普朗克定律第一常数，$c_1=3.743\times10^8 W\cdot\mu m^4/m^2$；

c_2——普朗克定律第二常数，$c_2=1.439\times10^4 \mu m\cdot K$。

普朗克定律所揭示的关系 $E_{b\lambda}=f(\lambda, T)$ 所对应的函数曲线如图 2-20 所示。

曲线下的面积就是该特定温度下的黑体辐射力。在任意波长下的单色辐射力都随温度的升高而增大，因而随黑体温度的升高，其辐射力也在增加。

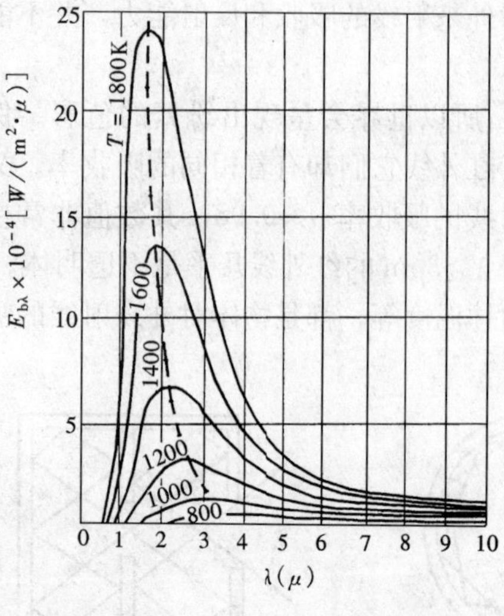

图 2-20　黑体 $E_{b\lambda}=f(\lambda,T)$关系

（二）维恩（位移）定律

在图 2-20 的函数曲线关系里，我们可以观察到：当 $\lambda=0$ 和 $\lambda=\infty$ 时，$E_{b\lambda}=0$；对于任意温度 T，关系曲线都必有唯一极值 λ_{max}；并且 T 越高，相应 λ_{max} 越小，即 λ_{max} 向短波方向移动。维恩位移定律表达了这种波长极值 λ_{max} 与热力学温度 T 之间的函数关系，它可以表示为

$$\lambda_{max}T=2897.6\ (\mu m\cdot K) \tag{2-43}$$

另外，从图 2-20 中还可以看到，当黑体温度较低时，可见光波长范围内的辐射能量在总辐射能量中的所占份额非常少，然而随着黑体温度的升高这种情况却发生了变化。

因此，在生活中我们会发现，冷物体不发光，热物体会发光，而且热物体的光亮会随着温度的升高逐渐发生变化，从暗红色、黄色、亮黄色直至变为亮白色。

【例 2-6】　某工业热源，其热力学温度 $T=2000K$，试求其辐射中的 λ_{max}。

解：根据式（2-43），则

$$\lambda_{max}=\frac{2897.6}{T}=\frac{2897.6}{2000}=1.4488\ (\mu m)$$

可见，工业热源的辐射能主要集中在红外线区。

（三）斯蒂芬—玻尔兹曼定律

在辐射换热的分析计算中，确定黑体辐射力尤为重要。斯蒂芬—玻尔兹曼定律表达了黑体的辐射力和绝对温度之间的关系。其函数关系式为

$$E_b=\sigma_b T^4 \tag{2-44}$$

式中　σ_b——黑体辐射常数，$\sigma_b=5.67\times10^{-8}W/(m^2\cdot K^4)$。

该定律表明，黑体的辐射力仅是温度的函数，黑体的辐射力和绝对温度 4 次方成正比。故斯蒂芬—玻尔兹曼定律又称四次方定律。

为了计算上的方便，有时式（2-44）还可以表示为

$$E_b=C_b\left(\frac{T}{100}\right)^4 \tag{2-45}$$

式中　C_b——黑体辐射系数，$C_b=5.67W/(m^2 \cdot K^4)$。

在工程中常常需要确定某温度下在某一特定波段（光带）内黑体辐射的能量。如图 2-21 所示。

这种情况通常用下式计算

$$E_{b(\lambda_1-\lambda_2)}=\sigma_b T^4\ (F_{0-\lambda_2 T}-F_{0-\lambda_1 T}) \tag{2-46}$$

在这里，$F_{0-\lambda T}$称黑体辐射函数，表示某温度下在波段（0—λ）内的黑体辐射能占该温度下黑体辐射力的份额，它是唯一变量（λT）的函数，如表 2-9 所示。

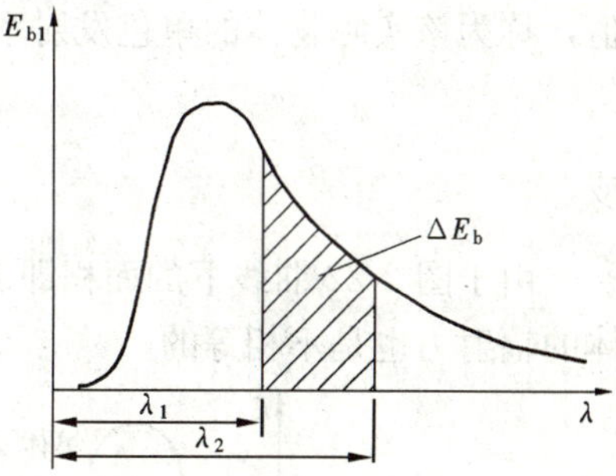

图 2-21　黑体特定波段内的辐射力

表 2-9　　**黑体辐射函数**

λT (μmK)	$F_{0-\lambda T}$ (%)	λT (μmK)	$F_{0-\lambda T}$ (%)	λT (μmK)	$F_{0-\lambda T}$ (%)	λT (μmK)	$F_{0-\lambda T}$ (%)
200	0	3200	0.3181	6200	0.7542	11000	0.9320
400	0	3400	0.3618	6400	0.7693	11500	0.9390
600	0	3600	0.4036	6600	0.7833	12000	0.9452
800	0	3800	0.4434	6800	0.7962	13000	0.9552
1000	0.0003	4000	0.4809	7000	0.8082	14000	0.9630
1200	0.0021	4200	0.5161	7200	0.8193	15000	0.9690
1400	0.0078	4400	0.5488	7400	0.8296	16000	0.9739
1600	0.0197	4600	0.5793	7600	0.8392	18000	0.9809
1800	0.0394	4800	0.6076	7800	0.8481	20000	0.9857
2000	0.0667	5000	0.6338	8000	0.8563	40000	0.9981
2200	0.1009	5200	0.6580	8500	0.8747	50000	0.9991
2400	0.1403	5400	0.6804	9000	0.8901	75000	0.9998
2600	0.1831	5600	0.7011	9500	0.9032	100000	1.0000
2800	0.2279	5800	0.7202	10000	0.9143		
3000	0.2733	6000	0.7379	10500	0.9238		

【例 2-7】　某白炽灯泡，其灯丝温度 $T=3000K$，假定灯丝的辐射光谱近似于黑体辐射，试求在可见光区（$\lambda=0.38\sim0.76\mu m$）内的辐射能所占的份额。

解：当 $\lambda=0.38\sim0.76\mu m$ 时，

$$\lambda_1 T=0.38\times3000=1140\ (\mu mK)$$

$$\lambda_2 T=0.76\times3000=2280\ (\mu mK)$$

根据 $\lambda_1 T$ 和 $\lambda_2 T$ 采用内插法，查表 2-9 得 $F_{0-\lambda_1 T}=0.140\%$

$$F_{0-\lambda_2 T}=11.686\%$$

因而　$$F_{\lambda_1 T-\lambda_2 T}=F_{0-\lambda_2 T}-F_{0-\lambda_1 T}=11.686\%-0.140\%=11.546\ (\%)$$

可见，白炽灯泡发出的可见光所占的份额仅为 11.246%，可见其光效能是很低的。

以上确定了黑体的辐射力，而工程中需要分析辐射力的实际物体并非黑体，为了能最终确定实际物体的辐射力，在此介绍以下几个相关概念。

1. 实际物体的单色发射率和发射率（黑度、黑率）

如图 2-22 所示，实际物体与黑体在特定温度下，对于某波长的单色辐射力是不相等的。

某特定温度下某波长实际物体的单色辐射力与同温度下该波长黑体的单色辐射力的比值，称为该实际物体的单色发射率。符号为 ε_λ，无因次量。

$$E_\lambda=\varepsilon_\lambda E_{b\lambda} \tag{2-47}$$

或

$$\varepsilon_\lambda=\frac{E_\lambda}{E_{b\lambda}} \tag{2-48}$$

由于图 2-22 曲线下的面积即表示相应的辐射力，可见实际物体的辐射力与同温度下黑体的辐射力也是不相等的。

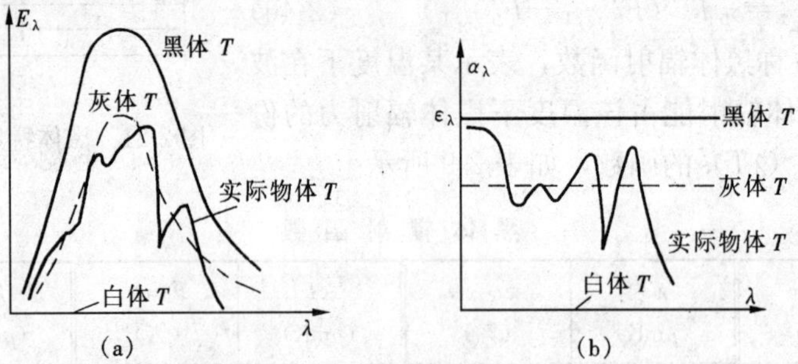

图 2-22 实际物体的辐射和吸收

(a) 辐射；(b) 吸收

某温度下实际物体的辐射力与同温度下黑体辐射力的比值，称为该实际物体的发射率。符号为 ε，无因次量。

$$\varepsilon=\frac{E}{E_b} \tag{2-49}$$

或

$$E=\varepsilon E_b \tag{2-50}$$

由此可见，实际物体的辐射力 E 服从斯蒂芬—玻尔兹曼定律（四次方定律），即

$$E=\varepsilon E_b=\varepsilon\sigma_b T^4=\varepsilon C_b\left(\frac{T}{100}\right)^4 \tag{2-51}$$

2. 灰体

单色发射率 ε 不随波长而变化的物体，我们称之为灰体，如图 2-22 所示。

$$\varepsilon=\varepsilon_\lambda\neq f(\lambda) \tag{2-52}$$

作为一种研究中的假想物体，在自然界中灰体并不存在的。但是如图 2-22 所示，灰体的辐射力遵循斯蒂芬—玻尔兹曼定律，即

$$E=C\left(\frac{T}{100}\right)^4=\varepsilon C_b\left(\frac{T}{100}\right)^4 \tag{2-53}$$

式中 C——灰体辐射系数。

如前所述，实际物体的发射率随着波长而变化，可见实际物体并不是灰体。但研究表明，在红外波长范围内，大多数实际物体可以近似地看作灰体。所以，在工程上，实际物体的表面可作灰表面处理，其辐射力通常也运用式（2-53）进行计算。但如此处理仅是为了方便起见，在实际物体发射率的数值确定中，通常要顾及到此种误差，并且对其加以修正。

（四）基尔霍夫定律

基尔霍夫定律表达了实际物体的辐射能力和吸收能力之间的关系。用下式表示

$$\frac{E}{\alpha}=E_{\mathrm{b}} \tag{2-54}$$

定律可以描述为，某温度下实际物体的辐射力与吸收率之间的比值，恒等于同温度下黑体的辐射力。

需要指出的是，该定律是在温度平衡条件下导出的，只有在温度平衡条件下才能成立。

由基尔霍夫定律可见，在相同温度条件下，辐射力大的物体，其吸收率也大，即善于辐射的物体也善于吸收。甚至，在某种波长下，如果物体不能吸收，也就不会辐射。另外，因为黑体的辐射力为最大，所以恒有实际物体的吸收率 $\alpha<1$。

根据发射率的定义，基尔霍夫定律还有以下形式

$$\varepsilon=\alpha \tag{2-55}$$

该式表示，在温度平衡条件下，物体的发射率 ε 等于物体的吸收率 α。

对于在给定方向上某一波长的能量，基尔霍夫定律仍然成立。即

$$\varepsilon_{\lambda,\theta}=\alpha_{\lambda,\theta} \tag{2-56}$$

对于漫辐射表面，由于辐射性质与方向无关，定律可以表达为

$$\varepsilon_{\lambda}=\alpha_{\lambda} \tag{2-57}$$

该式表示，在温度平衡条件下，物体的单色发射率 ε_{λ} 等于它的单色吸收率 α_{λ}。

对于灰表面，辐射性质与波长无关，定律可以表达为

$$\varepsilon_{\theta}=\alpha_{\theta} \tag{2-58}$$

该式表示，在温度平衡条件下，灰体的定向发射率等于它的定向吸收率，如图 2-23 所示。

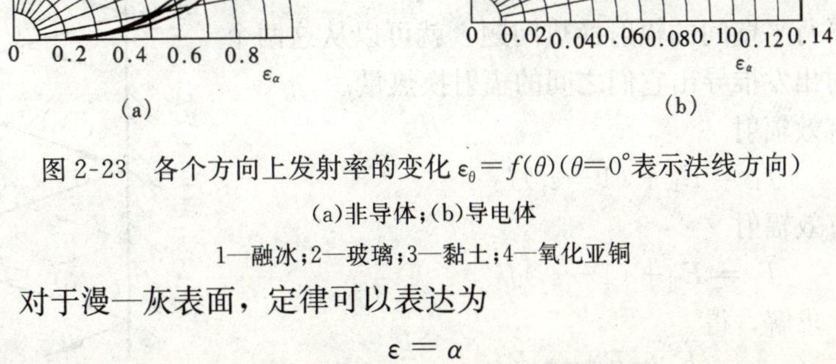

图 2-23　各个方向上发射率的变化 $\varepsilon_{\theta}=f(\theta)$（$\theta=0°$表示法线方向）

(a)非导体；(b)导电体

1—融冰；2—玻璃；3—黏土；4—氧化亚铜

由此可见，对于漫—灰表面，定律可以表达为

$$\varepsilon=\alpha \tag{2-59}$$

在工程中，通常将实际物体近似地按照漫—灰表面来处理，应用式（2-59）进行计算。特别指出，实际物体的吸收率可以采用如下方法确定：

如果假设，受射物体表面温度为 T_1，发射物体的表面温度为 T_2，那么对于非金属受射体表面，其吸收率等于以 T_2 查得的发射率数值。对于金属受射体表面，其吸收率等于以

$T_m = T_1 T_2$ 查得的发射率数值。

三、物体表面间的辐射换热

在工程中，经常需要计算两物体间的辐射换热，然而物体间的位置关系又常常不尽相同，但是相对地，这些物体间的位置关系总是那样几种较典型的几何位置关系。下面我们就这些情况一一加以讨论。

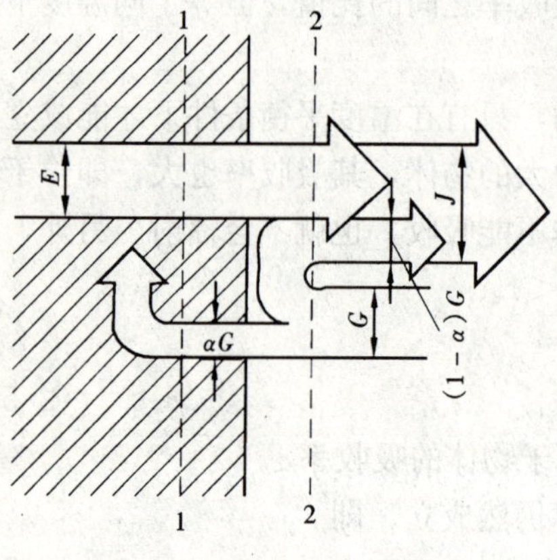

图 2-24 有效辐射示意图

（一）有效辐射

灰体表面的自身辐射和反射辐射之和，我们称之为有效辐射。用符号 J 表示，单位为 W/m²，如图2-24所示。

$$J = E + \rho G \tag{2-60}$$

式中 J——有效辐射，W/m²；

E——灰体表面的辐射力；

ρ——灰体表面的反射率；

G——外界对灰体表面的投射辐射。

根据 $\alpha + \rho = 1$，$\varepsilon = \alpha$，有

$$J = E + (1-\alpha)G = E + (1-\varepsilon)G \tag{2-61}$$

与黑表面不同，灰表面对于投射来的能量只能吸收其中的一部分，另外一部分能量将被反射回去。这样，如果有多个灰表面，在灰表面彼此间就会存在多次反射和吸收的现象。在灰表面的辐射计算中，如果将方向背离灰表面的各种辐射能量整体化，即将自身辐射和反射辐射之和以有效辐射代替，就会使得此类计算得到很好地简化。

在前一节中已经交代过，将一般条件下的工程物体表面作漫—灰处理，如此，灰面的有效辐射可以适用于工程实际物体。

（二）两平行平壁间的辐射换热

假设两块平壁平行放置，它们的表面尺寸较比相互间的距离大的多，如图 2-25 所示。

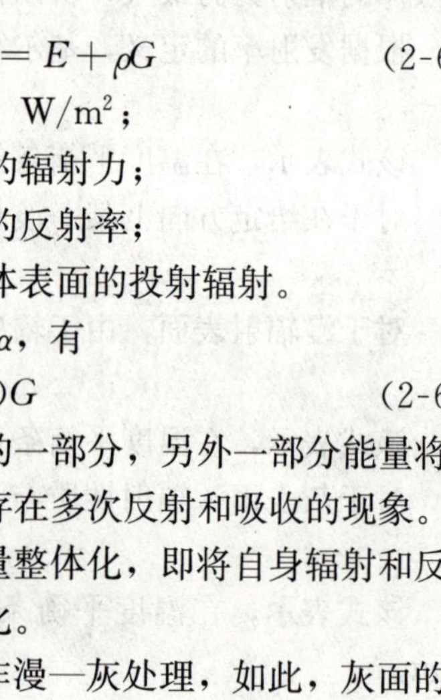

图 2-25 两平行平壁间的换热

以 E_1、T_1、ε_1 和 E_2、T_2、ε_2 分别代表平壁 1 和平壁 2 的辐射力、热力学温度和发射率。

在此，两平行平壁间的辐射换热问题，就可以从这两个表面的有效辐射出发推导出它们之间的辐射换热量。

平壁 1 的有效辐射

$$J_1 = E_1 + (1-\varepsilon_1)J_2$$

平壁 2 的有效辐射

$$J_2 = E_2 + (1-\varepsilon_2)J_1$$

上两式联立求解，得

$$J_1 = \frac{E_1 + E_2 - \varepsilon_1 E_2}{\varepsilon_1 + \varepsilon_2 - \varepsilon_1 \varepsilon_2}$$

$$J_2 = \frac{E_1 + E_2 - \varepsilon_2 E_1}{\varepsilon_1 + \varepsilon_2 - \varepsilon_1 \varepsilon_2}$$

两平面有效辐射的差值即为两平面间的辐射换热量

$$q_{12}=J_1-J_2=\frac{\varepsilon_2E_1-\varepsilon_1E_2}{\varepsilon_1+\varepsilon_2-\varepsilon_1\varepsilon_2}\tag{2-62}$$

由斯蒂芬—玻尔兹曼定律

$$E=\varepsilon C_b\left(\frac{T}{100}\right)^4$$

则

$$q_{12}=\frac{C_b}{\dfrac{1}{\varepsilon_1}+\dfrac{1}{\varepsilon_2}-1}\left[\left(\frac{T_1}{100}\right)^4-\left(\frac{T_2}{100}\right)^4\right](\mathrm{W/m^2})\tag{2-63}$$

设

$$C_{12}=\frac{C_b}{\dfrac{1}{\varepsilon_1}+\dfrac{1}{\varepsilon_2}-1}\tag{2-64}$$

称为平行平壁的相当辐射系数，则

$$q_{12}=C_{12}\left[\left(\frac{T_1}{100}\right)^4-\left(\frac{T_2}{100}\right)^4\right](\mathrm{W/m^2})\tag{2-65}$$

设

$$\varepsilon_{12}=\frac{1}{\dfrac{1}{\varepsilon_1}+\dfrac{1}{\varepsilon_2}-1}\tag{2-66}$$

称为相当黑度，则

$$q_{12}=\varepsilon_{12}C_b\left[\left(\frac{T_1}{100}\right)^4-\left(\frac{T_2}{100}\right)^4\right](\mathrm{W/m^2})\tag{2-67}$$

其数值可以由实验曲线查得，如图 2-26 所示。

对于加热炉外壳与炉壁间、空气夹层的两侧壁表面间、保温瓶的双层瓶胆两内壁表面间的辐射换热，都可以应用以上方法进行计算。

（三）密闭空间内的物体与周围壁面间的辐射换热

假设物体 1 被物体 2 所包围，如图 2-27 所示。

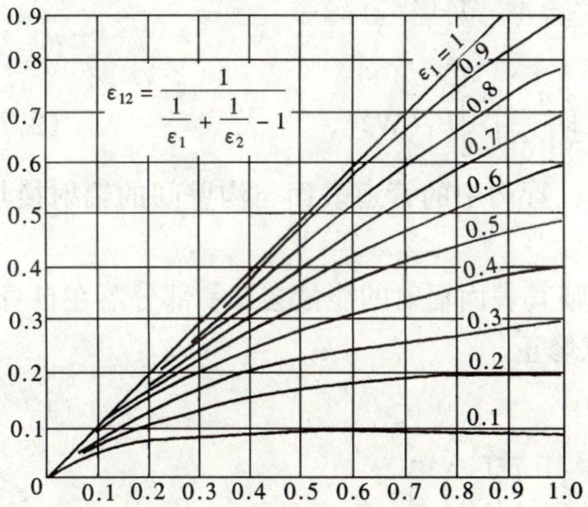

图 2-26　确定相当黑度的图表

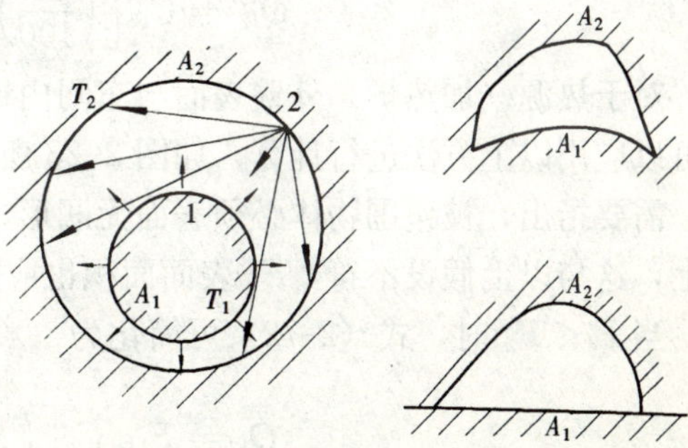

图 2-27　密闭空间内的物体与周围壁面之间的辐射换热

以 F_1、E_1、T_1、ε_1 和 F_2、E_2、T_2、ε_2 分别代表物体 1 和物体 2 的表面积、辐射力、热力学温度和发射率。φ_{21} 代表由 F_2 投射到 F_1 上的能量在 F_2 的有效辐射中所占有的百分数。

在此，两物体间的辐射换热问题，依然可以从这两个表面的有效辐射出发，推导出它们之间的辐射换热量。

物体1的有效辐射

$$J_1 = E_1 + (1-\varepsilon_1)\varphi_{21}J_2$$

物体2的有效辐射发生于两物体间的有效辐射差值即为两物体间的辐射换热量，即

$$J_2 = E_2 + (1-\varepsilon_2)[J_1 + (1-\varphi_{21})J_2]$$

将上两式代入下式

$$Q_{12} = J_1 - \varphi_{21}J_2$$

得

$$Q_{12} = \frac{C_b}{\frac{1}{\varepsilon_1} + \varphi_{21}\left(\frac{1}{\varepsilon_2} - 1\right)}\left[F_1\left(\frac{T_1}{100}\right)^4 - \varphi_{21}F_2\left(\frac{T_2}{100}\right)^4\right](\mathrm{W}) \tag{2-68}$$

如果 $T_1=T_2$，那么 $Q_{12}=0$，由上式可得

$$F_1\left(\frac{T_1}{100}\right)^4 - \varphi_{21}F_2\left(\frac{T_2}{100}\right)^4 = 0$$

$$\varphi_{21} = \frac{F_1}{F_2} \tag{2-69}$$

式中 φ_{21}——F_2 表面对 F_1 表面的平均角系数，它集中反映了在密闭空间中的物体与周围壁面在发生辐射换热时相互间的几何关系。

将 $\varphi_{21}=\dfrac{F_1}{F_2}$ 代入式（2-69）化简，得

$$Q_{12} = \frac{C_b}{\frac{1}{\varepsilon_1} + \frac{F_1}{F_2}\left(\frac{1}{\varepsilon_2} - 1\right)}\left[\left(\frac{T_1}{100}\right)^4 - \left(\frac{T_2}{100}\right)^4\right]F_1(\mathrm{W}) \tag{2-70}$$

设

$$C_{12} = \frac{C_b}{\frac{1}{\varepsilon_1} + \frac{F_1}{F_2}\left(\frac{1}{\varepsilon_2} - 1\right)} \tag{2-71}$$

则

$$Q_{12} = C_{12}\left[\left(\frac{T_1}{100}\right)^4 - \left(\frac{T_2}{100}\right)^4\right]F_1(\mathrm{W}) \tag{2-72}$$

对于热源（加热炉）外壁表面与车间内壁间、管沟中的管道表面与沟壁间的辐射换热，都可以应用以上方法进行计算，如图2-28所示。

需要指出，被包围物体必须表面无凹形，否则其表面辐射的能量会有一部分落在自身表面上，这与以上假设不符，F_1 表面面积也应加以修正。

当 $F_1 \ll F_2$ 时，式（2-72）可简化为

$$\begin{aligned} Q_{12} &= F_1\varepsilon_1 C_b\left[\left(\frac{T_1}{100}\right)^4 - \left(\frac{T_2}{100}\right)^4\right] \\ &= F_1 C_1\left[\left(\frac{T_1}{100}\right)^4 - \left(\frac{T_2}{100}\right)^4\right](\mathrm{W}) \end{aligned} \tag{2-73}$$

式中 C_1——被包围物体的相当辐射系数。

对于室内辐射的架空管道、室内采暖辐射板，或煤气红外线辐射器等与室内间的辐射换

热，外墙壁面与室外周围环境间的辐射换热都可以应用上式进行计算，如图 2-29 所示。

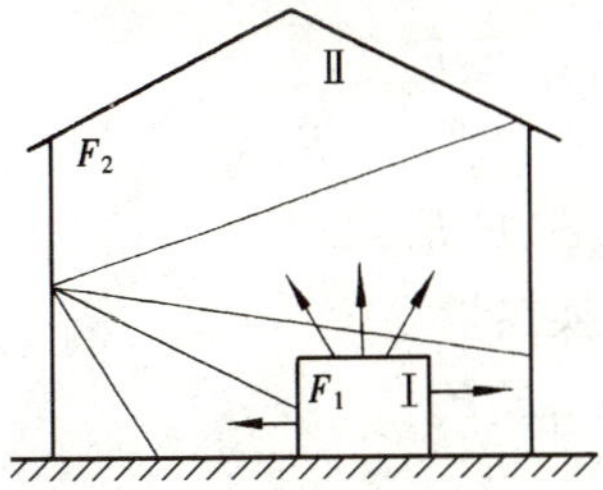

图 2-28 加热炉外表面与车间内壁之间的辐射换热

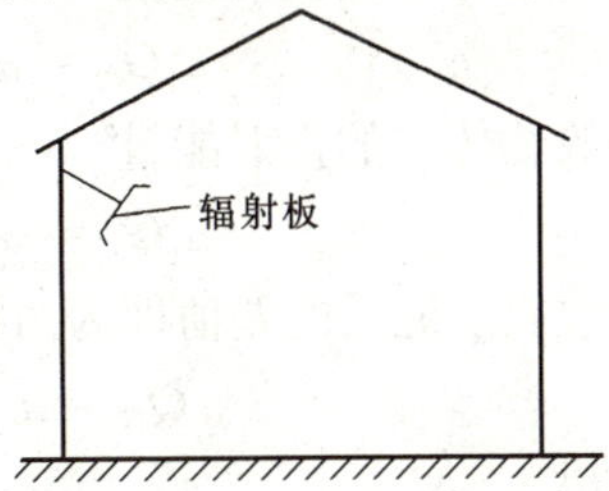

图 2-29 采暖辐射板与室内周围墙壁之间的辐射换热

需要指出，通常周围环境的壁温在各处不能达到完全一致，为简化计算，一般可以空气温度作为周围环境的壁温。

当 $F_1 \approx F_2$ 时，式（2-73）就演化为两平行平壁间的辐射换热，见式（2-67）。

【例 2-8】 已知某车间辐射采暖系统中块状辐射板的尺寸为 1m×0.5m，辐射板面的平均温度为 100℃，黑度为 0.95，车间周围壁面温度为 10℃，如果不考虑辐射板背面及侧面的作用，试求辐射板面与四周壁面的辐射换热量。

解： 由于辐射板面积 F_1 比周围壁面 F_2 小得多，应用式（2-73），得

$$C_1 = \varepsilon_1 C_0 = 0.95 \times 5.67 = 5.39[\mathrm{W/(m^2 \cdot K^4)}]$$

$$T_1 = 273 + 100 = 373(\mathrm{K})$$

$$T_2 = 273 + 10 = 283(\mathrm{K})$$

$$F_1 = 1 \times 0.5 = 0.5(\mathrm{m^2})$$

则辐射板与四周壁面的辐射换热量为

$$Q_{12} = C_1 F_1 \left[\left(\frac{T_1}{100}\right)^4 - \left(\frac{T_2}{100}\right)^4\right] = 5.39 \times 0.5\left[\left(\frac{373}{100}\right)^4 - \left(\frac{283}{100}\right)^4\right] = 348.8(\mathrm{W})$$

（四）任意位置两物体间的辐射换热

任意位置两物体间的距离通常很大，此时相互间投射的能量都只是各自发射能量的一部分。顾及到大多数工程材料的吸收率都很大，反射辐射的能量数值就很小，可以忽略不计，如图 2-30 所示。

相关物理量的设定同前，则物体 1 的有效辐射

$$J_1 = E_1 F_1$$

物体 2 的有效辐射

$$J_2 = E_2 F_2$$

如果，以 φ_{12} 代表由 F_1 投射到 F_2 上的能量在 F_1 的有效辐射中所占有的百分数，以 φ_{21} 代表由 F_2 投射到 F_1 上的能量在 F_2 的有效辐射中所占有的百分数。那么

物体 1 向物体 2 的投射能量

$$G_1 = \varphi_{12} J_1 = \varphi_{21} E_1 F_1$$

物体 2 向物体 1 的投射能量

$$G_2 = \varphi_{21} J_2 = \varphi_{21} E_2 F_2$$

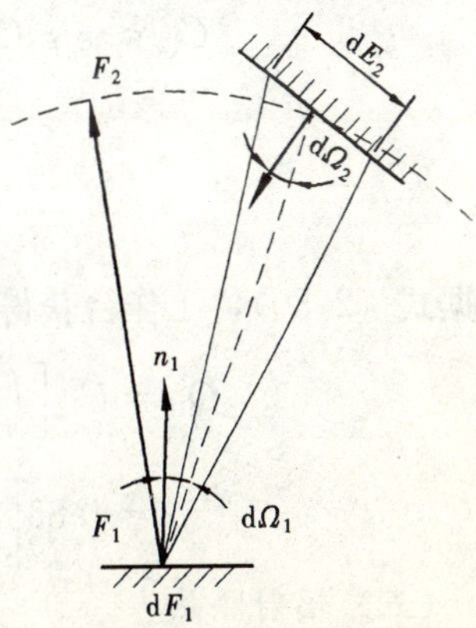

图 2-30 任意位置的两物体之间的辐射换热

物体 1 吸收物体 2 的投射能量

$$\alpha_1 G_2 = \alpha_1 \varphi_{21} E_2 F_2 = \varepsilon_1 \varphi_{21} E_2 F_2$$

物体 2 吸收物体 1 的投射能量

$$\alpha_1 G_1 = \alpha_2 \varphi_{12} E_1 F_1 = \varepsilon_2 \varphi_{12} E_1 F_1$$

两物体相互吸收投射能量的差值即为两物体间的辐射换热量

$$Q_{12} = \varepsilon_2 \varphi_{12} E_1 F_1 - \varepsilon_1 \varphi_{21} E_2 F_2 \tag{2-74}$$

经推导并简化得

$$Q_{12} = \varepsilon_1 \varepsilon_2 C_b \left[\left(\frac{T_1}{100}\right)^4 \varphi_{12} F_1 - \left(\frac{T_2}{100}\right)^4 \varphi_{21} F_2\right] (\mathrm{W}) \tag{2-75}$$

如果 $T_1 = T_2$，那么 $Q_{12} = 0$，由上式可得

$$\varphi_{12} F_1 = \varphi_{21} F_2 \tag{2-76}$$

将上式代入式（2-75），得

$$Q_{12} = \varepsilon_1 \varepsilon_2 C_b \left[\left(\frac{T_1}{100}\right)^4 - \left(\frac{T_2}{100}\right)^4\right] \varphi_{12} F_1 (\mathrm{W}) \tag{2-77}$$

或

$$Q_{12} = \varepsilon_1 \varepsilon_2 C_b \left[\left(\frac{T_1}{100}\right)^4 - \left(\frac{T_2}{100}\right)^4\right] \varphi_{21} F_2 (\mathrm{W}) \tag{2-78}$$

设 $C_{12} = \varepsilon_1 \varepsilon_2 C_b$，称为任意位置两物体间的相当辐射系数，则

$$Q_{12} = C_{12} \left[\left(\frac{T_1}{100}\right)^4 - \left(\frac{T_2}{100}\right)^4\right] \varphi_{12} F_1 (\mathrm{W}) \tag{2-79}$$

或

$$Q_{12} = C_{12} \left[\left(\frac{T_1}{100}\right)^4 - \left(\frac{T_2}{100}\right)^4\right] \varphi_{21} F_2 (\mathrm{W}) \tag{2-80}$$

【例 2-9】 某车间采用带型辐射板采暖，尺寸为 2.5m×0.5m 的辐射板水平吊装在桁架下，标高为 4.0m，板表面温度为 100℃，黑度为 0.95。已知水平工作面温度为 12℃，黑度为 0.9，标高为 0.8m，其大小与辐射板相同，由两者相互位置确定的平均角系数为 $\varphi_{12} = \varphi_{21} = 0.04$，试求工作台上所得到的辐射热。

解： 依题设，本题属于任意位置两物体间的辐射换热问题。

$$C_{12} \approx \varepsilon_1 \varepsilon_2 C_b = 0.95 \times 0.9 \times 5.67 = 4.85[\mathrm{W/(m^2 \cdot K^4)}]$$

$$F_1 = F_2 = 2.5 \times 0.5 = 1.25(\mathrm{m^2})$$

$$T_1 = 273 + 100 = 373(\mathrm{K})$$

$$T_2 = 273 + 12 = 285(\mathrm{K})$$

根据式（2-80），工作台获得的辐射热为

$$\begin{aligned} Q_{12} &= C_{12} \left[\left(\frac{T_1}{100}\right)^4 - \left(\frac{T_2}{100}\right)^4\right] \varphi_{21} F_2 \\ &= 4.85 \left[\left(\frac{373}{100}\right)^4 - \left(\frac{285}{100}\right)^4\right] \times 0.04 \times 1.25 = 30.94(\mathrm{W}) \end{aligned}$$

（五）辐射隔热

在工程中有许多时候要对辐射换热的强度加以抑制，常用的减少表面间辐射换热的有效方法是采用高反射率的表面涂层，或者在表面间加设遮热板。现在以遮热板为例来说明遮热

原理。

设有两块无限大平行平板，在这两块平行平板间加一块遮热板，如图 2-31 所示。

以 T_1，ε_1 和 T_2，ε_2 分别代表平板 1 和平板 2 的热力学温度和发射率，且 $T_1>T_2$。以 ε_3 代表遮热板的发射率。如果遮热板很薄，其导热系数又很大，那么遮热板两侧的表面温度可以认为是相等的，以 T_3 表示。在未加遮热板时，两平行平板间的辐射换热量以 q_{12} 表示，添加遮热板后以 q'_{12} 表示。

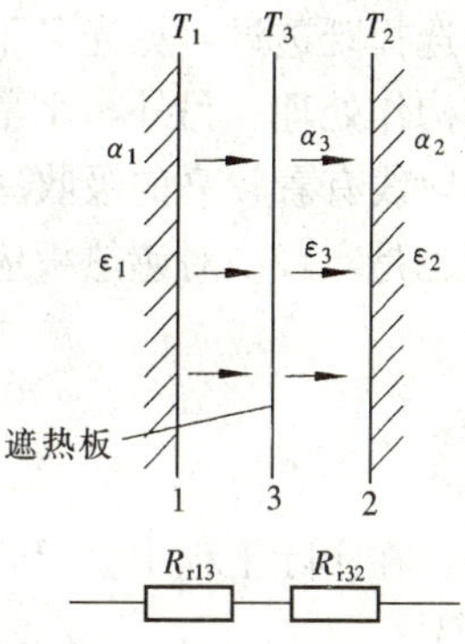

图 2-31 遮热板原理

未加遮热板时，两平行平板间的辐射换热量

$$q_{12}=\varepsilon_{12}C_b\left[\left(\frac{T_1}{100}\right)^4-\left(\frac{T_2}{100}\right)^4\right]$$

添加遮热板后，平板 1 和遮热板间的辐射换热量

$$q_{13}=\varepsilon_{13}C_b\left[\left(\frac{T_1}{100}\right)^4-\left(\frac{T_3}{100}\right)^4\right] \tag{2-81}$$

添加遮热板后，平板 2 和遮热板间的辐射换热量

$$q_{32}=\varepsilon_{32}C_b\left[\left(\frac{T_3}{100}\right)^4-\left(\frac{T_2}{100}\right)^4\right]$$

在稳态情况下

$$q_{13}=q_{32}=q'_{12}$$

为了便于比较，姑且假设各板表面的发射率均相等，即

$$\varepsilon_1=\varepsilon_2=\varepsilon_3=\varepsilon$$

$$\varepsilon_{12}=\varepsilon_{13}=\varepsilon_{32}$$

则

$$\left(\frac{T_3}{100}\right)^4=\frac{1}{2}\left[\left(\frac{T_1}{100}\right)^4+\left(\frac{T_2}{100}\right)^4\right]$$

将上式代入式（2-81）得

$$q'_{12}=q_{13}=\frac{1}{2}\varepsilon_{13}C_b\left[\left(\frac{T_1}{100}\right)^4-\left(\frac{T_3}{100}\right)^4\right] \tag{2-82}$$

即

$$q'_{12}=\frac{1}{2}q_{12} \tag{2-83}$$

可见，在两平行平板间加入一块与板面发射率相同的遮热板后，两平行平板间的辐射换热量将减少到原来的 1/2。

进一步推论，当加入 n 块与板面发射率相同的遮热板后，两平行平板间的辐射换热量将减少到原来的 $1/(n+1)$。

这充分表明，添加遮热板能够很好地阻隔辐射能的传递，而且添加层数越多，阻隔辐射能即遮热的效果越好。

实际上，如果选用反射率较高的材料（如铝箔）做遮热板，ε_3 要远小于 ε_1 和 ε_2，此时的遮热效果远比上述假设状况的遮热效果显著得多。

例如，房屋外围结构上的采光处，为了能有进一步隔绝室内外温度环境的效果，人们可以选择既透过可见光又不透过长波热射线的材料，如玻璃、塑料薄膜等，对此类地方的外围结构作处理。另外，水幕或水雾形成的流动屏障也有着非常良好的遮热效果，因为水对长波热射线有着较高的吸收率，吸收辐射热的水体随着自身的流动能够及时地把热量带走，所以这也是实践中对遮热板应用的生动实例。

第四节 传热和换热器

在实际工程中会遇到许多复杂的传热过程，往往是由导热、对流和辐射三种基本传热方式复合而成的。例如：翅片管散热器的散热、保温管道的传热等。本节将讨论平壁及圆筒壁的传热问题、肋壁传热，以及传热的增强和削弱的方法，在此基础上讲述换热器构造和换热器计算的基本方法等。

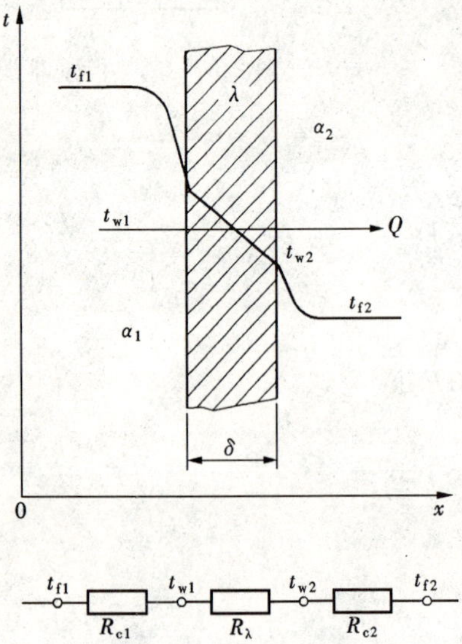

图 2-32 通过单层壁的导热

一、通过平壁及圆筒壁的传热

（一）通过平壁的传热

这里主要研究流体将热量传给壁面后，通过间壁传给另一面流体的问题。这种热流体通过固体壁将热量传给冷流体的过程叫传热。

设有一单层平壁如图 2-32 所示，在稳定状态下，热流体将热量传给壁面，通过平壁的导热传到另一侧壁面，然后由另一侧壁面传给冷流体。忽略热量损失，有

$$Q=\alpha_1 F\ (t_{f1}-t_{w1})\ (\mathrm{W})$$

$$Q=\frac{\lambda}{\delta}F\ (t_{w1}-t_{w2})\ (\mathrm{W})$$

$$Q=\alpha_2 F\ (t_{w2}-t_{f2})\ (\mathrm{W})$$

式中 α_1、α_2——平壁内外表面的换热系数，W/(m²·℃)；

t_{f1}、t_{f2}——平壁两侧流体的温度，℃；

t_{w1}、t_{w2}——平壁内外表面的温度，℃；

δ——平壁的厚度，m；

λ——平壁的导热系数，W/(m·℃)；

F——平壁的面积，m²。

将上面的公式整理得

$$Q=\frac{1}{\frac{1}{\alpha_1}+\frac{\delta}{\lambda}+\frac{1}{\alpha_2}}F(t_{f1}-t_{f2})(\mathrm{W})$$

令 $K=\frac{1}{\frac{1}{\alpha_1}+\frac{\delta}{\lambda}+\frac{1}{\alpha_2}}$，$K$ 称为传热系数，单位是 W/(m²·℃)，所以通过单层平壁的传热量可以表示为

$$Q=KF(t_{f1}-t_{f2})(\mathrm{W}) \tag{2-84}$$

平壁的传热系数 K 表示流体温差为1℃时，通过每平方米壁面每小时传递的热量。传热系数是反映传热过程强弱的指标。K 值的大小与流体的性质、流动情况、壁面材料、形状和尺寸等因素有关。

我们把单位面积平壁的传热量称为热流通量，又称热流密度。于是根据式（2-84），热流通量可以表示为

$$q=\frac{Q}{F}=K(t_{f1}-t_{f2})(\mathrm{W/m^2}) \tag{2-85}$$

因为传热系数的倒数是热阻 R，即

$$R=\frac{1}{K}=\frac{1}{\alpha_1}+\frac{\delta}{\lambda}+\frac{1}{\alpha_2}[(\mathrm{m^2\cdot ℃})/\mathrm{W}] \tag{2-86}$$

热转移过程的阻力称为热阻。对于平板的单位面积而言，导热热阻为 d/1，称为面积热阻，以区别于整个平板的导热热阻 d/(1A)，因此热流通量公式也可以表示为

$$q=\frac{1}{R}(t_{f1}-t_{f2})(\mathrm{W/m^2}) \tag{2-87}$$

上式表明：温差一定时，传热热阻越小，通过平壁的热流通量越大；传热热阻越大，通过平壁的热流通量则越小。

应用热阻的概念，可以很方便地推导出通过多层平壁的导热计算公式，所谓多层壁，就是由几层不同材料叠在一起组成的复合壁。例如，采用耐火砖层、保温砖层和普通砖层叠合而成的锅炉炉墙，就是多层壁。假设层与层之间接触良好，没有引入附加热阻（这种附加热阻称为接触热阻），因此通过层间分界面就不会发生温度降落。应用串联过程的总热阻等于其分热阻的总和，即所谓串联热阻叠加原则，把各层的热阻叠加就得到多层壁的总热阻。

从式（2-86）可以看出总热阻等于各部分热阻之和，所以多层平壁的总热阻可以写成下面的形式

$$R=\frac{1}{\alpha_1}+\sum_{i=1}^{n}\frac{\delta_i}{\lambda_i}+\frac{1}{\alpha_2}[(\mathrm{m^2\cdot ℃})/\mathrm{W}] \tag{2-88}$$

由此可以得出多层平壁的热流通量公式

$$q=\frac{t_{f1}-t_{f2}}{\frac{1}{\alpha_1}+\sum_{i=1}^{n}\frac{\delta_i}{\lambda_i}+\frac{1}{\alpha_2}}(\mathrm{W/m^2}) \tag{2-89}$$

【例 2-10】　有一砖砌外墙，厚度是 490mm，导热系数为 0.81W/(m·℃)；墙内表面用白灰粉刷厚度是 20mm，导热系数为 0.7W/(m·℃)；外表面用水泥砂浆粉刷厚度是 20mm，导热系数为 0.875W/(m·℃)；墙内、外两侧的换热系数分别为 8.7 和 23.3W/ (m²·℃)，墙内、外表面的温度分别为 19℃和－24℃，求通过该墙壁热流通量。

解：该墙壁由三层材料组成，属于多层平壁，根据式（2-88）先计算总热阻

$$R=\frac{1}{K}=\frac{1}{\alpha_1}+\sum_{i=1}^{n}\frac{\delta_i}{\lambda_i}+\frac{1}{\alpha_2}=\frac{1}{8.7}+\frac{0.020}{0.7}+\frac{0.020}{0.875}+\frac{0.49}{0.81}+\frac{1}{23.3}=0.911(\mathrm{m^2\cdot ℃/W})$$

则墙壁的传热系数

$$K=\frac{1}{R}=\frac{1}{0.811}=1.23[\mathrm{W/(m^2\cdot ℃)}]$$

根据式（2-89）可求得通过墙壁热流通量

$$q=K(t_{f1}-t_{f2})=1.23\times(19+24)=21.66(\mathrm{W/m^2})$$

（二）通过圆筒壁的传热

设有一圆筒壁，如图 2-33 所示，假定流体温度和壁内的温度只沿径向发生变化，在达到稳定状态时，热流体传给筒壁的热量，通过管壁传递的热量，以及由筒壁传给冷流体的热量三者都相等，于是可得

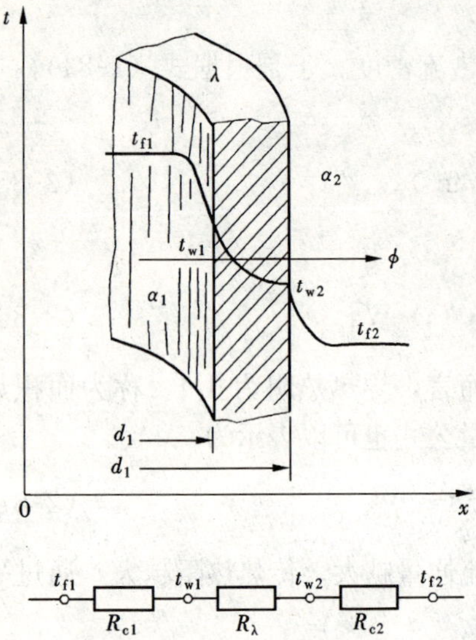

图 2-33　通过圆筒壁的传热

$$\frac{Q}{l}=q_l=\alpha_1\pi d_1(t_{f1}-t_{w1})$$

$$q_l=\frac{2\pi\lambda(t_{w1}-t_{w2})}{\ln\dfrac{d_2}{d_1}}$$

$$q_l=\alpha_2\pi d_2(t_{w2}-t_{f2})$$

式中 d_1、d_2——圆筒壁内、外径，m；

t_{w1}、t_{w2}——圆筒壁内外表面的温度，℃；

t_{f1}、t_{f2}——圆筒壁内、外流体的温度，℃；

α_1、α_2——圆筒壁内外表面的换热系数，W/(m²·℃)；

l——圆筒壁的长度，m；

λ——圆筒壁的导热系数 W/(m·℃)。

将上三式移项并整理得

$$t_{f1}-t_{f2}=\frac{q_l}{\pi}\left(\frac{1}{\alpha_1 d_1}+\frac{1}{2\lambda}\ln\frac{d_2}{d_1}+\frac{1}{\alpha_2 d_2}\right)\tag{2-90}$$

由式（2-90）得每米长圆筒壁的传热量为

$$q_l=\frac{t_{f1}-t_{f2}}{\dfrac{1}{\alpha_1\pi d_1}+\dfrac{1}{2\pi\lambda}\ln\dfrac{d_2}{d_1}+\dfrac{1}{\alpha_2\pi d_2}}=K_l(t_{f1}-t_{f2})(\mathrm{W/m})\tag{2-91}$$

上式每米长圆筒壁的传热系数和传热热阻

$$K_l=\frac{1}{\dfrac{1}{\alpha_1\pi d_1}+\dfrac{1}{2\pi\lambda}\ln\dfrac{d_2}{d_1}+\dfrac{1}{\alpha_2\pi d_2}}[\mathrm{W/(m\cdot ℃)}]\tag{2-92}$$

$$R_l=\frac{1}{\alpha_1\pi d_1}+\frac{1}{2\pi\lambda}\ln\frac{d_2}{d_1}+\frac{1}{\alpha_2\pi d_2}[\mathrm{(m\cdot ℃)/W}]\tag{2-93}$$

对于 n 层圆筒壁，可参照式（2-88）和式（2-89）写出每米长圆筒壁的传热系数和总传热热阻的计算式

$$K'_l=\frac{1}{\dfrac{1}{\alpha_1\pi d_1}+\sum\limits_{i=1}^{n}\dfrac{1}{2\pi\lambda_i}\ln\dfrac{d_{i+1}}{d_i}+\dfrac{1}{\alpha_2\pi d_2}}[\mathrm{W/(m\cdot ℃)}]\tag{2-94}$$

$$R'_l=\frac{1}{K}=\frac{1}{\alpha_1\pi d_i}+\sum_{i=1}^{n}\ln\frac{d_{i+1}}{d_i}+\frac{1}{\alpha_2\pi d_{i+1}}[\mathrm{(m\cdot ℃)/W}]\tag{2-95}$$

每米长多层圆筒壁的传热量为

$$q'_l=\frac{t_{f1}-t_{f2}}{\dfrac{1}{\alpha_1\pi d_i}+\sum\limits_{i=1}^{n}\dfrac{1}{2\pi\lambda}\ln\dfrac{d_{i+1}}{d_i}+\dfrac{1}{\alpha_2\pi d_{i+1}}}(\mathrm{W/m})\tag{2-96}$$

为了简化计算，在实际工程中，当圆筒壁不太厚，即 $d_2/d_1<2$，或计算精度要求不高

时，可将圆筒壁当作平壁计算，则通过每米长单层圆筒壁的传热量为

$$q_l=\frac{\pi d(t_{f1}-t_{f2})}{\frac{1}{\alpha_1}+\frac{\delta}{\lambda}+\frac{1}{\alpha_2}}=\pi dK(t_{f1}-t_{f2})(\mathrm{W/m}) \tag{2-97}$$

式中　δ——管壁的厚度，取$\frac{1}{2}$（d_2-d_1）；

d——计算用直径，按下面条件取值：当$\alpha_1>\alpha_2$时，取$d=d_2$；当$\alpha_1\approx\alpha_2$时，取$d=\frac{1}{2}$（d_2+d_1）；当$\alpha_1\ll\alpha_2$时，取$d=d_1$。

【例 2-11】　已知一钢管，管子管内径是 100mm，外径是 110mm，管内蒸汽温度为 190℃，钢管的导热系数是 54W/(m·℃)，蒸汽侧的换热系数为 1000W/(m^2·℃)，周围空气温度为 22℃，管道用 20mm 的膨胀珍珠岩保温，保温层的导热系数是 0.09W/(m·℃)，空气侧的换热系数是 11W/(m^2·℃)，计算单位时间管内蒸汽传给周围空气的热流通量。

解：由式（2-94）得

$$K'_1=\frac{1}{\frac{1}{\alpha_1\pi d_1}+\frac{1}{2\pi\lambda_1}\ln\frac{d_2}{d_1}+\frac{1}{2\pi\lambda_2}\ln\frac{d_3}{d_2}+\frac{1}{\alpha_2\pi d_3}}$$

$$=\frac{1}{\frac{1}{1000\times3.14\times0.1}+\frac{1}{2\times3.14\times54}\ln\frac{0.11}{0.1}+\frac{1}{2\times3.14\times0.09}\ln\frac{0.15}{0.11}+\frac{1}{11\times3.14\times0.15}}$$

$$=0.79\mathrm{W/(m\cdot ℃)}$$

每小时管内蒸汽传给周围空气的热流通量为

$$q_l=K_l(t_{f1}-t_{f2})=0.79\times(190-22)=123.24(\mathrm{W/m})$$

【例 2-12】　已知蒸汽温度为 180℃，蒸汽与管面的换热系数为 1000W/(m^2·℃)，周围空气温度为 22℃，管内径是 100mm，外径是 110mm，钢管的导热系数是 54W/(m·℃)，空气侧的换热系数是 11W/(m^2·℃)，用简化计算法计算钢管的传热量。

解：∵　　$\alpha_1>\alpha_2$时，取$d=d_2=110\mathrm{mm}$

又∵　　$\delta=\frac{1}{2}(d_2-d_1)=\frac{1}{2}(110-100)=5(\mathrm{mm})$

据式（2-97），每米长单层圆筒壁的传热量为

$$q_l=\frac{\pi d(t_{f1}-t_{f2})}{\frac{1}{\alpha_1}+\frac{\delta}{\lambda}+\frac{1}{\alpha_2}}=\frac{3.14\times0.11\times(180-22)}{\left(\frac{1}{1000}+\frac{0.005}{54}+\frac{1}{11}\right)}=292.24(\mathrm{W/m})$$

二、通过肋壁的传热

肋壁传热的工程实例很多，例如翅片管散热器、锅炉中的铸铁省煤器等。在前面我们曾经分析过肋壁的导热，增大固体壁一侧的表面面积，可使总热阻减小，使传热增强。如图 2-34 所示。我们以换热设备的金属肋壁为例，分析一下。在稳态传热的情况下（设$t_{f1}>t_{f2}$，设肋和壁为同一材料），则通过肋壁的传热量可以表示如下：

流体 1 与光壁面换热　　$Q=\alpha F_1$（$t_{f1}-t_{w1}$）（W）

通过壁的导热　　$Q=\frac{\lambda}{\delta}F_1$（$t_{w1}-t_{w2}$）（W）

肋壁与流体的换热

$$Q=\alpha_2 F_2(t_{w2}-t_{f2})\text{W}$$

式中 λ——壁面导热系数，W/(m·℃)；

δ——壁面厚度，m；

α_1——光壁面侧换热系数，W/(m^2·℃)；

α_2——肋壁侧换热系数，W/(m^2·℃)；

F_1——光壁面侧表面积，m^2；

F_2——肋片表面积，m^2；

t_{f1}——光壁面侧流体的温度，℃；

t_{f2}——肋壁侧流体的温度，℃；

t_{w1}——光壁壁面温度，℃；

t_{w2}——肋壁面温度，℃。

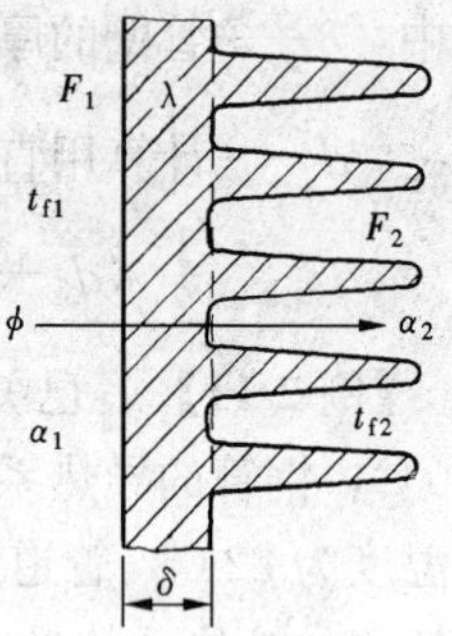

图 2-34 通过肋壁的传热

上面三式经整理得

$$t_{f1}-t_{f2}=Q\left(\frac{1}{\alpha_1 F_1}+\frac{\delta}{\lambda F_1}+\frac{1}{\alpha_2 F_2}\right)$$

通过肋壁的传热量

$$Q=\frac{t_{f1}-t_{f2}}{\dfrac{1}{\alpha_1 F_1}+\dfrac{\delta}{\lambda F_1}+\dfrac{1}{\alpha_2 F_2}}=K(t_{f1}-t_{f2})(\text{W}) \tag{2-98}$$

$$K=\frac{1}{\dfrac{1}{\alpha_1 F_1}+\dfrac{\delta}{\lambda F_1}+\dfrac{1}{\alpha_2 F_2}}[\text{W}/(\text{m}^2\cdot℃)] \tag{2-99}$$

如果按光壁表面单位面积计算，$\beta=F_2/F_1$（β 叫做肋化系数，$\beta>1$），则

$$q_1=\frac{Q}{F_1}=K_1(t_{f1}-t_{f2})(\text{W}/\text{m}^2) \tag{2-100}$$

$$K_1=\frac{1}{\dfrac{1}{\alpha_1}+\dfrac{\delta}{\lambda}+\dfrac{F_1}{\alpha_2 F_2}}=\frac{1}{\dfrac{1}{\alpha_1}+\dfrac{\delta}{\lambda}+\dfrac{1}{\alpha_2\beta}}[\text{W}/(\text{m}^2\cdot℃)] \tag{2-101}$$

如果按肋面单位面积计算，则

$$q_2=\frac{Q}{F_2}=K_2(t_{f1}-t_{f2})(\text{W}/\text{m}^2) \tag{2-102}$$

$$K_2=\frac{1}{\dfrac{F_2}{\alpha_1 F_1}+\dfrac{\delta F_2}{\lambda F_1}+\dfrac{1}{\alpha_2}}[\text{W}/(\text{m}^2\cdot℃)] \tag{2-103}$$

由于光面面积 F_1 和肋面面积 F_2 不同，所以 K_1、K_2 也不相同（$K_1>K_2$），在选用公式进行传热计算时，应特别注意以哪一面为基准面。

当 $F_1=F_2$ 时，有

$$Q'=\frac{t_{f1}-t_{f2}}{\dfrac{1}{\alpha_1 F_1}+\dfrac{\delta}{\lambda F_1}+\dfrac{1}{\alpha_2 F_1}}(\text{W}) \tag{2-104}$$

当 $F_1=F_2$ 时肋壁变成平壁换热问题，由公式可以看出在 α 较小的一面做成肋壁形式能增强传热效果。下面分析肋片间距的影响，当肋片间距减小时，肋片的数量增多，肋壁的表

面积 F_2 增大，则 β 值增大，这对减小热阻有利；肋片间距适量减小时可以增强肋片间流体的扰动，使换热系数 α_2 增大。但肋片间距的减小是有限的，以免肋片间流体的温度升高，降低了传热的温差。

上面公式的推导过程中，假定壁面温度为一个确定的数值，实际由于热阻的作用，肋基温度总是大于肋端温度。由于表面形状复杂，换热情况也相当复杂，因此，肋面换热系数的确切值只能靠实验方法获得。

【例 2-13】 已知一肋壁，肋化系数 $\frac{F_2}{F_1}=10$，肋壁厚 10mm，壁面的导热系数是 50.7W/(m·℃)，肋面换热系数为 12W/(m²·℃)，周围空气温度为 16℃，光面的换热系数是 226W/(m²·℃)，光面侧热水温度是 92℃，计算通过每平方米壁面的传热量(以光面为准)。

解： 由式（2-101），可知传热系数

$$K_1=\frac{1}{\frac{1}{\alpha_1}+\frac{\delta}{\lambda}+\frac{F_1}{\alpha_2 F_2}}=\frac{1}{\frac{1}{226}+\frac{0.01}{50.7}+\frac{1}{12\times 10}}=77.2[\mathrm{W/(m^2\cdot ℃)}]$$

根据式（2-99），则通过每平方米壁面的传热量

$$q_1=K_1(t_{f1}-t_{f2})=77.2\times(92-16)=5867.2(\mathrm{W/m^2})$$

如果采用平壁，则

$$K'=\frac{1}{\frac{1}{\alpha_1}+\frac{\delta}{\lambda}+\frac{1}{\alpha_2}}=\frac{1}{\frac{1}{226}+\frac{0.01}{50.7}+\frac{1}{12}}=11.4[\mathrm{W/(m^2\cdot ℃)}]$$

$$q'=K'(t_{f1}-t_{f2})=11.4\times(92-16)=866.4(\mathrm{W/m^2})$$

$$\frac{q_1}{q'}=\frac{5867.2}{866.4}=6.77$$

由此可见采用肋壁的传热量是平壁的 6.9 倍。

三、传热的增强和削弱

（一）增强传热的基本途径

由传热的基本公式 $Q=KF\Delta t$ 可以看出，传热与传热系数、传热面积、传热温差有关系，因此增强传热的基本途径有：提高传热系数、增大传热面积、加大传热温差。

1. 提高传热系数

传热过程总热阻是各部分热阻之和，因此要改变传热系数就必分析每一项热阻。下面以换热设备为例分析一下（换热器金属壁薄，热阻很小，δ/λ 可以忽略），则传热系数 K 可表示为

$$K=\frac{1}{\frac{1}{\alpha_1}+\frac{1}{\alpha_2}}=\frac{\alpha_1\alpha_2}{\alpha_1+\alpha_2}$$

由上式可以看出，K 值比 α_1 和 α_2 都小。如果要加大传热系数，应改变哪一侧的换热系数更有效呢？这要对 α_1 和 α_2 分别求偏导，即可得出答案

$$K'=\frac{\partial k}{\partial\alpha_1}=\frac{\alpha_2^2}{(\alpha_1+\alpha_2)^2}\quad K''=\frac{\partial k}{\partial\alpha_2}=\frac{\alpha_1^2}{(\alpha_1+\alpha_2)^2}$$

其中，K'和K''分别表示传热系数K随α_1、α_2的增长率。

设$\alpha_1 > \alpha_2$且$\alpha_1 = n\alpha_2$（$n>1$）代入上式可以得出

$$K'' = n^2 K'$$

结论：使α较小的那一项增大才能有效地增大传热系数。

2. 增大传热面积

增大传热面积不能单纯理解为增加设备台数或增大设备体积，而是合理地提高单位体积的传热面积。比如采用肋片管、波纹管式换热面，从结构上加大单位体积的传热面积。

3. 增大传热温差

改变传热温差可以通过改变冷流体或热流体的温度来实现。改变流体温度的方法有：提高热水采暖系统热水的温度；冷凝水中的冷却水用低温深井水代替自来水；提高辐射采暖的蒸汽压力。另外，两种流体以同一方向流动时比两种流体以相对方向流动的平均温差要小，所以换热器应尽可能采用逆向流动方式。

（二）增强传热的方法

影响对流换热的主要因素是流体的流动状态、流体的物性、换热面形状等，采用可以如下的方法。

1. 改变流体的流动情况

（1）增加流速可以改变流体的流动状态，因为紊流时，α按流速的0.9次幂增加，如壳管式换热器中管程、壳程的分程就是为加大流速、增加流程长度和扰动的，但流速增加时流动阻力也将增大，所以应选择最佳流速。

（2）加入干扰物，在管内或管外套装如金属丝、金属螺旋圈环、麻花铁、异形物等，可以增加扰动、破坏边界层使传热增强。

（3）借助外来能量，用机械或电的方法使表面或流体产生振动；也可利用声波或超声波对流体增加脉动强化传热；还可以外加静电场使传热面附近电解质流体的混合作用增强，从而加强对流换热。

2. 改变流体的物性

流体的物性对α影响较大，在流体中加入少量添加剂（添加剂可以是固体或液体）。它与换热流体组成气—固、汽—液、液—固等混合流动系统。

气流中加入少量固体细粒（如石墨、黄沙、铅粉等），提高了热容量，同时固体颗粒具有比气体高得多的辐射作用，因而使换热系数明显增加，沸腾床（流化床）可以归入气—固这一类型。

汽—液型的如在蒸汽中加入硬脂酸、油酸等物质，促使形成珠状凝结而提高换热系数。

液—固型的如在油中加入聚苯乙烯悬浮液，也会使传热增强。

3. 改变换热表面情况

改进表面结构，如将管表面做成很薄的多孔金属层，以增强沸腾和凝结换热；也可在表面涂层，如凝结换热时，在换热表面涂上一层表面张力小的材料（聚四氟乙烯），有利于增加换热系数；另外增加壁面粗糙度、改变换热面形状和大小，也可使传热增强。

4. 增加传质增强传热

由于传质的存在，传热受到了影响，在实际工程中可以利用这个原理来增加传热量。如，导弹、人造卫星在进入大气层时，由于和大气层的高速摩擦，产生大量热量，为了冷却表面，在飞行器的表面涂一层材料，当温度升高时，表面材料升华、熔化或分解，这些化学过程吸收热，而反应所产生的气体质量流从表面离去，从而有效的冷却表面。

（三）削弱传热的方法

为了削弱传热，可以采取降低流速、改变表面状况、使用导热系数小的材料、加遮热板等措施，效果较好。下面主要讲其中的两种措施。

1. 热绝缘

工程上常用的热绝缘技术是在传热表面包裹热绝缘材料（石棉、泡沫塑料、珍珠岩等），随着科学技术的不断发展，出现了一些新型的热绝缘技术。

（1）真空热绝缘。将换热设备的外壳做成夹层，夹层内壁两侧涂以反射率高的涂层，并把它抽成真空。夹层真空度越好，绝缘性能越好。一般真空抽至 0.01～0.001Pa，在 90～300K 温度下，导热系数 $\lambda=10^{-4}$W/(m·℃)。

（2）多层热绝缘。是把若干片反射率高的材料（如铝箔）和导热系数低的材料（如玻璃纤维）交替排列，并将系统抽成真空，组成了多层真空热绝缘。这种多层热绝缘绝热性能好，多用于深度低温装置中。

（3）粉末热绝缘。可以是抽真空或真空的粉末热绝缘，可以在热绝缘夹层填充珍珠岩、碳黑等物质。粉末热绝缘的效果虽没有多层热绝缘好，但结构简单。

（4）泡沫热绝缘。多孔的泡沫热绝缘具有蜂窝状结构，是在制造泡沫过程中由起泡气体形成的，其绝缘性能较好。但应注意避免材料发生龟裂、受潮而丧失绝缘作用。

2. 改变表面状况

改变换热表面的辐射特性，如在太阳能平板集热器表面涂上氧化铜、镍黑，使其具有较低发射率；附加抑流元件，如在太阳能平板集热器的玻璃盖板与吸热板间加装蜂窝状结构，也可削弱这一空间中的空气对流。

第二篇 建筑给水排水工程

第三章 建 筑 给 水 工 程

第一节 建筑给水系统的分类

建筑给水系统是将给水管网中的水引入建筑中，供人们生活、生产和消防之用，并满足各类用水对水质、水量和水压要求的水供应系统。

一、建筑给水系统的分类

建筑给水系统按照其用途可分为以下三类。

1. 生活给水系统

供人们在不同场合的饮用、烹饪、盥洗、洗涤、沐浴等日常生活用水的给水系统，其水质必须符合国家规定的《生活饮用水卫生标准》(GB 5749—2006)。

2. 生产给水系统

供给各类产品生产过程中所需的用水、生产设备的冷却、原料和产品的洗涤及锅炉用水等的给水系统。生产用水对水质、水量、水压及安全性随工艺要求的不同，而有较大的差异。

3. 建筑消防系统

供给各类消防设备扑灭火灾用水的给水系统。消防用水对水质的要求不高，但必须按照建筑设计防火规范保证供应足够的水量和水压。

上述3类基本给水系统可以独立设置，也可根据各类用水对水质、水量、水压、水温的不同要求，结合室外给水系统的实际情况，经技术经济比较，或兼顾社会、经济、技术、环境等因素的综合考虑，设置成组合各异的共用系统。

二、建筑给水系统的组成与划分

一般情况下，建筑给水系统由水源、引入管、水表节点、给水管网、配水装置和附件、增压和贮水装置、给水局部处理设施等部分组成，如图3-1所示。其划分原则如下：

(1) 内部给水系统应尽量利用外部给水管网的水压直接供水。在外部管网水压不能满足整个建筑小区的用水要求时，则建筑物的下层或地势较低的建筑，应尽量利用外部管网水压直接供水，上层或地势较高的建筑设置加压和流量调节装置供水。

(2) 生活给水系统中，卫生器具处的静水压力不得大于0.6MPa。高层建筑生活给水系统的竖向分区，应根据使用要求、设备材料性能、维护管理条件、建筑层数和室外给水管网水压等合理确定。各分区最低卫生器具配水点处的静水压力不宜大于0.45MPa，特殊情况下不宜大于0.55MPa。水压大于0.35MPa的入户管（或配水横管），宜设减压或调压设施。

(3) 各分区最不利配水点的水压，应满足用水水压的要求。消火栓消防给水系统最低消火栓处最大静水压力不应大于800kPa；高层建筑消火栓系统的竖向分区按最低消火栓处最

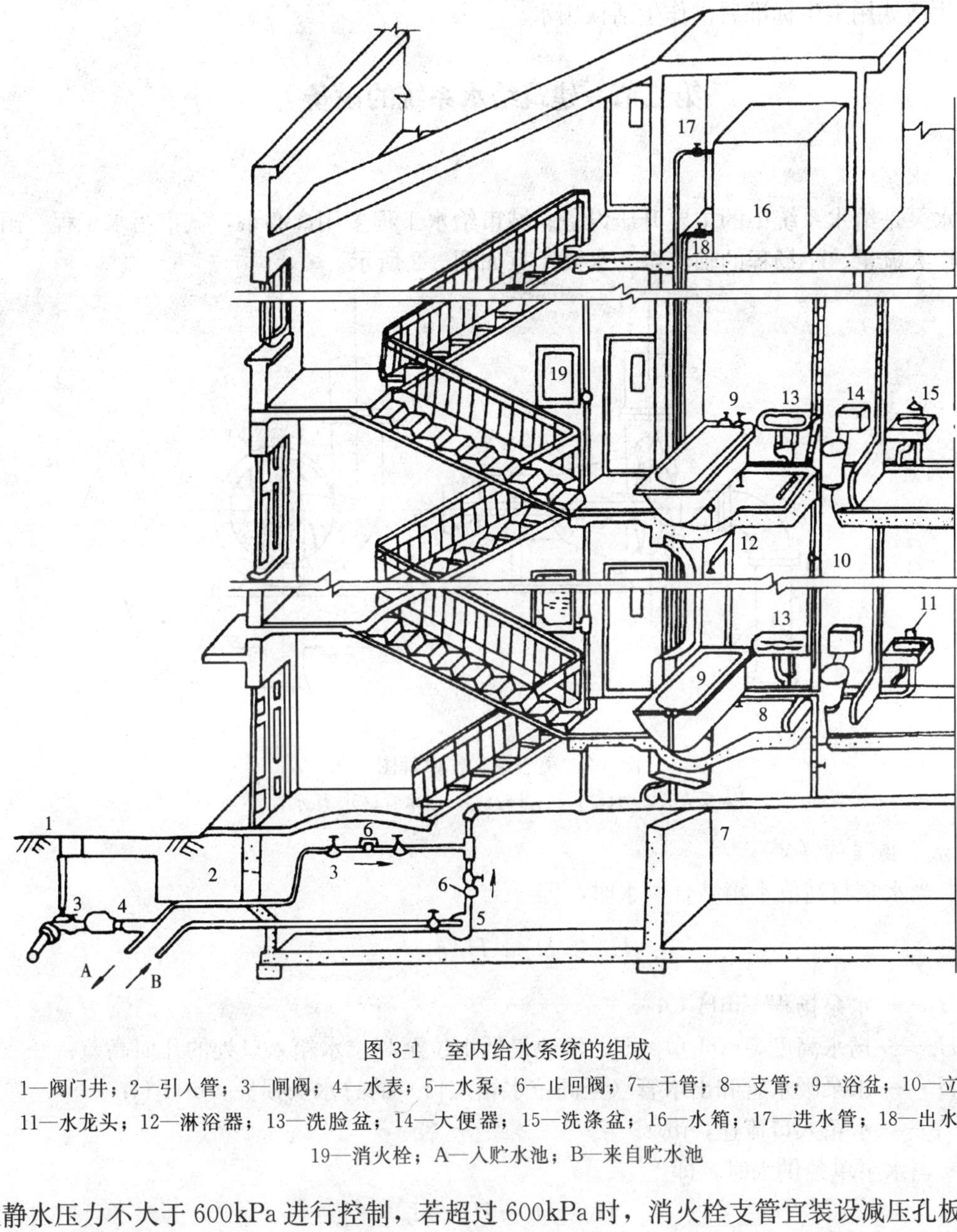

图 3-1　室内给水系统的组成

1—阀门井；2—引入管；3—闸阀；4—水表；5—水泵；6—止回阀；7—干管；8—支管；9—浴盆；10—立管；11—水龙头；12—淋浴器；13—洗脸盆；14—大便器；15—洗涤盆；16—水箱；17—进水管；18—出水管；19—消火栓；A—入贮水池；B—来自贮水池

大静水压力不大于 600kPa 进行控制，若超过 600kPa 时，消火栓支管宜装设减压孔板。

(4) 自动喷水灭火给水系统管网内工作压力应大于 1200kPa，高层建筑自动喷水灭火系统最低喷头处的静水压力不应大于 1000kPa；其竖向分区按最低喷头处最大静水压力不大于 800kPa 进行控制，若超过 800kPa 时，配水干管应装设减压孔板。

(5) 在生产工艺不允许间断供水，且其他给水系统的水质、水压、水量能满足生产要求时，可以将其他给水系统作为生产给水系统的备用，但要充分注意防止生产给水倒流污染其他给水系统。

(6) 在生产工艺允许时，应优先考虑设置循环和复用给水系统，并应充分利用排水的剩余压力，以节约用水和能源。

(7) 工业企业在无外部生活给水系统时，可由未被污染的生产给水系统取水，经局部处理符合生活饮用卫生标准后供作生活饮用水。

第二节 建筑给水系统的设备

一、水泵

给水泵是给水系统中的主要升压设备。城市给水工程多用离心泵，城市污水工程、雨水工程多用大流量、小扬程的轴流泵。水泵示意如图 3-2 所示。

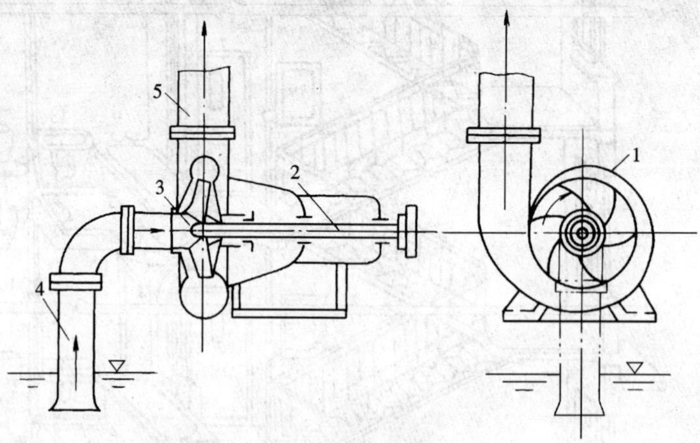

图 3-2 离心泵工作原理图

1—泵壳；2—泵轴；3—叶轮；4—吸水管；5—压水管

1. 水泵扬程的确定

（1）当水泵与高位水箱结合供水时，即

$$H_b \geqslant H_y + H_s + \frac{V^2}{2g} \tag{3-1}$$

式中 H_b——水泵扬程，mH_2O；

H_y——扬水高度，mH_2O，即贮水池最低水位至高位水箱入口处的几何高差；

H_s——水泵吸水管和出水管（至高位水箱入口）的总水头损失，mH_2O；

V——水箱入口流速，m/s。

（2）当水泵单独供水时，即

$$H_b \geqslant H_y + H_s + H_c \tag{3-2}$$

式中 H_y——扬水高度，mH_2O，即贮水池最低水位至最不利配水点或消火栓的几何高差；

H_s——水泵吸水管和出水管（至最不利配水点或消火栓的几何高差）的总水头损失，mH_2O；

H_c——最不利配水点或消火栓要求的流出水头，mH_2O。

（3）当水泵直接从室外给水管网抽水时，水泵扬程计算应考虑利用室外管网的最小水压，并应以室外管网的最大水压来校核水泵和内部管网的压力工况。

2. 水泵装置

（1）水泵装置宜设计成自动控制运行方式，间接抽水时水泵应尽可能设计成自灌式（消防水泵必须是自灌式），在不可能或不合理时才设计成上吸式。当泵中心线高出吸水井或贮水池水位时，均需设置引水装置，以保证水泵的正常启动。常用的引水装置有底阀、水环式真空泵、水射器、引水筒和水上式底阀等。

(2) 每台水泵宜设单独的吸水管（消防水泵必须是自灌式），尤其是吸上式水泵，若公用吸水管，运行时可能会影响其他水泵的启动，如水泵设计成自灌式或水泵直接从室外管网抽水时，吸水管上必须装设阀门。吸水管设计流速，一般采用 1.0～1.2m/s。

(3) 每台水泵出水管上应装设阀门、止回阀和压力表。消防水泵的出水管应不少于两条，与环装管网相连，并应装设试验和检查用的放水阀门。出水管设计流速，一般采用 1.5～2.0m/s。

(4) 当水泵直接从室外给水管网抽水时，应在吸水管上装设阀门、止回阀和压力表，并应绕水泵设置装有阀门的旁通管。

(5) 室外给水管网允许直接抽水时，水泵（消防水泵必须是自灌式）宜直接从室外管网吸水。应保证室外给水管网压力不得低于 100kPa（从室外地面算起）。

(6) 吸上式水泵的吸水管应有向水泵不断上升且大于 0.005 的坡度，如吸水管水平管段变径时，偏心异径管的安装要求管顶平，以免存气。出水管可能滞留空气的管段上方应设排气阀。

(7) 水泵备用泵设置应视建筑物的重要性、对供水安全性要求和水泵装置运行可靠性等因素确定。一般高层建筑、大型民用建筑、建筑小区和其他较大型的给水系统应设一台备用泵。备用泵的容量应与最大一台水泵相同。生产水泵的备用量应按工艺要求确定。

二、贮水池

贮水池是贮存和调节水量的构筑物，一般设置在建筑物的地下室或埋地设置在建筑物旁。

贮水池的有效容积可按下式计算

$$V_y \geqslant (Q_b - Q_g)T_b + V_x + V_s \tag{3-3}$$

式中 V_y——贮水池有效容积，m^3；

Q_b——水泵出水量，m^3/h；

Q_g——水源的供水能力，m^3/h；

T_b——水泵连续运行时间，h；

V_x——火灾延续时间内，消防贮备水量，m^3；

V_s——生产事故备用水量，m^3。

当资料不足时，对于生活调节水量可按不小于建筑日用水量的 8%～10%计算。对于贮存消防用水的贮水池既要保证水质不变坏，又要有保证消防水量平时不被动用的措施。贮水池需设置进水管、出水管、放空管、溢流管、通气管和水位指示装置。

三、水箱

水箱具有贮备水量、稳定水压、控制水泵工作和保证供水的作用。

1. 水箱设置

在下列条件下需设置高位水箱：

(1) 室外给水系统中，水压对多层建筑室内所需压力周期性不足时，需设置单独的水箱，在用水低峰时进水，以备高峰水压不足时依靠水箱供给上面数层用水。

(2) 室外给水系统中，水压经常不足以供给室内所需时，需设水泵和水箱联合工作，为了减小水箱容积，降低建筑造价，水泵均设计成自动化运行。

(3) 高层、大型公共建筑中，为确保用水安全及储备一定的消防水量，也需要设置水箱。

2. 水箱的形状与材料

常用的水箱形状有圆形、方形、矩形和球形，特殊情况下，也可以根据具体条件设计成其他任意形状。

水箱的材料常用的有金属材料、钢筋混凝土材料和一些其他新兴材料。金属材料重量较轻，施工安装方便；但容易锈蚀，维护工作量较大，造价较高。一般采用碳素钢板焊接而成。水箱表面必须进行防腐处理，对于生活用水箱，防腐材料不得有碍卫生要求。在有条件时，采用不锈钢、铜、铝等材料或复合材料较为理想。钢筋混凝土材料适用于大型水箱，经久耐用，维护简单，造价较低；但重量大，与管道连接不易处理，易漏水。一些新兴材料，如塑料、玻璃钢等均可用作水箱材料，具有耐腐蚀、重量轻、安装维护方便等优点，但造价较高。

3. 水箱的容积与设置高度

水箱的有效容积，理论上应根据用水和进水流量变化曲线确定，但实际上常按经验确定。

(1) 水泵自动运行时，即

$$V_t \geqslant 1.25Q_b/4n_{max} \tag{3-4}$$

式中 V_t——水箱有效容积，m^3；

Q_b——水泵的出水量，m^3/h；

n_{max}——水泵 1h 内最大启动次数，根据水泵电机容量及其启动方式、供电系统大小和负荷性质等确定。在水泵可以直接启动，且对供电系统无不利影响时，可选用较大值，一般选用 4～8 次/h，不宜大于 10 次/h。

(2) 水泵人工操作时，即

$$V_t = \frac{Q_d}{n} - T_b Q_m \tag{3-5}$$

式中 Q_d——最高日用水量，m^3；

n——水泵每天启动次数，由设计确定；

T_b——水泵启动一次的运行时间，h，由设计确定；

Q_m——水泵运行时段内，平均小时用水量，m^3/h。

对于生活用水也可按不小于最高日用水量的 12%计算。仅在夜间进水的水箱，生活用水贮量应按用水人数和用水定额确定。

(3) 单设水箱时，即

$$V_t = Q_m T \tag{3-6}$$

式中 Q_m——由于管网压力不足，需要由水箱供水的最大连续平均小时用水量，m^3/h；

T——需要由水箱供水的最大连续时间，h。

由于外部管网的供水能力相差很大，水箱的有效容积应根据具体情况分析确定。有时可按最大高峰用水量或全天用水量的 1/2 确定，也可按夜间进水、白天全部由水箱供水确定。

水箱的设置高度，应使其最低水位的标高满足最不利配水点或消火栓或自动喷水灭火的

流出水头要求，即

$$Z_x \geqslant Z_b + H_c + H_s \tag{3-7}$$

式中 Z_x——高位水箱最低水位的标高，m；

Z_b——最不利配水点、消火栓或自动喷水喷头的标高，m；

H_c——最不利配水点、消火栓或自动喷水喷头需要的流出水头，mH_2O；

H_s——水箱出口至最不利配水点、消火栓或自动喷水喷头的管道总水头损失，mH_2O。

4. 水箱的附件

如图 3-3 所示，水箱上应设有进水管、出水管、溢流管、泄水管以及水位信号装置等。

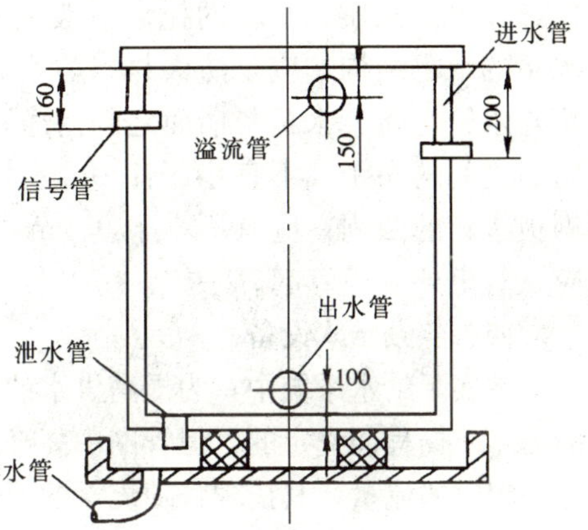

图 3-3 水箱配管图

（1）进水管。进水管是向水箱供水的管子。当水箱向管网进水时，为防止溢流，进水管上应装设液压阀或浮球阀，浮球阀一般不宜少于两个，在浮球阀前应安装截止阀，以便检修。当水箱由泵供水，并采用控制水泵启闭的自动装置时，不需设水位控制阀。进水管管径可按水泵出水量或室内最大瞬时用水量即设计秒流量确定。

（2）出水管。出水管就是将水箱里的水送到室内给水系统中去的管子。出水管可以单独设置，也可与进水管合用一条管道。单独设置时可由水箱侧壁接出，其管口下缘至水箱内底的距离应不小于 50mm，以防沉淀物流入配水管网，其管径按设计秒流量确定。合用时水箱的出水管上应安装止回阀，以防止水箱由底部充水，如图 3-4 所示。

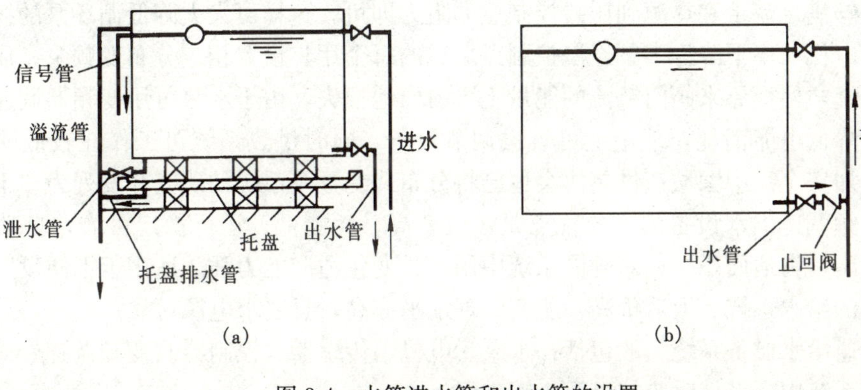

图 3-4 水箱进水管和出水管的设置

(a) 单独设置；(b) 合并设置

（3）溢流管。溢流管是用来控制水箱最高水位的管子，其管口下缘应比最高水位高出 50mm，管径比进水管大 1 级，但在水箱底下 1m 可以改用等于进水管管径。溢流管上不得装设任何阀门，为防止水质污染，溢流管出口应设置网罩且不得与排水系统直接相连。

（4）泄水管。泄水管从水箱底部接出，以清除水箱底部沉积的杂质污物和清洗水箱的污水。泄水管上设有阀门，平时关闭，清洗水箱时开启泄水阀门。通常泄水管与溢流管相连接。

(5) 水位信号管。水箱应设指示水位的水位信号管，以监测浮球阀的工作情况和控制水泵启闭。

水箱一般设在建筑物的顶层或天棚内，如建筑物是平屋顶，可在屋顶上设专用的水箱间。水箱间的净高不得低于2.2m，应有良好的采光、通风条件，室内温度不得低于5℃，水箱间应有良好的防蚊蝇纱窗。如水箱有结冻或结露的可能时，必须加以保温。为使水箱的水不受污染，水箱应加盖并留通气孔，有条件的建筑物，水箱应用不锈钢来制作，以保证水质。水箱的托盘一般用木板制作，外包镀锌铁皮，并刷防锈漆两道。设置水箱的承重结构，应是防火材料。水箱在水箱间内布置应紧凑，为了安装维修方便，水箱与水箱之间、水箱与墙面之间的净距，均不宜小于0.7m；有浮球阀的一侧，水箱壁和墙面之间的净距，不宜小于1.0m。水箱顶至建筑结构最低点的净距，不得小于0.6m。钢板水箱的四周，应有不小于0.7m的检修通道。水箱旁连接管道时，以上规定的距离应从管道外表面算起。

四、变频给水设备

在实际给水系统中，为提高供水的可靠性，用于增压的水泵都是根据管网最不利工况下的流量、扬程而选定的，但管网中高峰用水量时间不长，用水量在大多数时间里都小于最不利工况时的流量，其扬程将随流量的下降而上升，使水泵经常处于扬程过剩的情况下运行。因此，势必形成水泵能耗增高、效率降低的运行工况。为了平衡供需和提高水泵的运行效率，又由于现代电子技术、自动化控制技术的快速发展，变频调速供水设备便应运而生，它能够根据管网中的实际用水量及水压，通过自动调节水泵的转速而达到供需平衡。

随着新型调节设备和控制手段的出现，使得对水泵的数字控制成为可能，这样理论上可以取消管网中的调节设备，代之以可调速的水泵，在管网的适当节点设置，以满足其后的水力工况要求。如果控制管网中适当节点的压差，该点称之为压差控制点，对于主循环泵的选择，只要能够满足流量和热源到压差控制点的阻力即可，这样可大大降低循环泵的扬程，使得主循环泵电机功率下降许多；经济控制点之后的每个用户设置相应分布变频泵，成为分布式变频泵系统，使得原来阀门节流的能量不再白白地损失，由于水泵可用变频器调速，主循环泵可大大降低电能消耗，理论上可省去调节设备，同时供热系统可工作在较低的压力水平，系统更加安全。中国城镇供热协会也已将分布式变频泵系统的研究开发列为“十五”科技规划。变频调速供水设备的主要优点是：效率高、耗能低；运行稳定可靠，自动化程度高；设备紧凑，占地面积少；对管网系统中用水量变化适应能力强。适用于不便设置其他水量调节设备的给水系统。但造价高，所需管理水平亦高，且要求电源可靠。

变频调速给水设备系统一般包括：水泵、电机、传感器、控制器及变频调速器等。在分布式变频泵系统中，设计时应按以下步骤进行。

(1) 管网系统设计，计算管网的阻力。

(2) 选择压差控制点，不同的压差控制点对应不同的设备初投资和管网运行费用，应按技术经济分析进行选择。

(3) 选择主循环泵，主循环泵的选择应考虑两方面。

1) 流量要求，应能提供管网的全部循环流量；

2) 扬程要求，应满足热源到压差控制点间管网阻力。

(4) 分布泵的选择，主要考虑满足该分支用户的阻力和流量。

居住小区的加压泵站，当给水管网无调节设施时，宜采用变频调速或额定转速泵编组运行供水。泵的最大出水量不应小于小区给水设计流量。生活给水系统采用调速泵组供水时，应按设计秒流量选泵，调速泵在额定转速时的工作点，应位于水泵高效区的末端。

五、气压给水设备

气压给水设备是利用密闭贮罐内被水泵间接压缩的空气作媒介，向给水系统压送水量的一种给水装置，它既可以调节水量、贮存水量，又可以保持系统所需水压，其作用相当于高位水箱或水塔。

1. 气压给水装置的分类

气压装置可分为变压式及定压式两种。如图 3-5 和图 3-6 所示。

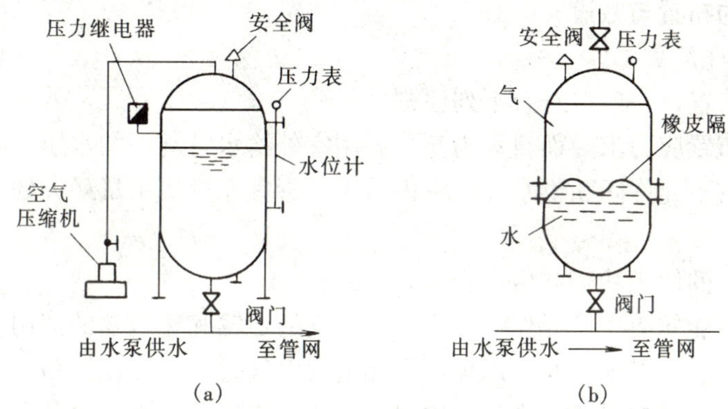

图 3-5　变压式气压装置

(a) 单罐式；(b) 隔膜式

(1) 变压式气压装置。在没有稳定压力要求的供水系统中，常采用变压式气压装置。变压式系统是罐内的水在压缩空气的压力下，被送往用水点，随着罐内水量的减少，空气体积膨胀，压力逐渐降低。当压力降到最小设计压力时，水泵在压力继电器作用下启动重新充水，水泵出水除供用户外，多余部分进入气压水罐，罐内水位随之上升，空气又被压缩，在压力升到最大设计压力后，水泵停机。该系统处于高低压力变化的情况下运行。

(2) 定压式气压给水设备。在用户要求水压稳定时，可在变压式气压给水装置的供水管上安装调压阀，调节阀后水压在要求范围内，使管网处于恒压工作。也可在双罐变压式气压给水设备的压缩空气连通管上安装压力调节阀，调节阀后气压在要求范围内，如图 3-6 所示。

2. 气压给水罐容积的计算

气压给水罐总容积是选择气压给水设备的主要依据，总容积可按下式计算

$$V_z = \frac{\beta V_x}{1-\alpha_b} \tag{3-8}$$

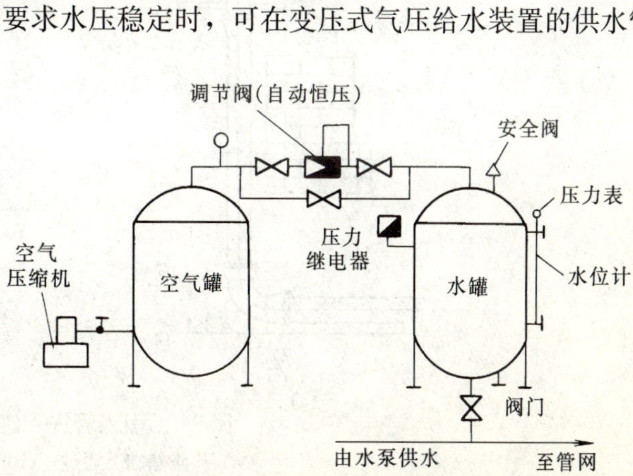

图 3-6　定压式气压装置

式中 V_z——气压水罐的总容积，m^3；

V_x——罐内水的调节容积，m^3；

α_b——气压水罐最小工作压力与最大工作压力比（以绝对压力计），宜采用0.65～0.85，有特殊要求时也可在0.5～0.9范围内选用。气压水罐最小工作压力应以给水系统所需压力确定；

β——容积附加系数，补气式卧式、立式气压罐和隔膜式气压罐宜分别采用1.25、1.10、1.05。

第三节 给水管道及给水设备的布置

一、给水管道的布置与敷设

（一）给水管道的布置

室内给水管道布置，一般应符合下列原则：

（1）给水管道布置应力求短而直；为充分利用室外给水管网中的水压，给水引入管宜布设在用水量最大处或不允许间断供水处；室内给水干管宜靠近用水量最大处或不允许间断供水处。

（2）保证建筑物的使用功能和生产安全。

（3）给水管道不能妨碍生产操作、生产安全、交通运输和建筑物的使用。

（4）给水管道不能穿过配电间，以免因渗漏造成电气设备故障或短路；不能布置在遇水易引起燃烧、爆炸、损坏的设备、产品和原料上方，还应避免在生产设备上面布置管道。

（5）室内生活给水管道宜布置成枝状管网，单向供水。

（6）对不允许断水的车间及建筑物，给水引入管应设置两条，在室内连成环状或贯通枝状双向供水。

（7）对设置两根引入管的建筑物，应从室外环网的不同侧引入（引入管进入建筑物见图3-7）。

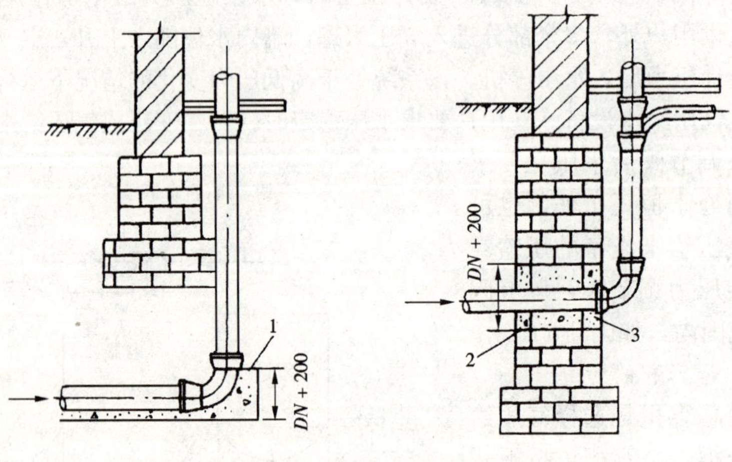

图3-7 引入管进入建筑物

（a）从浅基础下通过；（b）穿基础

1—C5.5混凝土支座；2—黏土；3—M5水泥砂浆封口

(8) 居住小区的室外给水管网，宜布置成环状网，或与市政给水管连接成环状网。

(二) 给水管道的敷设

1. 敷设形式

给水管道的敷设有明装、暗装两种形式。明装即管道外露，其优点是安装维修方便，造价低。但外露的管道影响美观，表面易结露、积尘。一般用于对卫生、美观没有特殊要求的建筑。暗装即管道隐蔽，如敷设在管道井、技术层、管沟、墙槽、顶棚或夹壁墙中，直接埋地或埋在楼板的垫层里，其优点是管道不影响室内的美观、整洁，但施工复杂，维修困难，造价高。适用于对卫生、美观要求较高的建筑如宾馆、高级公寓和要求无尘、洁净的车间、实验室、无菌室等。

典型的管道布置形式见图 3-8 和图 3-9。

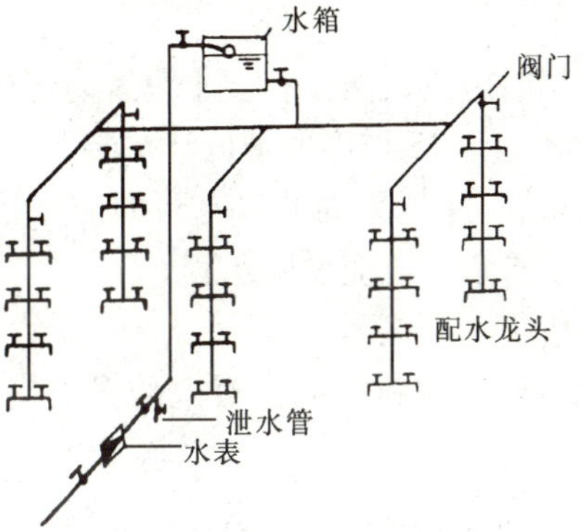

图 3-8 上行下给式

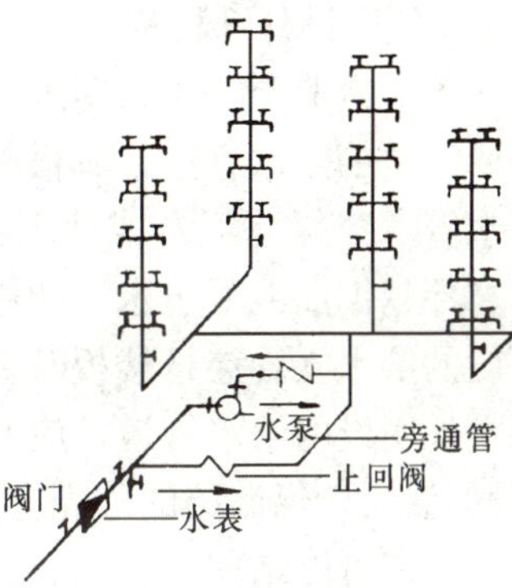

图 3-9 下行上给式

2. 敷设要求

(1) 居住小区的室外给水管道，应沿区内道路平行于建筑物敷设，宜敷设在人行道、慢车道或草地下；管道外壁距建筑物的净距不小于 1m，且不影响建筑物的基础。

(2) 室外给水管道的覆土深度，应根据土壤冰冻深度、车辆荷载、管道材质及管道交叉等因素确定。管顶最小覆土深度不得小于土壤冰冻线以下 0.15m，行车道下的管线覆土深度不宜小于 0.7m。

(3) 敷设在室外综合管廊（沟）内的给水管道，宜在热水、热力管道下方，冷冻管和排水管的上方。给水管道与各种管道之间的净距，应满足安装操作的需要，且不宜小于 0.3m。室内冷、热水管上、下平行敷设时，冷水管应在热水管下方；垂直平行敷设时，冷水管应在热水管右侧。

(4) 埋地敷设的给水管道应避免布置在可能受重物压坏处。管道不得穿越生产设备基础，在特殊情况下必须穿越时，应采取有效的保护措施。

(5) 给水管道不得敷设在烟道、风道、电梯井及排水沟内。给水管道不宜穿越橱窗、壁柜。给水管道不得穿过大便槽和小便槽，且立管离大、小便槽端部不得小于 0.5m。

(6) 给水管道不宜穿越伸缩缝、沉降缝、变形缝。如必须穿过时，应设置补偿管道伸缩和剪切变形的装置。

(7) 塑料给水管不得布置在灶台上边缘；明设时的塑料给水立管距灶台边缘不得小于 0.4m，距燃气热水器边缘不宜小于 0.2m。达不到要求时，要有保护措施。

(8) 建筑物内埋地敷设的生活给水管与排水管之间的最小净距，平行埋设时不应小于0.5m；交叉埋设时不应小于0.15m，且给水管应在排水管的上面。

(9) 给水管道暗装时，应符合下列要求：不得直接敷设在建筑物的结构内；干管和立管应敷设在吊顶、管井、管窿内，支管宜敷设在楼（地）面的找平层内或沿墙敷设在管槽内；敷设在找平层内或管槽内的给水管材宜采用塑料、金属与塑料符合管材或耐腐蚀的金属管材；敷设在找平层内或管槽内的管材，如采用卡套式或卡环式接口连接的管材，宜采用分水器向各卫生器具配水，中途不得有连接配件，两端接口应明露，地面宜有管道临时位置的标识。

(10) 管道井的尺寸，应根据管道数量、管径大小、排列方式、维修条件，结合建筑平面和结构形式等合理确定。需进人维修的管井，其维修人员的工作通道净宽度不宜小于0.6m。管道井应每层设外开检修门。

(11) 给水管道应避免穿越人防地下室，必须穿越时应按人防工程要求设置防爆阀门。

(12) 需要泄空的给水管道，其横管宜设有0.002～0.005坡度的坡向泄水装置。

(13) 给水管道穿越地下室或地下构筑物的外墙处、穿越屋面处（有可靠防水措施时，可不设套管）、穿越钢筋混凝土水池的壁板或底板连接管道时，应设防水套。

(14) 明设的给水立管穿越楼板时，应采取防水措施。

(15) 在室外明设的给水管道，应避免受太阳光直射，塑料管应有有效的保护措施；在结冻地区应设保温层，保温层的外壳应密封防渗。

(16) 敷设在有可能结冻的房间、地下室及管井、管沟等地方的给水管道应有防冻措施。

(17) 管道在空间敷设时，必须采用固定措施，以确保施工方便与安全供水。固定管道常用的支托架如图3-10所示。

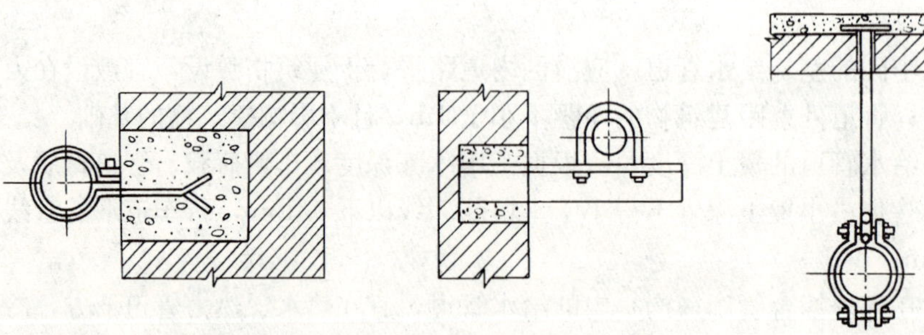

(a) (b) (c)

图3-10 支托架

(a) 管卡；(b) 托架；(c) 吊环

二、给水设备的布置与安装

给水设备的布置应结合建筑物的使用功能综合考虑，一般布置在底层、地下室或辅助用房内，也可设置在屋顶或顶层，对于高层建筑有时还需设置技术层，这时给水设备也可设置在技术层中。

(一) 水泵

在建筑物内布置水泵，应设置在远离对环境要求安静的房间，在水泵的基础、吸水管和出水管上应设有隔震减噪装置。

(1) 水泵机组的基础侧边之间和至墙面的距离不得小于0.7m，对于电机容量小于或等于20kW或吸水口直径小于或等于0.1m的小型水泵，两台同型号的水泵机组可共用一个基础，基础的一侧与墙面之间可不留通道。不留通道的机组突出部分与墙壁间的净距及相邻两组的突出部分的净距，不得小于0.2m。

(2) 水泵机组的基础端边之间和至墙面的距离不得小于1m，电机端边至墙的距离还应保证能抽出电机转子。

(3) 水泵机组的基础应高出地面0.1～0.3m。

(4) 电机容量在20～55kW时，水泵机组基础间净距不得小于0.8m；电机容量大于55kW时，净距不得小于1.2m。

(5) 泵房主要人行通道宽度不得小于1.2m；配电盘前通道宽度，低压不得小于1.5m，高压不得小于2m。

(二) 气压给水设备

气压给水设备是利用密闭贮罐内空气的可压缩性，进行贮存、调节、压送水量和保持水压的装置，其作用相当于高位水箱或水塔。

气压给水设备是一组合式的成套设备，可设置在底层、地下室、辅助用房内，也可根据给水方式设置在顶层或高层建筑的技术层内。气压给水设备中应装设安全阀、压力表、泄水管，对于其中的水泵，同样需做好减震措施，放置气压给水设备的房间也同样需设置排除积水措施。

(三) 贮水池

(1) 生活贮水池位置应远离化粪池、厕所、厨房等卫生环境不良的房间，防止生活饮用水被污染，其溢流口底标高应高出室外地坪100mm，保持足够的空气隔断，保证在任何情况下污水不能通过人孔、溢流管等流入池内。

(2) 贮水池进水管和出水管应布置在相对位置，以便池内贮水经常流动，防止滞留和死角，以防池水腐化变质。

(3) 贮水池一般分为两格，并能独立工作或分别泄空，以便清洗与检修。消防水池容积如超过500m^3时应分成两个。

(4) 喷泉水池、水景镜池和游泳池在保证常年贮水的条件下，可兼作消防贮备用水池。

(5) 室内贮水池贮水包括室外消防水量时，应在室外设有供消防车取水的吸水口。

(6) 消防用水与生活或生产用水合用一个贮水池又无溢流墙时，其生活或生产水泵吸水管在消防水位面上应设小孔，以确保消防贮备水不被动用。

(7) 贮水池溢流管口径比进水管大一号。

(8) 贮水池应设通气管，通气管口应用网罩盖住，通气管设置高度距覆盖层不小于0.5m，通气管直径为d=200mm。

(9) 贮水池应设水位指示器，将水位反映到泵房和操纵室。

第四节 建筑消防给水

工业与民用建筑物都存在一定程度的火灾险情，为了防止和减少火灾的危害，根据建筑物的性质和高度，工业和民用建筑内应按《建筑设计防火规范》(GBJ 16—1987) 中的规定设置室内消防给水管道和消防设备。在进行城镇、居住区、企事业单位的规划和建筑设计（包括新建、扩建和改建）时，必须同时设计消防给水系统。建筑消防给水设备一般有室内消火栓灭火装置、自动喷洒水灭火装置及水帘水幕灭火装置等。

建筑物依建筑高度和层数，划分为低层建筑消防灭火系统和高层建筑消防灭火系统，消防给水系统相应亦有低层建筑消防给水系统和高层建筑消防给水系统之分。

低层建筑的室内消火栓系统是指 9 层及 9 层以下的住宅建筑、高度小于 24m 以下的其他民用建筑和高度不超过 24m 的厂房、车库以及单层公共建筑的室内消火栓消防系统。这种建筑物的火灾，能依靠一般消防车的供水能力直接进行灭火。

一、低层建筑消防给水系统

（一）室外消防给水

1. 一般规定

（1）消防给水和灭火设施的设计应根据建筑物用途及其重要性和火灾危险性等综合因素进行。

（2）在城市、居住区、工厂、仓库等的规划和建筑设计时，必须同时设计消防给水系统。

（3）当采用高压或临时高压给水系统进行室外消防给水时，管道的供水压力应能保证用水量达到最大且水枪在任何建筑物的最高处时，水枪的充实水柱仍不小于 10m，当采用低压给水系统时，室外消火栓口处的水压从室外设计地面起不应小于 0.1MPa。

（4）建筑的低压室外消防给水系统可与生产、生活给水管道系统合并。

（5）建筑的全部消防用水量应为其室内、室外消防水量之和。

（6）除住宅外的民用建筑及厂房（仓库）堆厂应设置灭火器。

2. 室外消防给水管道的布置

（1）室外消防给水管网应布置成环状，当室外消防用水量小于等于 15L/s 时，可布置成枝状。

（2）向环状管网输水的进水管不应少于两条，当其中一条发生故障时，其余的进水管应能满足消防总水量的供给要求。

（3）环状管道应采用阀门分成独立段，每段室内外消火栓的数量不宜超过 5 个。

（4）室外消防给水管道的直径不应小于 *DN*100。

（5）室外消防给水管道设置的其他要求应符合现行国家标准《室外给水设计规范》（GB 50013—2006）的有关规定。

3. 室外消火栓的布置

（1）室外消火栓应沿道路设置。当道路宽度大于 60m 时，宜在道路两边设置消火栓，并且宜靠近十字路口。

（2）甲、乙、丙类液体储罐区和液化石油贮罐区的消火栓，应设置在防火堤或防护墙外。距罐壁 15m 范围内的消火栓，不应计算在该罐可使用的数量内。

（3）室外消火栓的间距不应大于 120m。

（4）室外消火栓的保护半径不应大于 150m，在市政消火栓保护半径 150m 以内，当室外消防用水量小于等于 15L/s 时，可不设置室外消火栓。

（5）室外消火栓的数量应按其保护半径和室外消防用水量等综合计算确定，每个室外消火栓的用水量应按 15L/s 计算。

(6) 室外消火栓宜采用地上式消火栓。地上式消火栓应有一个 $DN150$ 和两个 $DN65$ 的栓口；采用室外地下式消火栓时，应有 $DN100$ 和 $DN65$ 的栓口各一个。寒冷地区应有防冻措施。

(7) 消火栓距路边不应大于 2m，距房屋外墙不宜小于 5m。

(8) 工艺设置区内的消火栓应设置在工艺装置的周围，其间距不宜大于 60m。当工艺装置区宽度大于 120m 时，宜在该装置区内的道路边设置消火栓。

(9) 建筑的室外消火栓、阀门、消防水泵接合器等设置地点应设置相应的永久性固定标识。

(10) 寒冷地区设置市政消火栓有困难的，可设置水鹤等为消防车加水的设施，其保护半径范围可根据需要确定。

(二) 室内消防给水

1. 室内消火栓设置场所

(1) 建筑占地面积大于 $300m^2$ 的厂房（仓库）（应设置 $DN65$ 的室内消火栓）。

(2) 体积大于 $5000m^3$ 的车站、码头、机场的候车（船、机）楼、展览建筑、商店、旅馆建筑、病房楼、门诊楼、图书馆建筑等（应设置 $DN65$ 的室内消火栓）。

(3) 特等、甲等剧场，超过 800 个座位的其他等级的剧场和电影院等，超过 1200 个座位的礼堂、体育馆等（应设置 $DN65$ 的室内消火栓）。

(4) 超过 5 层或体积大于 $10000m^3$ 的办公楼、教学楼、非住宅类居住建筑等其他民用建筑（应设置 $DN65$ 的室内消火栓）。

(5) 超过 7 层的住宅应设置室内消火栓系统，当确有困难时，可设置干式消防竖管和不带消火栓箱的 $DN65$ 室内消火栓。消防竖管的直径不应小于 $DN65$。

(6) 国家级文物保护单位的重点砖木或木结构的古建筑，宜设置室内消火栓。

(7) 存有与水接触能引起燃烧、爆炸的物品的建筑物和室内没有生产、生活给水管道，室外消防用水取自贮水池且建筑体积小于等于 $5000m^3$ 的其他建筑，可不设置室内消火栓。

2. 室内消防用水量

低层建筑的室内消防水量应根据建筑物的性质、面积和消防栓布置计算确定，但不应小于表 3-1 的规定。

表 3-1 室内消火栓用水量

建筑物名称	高度、层数、体积或座位数	消火栓用水量 (L/s)	同时使用水枪数量 (支)	每根竖管最小流量 (L/s)
厂 房	高度≤24m，体积≤$10000m^3$	5	2	5
	高度≤24m，体积>$10000m^3$	10	2	10
	高度>24～50m	25	5	15
	高度>50m	30	6	15
科研楼、实验楼	高度≤24m，体积≤$10000m^3$	10	2	10
	高度≤24m，体积>$10000m^3$	15	3	10

续表

建筑物名称	高度、层数、体积或座位数	消火栓用水量（L/s）	同时使用水枪数量（支）	每根竖管最小流量（L/s）
库　房	高度≤24m，体积≤5000m³ 高度≤24m，体积＞5000m³ 高度＞24～50m 高度＞50m	5 10 30 40	1 2 6 8	5 10 15 15
车站、码头、机场建筑物和展览馆等	5000m³＜体积＜25000m³ 25000m³＜体积＜50000m³ 体积＞50000m³	10 15 20	2 3 4	10 10 15
商店、旅馆	5000m³＜体积＜10000m³ 10000m³＜体积＜25000m³ 体积＞25000m³	5 10 15	2 2 3	5 10 10
剧院、电影院、俱乐部、礼堂、体育馆	800 个＜座位数＜1200 个 1200 个＜座位数＜5000 个 5000 个＜座位数＜10000 个 座位数＞10000 个	10 15 20 30	2 3 4 6	10 10 15 15
住宅	层数≥8	5	2	5
病房楼、教学楼等	5000m³＜体积＜10000m³ 10000m³＜体积＜25000m³ 体积＞25000m³	5 10 15	2 2 3	5 10 10
国家级文物保护单位的重点砖木及木结构的古建筑	体积≤10000m³ 体积＞10000m³	20 25	4 5	10 15

注　1. 丁、戊类高层工业建筑室内消火栓的用水量，可按本表减少 10L/s，同时使用水枪数量可按本表减少两支。
2. 增设消防水喉设备，可不计入消防用水量。

3. 室内消防给水管道的布置

室内消防给水管道的布置应符合下列规定。

（1）室内消火栓超过 10 个且室外消防水量大于 15L/s 进水管时，其消防给水管道应连接成环状，且至少应有两条进水管与室外管网或消防水泵连接。当其中 1 条进水管发生事故时，其余的进水管应仍能供应全部消防用水量。

（2）室内消防竖管直径不应小于 $DN100$。

（3）室内消火栓给水管网宜与自动喷水灭火系统的管网分开设置；当合用消防泵时，供水管路应在报警阀前分开设置。

（4）消防水泵接合器应设置在室外便于消防车使用的地点，与室外消火栓或消防水池取水口的距离宜为 15～40m。消防水泵接合器的数量应按室内消防用水量计算确定，每个消防水泵接合器的流量宜按 10～15L/s 计算。

（5）室内消防给水管道应采用阀门分成若干独立段。对于单层厂房（仓库）和公用建筑，检修停止使用的消火栓不应超过 5 个。阀门应保持开启，并应有明显的启闭标志或信号。

（6）消防用水与其他用水合用的室内管道，当其他用水达到最大小时流量时，应仍能保证供应全部消防用水。

(7) 允许直接吸水的市政给水管网，当生产、生活用水量达到最大且仍能满足室内外消防用水量时，消防水泵直接从市政给水管网吸水。

(8) 严寒和寒冷地区非采暖的厂房（仓库）及其他建筑的室内消火栓系统，可采用干式系统，但在进水管上应设置快速启闭装置，管道最高处应设置自动排气阀。

4. 室内消火栓的布置

室内消火栓的布置应符合下列规定。

(1) 除无可燃物的设备外，设置室内消火栓的建筑物各层均应设置消火栓。单元式、塔式住宅的消火栓宜设置在楼梯间的首层和各楼层休息平台上，当设两根消防竖管有困难时，可设 1 根消防竖管，但必须采用双口双阀门型消火栓。干式消火栓竖管应在首层靠出口部位设置便于消防车供水的快速接口和止回阀。

(2) 消防电梯间前室内应设置消火栓。

(3) 室内消火栓应设置在位置明显且易于操作的部位。栓口离地面或操作基面高度宜为 1.1m，其出水方向宜向下或与设置消火栓的墙面成 90°角；栓口与消火栓内边缘的距离不应影响消防水带的连接。

(4) 冷库内的消火栓应设置在常温穿堂或楼梯间内。

(5) 室内消火栓的间距应由计算确定。

(6) 同一建筑物内应采用统一规格的消火栓、水枪和水带。每条水带的长度不应大于 25m。

(7) 室内消火栓的布置应保证每个防火分区同层有两支水枪的充实水柱同时到达任何部位。建筑高度小于等于 24m 且体积小于等于 5000m^{3}的多层仓库，可采用 1 支水枪充实水柱到达任何部位。

水枪的充实水柱应经计算确定，甲、乙类厂房、层数超过 6 层的公用建筑和层数超过 4 层的厂房（仓库），不应小于 10m。

(8) 室内消火栓栓口处的出水压力大于 0.5MPa 时，应设置减压设施；静水压力大于 1.0MPa 时，应采用分区给水系统。

(9) 设有室内消火栓的建筑，如为平屋顶时，宜在屋顶设置试验和检查用的消火栓。消火栓、软管组合安装如图 3-11 所示。

5. 消防水箱的设置

设置常高压给水系统，并能保证最不利点消火栓和自动喷水灭火系统等的水量及水压的建筑物，或设置干式消防竖管的建筑物，可不设置消防水箱。

系统的建筑物应设置消防给水箱（包括气压水罐、水塔、分区给水系统的给水箱）。消防水箱应符合下列规定。

(1) 重力自流的消防水箱应设置在建筑物的最高部位。

(2) 消防水箱应储存 10min 的消防用水量。当室内消防用水量小于等于 25L/s，经计算消防水箱所需消防储水量大于 12m^{3}时，仍可采用 12m^3；当室内消防用水量大于 25L/s，经计算消防水箱所需消防储水量大于 18m^3，仍可以采用 18m^3。

(3) 消防用水与其他用水合用的水箱，应采取消防用水不作他用的技术措施。

(4) 发生火灾后，由消防水泵供给的消防用水不应进入消防水箱。

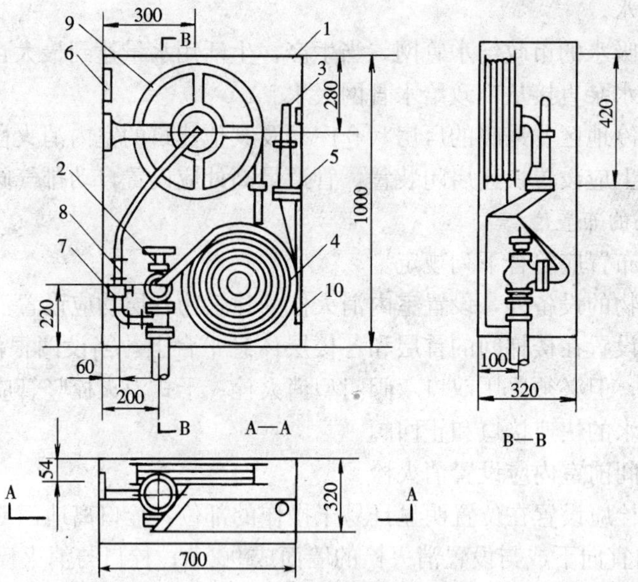

图 3-11　消火栓、软管组合安装图

1—消火栓图；2—消火栓；3—水枪；4—水龙带；5—接扣；6—消防按钮；
7—闸阀；8—软管；9—消防软管和卷盘；10—合页

（5）消防水箱可分区设置。

6. 消防水泵的设置

（1）一组消防水泵的吸水管不应少于两条。当其中一条损坏时，其余的吸水管应仍能通过全部用水量。

（2）高压和临时高压消防给水系统，其每台消防水泵应有独立的吸水管。

（3）消防水泵宜采用自灌式引水。

（4）消防水泵房应有不少于两条出水管直接与环状管道连接。

（5）消防水泵出水管上宜设检查和试水用的放水阀。

（6）固定消防水泵应设备用泵，其工作能力不应小于一台主要泵。在室外消防用水量不超过 25L/s 的工厂（仓库）或 7～9 层的单元式住宅可以不设备用泵。

（7）消防水泵应保证在火警后 5min 内开始工作，并在火场断电时仍能正常运转。

（8）设有备用泵的消防泵站或泵房，应设备用动力，若采用双电源或双回路供电有困难时，可采用内燃机作为动力。

（9）消防水泵与动力机械应直接连接。

（10）消防水泵房宜有与本单位消防队直接联络的通信设备。确保消防用水的技术措施如图 3-12 所示。

7. 消火栓给水系统计算

（1）水枪的充实水柱长度。为使消防水枪射出的充实水柱能射及火源和防止火焰热辐射烤伤消防人员，充实水柱应有一定长度。在火场扑灭火灾，水枪的上倾角一般不宜超过 45°，在最不利情况下，也不能超过 60°。若倾角太大，着火物下落时会伤及灭火人员。若按 45°计算，则充实水柱长度为

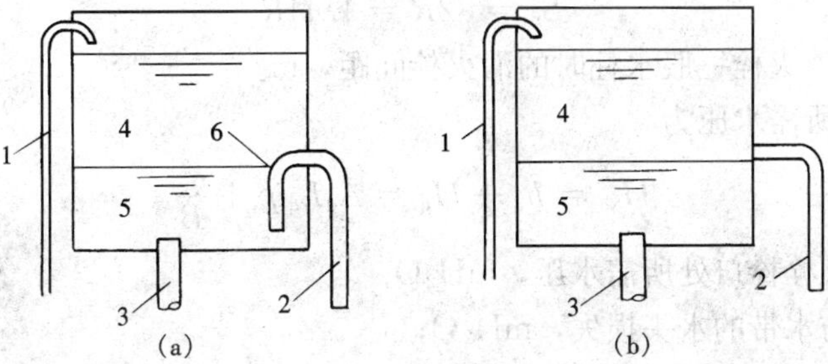

图 3-12 确保消防用水的技术措施

1—进水管；2—生活供水管；3—消防水管；4—生活调节水量；
5—消防储水量；6—小孔

$$S_k = \frac{H_1 - H_2}{\sin 45^\circ} = 1.41(H_1 - H_2) \tag{3-9}$$

若按 60°计算，则充实水柱长度为

$$S_k = \frac{H_1 - H_2}{\sin 60^\circ} = 1.16(H_1 - H_2) \tag{3-10}$$

式中 S_k——水枪充实水柱长度，m；

H_1——室内最高着火点离地面高度，m；

H_2——火枪喷嘴离地面高度，m，一般取 1m。

（2）消火栓的保护半径。消火栓的保护半径可按下式计算

$$R = L_d + L_s \tag{3-11}$$

式中 R——消火栓的保护半径，m；

L_d——水带敷设长度，m，考虑到水带的转弯曲折，应乘以折减系数 0.8；

L_s——水枪充实水柱在平面上的投影长度，m。

水枪的上倾角一般按 45°计算，则

$$L_s = 0.71 S_k \tag{3-12}$$

（3）消火栓的间距。当室内只有一排消火栓，并且要求一股水柱达到室内任何部位时，消火栓的间距按下式计算

$$S_1 = 2\sqrt{R^2 - b^2} \tag{3-13}$$

式中 S_1——一股水柱时的消火栓间距，m；

R——消火栓的保护半径，m；

b——消火栓的最大保护宽度。

当室内只有一排消火栓，且要求有两股水柱同时达到室内任何部位时，消火栓的间距按下式计算

$$S_2 = \sqrt{R^2 - b^2} \tag{3-14}$$

式中 S_2——两股水柱时的消火栓间距，m。

当房间宽度较宽，要求布置多排消火栓，且要求有一股水柱达到室内任何部位时，其消火栓间距可按下式计算

$$S_n = \sqrt{2}R = 1.41R \tag{3-15}$$

式中 S_n——多排消火栓一股水柱时的消火栓间距，m。

消火栓栓口处所需水压为

$$H_{xh} = h_d + H_q = A_d L_d q^2 + \frac{q^2}{B} \tag{3-16}$$

式中 H_{xh}——消火栓栓口处所需水压，mH_2O；

h_d——消防水带的水头损失，mH_2O；

H_q——水枪喷嘴造成一定长度的充实水柱所需水压，mH_2O；

q——水枪喷口流量，L/s；

A_d——水带的比阻，m；

L_d——水带长度，m；

B——水流特性系数。

二、高层建筑消防给水系统

高层建筑室内消火栓消防系统，是指10层和10层以上的住宅建筑、建筑高度在24m以上的其他民用建筑和工业建筑的室内消火栓消防给水系统。高层建筑中高层部分的火灾扑救因一般消防车的供水能力已达不到，因而应立足于自救。

1. 一般规定

(1) 高层民用建筑必须设置室内、室外消火栓给水系统。

(2) 消防用水可由给水管网、消防水池或天然水源供给。利用天然水源应确保枯水期最低水位时的消防用水量，并应设置可靠的取水设施。

(3) 室内消防给水应采用高压或临时高压给水系统。

2. 室外消防管网等的布置

(1) 室外消防给水管道应布置成环状，其进水管不宜少于两条，并宜从两条市政给水管道引入，当其中一条进水管发生故障时，其余进水管应仍能保证全部用水量。

(2) 市政给水管道和进水管或天然水源不能满足消防用水量，市政给水管道为枝状或只有一条进水管（二类建筑除外）时，高层建筑应设消防水池。

(3) 当室外给水管网能保证室外消防用水量时，消防水池的有效容积应满足在火灾延续时间内，室内消防用水量的要求。

(4) 供消防车取水的消防水池应设取水口或取水井，其深度应保证消防车的消防水泵吸水高度不超过6.0m，取水口或取水井与被保护高层建筑的外墙不宜小于5.0m，并不宜大于100m。

(5) 同一时间内只考虑一次火灾的高层建筑群，可共用消防水池、消防泵房、高位消防水箱。

(6) 室外消火栓宜采用地上式，当采用地下式消火栓时，应有明显标志。

3. 消防用水量

(1) 高层建筑的消防用水总量应按室内、外消防用水量之和计算。

(2) 高层建筑室内、外消火栓给水系统的用水量，不应小于表3-2的规定。

(3) 高级旅馆、重要的办公楼、一类建筑的商业楼、展览楼、综合楼等和建筑高度超过100m的其他高层建筑，应设消防卷盘，其用水量可不计入消防用水总量。

表 3-2　高层民用建筑室内消火栓给水系统用水量

建筑物名称	建筑高度(m)	消防栓消防用水量(L/s)		每根立管最小流量(L/s)	每支水枪最小流量(L/s)
		室外	室内		
普通住宅	≤50	15	10	10	5
	>50	15	20	10	5
(1) 高级住宅； (2) 医院； (3) 二类建筑的商业楼、展览楼、综合楼、财贸金融楼、电信楼、图书楼、书库； (4) 省级以下的邮政楼、防灾指挥调度楼、广播电视楼、电力调度楼； (5) 建筑高度不超过 50m 的教学楼和普通的旅馆、办公楼、科研楼、档案楼	≤50	20	20	10	5
	>50	20	30	15	5
(1) 高级旅馆； (2) 建筑高度不超过 50m 或每层建筑面积超过 1000m² 的商业楼、展览楼、综合楼、财贸金融楼、电信楼； (3) 建筑高度超过 50m 或每层建筑面积超过 1500m² 的商住楼； (4) 中央和省级广播电视楼； (5) 网局级和省级电力调度楼； (6) 省级邮政楼、防灾指挥调度楼； (7) 藏书超过 100 万册的图书馆、书库； (8) 重要的办公楼、科研楼、档案楼； (9) 建筑高度超过 50m 的教学楼和普通的旅馆、办公楼、科研楼、档案楼	≤50	30	30	15	5
	>50	30	40	15	5

注　建筑物高度不超过 50m，室内消火栓用水量不超过 20L/s，且设有自动喷水系统的建筑物，其室内消防用水量可按表中量减少 5L/s。

4. 室内消防给水管道、室内消火栓和消防水箱的布置

(1) 室内消防给水系统与生活、生产给水系统分开独立设置。

(2) 消防竖管的布置，应保证同层相邻两个消火栓的水枪充实水柱同时到达被保护范围内的任何部位。

(3) 室内消火栓给水系统应与自动喷水灭火系统分开设置，有困难时可合用消防泵，但在自动喷水灭火系统的报警阀前必须分开设置。

(4) 室内消防给水管道应采用阀门分成若干独立段。

(5) 消火栓的间距应由计算确定，且高层建筑不应大于 30m，裙房不应大于 50m。

(6) 消火栓栓口离地面高度宜为 1.10m，栓口出水方向宜向下或与设置消火栓的墙面相垂直。

(7) 消火栓应采用同一型号规格。

(8) 临时高压给水系统的每个消火栓处，应设置直接启动消防水泵的按钮，并应设有保护按钮的设施。

(9) 高层建筑的屋顶应设一个装有压力显示装置的检查用的消火栓，采暖地区可设在顶层出口处或水箱间。

(10) 消防卷盘的间距应保证有一股水流能够达到室内地面任何部位，消防卷盘的安装

高度应便于取用。

5. 消防水泵接合器

室内消防给水管网应设置水泵接合器，当室内消防水泵因检修、停电、发生故障或室内消防用水量不足（如遇到大面积恶性水灾，火场用水量超过固定消防水泵供水能力）时，需要利用消防车从室外消火栓、消防蓄水池或天然水源取水，通过水泵接合器送至室内管网，供灭火使用。

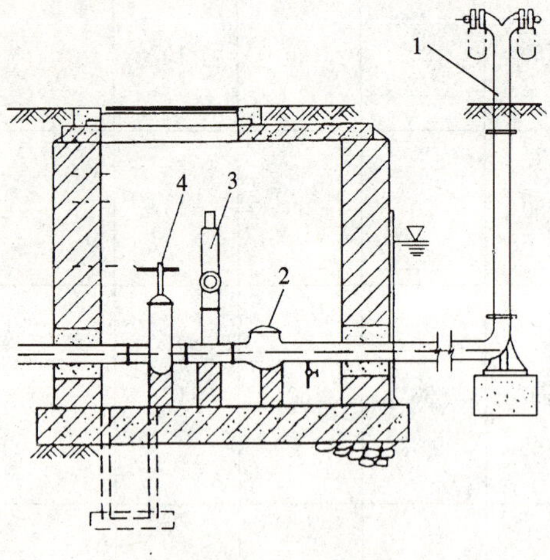

图 3-13 地上式消防水泵接合器
1—水泵接合器本体；2—止回阀；
3—安全阀；4—闸阀

地上式消防水泵接合器如图 3-13 所示。

水泵接合器的设置数量应按室内消防水量确定，每个水泵接合器的流量应按 10～15L/s 计算。当计算出来的水泵接合器数量少于两个时，仍应采用两个以利安全。

采取分区给水的高层建筑物，每个分区的消防给水管网应分别设置水泵接合器。水泵接合器已有标准定型产品和给水排水标准图集《消防水泵接合器安装》(99S203)。

水泵接合器与室内管网连接处应有阀门、止回阀、安全阀等。安全阀的定压一般可高出室内最不利点消火栓要求的压力 0.2～0.4MPa。

水泵接合器应有明显的标志，并应设在便于消防车使用的地点，距建筑物外墙的距离不宜小于 5m（墙壁式水泵接合器除外），其周围 15～40m 范围内应设消火栓、消防水池，或有可靠的天然水源。

6. 远距离启动消防水泵设备

为了在起火后很快提供所需的水量和水压，必须设置按钮、水流指示器等远距离启动消防水泵的设备。例如，在每个消火栓处应设置远距离启动消防水泵的按钮，以便使用消火栓灭火的同时，启动消防水泵。

启动消防水泵的按钮应加以保护，防止误动。例如，可以将按钮设在消防箱内或设在带有玻璃墙壁的小屋内。

水流指示器可安装在水箱底下的消防出水管上，当动用室内消火栓或自动消防喷头喷水时，由于水的流动，水流指示器便发出火警信号并自动启动消防水泵。

建筑物内的消防指挥控制中心，均应设置远距离启动或停止消防水泵运转的设施。

7. 消防管网的水力计算

(1) 水箱高度的确定。消防水箱的高度可按下式进行计算

$$H = H_q + h_d + H_g \tag{3-17}$$

式中 H——水箱与最不利点消火栓之间的垂直高度，m；

H_q——水枪喷嘴所需水压，mH_2O；

h_d——水带的水头损失，mH_2O；

H_g——管网的压力损失，mH_2O。

(2) 消防水泵扬程的计算。消防水泵扬程可按下式进行计算

$$H_b = H_q + h_d + h_g + h_z \tag{3-18}$$

式中 H_b——消防水泵的压力，mH_2O；

H_q——最不利点消防水枪喷嘴所需水压，mH_2O；

h_d——消防水带的水头损失，mH_2O；

h_g——管网的水头损失，mH_2O；

h_z——消防水池水面与最不利消火栓之间的高差，mH_2O。

8. 消防水泵的设置

（1）独立设置的消防水泵房，其耐火等级不应低于二级。

（2）当消防水泵设在首层时，其出口宜直通室外；当设在地下室或其他楼层时，其出口应直通安全出口。

（3）消防给水系统应设置备用消防水泵，其工作能力不应小于其中最大一台的消防工作泵。

（4）一组消防水泵，吸水管不应少于两条，当其中一条损坏或检修时，其余吸水管应仍能通过全部水量。

（5）当市政给水环形干管允许直接吸水时，消防水泵应直接从室外给水管网吸水。

（6）高层建筑消防给水系统应采取防超压措施。

三、自动喷淋消防给水系统

自动喷淋消防给水系统分为闭式自动喷水灭火系统和开式自动喷水灭火系统。

（一）闭式自动喷水灭火系统

1. 闭式自动喷水灭火系统的设置

下列部位应设置闭式自动喷水灭火设备：

（1）等于或大于 50000 纱锭的棉纺厂的开包、清花车间；等于或大于 5000 锭的麻纺厂的分级、梳麻车间；服装、针织高层厂房；面积超过 1500m^2 的木器厂房；火柴厂的烤梗、筛选部位；泡沫塑料厂的预发、成型、切片、压花部位。

（2）每座占地面积超过 1000m^2 的棉、毛、丝、麻、化纤、毛皮及其制品库房；每座占地面积超过 600m^2 的火柴库房；建筑面积超过 500m^2 的可燃物品的地下库房；可燃、难燃物物品的高架库房和高层库房（冷库除外）；省级以上或藏书量超过 100 万册图书馆的书库。

（3）超过 1500 个座位的剧院观众厅、舞台上部（屋顶采用金属构件时）、化妆室、道具室、储藏室、贵宾室；超过 2000 个座位的会堂或礼堂的观众厅、舞台上部、储藏室、贵宾室；超过 3000 个座位的体育馆、观众厅的吊顶上部、贵宾室、器材间、运动员休息室。

（4）省级邮政楼的信函和包裹分捡间、邮袋库。

（5）每层面积超过 3000m^2 或建筑面积超过 9000m^2 的百货商场、展览大厅。

（6）设有空气调节系统的旅馆和综合办公楼的走道、办公室、餐厅、商店、库房和无楼层服务台的闭式自动喷水灭火系统的主要组件有闭式喷头（图 3-14）、报警阀门、水流报警装置、延迟器、火灾探测器。

2. 系统的设计与计算

（1）基本设计数据。各危险等级的设计喷水强度、作用面积和喷头设计压力应符合表 3-3 的规定。

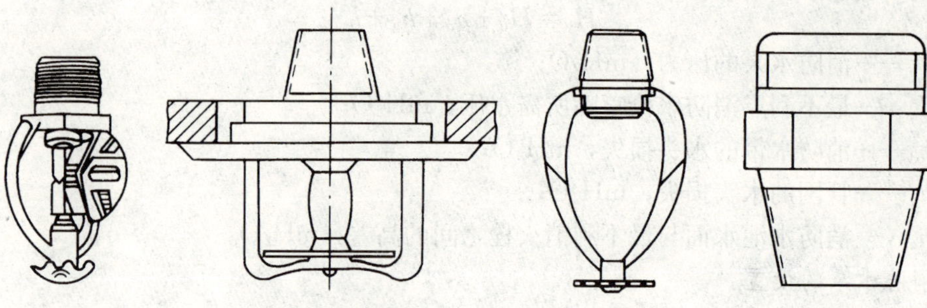

图 3-14　消防洒水喷头

(a) 易熔合金闭式喷头；(b) 玻璃球闭式喷头；(c) 开式喷头；(d) 水幕喷头

表 3-3　　自动喷水灭火系统的基本数据

危险等级		设计喷水强度 (L/min·m²)	作用面积 (m²)	喷头工作压力 (Pa)	设计喷水量 (L/s)
严重危险级	生产建筑物	10.0	300	9.8×10^4	50.0
	贮存建筑物	15.0	300	9.8×10^4	65.0
中级险级		6.0	200	9.8×10^4	20.0
轻微险级		3.0	180	9.8×10^4	9.0

注　1. 当闭式自动喷水灭火系统的实际作用面积小于表中规定时，可按实际用水量计算。

2. 雨淋喷水灭火系统应按严重危险级计算。

3. 最不利点处喷头最低工作压力不应小于 0.05MPa。

(2) 喷头的选用与布置。选用喷头应注意下列情况。

1) 应严格按照环境最高温度来选用喷头等级。

2) 在蒸汽压力小于 0.1MPa 的散热器附近 2m 以内的空间，采用高温级喷头 (121～149℃)；2～6m 以内在空气热流趋向的一面采用中温级喷头 (79～107℃)。

3) 在设有保温的蒸汽管子上方 0.76m 和两侧 0.3m 以内的空间，应采用中温级喷头 (79～107℃)；在低压蒸汽安全阀旁边 2m 以内，采用高温级喷头 (121～149℃)。

4) 在既无绝热措施，又无通风的木板或瓦楞铁皮房顶的闷顶中，以及受到日光曝晒的玻璃窗下，应采用中温级喷头 (79～107℃)。

5) 在装置喷头的场所，应注意防止腐蚀性气体的侵蚀，不得受外力的撞击，经常清除喷头上的灰尘。

喷头的布置形式有正方形布置、长方形布置、菱形布置。

6) 标准的喷头面积、喷头间距见表 3-4。

表 3-4　　标准喷头的保护面积和间距

建、构筑物危险等级分类		每只喷头最大保护面积 (m²)	喷头最大水平距离 (m)	喷头与墙、柱面最大间距 (m)
严重危险级	生产建筑物	8.0	2.8	1.4
	贮存建筑物	5.4	2.3	1.1

续表

建、构筑物危险等级分类	每只喷头最大保护面积（m^2）	喷头最大水平距离（m）	喷头与墙、柱面最大间距（m）
中危险级	12.5	3.6	1.8
轻危险级	21.0	4.6	2.3

注 1. 表中是标准喷头的保护间距和保护面积。
2. 表中间距是正方形布置时的喷头间距。
3. 喷头与墙壁的距离不宜小于 60cm。

(3) 供水管道与报警阀门的布置。

1) 建筑物内的供水干管一般宜布置成环状，进水管不宜少于两条。当一条进水管发生故障时，另一条进水管仍能保证全部用水量和水压。在自动喷水管网上应设置水泵接合器。其数量应根据自动喷水系统的用水量确定，但不宜少于两个。

2) 每个闭式自动喷水灭火系统应设有控制阀、报警阀、水力警铃和系统试验装置。进水控制阀应设有开、关指示装置。在报警阀前后和系统试验装置上，应装设校验用的仪表。水力警铃宜装在报警阀附近，连接管道应采用镀锌钢管，长度不超过 6m 时，管径应为 15mm，大于 6m 时，管径应为 20mm。连接水力警铃管道总长度不超过 20m。应设置延迟器等防止误报警的设施。

3) 每个闭式自动喷水灭火系统应有防止因水源压力波动而引起的误报警措施（如设置稳压水塔等）。

4) 报警阀应设在距地面高度 0.8～1.5m 范围内，没有冰冻危险、管理维护方便的房间内。

5) 自动喷水灭火系统报警后的管道上不应设置其他用水设施。

6) 闭式自动喷水灭火系统的每个报警控制喷头数不宜超过下列规定：

a. 湿式和预作用喷水灭火系统为 800 个。

b. 有排气装置的干式喷水灭火系统为 500 个；无排气装置的干式喷水灭火系统为 250 个。

(4) 消防给水。

1) 消防给水水源的要求。自动喷水灭火系统的给水水源应能确保系统的用水量和水压要求。

2) 消防贮水池。装有自动喷水灭火系统的建筑物在下列情况应设消防水池：

无给水管道或天然水源；给水管道和天然水源不能满足消防用水量；给水管道为枝状或只有一条进水管道。

消防水池的容量应按火灾延续时间不小于 1h 计算，但在发生火灾时能保证连续送水，水池容量可减去火灾延续时间内连续补充的水量。

3) 高位消防水箱。自动喷水灭火系统的建筑物在下列情况应设消防水箱：

水源能保证系统的水量和水压要求；设有稳压泵、气压给水装置的轻危险级和普通危险级建筑物。

设置临时高压给水系统的建筑物，应设高位消防水箱（可与其他消防用水合用）。其容量应按 10min 室内消防用水量，但不可以超过 $18m^3$（严重危险级除外）。

4) 消防水泵。每台消防水泵，应设独立的吸水管，水泵的出水管上应设试验和检查用的仪表和排水阀门。消防水泵应采用自灌式吸水。

消防水泵内应设备用泵，其工作能力不应小于主要消防泵，并应有备用电源和备用动力设施。

(5) 水力计算。消防用水量如下：

1) 各危险等级的系统喷水灭火计算用水量。

2) 自动喷水灭火系统时特殊消防设备，消火栓是基本消防设备。设置自动喷水灭火系统的建筑物，同时必须设置消火栓。消火栓和自动喷水灭火系统的用水总量应按同时作用计算。

3) 当建筑物内还同时设有水幕等消防系统时，应视这些系统是否同时作用来确定消防水量是否相加。

4) 消防用水通常分两种情况进行计算，即平时供水和加压供水。前者指火灾发生至消防水泵开动时 10min 内的供水情况，一般用贮在高位水箱、水塔、气压罐等贮水设备内的水供给。后者指消防水泵开动后的供水情况。

喷头的出水量：喷头的公称直径为 15mm 时喷头出流量按下式计算

$$q = K\sqrt{p} \tag{3-19}$$

式中 q——喷头水流量，L/s；

p——喷头处水压，kg/cm^2；

K——喷头特性系数，等于 1.33。

(二) 开式自动喷水灭火系统

1. 开式自动喷水灭火系统的设置

(1) 火柴厂的氯酸钾压碾厂房。

(2) 建筑面积超过 $100m^2$ 生产、使用硝化棉、喷漆棉、火胶棉、赛路络胶片、硝化纤维的厂房。

(3) 建筑面积超过 $60m^2$ 或储存重超过 2t 的硝化棉、喷漆棉、火胶棉、赛路珞胶片、硝化纤维的库房。

(4) 日装瓶数量超过 3000 瓶的液化石油气贮配站的罐瓶间、买瓶库。

(5) 超过 1500 个座位的剧院和超过 2000 个座位的会堂、礼堂的舞台的葡萄架下部。

(6) 建筑面积超过 $400m^2$ 的演播室、录音室。

(7) 建筑面积超过 $500m^2$ 的电影摄影棚。

(8) 乒乓球厂的轧坯、切片、磨球、分球检验部位。

2. 下列部位应设水幕设备

(1) 超过 1500 个座位的剧院和超过 2000 个座位的会堂、礼堂的舞台口，以及与舞台相连接的侧台、后台门窗洞口。

(2) 应设置在无法设置防火墙等防火分隔物的开口部位。

(3) 防火卷帘或防火幕的上部。

(4) 在高层建筑物内超过 800 个座位的剧院、礼堂的舞台口和设有防火卷帘、防火幕的部位，宜设水幕设备。

3. 系统的组成

开式自动喷水灭火系统一般有火灾探测自动控制传动系统，自动控制雨淋阀门系统，带开式喷头的自动喷水灭火系统。

4. 开式自动喷水灭火系统的设计与计算

（1）传动管网管径的确定。传动管网不用进行水力计算。充水的传动管网一律采用 $d=25$mm 的管道。当利用闭式喷头作传动控制时，如果传动管网是充气的，则可采用 $d=15$mm 的管道。

（2）开式喷头出流量计算。各种不同直径喷口的喷头，在不同方向下具有不同的出水量，喷头流量计算按下式

$$q = 1000\mu F\sqrt{2gH} \tag{3-20}$$

式中　q——喷头水流量，L/s；

μ——喷头流量系数，采用 0.7；

F——喷口截面积，m^2；

g——重力加速度，9.81m/s^2；

H——喷口处水压，mH_2O。

5. 水幕喷头流量计算

$$q = \sqrt{BH} \tag{3-21}$$

式中　q——喷头水流量，L/s；

H——喷口处水压，mH_2O；

B——喷头特性系数。

第五节　建筑热水系统

一、热水供应系统计算

1. 热水用水量计算

（1）根据人数或床位数和其热水用水量定额计算，即

$$Q_h = K_h \frac{mq_r}{T} \tag{3-22}$$

式中　Q_h——最大小时热水用水量，L/h；

q_r——热水用水量定额；

m——用水计算单位数，人或床；

T——热水供应时间，h；

K_h——小时变化系数。

（2）根据卫生器具和其热水用水量定额计算，即

$$Q_h = \Sigma \frac{q_h n_0 b}{100} \tag{3-23}$$

式中　q_h——卫生器具 1h 热水用水量；

n_0——同类卫生器具数；

b——在一小时内卫生器具同时使用百分数。

2. 冷水量、热水量和混合水量换算

三者关系如下

$$Q_r + Q_l = Q_m \tag{3-24}$$

$$\frac{Q_r}{Q_m} = \frac{t_m - t_l}{t_r - t_l} \tag{3-25}$$

式中 Q_r、Q_l、Q_m——分别为热水量、冷水量和混合水量，L；

t_r、t_l、t_m——分别为热水温度、冷水温度和混合水温度。

3. 耗热量的计算

根据式（3-22）的计算，有

$$W = K_h \frac{mq_r}{T}(t_r - t_l)C \tag{3-26}$$

式中 W——设计小时耗热量，kJ/h；

C——水的比热，C=4.19kJ/kg·℃。

其他符号同式（3-22）和式（3-25）。

对应式（3-23）的计算，有

$$W = \sum \frac{q_h n_0 b}{100}(t_r - t_l)C \tag{3-27}$$

两种计算结果不同，设计时分析对比合理选用。

4. 热媒耗量计算

以热媒为蒸汽的集中热水系统如图 3-15 所示。

（1）蒸汽直接加热的耗量为

$$G_m = (1.1 \sim 1.2)\frac{W}{i_m - i_r} \tag{3-28}$$

式中 G_m——蒸汽耗量，kg/h；

W——设计小时耗热量，kJ/h；

i_m——蒸汽热焓，kJ/kg；

i_r——蒸汽与热水混合成热水的热焓，kJ/kg。

（2）蒸汽间接加热的耗量为

$$G_m = (1.1 \sim 1.2)\frac{W}{i_m - i_n} \tag{3-29}$$

式中 i_n——蒸汽结水的热焓，kJ/kg。

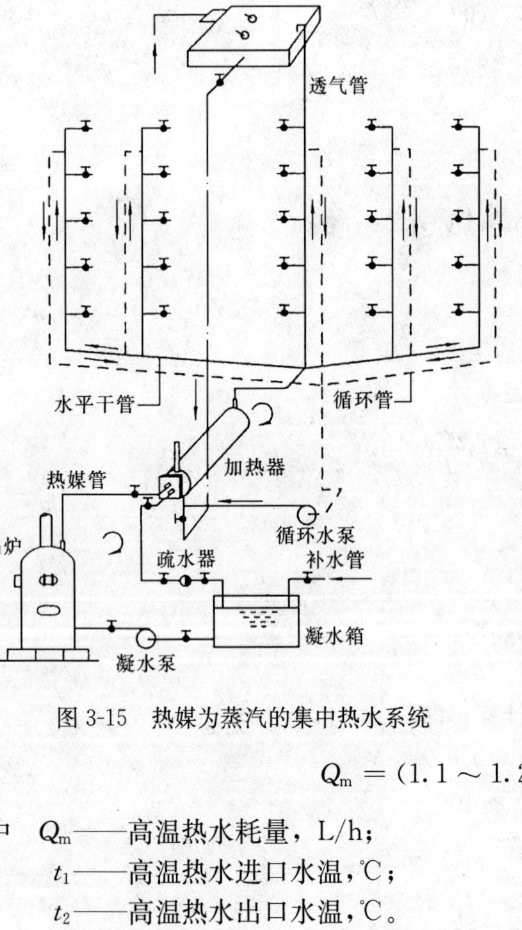

图 3-15 热媒为蒸汽的集中热水系统

（3）高温热水间接加热的耗量为

$$Q_m = (1.1 \sim 1.2)\frac{W}{C(t_1 - t_2)} \tag{3-30}$$

式中 Q_m——高温热水耗量，L/h；

t_1——高温热水进口水温，℃；

t_2——高温热水出口水温，℃。

（4）燃料消耗量计算为

$$W_c = \frac{W}{HE} \tag{3-31}$$

式中 W_c——燃料消耗量；

H——燃料发热量；

E——加热器的效率。

二、热水供应系统的加热设备

水的加热方法有直接加热和间接加热两种。加热方法的选择应根据热源情况、热能成本、热水用量、设备造价及经常费用等因素确定。在有条件的工厂，应尽量利用废热、余热作为热源。

1. 容积式水加热器

容积式水加热器有卧式和立式两种基本形式（见图 3-16）。

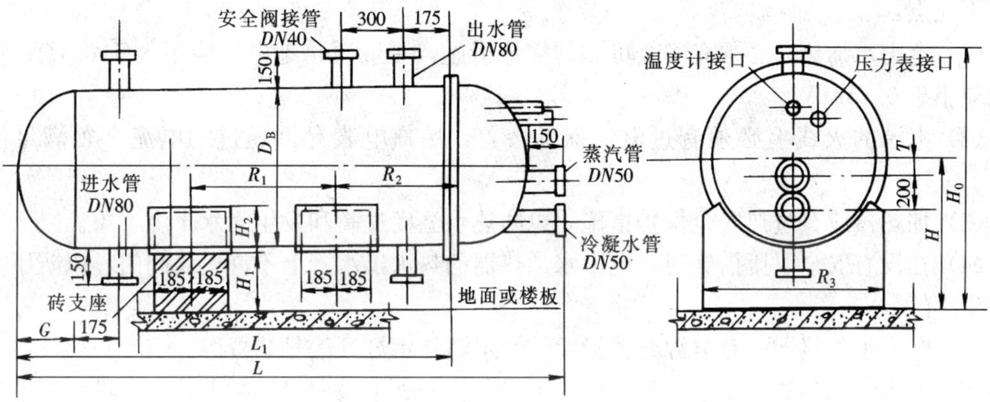

图 3-16 卧式容积式水加热器

（1）加热面积

$$F=\frac{W_z}{3600\varepsilon K\Delta t_i}$$

式中 F——加热面积，m^2；

W_z——制备热水所需的热量，一般为（1.1～1.2）W，kJ/h；

ε——由于水垢和热媒分布不均匀影响传热效率的系数，一般采用 0.8～0.6；

K——传热系数，$m^2\cdot$℃；

Δt_i——热媒与被加热水的计算温度差，℃，可按其算术平均温度差采用。

（2）水头损失。容积式水加热器中被加热水流速小（一般低于 0.1m/s），流程短，水头损失很小，可忽略不计；普通容积式水加热器热媒为热水的水头损失不大于 $1mH_2O$。

2. 煤气水加热器

（1）煤气水加热器种类。煤气水加热器种类有快速（直流式）煤气水加热器和容积式煤气水加热器。

（2）煤气水加热器的基本要求如下：

1）居民生活用煤气加热器不应安装在地下室或卧室内。

2）液化石油气瓶不应放在有煤火炉的房间内。

3）安装快速式煤气水加热器的房间高度不应低于 2.6m。

4）安装煤气水加热器的浴室或厨房，应在门或墙的下部设百叶窗，或在门与地面之间留出净面积不小于 $200cm^2$ 的间隙。

5）厨房允许容积热负荷，对于新建住宅一般为 $2098kJ/m^3\cdot h$，对于旧住宅与换气次数有关。

6）快速式煤气水加热器不得安装在易燃墙上。安装在耐火墙上时，与墙的净距离大于2cm。安装在非燃墙上时，净距应大于3cm，同时应用耐火隔热板隔开，隔板四周应比加热器外壳尺寸大10cm。

7）容积式煤气水加热器不得靠近易燃墙体布置，距防火墙净距不得小于15cm，靠近非燃墙体时两者之间用隔热材料隔开。加热器燃烧室前应留不小于1.0m的过道。

3. 电力水加热器

常用的电力水加热器有快速式电力水加热器和容积式电力水加热器。电力水加热器应注意以下几点：

(1) 电力水加热器必须有安全可靠的接地措施，一般总接地电阻应不大于0.1Ω，泄漏电流应小于0.25mA。

(2) 电源的火线上必须有过电流保护装置，用户电表允许通过的电流必须满足使用要求。

(3) 加热器应有过热安全保护措施，以防热水温度过高和发生无水干烧现象。

(4) 在没有安全泄压措施时，电力水加热器的热水出水管上不许安设阀门，以防压力过高发生事故。

(5) 电力水加热器应有电源开关指示灯、水温指示灯等信号装置。

(6) 电力水加热器应便于操作、控制可靠。打开进水阀即自动通电，关闭进水阀即自动断电，并应有功率调节器，以便依水温和流量调节供电功率。

4. 太阳能热水器

太阳能热水器分为自然循环系统和强制循环系统。系统中充满水后，热水器吸收太阳辐射热，水温会逐渐上升。加热器中被晒热的水由上升循环管进入贮水箱，箱中的冷水沿下降循环管流入加热器，水在系统中形成自然循环。而强制循环在系统中增加一加压泵，通过泵的外力将水送入水箱。新型的太阳能加热器以真空管加热，辅以电加热，全年都可以使用。其系统组成有：

(1) 集热器。系统中的集热元件。其功能相当于电热水器中的电热管。和电热水器、燃气热水器不同的是，太阳能集热器利用的是太阳的辐射热量，故而加热时间只能在有太阳照射的白昼。

(2) 保温水箱。和电热水器的保温水箱一样，是储存热水的容器。因为太阳能热水器只能白天工作，而人们一般在晚上才使用热水，所以必须通过保温水箱将集热器在白天产出的热水储存起来。容积是每天晚上用热水量的总和。采用搪瓷内胆承压保温水箱，保温效果好，耐腐蚀，水质清洁，使用寿命可长达20年以上。

(3) 连接管道。将热水从集热器输送到保温水箱、将冷水从保温水箱输送到集热器的通道，使整套系统形成一个闭合的环路。设计合理、连接正确的循环管道对太阳能系统是否能达到最佳工作状态至关重要。热水管道必须做保温处理，管道必须有很高的质量，保证有20年以上的使用寿命。

真空管式太阳能热水器，利用真空管集热，最大限度地实现光热转换，经微循环将热水传送到保温水箱里，通过专用管路送至用户。控制系统将自来水通过控制阀、控制仪等送至太阳能以达到自动化控制。辅助电加热安置在水箱里，已备阴、雨、雪天使用，节电90%，并自动化运行。其性能特点及技术参数如下：

（1）集热元件—真空管技术参数规格。目前集热效果最好的是 AL-N/AL 真空溅射选择性镀膜，本产品采用 1.2、1.5m 利用该涂层的玻璃真空管，其吸收率≥0.93，红外发射率 ε≤0.6，平均热损 0.9W/(m^2·℃)，真空度 $P \leqslant 5 \times 10^{-3}$Pa，采用性能相当于美国的高硼硅 3.3 特硬玻璃制造。

（2）保温材料性能特点及技术参数。保温材料的好坏直接关系着热效率和晚间、清晨的使用，在寒冷的东北地区尤其重要。目前较好的保温方式是进口聚氨酯保温，若配料、工艺、环境、温度不适，也会造成发泡不均或泡孔过大、工质缓慢、漏失，保温性逐渐下降的后果，这就需要厂家有专门的发泡机械、标准化模具和较高的工艺技术水平。另外，我们不仅要了解产品用材工艺，还要看厂家的机械设备、模具等有机成本的高低、质量监测的水准。

（3）水箱内胆与支架。水箱内是储存热水的重要部分，材料强度和耐腐蚀性至关重要。优质的选材应是进口 SUS304 板材，厚度在 0.6～0.8mm 之间的不锈钢板，氩气保护，高频自动焊接，以提高钢板在各种水质或各种环境耐腐蚀的性能，是比较先进的焊接工艺。支架材料全部采用不锈钢（SUS304），外观美观、强度高、整体采用螺栓连接，支架、整机刚性强，而且利于运输安装，抗腐能力强。

三、热水管道的配置与敷设

（1）热水供应管道按管网有无循环管分为全循环、半循环和非循环方式。半循环方式是仅对局部的干管进行循环，对立管不设循环管。非循环方式是不设循环管道。标准较高时，应采用全循环供应方式。

（2）按干管在建筑内布置位置的不同，有下行上给和上行下给两种方式。下行上给式的水平干管可敷设在室内地沟、地下室顶部。上行下给式的水平干管敷设在建筑物顶层或专用设备技术层内。下行上给式系统设有循环管道时，其回水立管应在最高配水点以下（约 0.5m）与配水立管连接。上行下给式系统中只需将循环管道与各立管连接，但配水干管的最高点应设排气装置。下行上给式热水配水系统，应利用最高配水点放气。在系统的最低点，应有泄水装置或利用最低配水点泄水。

（3）立管尽量设置在管道竖井内，或布置在卫生间内。管道穿楼板及墙壁应设套管，楼板套管应该高出地面 5～10mm，以防楼板地面水由板孔流到下一层。热水管应有与水流相反的坡度，便于排气和泄水，坡度一般不小于 0.003。

（4）为防止热水管道输送过程中发生倒流或串流，冷、热水的水压应接近，并应在水加热器或贮水罐给水管道上设置止回阀。

（5）热水管道系统，应有补偿管道温度伸缩的措施，较长干管宜用波纹管伸缩节；立管与水平干管的连接方法应用弯头，这样可以消除管道受热伸长时的各种影响。

（6）热水管道宜用铜管、铝塑复合管及不锈钢管。

（7）热水锅炉、水加热器、贮水器、热水配水干管、机械循环回水干管和有结冻可能的自然循环回水管均应保温。保温层的厚度应经计算确定。

四、热水供应系统的附件

热水供应系统除需要装置必要的检修阀门和调节阀门外，还需要根据热水系统的方式装设自动温度调节装置、膨胀管、释压阀、闭式膨胀水箱管道伸缩器等附件。

第六节 给水系统与建筑的配合

一个给水系统是否能良好运行，除与给水系统本身的设计是否合理，安装过程是否规范有关外，也与在设计、安装过程中与建筑的配合密切程度有关，给水系统应满足建筑使用功能要求。

1. 给水管道与建筑的配合

给水管道可明装，可暗装。明装时管道走向应尽可能沿墙、梁、柱、楼面下或楼面上平行敷设，使管道安装尽可能美观。管道暗装时，应在墙面预留管槽，卫生器具给水管的暗装预留尺寸见表 3-5。

表 3-5 暗装设备预留管槽

名 称	盥洗室冷热水龙头	洗涤盆	浴盆	淋浴器	洗脸盆	小便器高低水箱
冷热水管间距（mm）	150	150	150	150	175	—
管槽尺寸（深×宽）（mm×mm）	60×240	60×240	60×240	60×240	60×260	60×60

管道穿楼面时应设预留孔或预埋套管。预留孔尺寸见表 3-6。

表 3-6 立管外皮距墙面距离及留洞尺寸

管 径（mm）	32 以下	32～50	75～100	125～150
管外皮距墙面（抹灰面）距离（mm）	25～35	30～50	50	60
管孔尺寸（高×宽）（mm×mm）	80×80	100×100	200×200	300×300

在给水引入管穿过承重墙或基础时，应注意管道保护。基础施工时应预留孔洞，管顶上部净空不得小于建筑物的最大沉降量，但也不得小于 0.15m。引入管穿基础留洞尺寸参见表 3-7。

表 3-7 引入管穿基础留洞尺寸规格

管 径(mm)	50 以下	50～100	125～150
孔洞尺寸(高×宽)(mm×mm)	200×200	300×300	400×400

给水管道应避免穿越沉降缝、伸缩缝，当必须穿越时，应采用相应的技术措施。

2. 给水设备与建筑的配合

当需设置屋顶水箱时，往往水箱安装高度与建筑的美观发生矛盾，且大部分水箱高度要服从建筑立面处理的要求。此时，水箱的安装高度不能满足最不利点的水压要求，必须采取其他增压、稳压措施加以解决。同样，加压水泵房、贮水池或气压给水设备，以及水加热器的设置位置也需要与建筑配合。因此，从建筑设计的方案设计阶段开始，给水系统设计者就应与建筑师密切配合，这样才能设计出功能合理、符合使用要求的建筑。同样，给水系统安装时也需要与土建施工配合，土建施工时安装人员也应配合预埋，安装过程中还应注意成品保护并及时解决各类矛盾，使给水系统符合设计和规范要求。

第四章 建 筑 排 水 工 程

第一节 建筑排水系统的组成

建筑排水系统的任务是把生活和生产过程中所产生的污、废水及房屋顶的雨、雪水，用经济合理的方式迅速排到室外，防止室外排水管道中有毒或有害气体进入室内，为室外污水的处理与综合利用提供条件。

一、建筑排水系统的组成

1. 建筑排水系统的分类

建筑内部排水系统的任务是把建筑内的生活污水、工业废水和屋面雨、雪水收集起来，有组织地，及时畅通地排至室外排水管网、处理构筑物或水体。按系统排除的污、废水种类的不同，可将建筑内排水系统分为以下几类：

(1) 粪便污水排水系统。排除大便器(槽)、小便器(槽)以及与此相似的卫生设备排出的污水。

(2) 生活废水排水系统。排除洗涤盆(池)、淋浴设备、洗脸盆、化验盆等卫生器具排出的洗涤废水。

(3) 生活污水排水系统。排除粪便污水和生活废水的排水系统。

(4) 生产污水排水系统。排除生产过程中被污染较重的工业废水的排水系统。生产污水需经过处理后才允许回用或排放，如含酚污水，含氰污水，酸、碱污水等。

(5) 生产废水排水系统。排除生产过程中只有轻度污染或水温提高，只需经过简单处理即可循环或重复使用的较洁净的工业废水的排水系统。如冷却废水、洗涤废水等。

(6) 屋面雨水排水系统。排除降落在屋面的雨、雪水的排水系统。

建筑排水体制分为合流制和分流制。合流和分流是指污水与废水的合流与分流。合流或分流排水系统的选择，应根据污水性质、污染程度，结合室外排水体制和有利于综合利用与处理要求确定。

2. 建筑排水系统的组成

建筑内部排水系统的任务是要能迅速通畅地将污水排到室外，并能保持系统气压稳定，同时将管道系统内有害有毒气体排到一定空间而保证室内环境卫生，如图 4-1 所

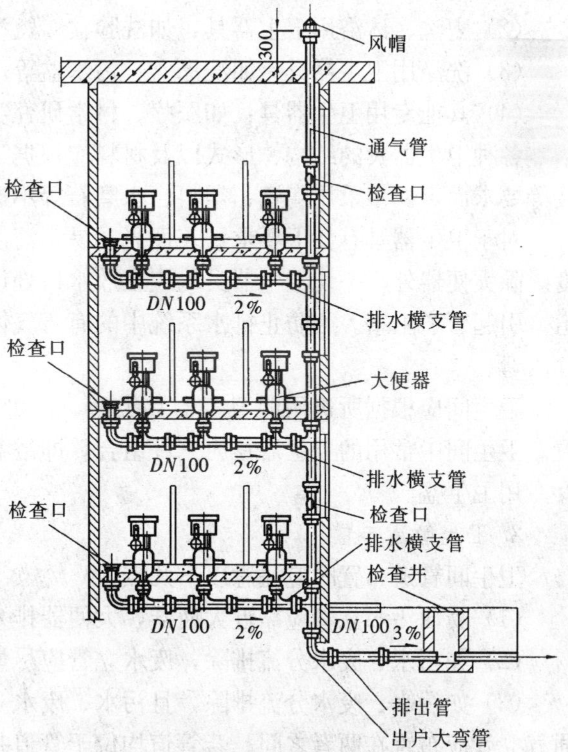

图 4-1 排水系统的组成

示。完整的排水系统可由以下部分组成。

(1) 卫生器具和生产设备受水器。卫生器具是建筑内部排水系统的起点，用以满足人们日常生活或生产过程中各种卫生要求，并收集和排出污废水的设备。

(2) 排水管道。排水管道包括器具排水管（指连接卫生器具和横支管的一段短管，除坐式大便器外，其间含有一个存水弯）、横支管、立管、埋地干管和排出管。

(3) 通气管道。建筑内部排水系统是水气两相流动，当卫生器具排水时，需向排水管道内补给空气，以减小气压变化，防止卫生器具水封破坏，使水流通畅，同时也需将排水管道内的有毒有害气体排放到一定空间的大气中去，补充新鲜空气，减缓金属管道的腐蚀。

(4) 清通设备。为疏通建筑内部排水管道，保障排水畅通，常需设检查口、清扫口、带清扫门的90°弯头或三通、室内埋地横干管上的检查井等。

(5) 提升设备。工业与民用建筑的地下室、人防建筑物、高层建筑地下技术层、地下铁道、立交桥等地下建筑物的污废水不能自流排至室外时，常须设抽升设备。

(6) 污水局部处理构筑物。当建筑内部污水未经处理不能排入其他管道或市政排水管网和水体时，须设污水局部处理构筑物。

二、排水设备与卫生间布置

排水设备即卫生器具是建筑内部给排水系统的重要组成部分，是用来满足日常生活中各种卫生要求、收集和排除生活及生产中产生的污水、废水的设备。

1. 卫生器具

卫生器具按其作用分为以下几类：

(1) 便溺用卫生器具：如大便器、小便器（槽）等。

(2) 盥洗、沐浴用卫生器具：如洗脸盆、盥洗槽、浴盆、淋浴器等。

(3) 洗涤用卫生器具：如洗涤盆、污水盆等。

(4) 其他专用卫生器具：如医疗、科学研究实验室等特殊需要的卫生器具。

各种卫生器具的结构、形式以及材料应根据卫生器具的用途、装设地点、维修条件、安装等要求而定。多采用陶瓷、塑料、水磨石等不透水、无孔材料制造。

对于卫生器具有如下要求：表面光滑易于清洗、不透水、耐腐蚀、耐冷热和有一定的强度。除大便器外，一切卫生器具均应在放水口处设置十字栏栅，以防止粗大污物进入排水管道，引起管道阻塞。为防止排水系统中的有害气体窜入室内，每一个卫生器具下面必须装设存水弯。

卫生间应根据所选用的卫生器具类型、数量合理布置，同时应考虑给水排水立管的位置。卫生间中常用的卫生器具为三件组合，即浴盆、大便器和洗脸盆，高级卫生间中增设妇女专用卫生盆。

2. 卫生管道布置

卫生间管道布置时应注意以下几点：

(1) 粪便污水立管应靠近大便器，大便器排入支管应尽可能径直接入。

(2) 如污水、废水分流排除，废水立管应尽量靠近浴盆。

(3) 如污水、废水分流排除，且污水、废水立管共用一根专用通气立管，则共用的专用通气立管应布置在两者之间；若管道均位于管道井内且双排布置时，在满足管道安装间距的前提下共用的专用通气立管尽量布置在污水、废水立管的对侧。

(4) 高级房间的排水管道在满足安装高度的前提下布置在吊顶内。

(5) 给排水管道和空调管道共用管道井时，一般靠近检修门的一侧为给排水管道，且给水管道位于外侧。

(6) 在考虑以上要素的同时，卫生间的布置尺寸有如下要求：大便器与洗脸盆并列，大便器的中心至洗脸盆的边缘不小于350mm，距边墙面不小于380mm；大便器至对面墙壁的最小净距不小于460mm；洗脸盆设在大便器对面时，两者净距不小于760mm，洗脸盆边缘至对面墙壁净距不小于460mm，具体布置如图4-2所示。

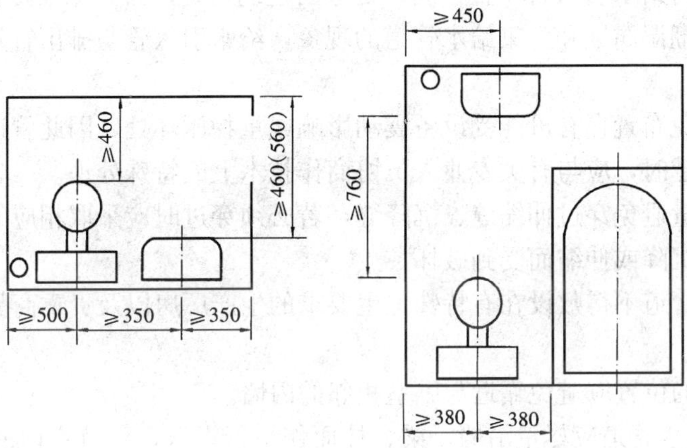

图4-2　卫生间器具最小间距

第二节　排水管道的布置与敷设

建筑排水管道的布置与敷设，应保证排水畅通和室内良好的生活环境，然后根据建筑类型、标准、投资等因素进行设计和施工。

一、排水管道布置与敷设的原则

建筑内部排水系统管道的布置与敷设直接影响着人们的日常生活和生产。为创造良好的环境，应遵循以下原则：排水通畅，水力条件好；使用安全可靠，防止污染，不影响室内环境卫生；管线简单，工程造价低；施工安装方便，易于维护管理；占地面积小、美观；同时兼顾到给水管道、热水管道、供热通风管通、燃气管道、电力照明线路、通信线路和共用天线等的布置和敷设要求。

二、排水管道布置与敷设

（一）管道布置

管道布置有以下4点要求：满足最佳排水水力条件；满足美观要求及便于维护管理；保证生产和使用安全；保护管道不易受到损坏。

其布置原则如下：

(1) 污水立管应设置在靠近杂质最多、最脏及排水量最大的排水点处，以便尽快地接纳横支管的污水而减少管道堵塞的机会。同理，污水管的布置应尽量减少不必要的转角及曲折，尽量作直线连接。横管与立管之间的连接宜采用斜三通、斜圆通或两个45°弯头连接，

或 D 大于 4 倍排水管管径的 90°弯头连接。

(2) 排出管宜以最短距离通至室外，因排水管较易堵塞，如埋设在室内的管道太长，清通检修也不方便。此外，管道长则坡度大，必然造成加深室外管道的埋设深度。

(3) 在层数较多的建筑物内，为防止底层卫生器具因受立管底部出现过大的正压等原因而造成污水外溢现象，底层的生活污水管道应考虑采取单独排出方式。

(4) 不论是立管或横支管，不论是明装或暗装，其安装位置应有足够的空间以利于拆换管件和清通维护工作的进行。

(5) 当排出管与给水引入管布置在同一处进出建筑物时，为方便维修和避免或减轻因排水管渗漏造成土壤潮湿腐蚀和污染给水管道的现象，给水引入管与排出管管外壁的水平距离不得小于 1.0m。

(6) 管道应避免布置在有可能受设备震动影响或重物压坏处，因此管道不得穿越生产设备基础，若必须穿越时，应与有关专业人员协商作技术上的特殊处理。

(7) 管道应尽量避免穿过伸缩缝、沉降缝，若必须穿过时应采取相应的技术措施，以防止管道因建筑物的沉降或伸缩而受到破坏。

(8) 排水架空管道不得敷设在有特殊卫生要求的生产厂房以及贵重商品仓库、通风小室和变、配电间内。

(9) 污水立管的位置应避免靠近与卧室相邻的内墙。

(10) 明装的排水管道应尽量沿墙、梁、柱而作平行设置，保持室内的美观；当建筑物对美观要求较高时，管道可暗装，但应尽量利用建筑物装修使管道隐蔽，这样既美观又经济。

(二) 管道敷设

排水管的管径相对于给水管管径较大，又常需要清通修理，所以排水管道应以明装为主。在工业车间内部甚至采用排水明沟排水（所排污水、废水不应散发有害气体或大量蒸气）。明装方式的优点是造价低，缺点是不美观、积灰结露不卫生。

对室内美观程度要求较高的建筑物或管道种类较多时，应采用暗装方式。立管可设置在管道井内，或用装饰材料镶包掩盖，横支管可镶嵌在管槽中，或利用平吊顶装修空间隐蔽处理。大型建筑物的排水管道应尽量利用公共管沟或管廊敷设，但应留有检修位置。

排水管为承插管道，无需留设安装或检修时的操作工具位置，所以排水立管的管壁与墙壁、柱等的表面净距有 25～35mm 就可以。排水管与其他管道共同埋设时的最小距离，水平向净距为 1.0～3.0m，竖直向净距为 0.15～0.20m，且给水管道布置在排水管道上面。

为防止埋设在地下的排水管道受到机械损坏，按照不同的地面性质，规定各种材料管道的最小埋深为 0.4～1.0m。

排水管道的固定措施比较简单，排水立管用管卡固定，其间距最大不得超过 3m；在承插管接头处必须设置管卡。横管一般用吊箍吊设在楼板下，间距视具体情况不得大于 1.0m。

排水管道穿越楼层时，预留的孔洞尺寸可参见表 4-1。

排水管道尽量不要穿越沉降缝、伸缩缝，以防止管道受到影响而漏水。在不得不穿越时应采取有效措施，如软性接口等。

排水管道穿越建筑物基础时，必须在垂直通过基础的管道部分外套较其直径大 200mm

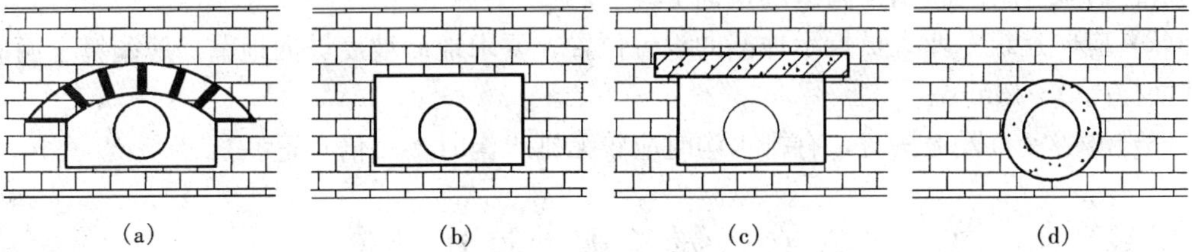

图 4-3　管道穿越带型基础的敷设方式
(a) 分压拱；(b) 壁孔；(c) 过梁；(d) 套管

的金属套管，或设置在钢筋混凝土过梁的壁孔内，管顶与过梁之间应留有足够的沉降间距以保护管道不因建筑物的沉降而受到破坏。排出管穿越带形基础的敷设方式见图 4-3，排出管穿过基础留洞尺寸见表 4-2。

表 4-1　卫生器具排水管道穿越楼板预留孔洞

卫生器具名称	留洞尺寸（mm）	卫生器具名称	留洞尺寸（mm）
大便器	200×200	小便槽	150×150
大便槽	300×300	污水盆（洗涤盆）	150×150
浴盆（普通、高级）	100×100（250×300）	地漏 50～70mm	200×200
洗脸盆	150×150	地漏 100mm	300×300
小便器（斗）	150×150		

表 4-2　排出管穿越基础留洞尺寸　（mm）

管　径	50～75	>100
留洞尺寸（高×宽）	300×300	$(d+300)\times(d+200)$

当管道埋设在带形基础下时，基础底面与管顶间应至少相距 100mm 或有相应的沉陷量，在此间填软土，并在管道上基础下设置过梁或分压拱。管道穿越地下室外壁或地下构筑物墙壁时应采取防水措施。

对于湿陷性黄土地区的排水管道，设计和施工应特别注意，绝对不允许管道漏水。相应措施可查阅有关资料。

三、排水管道及器具的安装

1. 排水管道以及卫生器具的安装

这是指卫生器具的上缘安装高度，卫生器具给水配件距离楼、地面的高度排水管道在穿越楼、地面以及穿越基础时所预留孔洞的具体尺寸，这些数值依据卫生器具的不同而不同。将这些数值规范化，在进行具体施工时可以使施工人员正确地预留安装螺栓及管道孔洞，避免后期砸洞而造成渗漏等问题。卫生器具的安装尺寸见有关设计手册，排水管道穿越楼、地面时的预留孔洞见表 4-1。

2. 地漏的设置及其数量

(1) 每个男女卫生间均应设置一个 50mm 规格的地漏，地漏应设置在易溅水的卫生器具[如洗脸盆、小便器(槽)]附近的地面上。

(2) 应向建筑专业人员提示地漏的设置位置，要求地面坡度坡向地漏，地漏箅子面应低于地面标高 5～10mm。

(3) 淋浴室布置地漏时，有排水沟时应较无排水沟时多一倍布置。

第三节 建筑排水设计举例

一、建筑排水设计

建筑内部排水工程的设计程序可分为收集资料、设计计算、绘制施工图三个步骤。

(一) 收集资料

(1) 了解设计对象的设计要求及标准，根据建筑和生产工艺图了解卫生器具或用水设备的位置、类型和数量。

(2) 了解室外排水管网的排水体制，排水管道的位置、管径、管材、埋深、污水流向、检查井的构造尺寸和对排入污水的水质要求等资料。若就近将污水排入天然水体，还应掌握该水体的最高、最低和经常水位标高及岸边设置污水排出口的条件等资料。

(二) 设计计算

(1) 确定建筑物内部排水系统的体制。

(2) 绘制出建筑物内部排水管道的平面图和系统图。

(3) 进行水力计算，根据排水管道的设计秒流量确定排水管的管径、坡度并合理地选择通气管系。

(4) 选择和计算排水系统中设置的抽升设备和局部处理构筑物。

(三) 绘制施工图

建筑给水排水工程施工图一般包括：图纸目录、材料设备表、设计施工说明、平面图、系统图、局部详图（包括所选用的标准图）和预留洞图等。

1. 平面图

表明建筑物内部用水设备的平面位置以及给排水管道的平面位置。图中应包括以下内容：

(1) 卫生器具的类型及位置。卫生器均以图例表示，其位置通常注明中心距墙的距离，紧靠墙、柱可不注距离。

(2) 各干管、立管、支管的平面位置、管径及距离。各立管应编号。管线一般用单线图例表示，沿墙敷设不注距离。

(3) 各种设备（消火栓、水箱等）及附件（阀门、配水龙头、地漏等）的平面位置。

(4) 给水引入管和污水排出管的平面位置及其与建筑物外给排水管网的关系。如果建筑物内卫生器具及其他用水设备仅限于某些房间使用，可不必画出每层完整的建筑平面图，只需画出与设备、管道有关房间的局部平面图即可。此时应注明该房间的轴线编号以及房间名称。

凡是设有卫生器具和用水设备的每层房间都应有平面图，当各楼层设备以及管道布置均相同时，只需画出底层和标准层平面即可。

一般都把室内给水排水管道用不同的线型表示画在同一张图上。但当管道较为复杂时，也可分别画出给水和排水管道的平面图。

平面图常用的出图比例为 1∶100，管线多时可以采用 1∶50～1∶20，大型车间可用 1∶200～1∶400。常用的图例符号可从 GBJ106—1987 规范中查询。

给排水平面图中，建筑构造图可以适当简化，用细实线表示。

2. 系统图

系统图又称轴测图或透视图。它表明给排水管道的空间位置及相互关系。在轴测图中，X 轴表示左右方向，Y 轴表示前后方向，Z 轴表示高度。X 轴与 Y 轴的夹角一般为 45°，轴测图中的管线长应与平面图中一致，有时为了方便也可以与平面图中不一致。当轴测图中前后的管线重叠，给识图造成困难时，应将系统局部段剖开绘制。系统图中应包括以下内容：

(1) 各管道的管径、立管编号。

(2) 横管的标高及坡度。坡降不需用比例尺显示，用箭头表示坡降方向和注明管道坡度即可。

(3) 楼层标高以及安装在立管上的附件（检查口、阀门等）标高。

系统图中应分别绘制给水、排水系统图，如果建筑物内的给排水系统较为简单时，可以不画系统图，而只画立管图。

系统图常用的比例为 1∶100、1∶50。

3. 详图

凡是在以上图中无法表达清楚，而又无标准图可供选用的设备、管道节点等，须绘制施工安装详图。详图是以平面图及剖面图表示设备或管道节点的详细构造以及安装要求。

施工图上应附有图例及施工说明。施工说明包括所用的尺寸单位、施工时的质量要求，采用材料、设备的品种、规格，某些统一的做法及设计图中采用标准图纸的名称等内容。

4. 预留洞图

预留洞图中注明各种给、排水管道在穿越楼、地面时的位置以及预留孔洞的大小，主要为了建筑施工的方便。它应与设计所选用的各种卫生洁具型号相对应。当平面图中的注解较为详细时，预留洞图可以省略。

二、建筑排水设计计算方法

(一) 设计秒流量法

国内常用的排水设计秒流量计算公式有两种：

(1) 适用于工业企业生活间、公共浴室、洗衣房、公共食堂、实验室、影剧院、体育场等的生活污水排水管道的设计秒流量计算公式

$$q_u = \sum q_0 nb \tag{4-1}$$

式中 q_u——计算管段污水设计秒流量，L/s；

q_0——计算管段上同类型的一个卫生器具排水量，L/s；

n——该计算管段上同类型卫生器具数；

b——卫生器具的同时排水百分数，%，见表 4-3，大便器的同时排水百分数应按 12%计算，当计算排水流量小于一个大便器的排水流量时，应按一个大便器的排水流量计算。

表 4-3 **卫生器具同时排水百分数**

卫生器具名称	同时排水百分数						
	工业企业生活间	公共浴室	洗衣房	电影院剧院	体育场游泳池	科学研究实验室	生产实验室
洗涤盆（池）	如无工艺要求时，采用 33	15	25～40	50	50		
洗手盆	50	20	—	50	70		
洗脸盆（盥洗槽水龙头）	60～100	60～100	60	50	80		
浴盆	—	50	—	—	—		
淋浴盆	100	100	100	100	100		
大便器冲洗水箱	30	20	30	50	70		
大便器自闭式冲洗阀	5	3	4	10	15		
大便槽自动冲洗水箱	100	—	—	100	100		
小便器手动冲洗阀	50	—	—	50	70		
小便槽自动冲洗水箱	100	—	—	100	100		
小便槽自闭式冲洗阀	25	—	—	15	20		
净身器	100	—	—	—	—		
饮水器	30～60	30	30	30	30		
单联化验龙头						20	30
双联或三联化验龙头						30	50

（2）适用于住宅、集体宿舍、旅馆、医院、幼儿园、办公楼、学校等的生活污水排水管道的设计秒流量计算公式

$$q_u = 0.12\alpha\sqrt{N_0} + q_{max} \tag{4-2}$$

式中 q_u——计算管段污水设计秒流量，L/s；

N_0——计算管段的卫生器具排水当量总数；

α——根据建筑物用途而定的系数，见表 4-4；

q_{max}——计算管段上排水量最大的一个卫生器具的排水流量，L/s。

表 4-4 **根据建筑物而定的系数 α 值**

建筑物名称	集体宿舍、旅馆和其他公共建筑的公共盥洗室和厕所间	住宅、旅馆、医院、疗养院、休养所的卫生间
α 值	1.5	2.0～2.5

注 如果计算所得的流量值大于该管段上按卫生器具排水流量累加时，应按卫生器具排水流量累加值确定设计秒流量。若计算值小于所连接的一个排水量最大的卫生器具的排水量时，应按此卫生器具的排水量确定秒流量。

（二）按经验确定某些排水管的最小管径

室内排水管的管径和管道坡度在一般情况下是根据卫生器具的类型和数量按经验资料选定的，具体方法如下：

（1）为防止管道淤塞，室内排水管的管径不小于50mm。

（2）对于单个洗脸盆、浴盆、妇女卫生盆等排泄较洁净废水的卫生器具，最小管径可采用40mm钢管。

（3）对于单个饮水器的排水管排泄的清水，甚至可采用25mm钢管。

（4）公共食堂厨房排泄含大量油脂和泥沙等杂物的排水管管径不宜过小，干管管径不得小于100mm，支管不得小于75mm。

第三篇 暖通空调工程

第五章 供热与供燃气

第一节 供热系统的形式与特点

严寒时节，室外气温远远低于人体舒适需求的温度，室内热量不断地通过各种途径和方式传至室外。为了维持室内正常的空气温度，创造适宜的生活环境和工作环境，必须不断地向室内空间输送热量，以补偿房间内损耗掉的热量。将热媒从热源通过供热管道从热源输送至热用户，并通过散热设备将热量传递给室内空气、人体或物体等，然后又将冷却的热媒输送回热源再次供给热量，这称为供暖工程，也称作采暖。任何一个采暖系统都由三个基本部分组成：热源、供热管道及散热设备。输送热量的物质或带热体叫做热媒。热媒通常是水和蒸汽。热媒在热源获得热量；供热管道把热媒输配到各个用户或散热设备；散热设备则把热量散发到室内。由一个热源向一个大的地区或一个大的工业企业供热叫做集中供热系统，它的热源可以是区域锅炉房或热电厂。它的用户可以是采暖、通风、生产、生活等用户。而集中采暖用热则是集中供热系统的主要热用户。目前还有很多采暖系统的热源是专供采暖的独立锅炉房。集中采暖系统根据常用热媒可分为热水采暖系统、蒸汽采暖系统和热风采暖系统。

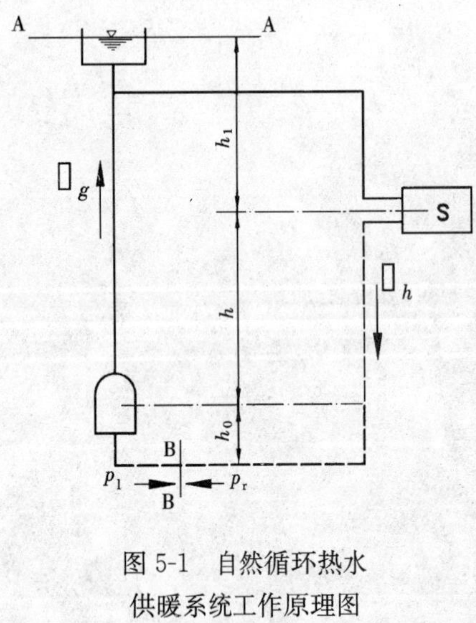

图 5-1 自然循环热水供暖系统工作原理图

一、热水供暖系统

1. 自然循环热水供暖系统

自然循环热水采暖系统是由热源、输送管道、散热器以及膨胀水箱等辅助设备和部件组成。热源一般为锅炉，燃料在其中燃烧产生热能。输送管道是将被锅炉加热的热媒（水）输送到散热器。散热器的作用是将热媒的热量散到采暖房间，膨胀水箱设在系统的最高点，其作用是吸收系统中热水膨胀的体积，补充因冷却和漏失所造成的系统水的不足。

图 5-1 是自然循环系统工作原理图。系统启动之前，先由冷水管向系统充水，待冷水充满整个系统时，锅炉开始加热。当冷水在锅炉中被加热升温时，其容重减小，与散热器内的冷水容重形成一个差值，该容重差致使热水沿着供水管路上升流入散热器中，在散热器中散热后温度降低了的冷却水沿着回水管路返回锅炉被加热，加热后的热水再次流入散热器，如此循环往复，形成自然循环亦称重力循环。下面分析其自然循环的作用力。

假定水温只在锅炉内上升和散热器中下降，则可以计算出自然循环的作用压力的大小。以系统 B—B 断面图为例：

断面 B—B 右侧压力 $P_r = h_0\rho_h g + h\rho_h g + h_1\rho_g g$

断面 B—B 左侧压力 $P_l = h_0\rho_h g + h\rho_g g + h_1\rho_g g$

断面两侧的压力差即为系统的作用压力

$$\Delta P = P_r - P_l = gh(\rho_h - \rho_g) \tag{5-1}$$

式中 ΔP——自然循环系统的作用压力，Pa；

h——冷却中心至加热中心的垂直距离，m；

g——重力加速度，m/s^2，取 $9.8m/s^2$；

ρ_h——回水密度，kg/m^3；

ρ_g——供水密度，kg/m^3。

从上式可知，循环压力取决于冷热水之间的密度差及散热器与锅炉间的高差。为加大循环压力，锅炉房一般建在地下室。当总立管和计算立管之间的水平距离较大时，由于自然压头的数值很小，所能克服的管路的阻力亦很小。为了保证输送所需的流量，系统的管径又不致过大，要求锅炉中心与最下层散热器中心的垂直距离一般不小于 2.5～3.0m。

自然循环供暖系统中水流速度较慢，水平干管中水的流速小于 0.2m/s，而干管中空气气泡的浮升速度为 0.1～0.2m/s，在立管中约为 0.25m/s。所以水中的空气能够逆着水流方向向高处聚集。在上供下回自然循环热水供暖系统充水与运行时，空气经过供水干管聚集到系统最高处，再通过膨胀水箱排往大气。因此，系统的供水干管必须有向膨胀水箱方向上升的坡向，其坡度为 0.5%～1%。一些较小的独立的建筑中可以采用自然循环热水系统，在低于室内地面标高的地下室、地坑中安装锅炉。

2. 机械循环热水供暖系统

如图 5-2 所示为机械循环热水供暖系统。这种系统是由热水锅炉、供水管路、散热器、回水管路、除污器、循环水泵、膨胀水箱、集气罐（排气装置）、控制附件等组成。系统运行前先灌满水，开始点火的同时，开启循环泵。热媒在不断的循环过程中，从锅炉吸收热量，到散热器中将热量散出，向房间供暖。系统热媒循环动力主要来源于循环泵。除污器的作用是清除系统中的异物，避免堵塞水泵和管道，影响系统工作。在机械循环系统中，膨胀水箱除了吸收和补充膨胀与收缩水量外，还起定压作用。集气罐的作用是收集并排除系统中的空气，保证系统正常运行。为了便于调节和维修，系统中还装有各种阀门。

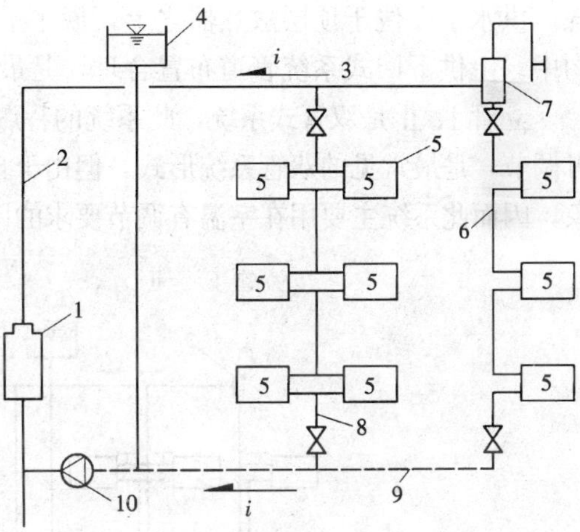

图 5-2 机械循环热水供暖系统示意图（单管式）

1—热水锅炉；2—供水总立管；3—供水干管；4—膨胀水箱；5—散热器；6—供水立管；7—集气罐；8—回水立管；9—回水干管；10—循环水泵（回水泵）

在机械循环系统中，要注意解决以下几个主要问题：

（1）排气问题。机械循环系统中的水流速度较快，通常超过气泡的浮升速度。为了使气泡不被带入立管，因此，供水干管上应按水流方向设上升坡度，使气泡随水流方向汇集到系统最高点，通过设在最高点的排气装置，将空气排出系统外。回水干管坡向与自然循环相同。供、回水干管的坡度为0.003，不得小于0.002。

(2) 水泵连接点。循环水泵装在回水总管上，使水泵的工作温度相对降低，改善水泵的工作条件，延长水泵的使用寿命。这种连接方式，还能使系统内的供水处于高压状态，热水不会因压力过低而汽化，有利于系统正常工作。

(3) 膨胀水箱的连接点与安装高度。对热水供暖系统，当系统内水的压力低于热水对汽化的压力或者出现负压时，会出现热水汽化、吸入空气等问题，从而破坏系统运行。系统内压力最不利点往往出现在最远立管的最上层用户上。为避免出现上述情况，系统内需要保持足够的压力。由于系统内热水都是连通在一起的，只要把系统内某一点的压力恒定，则其余点的压力也自然得以恒定。因此，可以选定一个定压点，根据最不利点的压力要求，定压点要求的压力。定压点通常选择在循环水泵的进口侧，定压装置可以用膨胀水箱。根据要求的定压压力确定膨胀水箱的安装高度，系统工作时，维持膨胀水箱内的水位高度不变，则整个系统的压力得到恒定。在机械循环系统中，膨胀水箱既有排气作用，又有定压的作用。

在机械循环系统中，系统的主要作用压力由水泵提供，但自然压力仍然存在。单、双管系统在自然循环系统中的特性，在机械循环系统中同样会反映出来，即双管系统存在垂直失调和单管系统不能局部调节等。在实际工程中，仍以采用单管顺流居多。

机械循环热水供暖系统的作用压力比自然循环热水系统的作用压力大得多。所以，热水在管路中的流速较大，管径较小，启动容易，供暖方式较多，应用范围较广。

根据管道布置方式不同，机械循环热水供暖系统主要方式有以下几种：

(1) 上供下回式单管和双管热水供暖系统。图5-3为机械循环上供下回式热水供暖系统。供水干管位于顶层散热器之上，回水干管位于底层散热器之下，通常敷设于地下室或地沟中。上供下回式系统管道布置合理，是最常用的一种布置形式。

立管Ⅰ、Ⅱ是双管式系统，此系统的特点是每层散热器都分别与热源构成循环环路，室温可调节，是最常见的双管系统形式，但由于自然作用压力的存在，使系统容易产生垂直失调现象，因而此系统主要用在室温有调节要求的四层以下的建筑物中，适用范围较窄。但双管式系

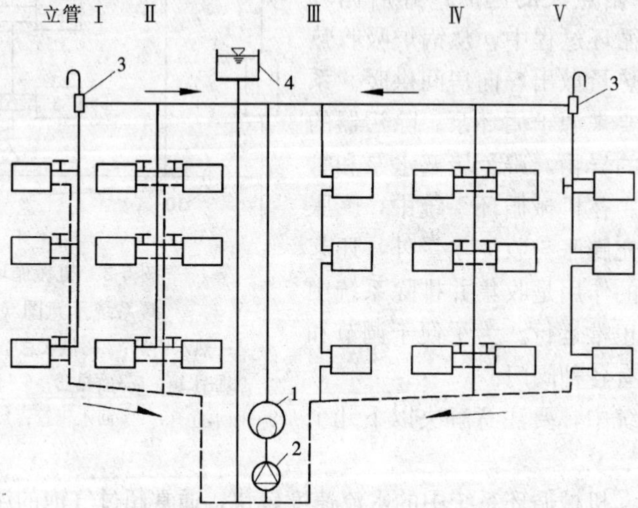

图5-3 机械循环上供下回式热水供暖系统

1—热水锅炉；2—循环水泵；3—集气装置；4—膨胀水箱

统中，每组散热器可以进行调节和计量，对解决目前要求热量分户计量的问题较为有利。

立管Ⅲ是单管顺流式系统，是目前国内一般建筑中常用的一种形式。其特点是立管中的水全部顺次地流过各层散热器。这种系统形式比较简单，配件少，排气方便，安装简单，造价低，水力稳定性好，但各组散热器不能进行单独调节。

立管Ⅳ是单管跨越式系统，其特点是立管中的水只有一部分进入散热器，另一部分则由跨越管流过，并与由散热器流出的水相混合，再进入下层散热器；各组散热器支管上可以安装阀门，进行单独调节。系统的造价和运行费用都要比顺流式系统高。目前，在实际工程中只在房间温度要求较严格的情况下采用。

立管Ⅴ是跨越式与顺流式相结合的系统形式，上面几层采用跨越式，下面几层采用顺流式。这种形式可以减轻多层建筑下面各层水温较低的弊病。但并不能从设计角度有效地解决垂直失调问题。

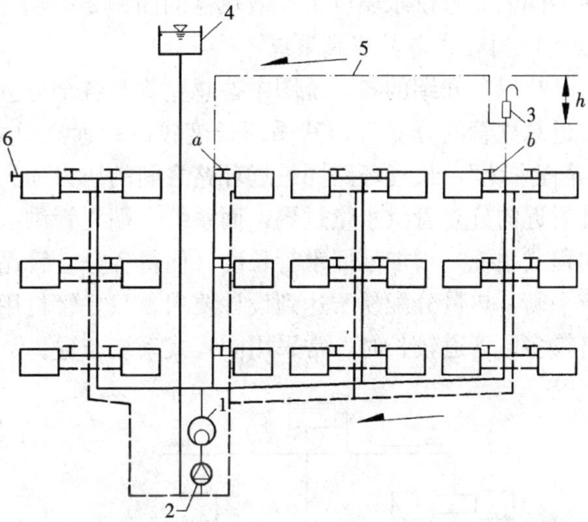

图 5-4　机械循环下供下回式系统

1—热水锅炉；2—循环水泵；3—集气罐；4—膨胀水箱；5—空气管；6—排气阀

(2) 机械循环下供下回系统。机械循环下供下回式系统，如图5-4所示。该系统一般适用于平屋顶建筑物的顶层难以布置干管的场合，以及有地下室的建筑。当无地下室时，供、回水干管一般敷设在底层地沟内。系统的供回水干管都敷设在底层散热器下面，系统内空气的排除较为困难。排气方法主要有两种：一种是通过顶层散热器的排气阀，手动分散排气；另一种是通过专设的空气管，手动或集中自动排气。

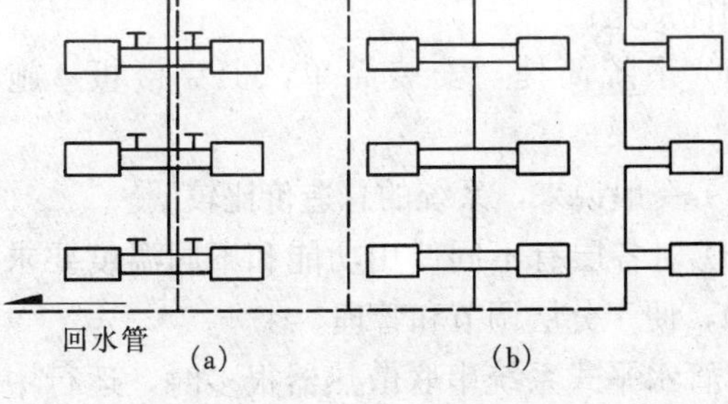

图 5-5　机械循环中供式热水供暖系统

(a) 上部系统——下供下回式双管系统；(b) 下部系统——上供下回式单管系统

(3) 机械循环中供式热水供暖系统。机械循环中供式热水供暖系统，如图5-5所示。水平供水干管敷设在系统的中部。上部系统可用上供下回式，也可用下供下回式，下部系统则用上供下回式。中供式系统减轻了上供下回式楼层过多而易出现垂直失调的现象，同时可避免顶层梁底高度过低致使供水干管挡住顶层窗户而妨碍其开启。

(4) 机械循环下供上回式热水供暖系统。机械循环下供上回式热水供暖系统，如图5-6所示。系统的供水干管设在下部，回水干管设在上部，立管布置常采用单管顺流式。这种系统具有以下特点：

1）水的流向与空气流向一致，都是由下而上。上部设有膨胀水箱，排气方便，可取消集气罐，同时还可提高水流速，减小管径。

2）散热器内热媒的平均温度几乎等于散热器的出水温度，传热效果低于上供下回式；在相同的立管供水温度下，散热器的面积要增加。

3. 同程式与异程式系统

在以上介绍的各系统图中，总立管与各个分立管构成的循环环路的总长度是不相等的，靠近总立管的分立管，其循环长度较短；远离总立管的分立管，其循环长度较长，因而是“异程系统”。最远环路同最近环路之间的压力损失相差很大，压力不易平衡，造成靠近总立管附近的分立管供水量过剩，而系统末端立管供水不足，供热量达不到要求。图 5-7 所示的同程式系统，增加了回水管长度，使得各分立管循环环路的管长相等，环路间的压力损失易于平衡，热量分配易于达到设计要求。只是管材用量稍多一些，地沟深度加大一点。系统环路较多、管道较长时，常采用同程式系统布置。

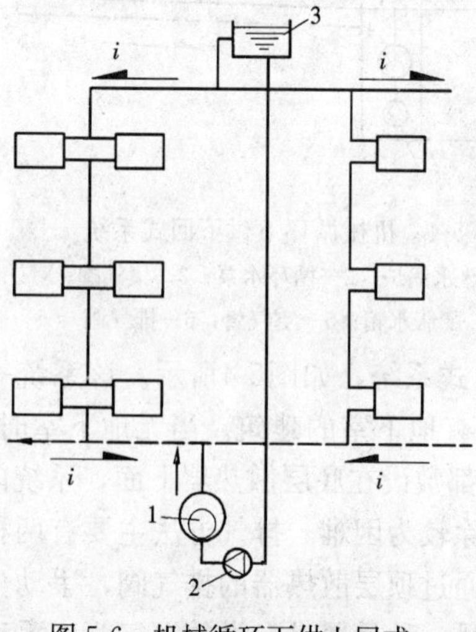

图 5-6 机械循环下供上回式（倒流式）热水供暖系统
1—热水锅炉；2—循环水泵；3—膨胀水箱

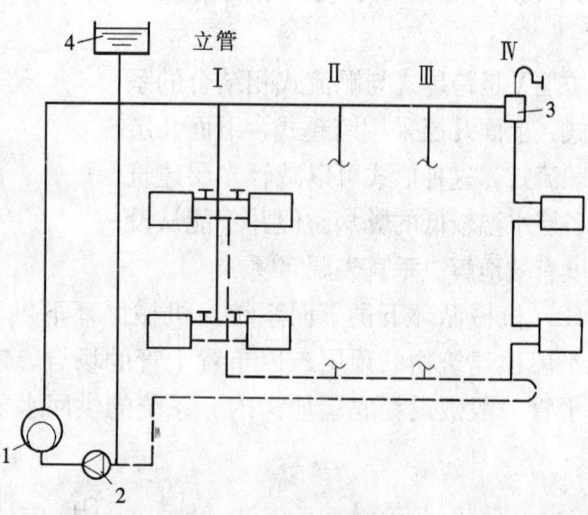

图 5-7 同程式系统
1—热水锅炉；2—循环水泵；3—集气罐；4—膨胀水箱

4. 水平串联式热水供暖系统

一根立管水平串联起多组散热器的布置形式（见图 5-8），称为水平串联式系统。这种系统的优点是：

(1) 系统简捷，安装简单，少穿楼板，施工方便。

(2) 一般说来，系统的总造价比较低。

(3) 对各层有不同使用功能和不同温度要求的建筑物，便于分层调节和管理。

单管水平式系统串联散热器很多时，运行中如出现水力失调易出现前端过热，末端过冷的水平失调现象。一般每个环路散热器组数以 8～12 组为宜。

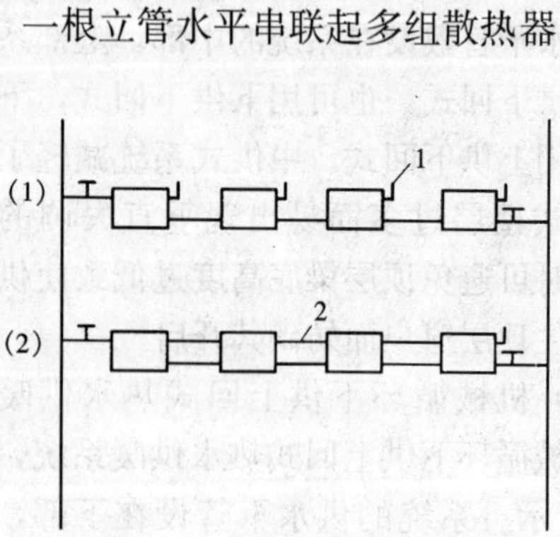

图 5-8 单管水平串联式
1—冷风阀；2—空气管

5. 地板辐射供暖系统

地板辐射供暖系统见图 5-9。

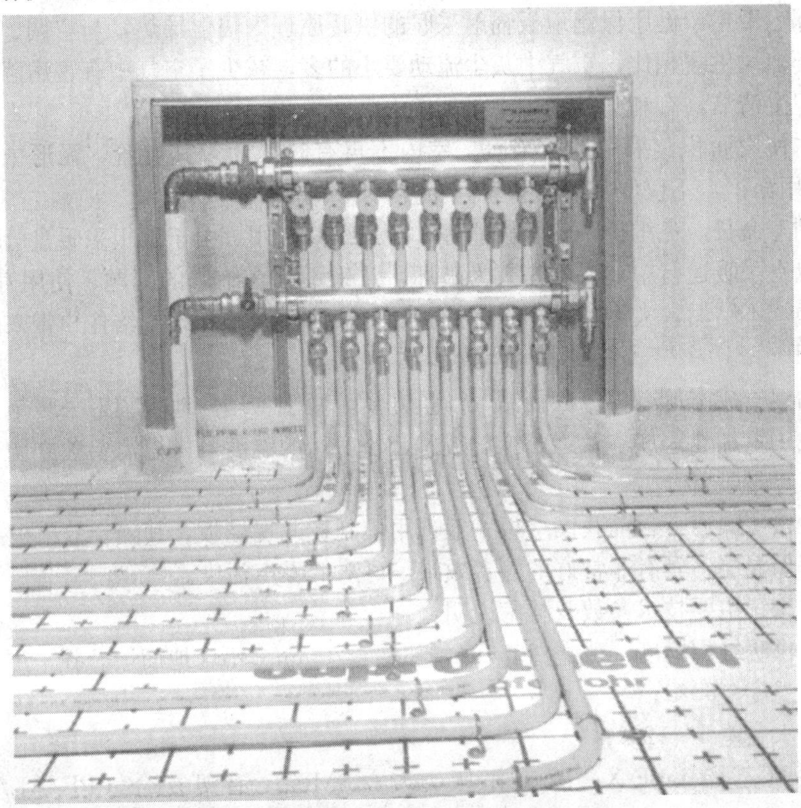

图 5-9 地板辐射供暖系统

地板辐射采暖是以不高于 60℃的热水作热媒，在埋置于地面以下的填充层中的加热管内循环流动，加热整个地面，通过地面辐射和部分对流热传递方式向室内供热的一种供暖方式。

地板辐射供暖与散热器供暖对比，地板辐射供暖有以下优点：

(1) 最舒适的采暖方式。中医认为“热从头生，寒从足入”。现代医学也表明，人体的内脏器官只有在适宜的温度条件下，才能保持正常生理功能。当外界变冷时，人体机能自动调节，为了不使体内热量散失，手脚血液会回流以保持内脏器官所需的温度。当脚下温度低时，脚部血管收缩，血液回流受阻，导致全身血液循环不顺畅，这样人的全身都会感到寒冷。所以暖人先要暖脚，只有脚温暖了，全身才会感觉温暖。传统的取暖方式，房间的顶部大约有 30℃，而人体所处的位置尤其是脚部仅有 15℃甚至更低。坐时间久了就会感觉脚冷腿凉，腿脚受凉会增加寒腿病、关节炎的患病可能。地板辐射散热是最舒适的采暖方式，室内地表温度均匀，室温由下而上随着高度的增加温度逐步下降，这种温度曲线正好符合人的生理需求，给人以脚暖头凉的舒适感受。同时，地板采暖可促进居住者足部血液循环，从而改善全身血液循环，促进新陈代谢，并在一定程度上提高免疫能力。

(2) 高效、节能、运行费用低。可利用余热水、太阳能、地热等各种低温热源；地板辐射供暖方式较对流供暖方式热效率高，热量集中在人体受益的高度内，室内设定温度即使比对流式采暖方式低 2～5℃，也能使人们有同样的温暖感觉，所以温差传热损失会大大减小；

热媒低温传送，在传送过程中热量损失小，热效率高；与其他采暖方式相比，节能幅度约为20%，如采用分区温控装置，节能幅度可达到40%。

（3）环保、卫生，健康保健地板辐射采暖的供暖原理为辐射导热，与空调、暖气等通过强制对流循环热风供暖相比，空气中灰尘流动要小的多，减少了空气中有害病菌的蔓延，室内环境更加卫生清洁，有利于健康。

（4）不占使用面积，采用地板采暖，室内不再有暖气片及其支管，无形中增加2%至3%的室内使用面积，不仅便于装修和家具布置。

（5）使用寿命长，免维护，安全性能好，节约维修费用。由于地板采暖盘管全部暗埋在楼板中，所以在采暖运行中如果不是人为破坏，几乎不存在维修的问题，使用寿命在50年以上，不腐蚀、不结垢，大大减少了暖气片跑、冒、滴、漏水和维修给住户带来的烦恼，可节约维修费用。

（6）初始建安成本低，可分区控制，计量方便，便于管理。地板辐射采暖与其他单户式供暖方式相比不增加建筑成本及运营维护成本，各房间的温度可根据需要独立调节控制，便于进行分户热计量收费。

（7）减少楼层噪声。目前我国楼板一般选用预制板或现浇板，其隔音效果极差，采用地板采暖增加了保温层，具有非常好的隔音效果，可降低噪声污染。

地板采暖系统主要技术参数及技术说明：

（1）地板供暖结构厚度：公建≥90mm，住宅≥70mm（不含地面层及找平层厚度）；

（2）热媒温度≤60℃；

（3）供回水温差5～12℃；

（4）交联聚乙烯（PE-X）管工作压力≤0.8MPa；铝塑复合（PE/AL/PE-X）管≤2.5MPa；

（5）地板供暖结构层承受负荷≤2000kg/m^2，若地板供暖结构层承受负荷≥2000kg/m^{2}应采取相关措施；

（6）在供水干管上应设过滤网，以防止异物进入地板供暖系统内；

（7）地板供暖热量与地面材质、供回水温度、管间距、室内设计温度等因素有关，管间距100～350mm、保温材料为15～30mm的复合聚苯板，平均水温35～55℃，室内温度为15～28℃。

每平方米散热量：

瓷砖类地面：60～240W/m^2；木地板：45～170W/m^2；塑料类地面：45～200W/m^2；地毯类：35～140W/m^2。

二、蒸汽供暖系统

蒸汽供暖以水蒸气作为热媒，水蒸气在供暖系统的散热器中靠凝结放出热量，不管是通入过热蒸汽还是饱和蒸汽，流出散热器的凝水是饱和凝水还是带有过冷却度的凝水，都可以近似认为每千克蒸汽凝结时的放热量等于蒸汽在凝结压力下的汽化潜热（kJ/kg）。蒸汽的汽化潜热比起每千克水在散热器中靠温降放出的热量要大得多。因此，对同样热负荷，蒸汽供热时所需要的蒸汽流量比热水供热时所需热水流量少得多。但是，在相对压力为0～3×10^{5}Pa时，蒸汽的比容是热水比容的数百倍，因此蒸汽在管道中的流速，比热水流速高得多；但不会造成在相同流速下热水流动时所形成的较高的阻力损失。蒸汽比容大、密度小，当用于高层建筑供暖时，不会像热水供暖那样，产生很大的水静压力。

在通常的压力条件下，散热器中蒸汽的饱和温度比热水供暖时热水在散热器中的平均温度高，而衡量散热器传热性能的传热系数（$W/m^2 \cdot ℃$）是随散热器内热媒平均温度与室内空气温度的差值的增大而增大的。所以采用蒸汽为热媒的散热器的传热系数较热水的大，因而蒸汽供暖可以节省散热器的面积，减少散热器的初投资。在承担同样热负荷时，蒸汽作为热媒，较之于热水，流量要小，而采用的流速较高，因此可以采用较小的管径。在管道初投资方面，蒸汽供暖系统比热水供暖系统要少。由于以上两个方面的原因，蒸汽供暖系统的初投资少于热水供暖系统。

蒸汽供暖系统采用间歇调节来满足负荷的变动，由于系统的热惰性很小，系统的加热和冷却过程都很快，特别适合于人群短时间迅速集散的建筑，如大礼堂、剧院等。但是间歇调节会使房间温度上下波动，这对于人长期停留的办公室、起居室、卧室是不适宜的。蒸汽供暖系统间歇调节，造成管道内时而充满蒸汽，时而充满空气，管道内壁的氧化腐蚀要比热水供暖系统快。因而蒸汽供暖系统的使用年限要比热水供暖系统短，特别是凝结水管，更易损坏。

蒸汽供暖系统的特点：

（1）蒸汽供暖系统的散热器表面温度高。在蒸汽供暖系统中，散热器内热媒的温度一般均在100℃以上。相应的表面温度也较高，系统所需的散热器面积就少得多。但蒸汽供暖系统由于散热器表面温度过高，易发生烫伤事故，且坠落在散热器表面上的灰尘等物质会分解出带有异味的气体，卫生效果较差。因此在民用建筑，尤其是居住建筑，以及可能产生易爆、易燃、易挥发等灰尘的工业厂房内均不适宜采用。

（2）蒸汽供暖系统的热惰性很小，系统的加热和冷却速度都很快。当系统间歇运行时，蒸汽和空气交替地充满系统中，房间温度变化幅度较大。比较适用于要求加热迅速、供暖时间集中而短暂的影剧院、礼堂、体育馆类的间歇供暖的建筑物中。

（3）蒸汽供暖系统的使用年限较短。由于蒸汽供暖系统多采用间歇运行，因此管道易被空气氧化腐蚀。尤其是凝水管中经常存在大量的空气，严重地影响了其使用寿命。

（4）蒸汽供暖系统可用于高层建筑中。蒸汽供暖系统中热媒（蒸汽）的容重很小，所以本身所产生的静压力也较小。蒸汽供暖用于高层建筑中不致因底层散热器承受过高的静压而破裂，也不必进行竖向分区。

（5）蒸汽供暖系统的热损失大。在蒸汽供暖系统中经常会出现疏水器漏汽、凝结回水产生二次蒸汽、管件损坏等跑、冒、滴、漏的现象。因此其热损失相对热水供暖系统较大。

蒸汽供暖系统按系统起始压力的大小可分为：高压蒸汽供暖系统（系统起始压力大于$0.7 \times 10^5 Pa$）、低压蒸汽供暖系统（系统起始压力等于或低于$0.7 \times 10^5 Pa$）以及真空蒸汽供暖系统（系统起始压力低于大气压力）。

1. 低压蒸汽供暖系统

低压蒸汽供暖系统的凝水回流入锅炉有两种方式：

（1）重力回水。蒸汽在散热器内放热后变成凝水，靠重力沿凝水管流回锅炉。

（2）机械回水。凝水沿凝水管依靠重力流入凝水箱，然后用凝水泵把凝水压入锅炉。这种系统作用半径较大，在工程实践中得到了广泛的应用。图5-10是机械回水双管上供下回式系统示意图。锅炉产生的蒸汽经蒸汽总立管、蒸汽干管、蒸汽立管进入散热器，放热后，凝结水沿凝水立管、凝水干管流入凝结水箱，然后用水泵将凝结水送入锅炉。

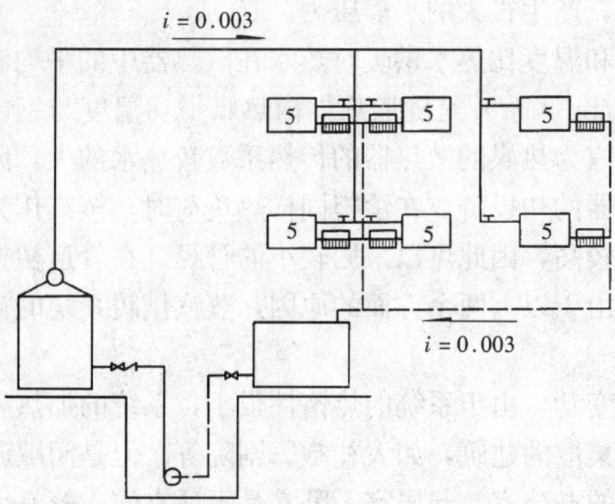

图 5-10 机械回水单、双管上供下回式蒸汽供暖系统

蒸汽沿管道流动时向管外散失热量，供暖系统中一般使用饱和蒸汽，很容易造成一部分蒸汽凝结成水，叫做“沿途凝水”。为了及时排除沿途凝水，以免高速流动的蒸汽与凝水在遇到阀门等改变流动方向的构件时，产生“水击”现象（水击会发出噪声和振动，严重时能破坏管件接口的严密性及管路支架），在管道内最好使凝结水与蒸汽同向流动，亦即蒸汽干管应沿蒸汽流动方向有向下的坡度。在一般情况下，沿途凝水经由蒸汽立管进入散热器，然后排入凝水立、干管。当蒸汽干管中凝水较多时，可设置疏水装置。

空气是不凝性气体，系统运行时如不能及时排入大气，则空气便会堵在管道和散热器中，影响蒸汽供暖系统的放热量。因此，顺利地排除系统中的空气是保证系统正常工作的重要条件。在系统开始运行时，依靠蒸汽的压力把积存于管道中和散热器中的空气排至凝水管，最后经凝结水箱排入大气。当停止供汽时，原充满在管路和散热器内的蒸汽冷凝成水，由于凝水的密度远大于蒸汽的密度，散热器和管路内会出现一定的真空度。空气便通过凝结水箱、凝水干管而充满管路系统。

在每一组散热器后都装有疏水器，疏水器是阻止蒸汽通过，只允许凝水和不凝性气体（如空气）及时排往凝水管路的一种装置。

凝结水箱容积一般应按各用户的 15～20min 最大小时凝水量设计。当凝水泵无自动启停装置时，水箱容积应适当增大到 30～40min 最大小时凝水量。在热源处的总凝水箱也可做到 0.5～1.0h 的最大小时凝水量容积（h 为最小正水头高度）。水泵应能在少于 30min 的时间内将这些凝水送回锅炉。

为避免水泵吸入口处压力过低造成凝水汽化，以致造成汽蚀、停转现象，保证凝水泵（通常是离心式水泵）正常工作，凝水泵的最大吸水高度及最小正水头高度 h 要受凝水温度制约，见表 5-1。按照表给数字确定凝水泵的安装标高，为安全考虑，当凝水温度高于 70℃时，水泵须低于凝结水箱底 0.5m。

表 5-1　　最大吸水高度、最小正水头与凝水温度的关系

水温（℃）	0	20	40	50	60	75	80	90	100
最大吸水高度（m）	6.4	5.9	4.7	3.7	2.3	0			
最小正水头（m）							2	3	6

在蒸汽供暖系统中，不论是什么形式的系统，都应保证系统中的空气能及时排除，凝水能顺利地送回锅炉，防止蒸汽再进入凝水管以及尽量避免水击现象。

2. 高压蒸汽供暖系统

压力 $0.7\times10^5\sim3.0\times10^5$Pa 的蒸汽供暖系统称为高压蒸汽供暖系统。高压蒸汽供暖系统常和生产工艺用汽系统合用同一汽源，但因生产用汽压力往往高于供暖系统蒸汽压力，所以从锅炉房（或蒸汽厂）来的蒸汽需经减压阀减压才能使用。

和低压蒸汽供暖系统一样，高压蒸汽供暖系统亦有上供下回、下供下回、双管、单管等型式。但供汽压力高、流速大、系统作用半径大，对同样热负荷，所需管径小。

为了避免高压蒸汽和凝结水在立管中反向流动发出噪声、产生水击现象，一般高压蒸汽供暖均采用双管上供下回式系统。

散热器内蒸汽压力高，散热器表面温度高，对同样热负荷所需散热面积较小。因为高压蒸汽系统的凝水管路有蒸汽存在（散热器漏汽及二次蒸发汽），所以每个散热器的蒸汽和凝水支管上都应安装阀门，以调节供汽并保证关断。另外，考虑疏水器单个的排水能力远远超过每组散热器的凝水量，仅在每一支凝水干管的末端安装疏水器。高压蒸汽供暖系统的疏水器有机械型（浮筒式、吊筒式）、热动力型（热动力式）和热静力型（温调式）等。

散热器供暖系统的凝水干管宜敷设在所有散热器的下面，顺流向下作坡度，凝水依靠疏水器出口和凝水箱中的压力差以及凝水管路坡度形成的重力差流动，凝水在水—水换热器中被自来水冷却后进入凝水箱。凝水箱可以布置在采暖房间内，或是布置在锅炉房或专门的凝水回收泵站内。凝水箱可以是开式（通大气）的，也可以是密闭的。

由于凝水温度高，在凝水通过疏水器减压后，部分凝水会重新汽化，产生二次蒸汽。也就是说在高压蒸汽供暖系统的凝水管中流动的是凝水和二次蒸汽的混合物，为了降低凝水的温度和减少凝水管中的含汽率，可以设置二次蒸发器。二次蒸发器中产生的低压蒸汽可应用于附近的低压蒸汽供暖系统或热水供应系统。

高压蒸汽供暖系统在启停过程中，管道温度的变化要比热水供暖系统和低压蒸汽供暖系统的大，故应考虑采用自然补偿、设置补偿器来解决管道热胀冷缩问题。

高压蒸汽供暖系统的管径和散热器片数都小于低压蒸汽供暖系统，因此具有较好的经济性。但是由于蒸汽压力高、温度高，易烧焦落在散热器上面的有机灰尘，影响室内卫生，并且容易烫伤人。所以这种系统一般只在工业厂房中应用。

三、热风供暖系统

热风供暖系统所用热媒可以是室外的新鲜空气，也可以是室内再循环空气，或者是两者的混合体。若热媒仅是室内再循环空气，系统为闭式循环时，该系统属于热风供暖；若热媒是室外新鲜空气，或是室内外空气的混合物时，热风供暖应与建筑通风统筹考虑。

在热风供暖系统中，首先对空气进行加热处理，然后送入供暖房间放热，从而达到维持或提高室温的目的。用于加热空气的设备称为空气加热器，它是利用蒸汽或热水通过金属壁换热器传热而使空气获得热量。常用的空气加热器有 SRZ、SRL 两种型号，分别为钢管绕钢片和钢管绕铝片的热交换器。图 5-11 所示为 SRL 型空气加热器外形图。此外，还可以利用高温烟气来加热空气，这种设备叫做热风炉。

热风供暖有集中送风、管道送风、暖风机等多种形式。在采用室内空气再循环的热风供暖系统时，最常用的是暖风机供暖方式。暖风机是由通风机、电动机和空气加热器组合而成的联合机组，可以独立作为供暖设备用于各种类型的厂房建筑中。暖风机的安装台数应根据建筑物热负荷和暖风机实际散热量计算确定，一般不宜少于两台。暖风机从构造上可分为轴流式和离心式两种类型；根据其使用热媒的不同又有蒸汽暖风机、热水暖风机、蒸汽热水两用暖风机、冷热水两用暖风机等多种形式。图 5-12 所示为 NA 型暖风机外形图，它是用蒸

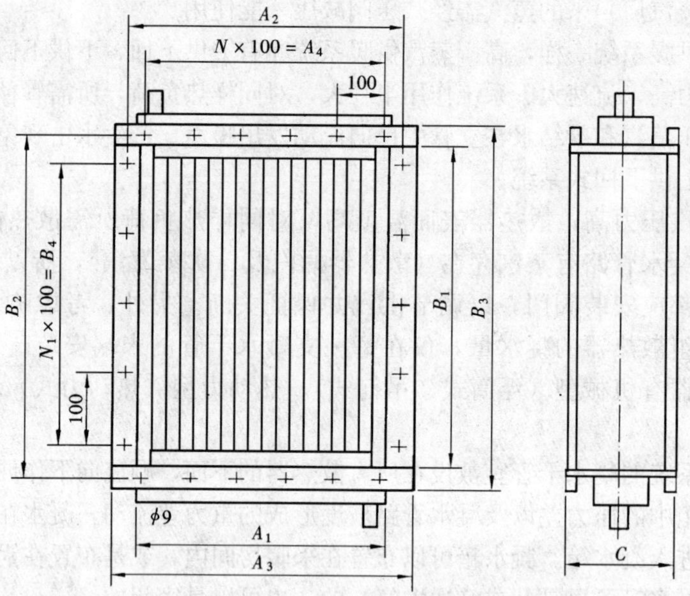

图 5-11 SRL 型空气加热器外形图

汽或热水来加热空气。暖风机可以直接装在供暖房间内，蒸汽或热水通过供热管道输送到暖风机内部的空气加热器中，加热由通风机加压循环的室内空气，被加热后的空气从暖风机出口处的百叶孔板向室内空间送出，空气量的大小及流向可由导向板来调节。

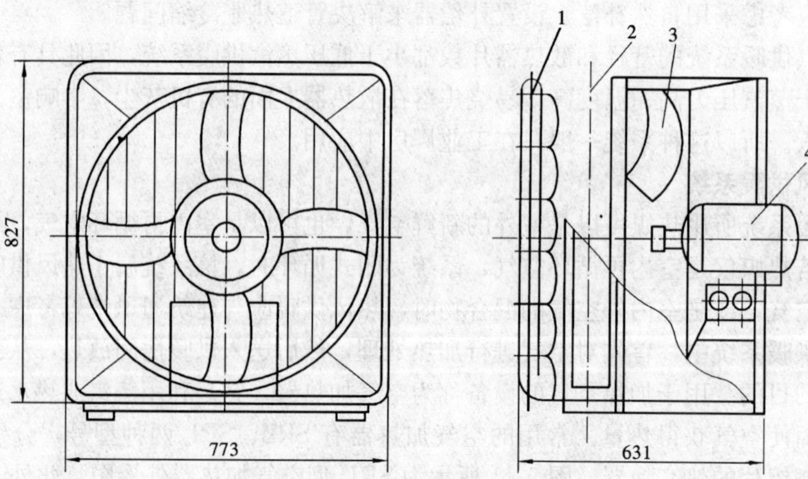

图 5-12 NA 型暖风机外形图

1—导向板；2—空气加热器；3—轴流风机；4—电动机

暖风机的布置要求：

(1) 多台布置时应使暖风机的射流互相衔接，使供暖房间形成一个总的空气环流。

(2) 暖风机不宜靠近人体，或者直接吹向人体。

(3) 暖风机应沿车间的长度方向布置，射程内不应有高大设备或障碍物阻挡空气流动。

(4) 暖风机的安装高度应考虑对吸风口和出风口的要求。

四、发热电缆供暖系统

发热电缆供暖系统的构成见图 5-13。

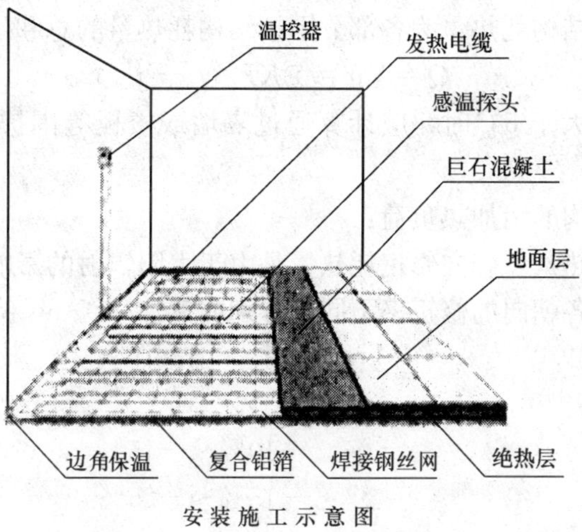

图 5-13 发热电缆供暖系统的构成

发热电缆远红外线蓄能式地热供暖系统(也称作发热电缆低温辐射供暖系统),是以电力为能源、发热电缆为发热体、按一定的敷设规律安装在房间的地面下,由发热电缆将几乎100%的电能转换成热能,一部分储存于混凝土保护层内,另一部分以远红外线低温(65℃)热辐射的形式,把热量送入室内。室内的温度由智能温度控制装置进行自动调控,温度的控制范围为5~30℃,而且可以分区域、分房间进行控制和温度调整,还可以根据需要对系统进行整体或楼层的集中控制、管理。

发热电缆通电后,由铜镍铬合金构成的发热体开始发热,其工作温度为40~65℃,这些热量首先加热地面保护层,地面保护层作为蓄热体和散热面,一边蓄热,一边向室内均匀地散热。其中,热量以少部分对流换热的方式加热周围空气,大部分(60%以上)热量向四周的物体、人体、围护结构及空气以远红外线辐射的方式传递,使之表面温度升高,从而达到保持室温的目的。

第二节 供暖热负荷

一、围护结构传热耗热量

对于采暖房间,由于室内外存在温度差,通过房间各部分围护结构(门、窗、墙、地板、屋顶)从室内传向室外的热量是围护结构的传热耗热量。通过各部分围护结构的传热量为

$$q'=KF\ (t_n-t'_w)\ \alpha \tag{5-2}$$

式中 K——围护结构的传热系数,W/m²·℃;

F——围护结构的面积,m²;

t_n——冬季供暖室内设计温度，℃；

t'_w——供暖室外计算温度，℃；

α——温差修正系数。当计算的围护结构不是直接与室外接触时，传热温差小于（$t_n-t'_w$），故用α进行修正，α在0.4～0.7之间。

q'计算出来后，还应根据朝向、室外风速、房间高度、运行方式等因素，进行适当修正。

整个房间的围护结构耗热量为各部分围护结构耗热量的总和

$$Q'=\sum q'=\sum KF(t_n-t'_w)\alpha \tag{5-3}$$

当相临房间温差大于5℃时，应计算通过隔墙或楼板等围护结构的传热耗热量。小于5℃时可忽略不计。

下面讨论围护结构的附加热负荷：

（1）朝向修正耗热量。朝向修正耗热量是由于太阳辐射的影响而对于围护结构传热量的修正。根据规范规定各朝向的修正率不同，分别如下：

北、东北、西北	0%
东、西	−5%
东南、西南	−10%～−15%
南	−15%～−25%

采用上述的修正值时要考虑到冬季日照率的大小、建筑物使用和遮挡的情况。对于冬季日照率小于35%的地区，东南、西南和南向的修正率，宜采用0～10%，其他朝向可不修正。当围护结构处在其他建筑物的阴影里时，也不要考虑修正。

（2）风力修正耗热量。风力修正是考虑室外空气流速的变化而对围护结构的影响。在计算围护结构的耗热量时，围护结构外表面的放热系数取20W/m²·℃。它是对应于某一个室外风速而定的。当室外风速较大时，围护结构外表面的放热系数增大，因而耗热量也大，所以要进行修正。我国各地区冬季风速不太大，对传热影响较小，所以可不必修正。只有在不避风的高地、河边、海岸才考虑风力的影响，进行风力修正。

（3）高度修正耗热量。高度修正耗热量是考虑房间高度对围护结构传热量的影响而附加的耗热量。房间高度的修正有两种情况；第一种情况是对于民用建筑和发热量强度小于20W/m² 的工业建筑可按经验数值选取，当房间高度在4m以下时可来考虑高度修正。当房间高度在4m以上时，每增高1m，应增加的耗热量为围护结构总耗热量的2%，但总的修正值不大于15%。第二种情况是发热强度大于20W/m³ 的工业建筑，车间上部温度比下部温度高，这种情况不是修正而是计算车间上部的温度来计算耗热量。车间上部的温度用下式计算

$$t_x=t_d+\Delta t(H-2) \tag{5-4}$$

式中 H——屋顶距地面的高度，m；

Δt——温度梯度，℃/m。

二、冷风渗透耗热量

在风力及热压所造成的室内外压差的作用下，室外的冷空气会从门、窗等缝隙渗入室内，被加热后又逸出室外。把这部分冷空气从室外温度加热到室内温度所消耗热量称为冷风渗透耗热量。在各类建筑物，特别是生产厂房和高层建筑的耗热量中，冷风渗透耗热量是相

当大的。其热量为

$$Q=0.278C_p\rho_\omega V\ (t_n-t'_w) \tag{5-5}$$

式中 ρ_ω——室外空气密度，kg/m³；

C_p——空气比热，$C_p=1$kJ/kg·℃；

V——经门、窗缝隙渗入室内的冷空气量，m³/h；

0.278——单位换算系数。

三、冷风侵入耗热量

在冬季，受风压、热压等因素影响，会有大量冷空气由开启的门、孔洞从室外或相邻房间侵入室内，把这部分冷空气加热到室内温度所消耗的热量称为冷风侵入耗热量，其计算公式与冷风渗透耗热量计算式相同，其中 V 改为侵入的冷空气量。冷空气的侵入，会消耗大量的热量，即使散热器面积增加很多，室温仍难以保证。因此，应采取积极的办法减少冷空气的进入。侵入的冷空气量不易准确计算，目前，采用外门的基本耗热量乘以下列百分数的方法来计算大门冷风侵入耗热量。当建筑的楼层数为 n 时，对于短时开启，无热风幕的民用建筑和工厂的辅助建筑的外门：

一道门	$65n\%$
两道门（有门斗）	$80n\%$
三道门（有两个门斗）	$60n\%$

当大门开启时间较长时，其冷风侵入耗热量应按以上数值再乘以 1.5～2.0。对于冬季不常开启的阳台门和只在事故时才开启的太平门，不需计算大门冷风侵入耗热量。对于出入频繁的公共建筑和生产厂房的主要出入大门，其大门冷风侵入耗热量，可按外门基本耗热量的 5 倍计算。为了减少大门的冷风侵入耗热量，对于开启时间较长的公共建筑大门、工厂大门等，可设置门斗或热风幕以阻挡入侵的冷风。从而减少采暖系统设计热负荷，降低采暖系统的工程投资。

四、供暖热负荷的概算

集中供热系统进行规划或扩充设计时，个别的供暖系统尚未进行设计计算，此时采用概算指标法来确定供暖系统的热负荷。它的概算可采用体积热指标、面积热指标等方法进行计算。

1. 体积热指标法

用单位体积供暖热指标估算建筑物的热负荷时，供暖热负荷可按下式进行概算

$$Q=q_vV\ (t_n-t_w) \tag{5-6}$$

式中 q_v——建筑物的供暖体积热指标，kW/m³·℃；

V——建筑物的外围体积，m³；

t_n——供暖室内计算温度，℃；

t_w——供暖室外计算温度，℃。

供暖体积热指标 q_v 的大小主要与建筑物的围护结构及外形有关。当建筑物围护结构的传热系数愈大、采光率愈大、外部体积相对于建筑面积之比愈小，或建筑物长宽比愈大时，单位体积的热损失愈大，即 q_v 值愈大。

各类建筑物的供暖体积热指标 q_v 可以通过对许多建筑物进行理论计算或对许多实测数据进行统计、归纳整理得出，有关数值参见表 5-2。

表 5-2　　工业车间采暖体积热指标

建筑物名称	建筑物体积（$1000m^3$）	采暖热指标（$W/m^3 \cdot ℃$）	建筑物名称	建筑物体积（$1000m^3$）	采暖热指标（$W/m^3 \cdot ℃$）
金工装配车间	10～50	2.52～0.47	油漆车间	50 以下	2.64～0.58
	50～100	2.47～0.44		50～100	0.58～0.52
	100～150	2.44～0.41	木工车间	5 以下	2.70～0.64
	150～200	2.41～0.38		5～10	2.64～0.52
	200 以上	0.38～0.29		10～50	2.52～0.47
焊接车间	50～100	2.44～0.41		50 以上	0.47～0.41
	100～150	2.41～0.35	工具机修车间	10～50	2.5～0.44
	150～250	2.35～0.33		50～100	0.44～0.41
	250 以上	0.33～0.29	生活间及办公室	2.5～1	2.16～0.76
中央实验室	5 以下	2.81～0.70		1～2	2.93～0.52
	5～10	2.70～0.58		2～5	2.87～0.47
	10 以上	0.58～0.47		5～10	2.76～0.41
				10～20	0.64～0.35

2. 面积热指标法

建筑物的供暖热负荷可按下式进行概算

$$Q = q_f F \tag{5-7}$$

式中　q_f——建筑物的面积热指标，kW/m^2；

F——建筑物的建筑面积，m^2。

面积热指标法简单方便，在国内外城市住宅建筑集中供热系统规划中被大量采用。有关数值可参见表 5-3。

表 5-3　　数值列表

建筑物类型	供暖面积热指标 q_f		建筑物类型	供暖面积热指标 q_f	
	（$kcal/m^2 \cdot h$）	（W/m^2）		（$kcal/m^2 \cdot h$）	（W/m^2）
住宅	40～60	47～70	商店	55～75	64～87
办公楼、学校	50～70	58～81	单层住宅	70～90	81～105
医院、幼儿园	55～70	64～81	食堂、餐厅	100～120	116～140
旅馆	50～60	58～70	影剧院	80～100	93～116
图书馆	40～65	47～76	大礼堂、体育馆	100～140	116～163

五、建筑节能

我国建筑节能分三步走。第一步：要求在 1980～1981 年当地通用设计的基础上节能 30%，所增加的节能投资不超过 5%，并于 1990 年前在新建住宅中得到普遍执行。第二步：在达到第一步目标的基础上，到 2000 年，在进一步节约采暖能耗 30%。这样，两步目标实现后，2000年的住宅采暖能耗，相当于1980～1981年住宅通用设计采暖能耗的49%，节约能耗51%。第三步在达到第二步目标的基础上，到2010年，在进一步节约采暖能耗30%。相当于1980～1981年住宅通用设计采暖能耗的35%，节约能耗65%。

第三步目标已在北京、天津等大城市开始实施，中小城市现在开始实施第二步目标，即建筑节能50%目标。

在我国北方地区，建筑采暖能耗占当地全社会能耗的20%以上，采暖期，当地空气中的CO_2排放量明显高于非采暖期；全国城市居民空调安装率已从1991年的0.71%发展到1999年的24.48%，建筑用能已达全社会能源消费量的27.6%（发达国家的建筑用能一般占全社会能源消费量的1/3左右）。尽管我国人均用能不及世界平均人均能耗水平的一半，能源消费总量已达世界第二。随着我国经济持续快速稳定增长，建设事业发展迅速。到2010年，城镇人均建筑面积将达到26平方米，农村人均建筑面积将达到30平方米。随着人民生活水平的逐步提高，对住宅的舒适度要求也越来越高，将增加采暖和空调设施，建筑能耗必将大幅度增加，建筑能耗占总能耗的比重也会越来越大。经历了节能30%和节能50%两个阶段之后，我国居住建筑节能设计标准目前开始步入第三阶段，即以20世纪80年代初一般建筑能耗指标为基准水平，达到节能65%的水平。建设单位要按照《标准》和建筑节能技术要求委托工程项目的规划设计、开工建设、组织竣工验收；房地产开发企业在销售商品房时，要在商品房买卖合同和住宅使用说明书中予以载明。

到2010年，城镇建筑实现节能50%的标准。到2020年，达到建筑节能3.51亿吨标准煤的目标。

第三节 供暖系统的设备及附件

一、散热器

在供暖系统中，具有一定温度的热媒所携带的热量是通过散热器不断地传给室内空气和物体的，热量通过散热器壁面以对流、辐射方式传递给室内，补偿房间的热损耗，达到供暖的目的。

对散热器的要求是：传热能力强，单位体积内散热面积大，耗用金属量小、成本低，具有一定的机械强度和承压能力，不漏水，不漏气，外表光滑，不积灰易于清扫，体积小，外形美观，耐腐蚀，使用寿命长。

散热器的种类繁多，根据材质的不同，主要分为铸铁、钢制两大类。

1. 铸铁散热器

由于铸铁散热器具有耐腐蚀、使用寿命长、热稳定性好，以及结构比较简单的特点，铸铁散热器被广泛应用。工程中常用的铸铁散热器有翼型和柱型两种。

翼型散热器分圆翼型和长翼型两种，翼型散热器承压能力低，外表面有许多肋片，易积灰，难清扫，外形不美观，不易组成所需散热面积，不节能。适用于散发腐蚀性气体的厂房和湿度较大的房间，以及工厂中面积大而又少尘的车间。

柱型散热器主要有二柱、二柱、四柱、五柱4种类型，如图5-14所示。柱型散热器是呈柱状的单片散热器，每片各有几个中空的立柱相互连通。根据散热面积的需要，可把各个单片组合在一起形成一组散热器。但每组片数不宜过多，片数多，则散热效果降低，一般二柱不超过20片，四柱不超过25片。我国目前常用的柱形散热器有带脚和不带脚两种片型，便于落地或挂墙安装。柱型散热器和翼型散热器相比，它的传热系数高，外型也较美观，占地较少。每片散热面积少，易组成所需的散热面积。无肋片，表面光滑易清扫。被广泛用于住宅和公共建筑中。

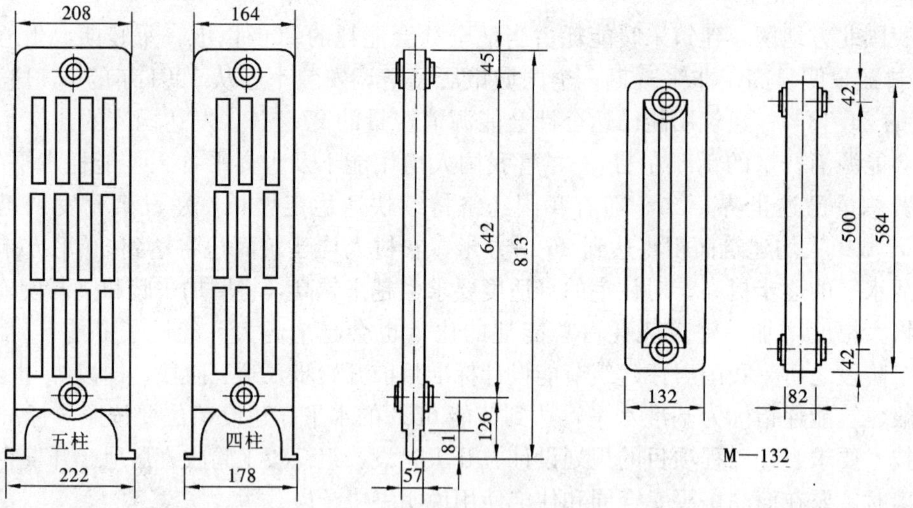

图5-14 铸铁柱形散热器

2. 钢制散热器

钢制散热器主要有闭式钢串片（见图5-15）、板式（见图5-16）、柱形及扁管型四大类。与铸铁散热器相比，它具有以下特点：金属耗量少，大多数由薄钢板压制焊接而成，耐压强度高一般达到0.8～1.0MPa，而铸铁只有0.4～0.5MPa，外形美观整洁，占地少，便于布置。严重的缺点是容易被腐蚀，使用寿命比铸铁短，在蒸汽供暖系统中及较潮湿的地区不宜使用钢制散热器。

散热器的布置应尽量考虑到使房间温度分布均匀，一般应将散热器安装在外墙的窗台下。这样，沿散热器上升的对流热气流，能阻止从玻璃窗渗入的冷空气进入室内工作区，使流经室内的空气比较暖和舒适。

散热器宜明装，利于散热器散热。装饰要求较高的民用建筑可用暗装，托儿所、幼儿园

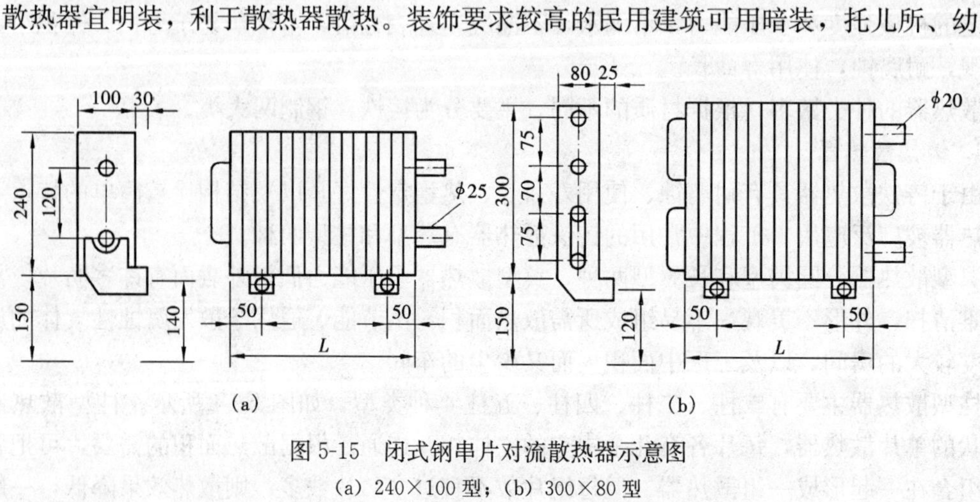

图5-15 闭式钢串片对流散热器示意图

(a) 240×100型；(b) 300×80型

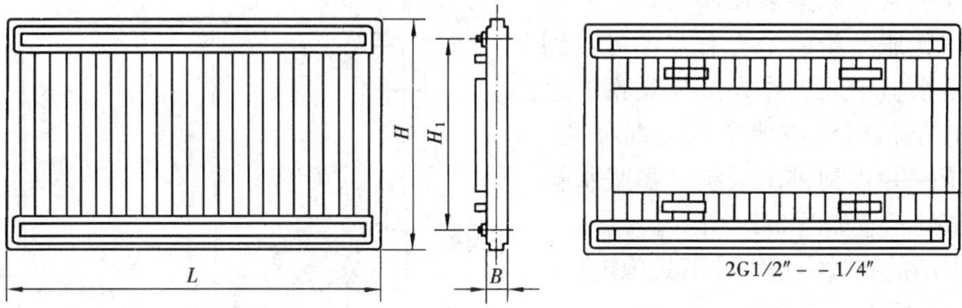

图 5-16 钢制板型散热器示意图

须暗装，可用挡板、格栅等加以围挡，但要设有便于空气对流的通道。楼梯间的散热器应尽量分配在底层。双层外门的外室、门斗不宜设置，以防冻裂。

二、膨胀水箱及膨胀罐

热水采暖系统运行时，水被加热，体积膨胀，如不采取措施收贮这部分增大的体积，将使系统超压，造成渗漏。系统停运后，水逐渐冷却，体积收缩，若不补水，系统内将形成负压，吸入空气，影响系统的正常运行。因此，热水采暖系统一般都设膨胀水箱，用来收贮水的膨胀体积和补充水的冷却收缩体积。在自然循环上供下回式中，膨胀水箱可以作为排气设施使用；在机械循环系统中，膨胀水箱还可以用作控制系统压力的定压点。在自然、机械循环热水供暖系统中，膨胀水箱的安装位置有所不同。图 5-17 所示为自然循环系统中膨胀水箱的连接方法示意图，膨胀水箱位于系统的最高点，与膨胀水箱连接的管道应有利于使系统中的空气通过连接管排入水箱至大气中去，循环管的作用是防止水箱结冻。图 5-18 所示为机械循环系统中膨胀水箱的连接示意图，膨胀管设在循环水泵的吸水口处作为控制系统的恒压点，循环管的作用同前所述。

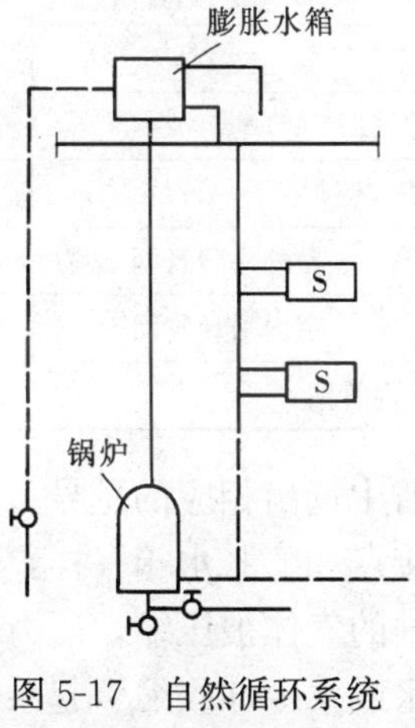

图 5-17 自然循环系统与膨胀水箱连接

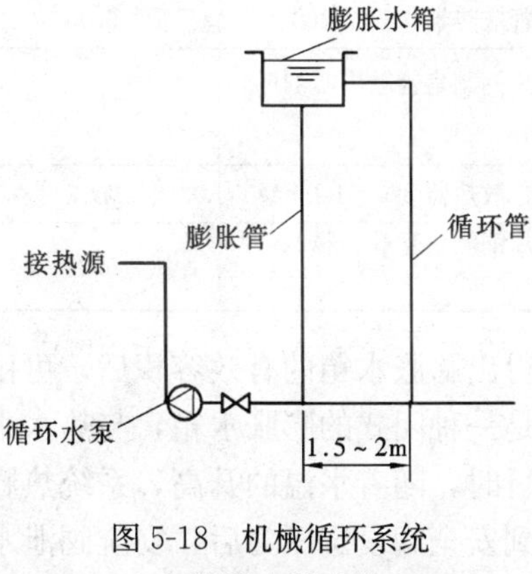

图 5-18 机械循环系统与膨胀水箱连接

膨胀水箱一般用钢板制成，通常做成矩形或圆形。膨胀水箱上装置的管道有：膨胀管、循环管、溢水管、信号管、泄水管等。膨胀管可使管网系统中的膨胀水通至膨胀水箱中，膨胀管上不允许装设阀门；循环管使一部分膨胀水在水箱与膨胀管之间循环流动，以防水箱结冻；溢水管是当膨胀水箱容纳不下系统中多余的膨胀水量时，水可从溢水管溢出排至附近排水系统，溢水管上严禁装设阀门；信号管是用于观察膨胀水箱内是否有水，可接到值班间的污水盆中或工作人员易观察的地方；泄水管是供清洗或泄空水箱时使用，可与溢水管一并接到排水系统。膨胀水箱上各种管道的示意如图 5-19 所示。

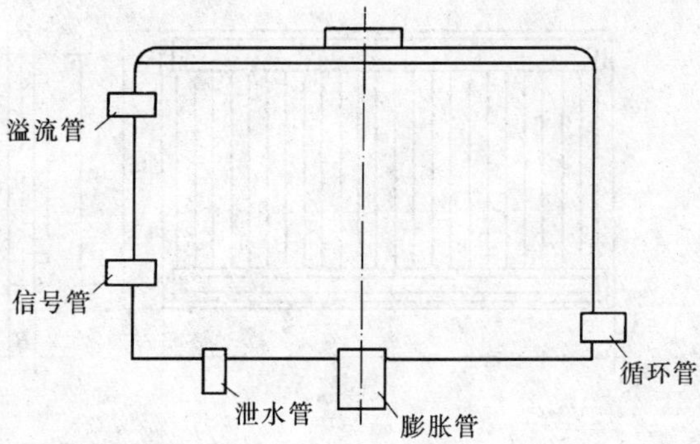

图 5-19 膨胀水箱上各种管道示意

膨胀水箱的有效容积可按下式确定

$$V_p = \alpha \Delta t V_s = 0.0006 \times 75 \times V_s = 0.045 V_s \quad (5\text{-}8)$$

式中 V_p——膨胀水箱的有效容积（由信号管至溢流管之间的容积），L；

α——水的体积膨胀系数，$\alpha=0.0006$；

Δt——系统中的水温波动值，$\Delta t=75$℃；

V_s——系统的水容量，L，可按供给 1kW 热量所需设备的水容量估算，见表 5-4。

表 5-4　1kW 热量所需设备的水容量

设备名称	水容积 (L/kW)	设备名称		水容积 (L/kW)
柱型散热器	8.6	单板钢制扁管散热器 624×1000 型		8.0
M-132 型散热器	11.2	单板带对流片钢制扁管散热器 624×1000 型		5.6
（60）大长翼型散热器	16.1			
（60）小长翼型散热器	9.46			
圆翼型散热器（ϕ51）	4.0	RSL250-70/95-A 型热水锅炉		0.8
圆翼型散热器（ϕ71）	5.16			
空气加热器或暖风机	0.43	SH、DZ、SZ 型热水锅炉		2.6
陶瓷散热器（三联）	12.0	RSD、RSG、RSZ 型立式水管锅炉		1.0
		热交换器		5.16
单板钢制扁管散热器 416×1000 型	6.45	考克兰锅炉（LH 型）		9.46
单板带对流片钢制扁管散热器 416×1000 型	4.7	M 型、火焰式锅炉		2.75～5.16
单板钢制扁管散热器 520×1000 型	7.4	机械循环	室外采暖管网	5.16
			室内采暖管网	6.9
单板带对流片钢制扁管散热器 520×1000 型	5.26	自然循环室内管网		13.8

在计算得出膨胀水箱的有效容积后，可由国家标准图册中选出相应的型号。

膨胀罐是一种闭式的膨胀水箱，与热水采暖系统的连接点和膨胀水箱一样，但可落地安装。系统运行时，随着水温的升高，系统热膨胀，膨胀罐中的气体被压缩，压力升高，当罐内压力升高到安全阀设定压力后，安全阀泄水；当系统漏水或水冷却收缩引起系统水量不足时，系统压力下降，膨胀罐中的气体膨胀，将罐内水压入系统，压力降到某设定值后，补水泵启动向系统补水，到设定压力后，补水泵停止补水。

三、其他附件

热水采暖系统在充水前是被空气所充满。充水时应使水从下部进入，沿管道及设备逐渐上升，直到充满整个系统。充水的过中，系统中的空气也不断从排气装置或膨胀水箱排至大气。当系统充满水时，空气也被排尽。否则影响系统的正常运行。

1. 集气罐

手动集气罐一般由直径为100～250mm的短管制成，长度为300～430mm有立式、卧式之分，构造及安装形式如图5-20所示。集气罐顶部设有DN15mm的空气管，管端装有排气阀门。在系统工作期间，手动集气罐应定期打开阀门将积聚在罐内的空气排出系统。若安装集气罐的空间尺寸允许时应尽量采用容量较大的立式集气罐。

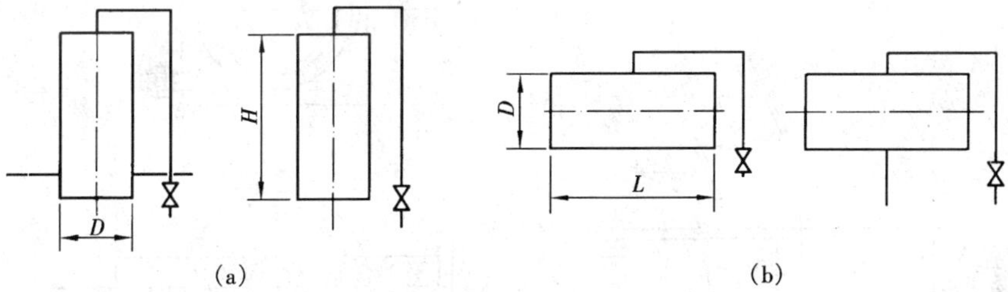

图5-20　集气罐

(a) 立式集气罐；(b) 卧式集气罐

自动集气罐是一种依靠自身内部机构将系统内空气自动排出的新型装置，它的工作原理就是依靠罐内水对浮体的浮力，通过内部构件的传动作用自动启动排气阀门，如图5-21所示。当罐内无气时，系统中的水流入罐体将浮体浮起，通过耐热橡皮垫将排气孔关闭；当系统中有空气流入罐体时，空气浮于水面上将水面标高降低，浮力减小后浮体下落，排气孔开启排气。排气结束后浮体又重新上升关闭阀孔，如此反复。自动排气阀管理简单，使用方便，近年来应用较广。

在自然循环系统中，干管内的水流速度一般在0.2m/s以内，不超过气泡浮升速度（0.1～0.2m/s），允许热水与气泡逆向流动，可在系统中央设集气罐（一般都利用膨胀水箱）排气，干管可作成沿水流下降的顺坡。在机械循环系统中，水流速度一般为0.5～1m/s，超过了气泡的浮升速度，干管应作成沿水流方向上升的逆坡（一般为0.002～0.003），并在末端设集气罐排气。

2. 除污器

除污器是热水供暖系统中用来清除和过滤热网中污物的设备，防止堵塞水泵叶轮、调压板孔口及管路等，以保证系统管路畅通无阻。除污器一般设置在供暖系统用户引入口供水总管上、循环水泵的吸入管段上、热交换设备进水管段、调压板前等位置。其型号根据接管直径大小选定。除污器如图5-22和图5-23所示。

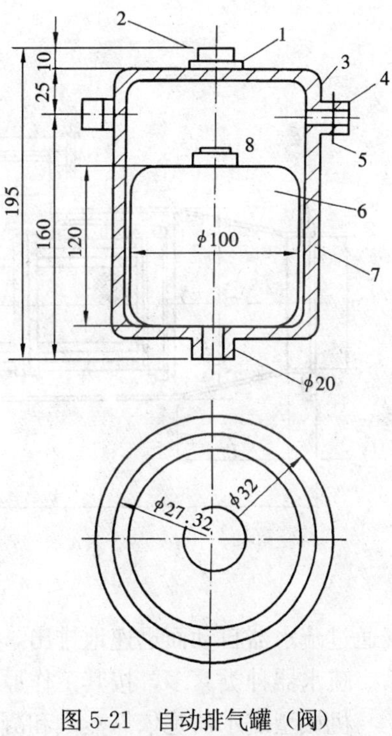

图5-21　自动排气罐（阀）

1—排气口；2—橡胶石棉垫；3—罐盖；4—螺栓；5—橡胶石棉垫；6—浮体；7—罐体；8—耐热橡胶

3. 疏水器

蒸汽供暖系统中，散热设备及管网中的凝结水和空

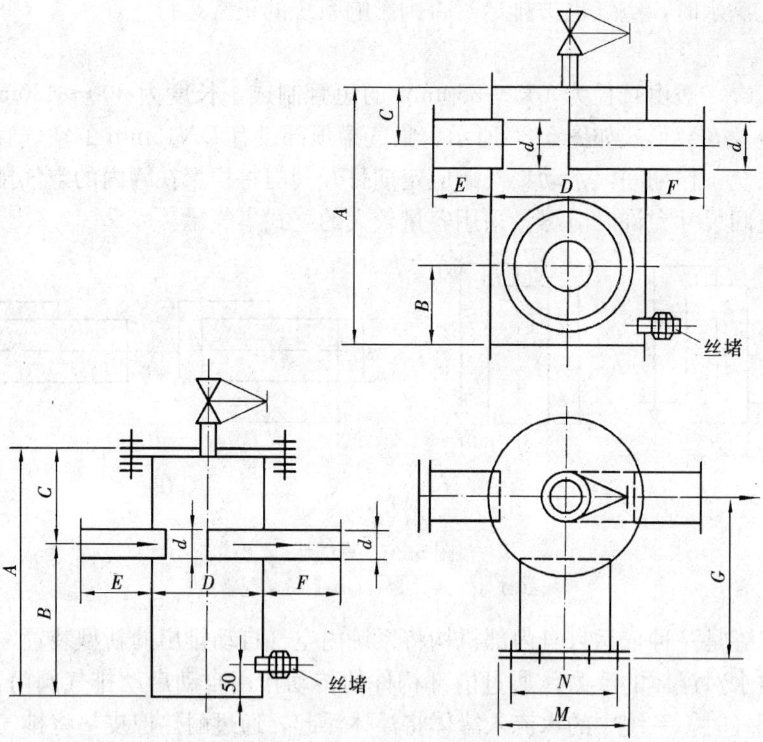

图 5-22 立式除污器

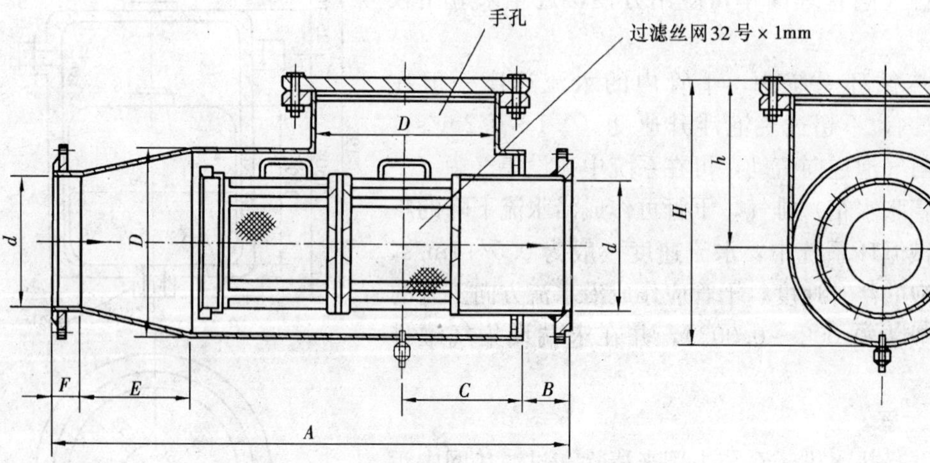

图 5-23 卧式除污器

气通过疏水器自动而迅速地排出，同时阻止蒸汽逸漏。

疏水器种类繁多，按其工作原理可分为机械型、热力型、恒温型三种。

机械型疏水器是依靠蒸汽和凝结水的密度差，利用凝结水的液位进行工作，主要有浮桶式（见图 5-24）、钟形浮子式、倒吊桶式等；热力型疏水器是利用蒸汽和凝结水的热动力学特性来工作的，主要有脉冲式、热动力式（见图 5-25）、孔板式等；机械型和热力型疏水器均属高压疏水器。恒温型疏水器是利用蒸汽和凝结水的温度差引起恒温元件变形而工作作的，如图 5-26 所示，具有工作性能好、使用寿命长的特点，适用于低压蒸汽供暖及供热系统。

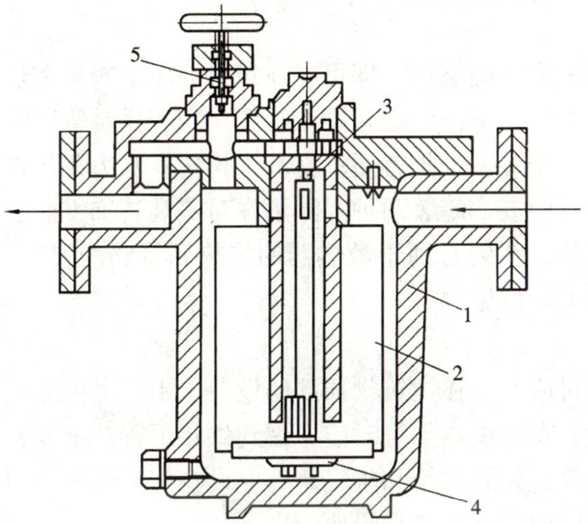

图 5-24 浮桶式疏水器

1—浮筒；2—外壳；3—顶针；4—阀孔；5—放气阀

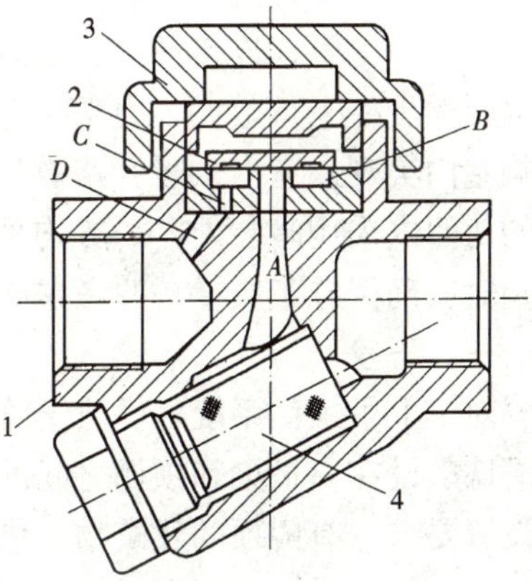

图 5-25 热动力式疏水器

1—阀体；2—阀片；3—阀盖；4—过滤器

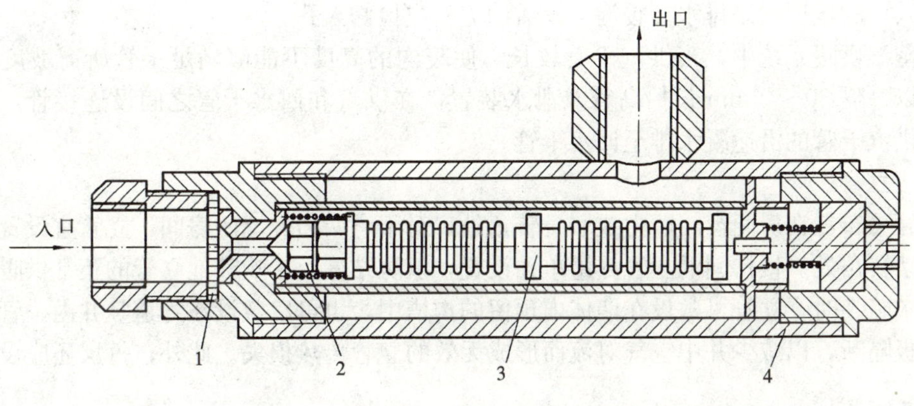

图 5-26 恒温型疏水器

1—过滤网；2—锥形阀；3—波纹管；4—校正螺丝

4. 减压阀

蒸汽通过断面收缩阀孔时因节流损失而压力降低，减压阀是利用这个原理制成的，它可以依靠启闭阀孔对蒸汽节流而达到减压的目的，且能够控制阀后压力。常用的减压阀有活塞式、波纹管式两种，分别适用于工作温度不高于 200、300℃的蒸汽管路上。

5. 安全阀

安全阀是保证系统不超过允许压力范围的一种安全控制装置。一旦系统压力超过设计规定的最高允许值，阀门自动开启，直至压力降到允许值自动关闭。安全阀有微启式、全启式和速启式三种类型，供暖系统中多用微启式安全阀。

第四节　供暖系统管网的布置

热力入口的位置及供暖系统的类型和形式确定后，即可在建筑平面图上布置散热器和供回水干管、立管、连接散热器支管等，并绘出室内供暖管网系统图。布置供暖管网时，管路沿墙、梁、柱平行敷设，力求布置合理；安装、维护方便；有利于排气；水力条件良好；不影响室内美观。室内供暖管路敷设方式有明装、暗装两种。除了在对美观装饰方面有较高要求的房间内采用暗装外，一般均采用明装。明装有利于散热器的传热和管路的安装、检修。暗装时应确保施工质量，并考虑必要的检修措施。

一、干管

对于上供式供系统，供热干管暗装时应布置在建筑物顶部的设备层中或吊顶内；明装时可沿墙敷设在窗过梁和顶棚之间的位置。布置供热干管时应考虑到供热干管的坡度、集气罐的设置要求。有闷顶的建筑物，供热干管、膨胀水箱和集气罐都应设在闷顶层内，回水或凝水干管一般敷设在地下室顶板之下或底层地面以下的采暖地沟内。

对于下供式供暖系统，供热干管和回水或凝水干管均应敷设在建筑物地下室顶板之下或底层地下室之下的采暖地沟内，也可以沿墙明装在底层地面上，当干管穿越门洞时，可局部暗装在沟槽内。无论是明装还是暗装，回水干管均应保证设计坡度的要求。暖沟断面的尺寸应由沟内敷设的管道数量、管径、坡度及安装、检修的要求确定，沟底应有3‰的坡向供暖系统引入口的坡度用以排水。暖沟应设活动盖板或检修人孔。

在蒸汽供暖系统中，当供汽干管较长，使暖沟的高度不能够满足干管所需坡度的要求时，可以每隔30～40mm设抬高管及泄水装置，在供汽和回水干管之间设连接管，并设疏水器将供汽干管的沿途凝水排至回水干管。

二、立管

立管可布置在房间窗间墙内或墙身转角处，对于有两面外墙的房间，立管宜设置在温度低的外墙转角处。楼梯间的立管尽量单独设置，以防结冻后影响其他立管的正常供暖。

要求暗装时，立管可敷设在墙体内预留的沟槽中，也可以敷设在管道竖井内。管井应每层用隔板隔断，以减少井中空气对流而形成无效的立管传热损失。此外，每层还应设检修门供维修之用。

立管应垂直地面安装，穿越楼板时应设套管加以保护，以保证管道自由伸缩且不损坏建筑结构，但套管内应用柔性材料堵塞。

三、支管

支管的布置与散热器的位置、进水和出水口的位置有关。支管与散热器的连接方式有三种：上进下出式、下进上出式和下进下出式，散热器支管进水、出水口可以布置在同侧，也可以在异侧。设计时应尽量采用上进下出、同侧连接方式，这种连接方式具有传热系数大、管路最短、美观的优点。下进下出的连接方式散热效果较差，但在水平串联系统中可以使用，因为安装简单，对分层控制散热量有利。下进上出的连接方式散热效果最差，这种连接有利于排气。在蒸汽供暖系统中，双管系统均采用上进下出的连接方式，以便于凝结水的排放，并应尽量采用同侧连接。

连接散热器的支管应有坡度以利排气，当支管全长小于 500mm 时，坡度值为 5mm ；大于 500mm 时，坡度值为 10mm，进水、回水支管均沿流向顺坡。

第五节 高层建筑采暖的特点

一、高层建筑热负荷的特点

高层建筑的供暖热负荷计算与多层建筑有些不同，不同点分别介绍如下。

1. 围护结构的传热系数不同

室外风速从地面到上空是逐渐增大的，一般认为风速随高度增加的变化可按下式计算

$$\frac{v_h}{v_0}=\left(\frac{h}{h_0}\right)^m \tag{5-9}$$

式中 v_0——基准高度的计算风速，即供暖设计所采用的冬季室外风速，m/s；

v_h——计算高度的室外风速，m/s；

h_0——基准高度，m；

h——计算楼层的高度，m；

m——指数，主要与温度的垂直梯度和地面粗糙度有关，在空旷及沿海地区 $m=1/6$；城郊区 $m=1/4\sim1/5$；建筑群多的市区 $m=1/3$；一般可取 0.2。

高层建筑物的高层部分的室外风速大，根据对流换热原理，高层部分的外表面的对流换热系数也比较大。

除此之外，一般建筑物由于邻近建筑高度相差不多，建筑物的外表面温度相近，可以忽略它们之间的相互辐射。高层建筑物的高层部分，其周围很少受其他建筑物屏蔽，夜间天空温度很低，使高层建筑物高层部分增加了向天空辐射的热量，而周围的一般建筑物向高层建筑物高层部分的辐射热量却很微小，因此高层部分的外表面的辐射换热系数也显著增大。

高层部分外表面对流换热系数加大，辐射换热系数加大，所以加大了高层部分围护结构的传热系数。

2. 冷风渗入量不同

室外风速随高度而增加，高层建筑外围护结构外表面不同高度受风力作用不同，从而受风压影响的冷风渗透耗热量也不同。在风压作用下，冷空气由建筑物迎风面缝隙渗入；而热空气由建筑物背风面缝隙渗出。

冬季，建筑物内外空气温度不同，由于空气的密度差，室外空气不断从下部楼层的外门、窗进入，通过建筑物内竖直通道如楼梯间、电梯间向上升，最后通过上部楼层的外门、窗等缝隙渗出室外。这种引起空气流动的压力差称为热压。对于整个建筑，渗入和渗出的空气量相等，在高层与低层之间必然有一内、外空气压力相等，既无渗入又无渗出的界面，称为中和面。

建筑物内外计算高度上的有效热压力 ΔP_r 为

$$\Delta P_r=C_r\ (h_z-h)\ (\rho_w-\rho_n)\ g \tag{5-10}$$

式中 C_r——热压系数，与空气由渗入到渗出的阻力分布有关，一般取 0.2～0.5；

h——计算高度，m；

h_z——中和面高度，m；

ρ_w——室外空气密度，kg/m^3；

ρ_n——建筑物内部竖直贯通通道内空气密度，kg/m^3。

当 $\Delta P_r>0$ 时，$h<h_z$，室外压力高于室内压力，冷风由室外渗入室内。

当 $\Delta P_r<0$ 时，$h>h_z$，室外压力低于室内压力，被加热的空气由室内渗出室外。

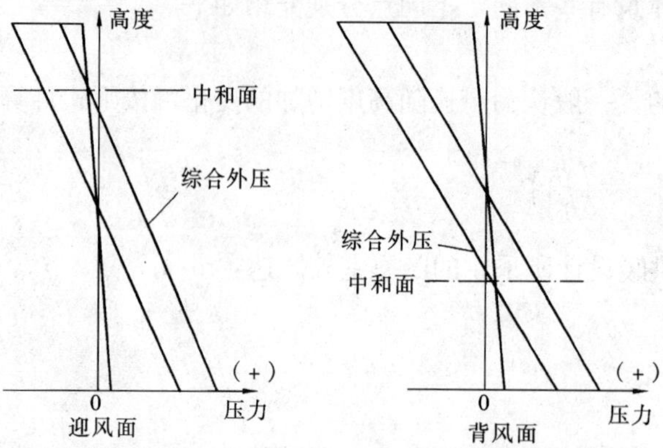

图 5-27 热压与风压综合作用原理图

在供暖期间，热压与风压总是同时作用在建筑物外围护结构上。迎风面一侧中和面上移，背风面中和面下移（见图 5-27）。

冷风渗透耗热量在供暖设计热负荷中所占比例比较大，在某些采暖建筑热负荷中，冷风渗透耗热量占总热负荷的 25%，有的甚至高达 30%～40%。为了减少冷风渗透量，节约能耗，应增强门、窗等缝隙的密封性能，阻隔建筑物内从底层到顶层的内部通气。在设计建筑形体和门、窗开口位置时，应尽量减少建筑物外露面积和门、窗数量。

二、高层建筑采暖系统的特点

随着城市建设的发展，高层建筑越来越多，建筑高度也越来越高，给供暖系统带来一些新的问题。

(1) 随着建筑高度的增加，供暖系统内水静压力随之上升，这就需要考虑散热设备、管材的承压能力。当建筑物高度超过 50m 时，宜竖向分区供热。

(2) 建筑高度的上升，会导致系统垂直失调的问题加剧。为减轻垂直失调，一个垂直单管供暖系统所供层数不宜大于 12 层。

三、高层建筑热水采暖系统的形式

1. 分层式供暖系统

分层式供暖系统是在垂直方向将供暖系统分成两个或两个以上相互独立的系统，如图5-28所示。该系统高度的划分取决于散热器、管材的承压能力及室外供热管网的压力。下层系统通常直接与室外网路相连，上层系统与外网通过换热器隔绝式连接，使上层系统的水压与外网的水压隔离开来，而外网的热量可以通过换热器传递给上层系统。这种系统是目前常用的一种形式。

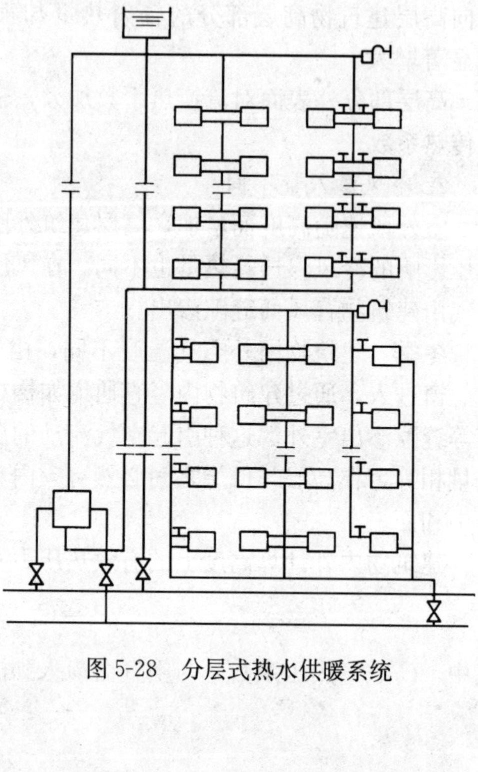

图 5-28 分层式热水供暖系统

2. 双线式系统

垂直双线单管热水供暖系统是由竖向的Ⅱ形单管式立管组成，如图5-29所示。双线系统的散热器通常采用蛇形管或辐射板式（单块或砌入墙内的整体式）结构。散热器立管是由上升立管和下降立管组成的。因此，各层散热器的平均温度近似地可以认为相同，这样非常有利于避免系统垂直失调。对于高层建筑，这种优点更为突出。

垂直双线系统的每一组Ⅱ形单管式立管最高点处应设置排气装置。由于立管的阻力较小，容易产生水平失调，可在每根立管的回水管上设置孔板来增大阻力，或用同程式系统达到阻力平衡。

3. 单、双管混合式系统

单、双管混合式系统，如图5-30所示。将散热器自垂直方向分为若干组，每组包含若干层，在每组内采用双管形式，而组与组之间则用单管连接。这样，就构成了单、双管混合系统。这种系统的特点是：避免了双管系统在楼层过多时出现的严重竖向失调现象，同时也避免了散热器支管管径过粗的缺点。有的散热器还能局部调节，单、双管系统的特点兼而有之。

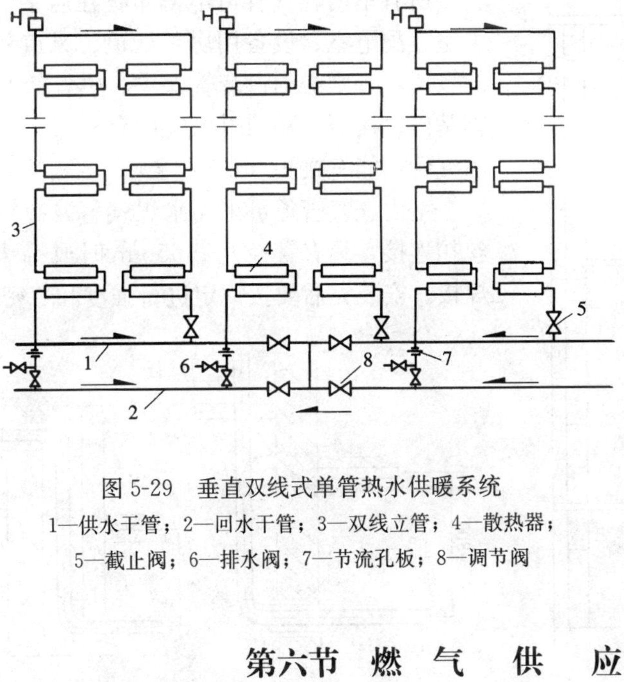

图5-29　垂直双线式单管热水供暖系统

1—供水干管；2—回水干管；3—双线立管；4—散热器；5—截止阀；6—排水阀；7—节流孔板；8—调节阀

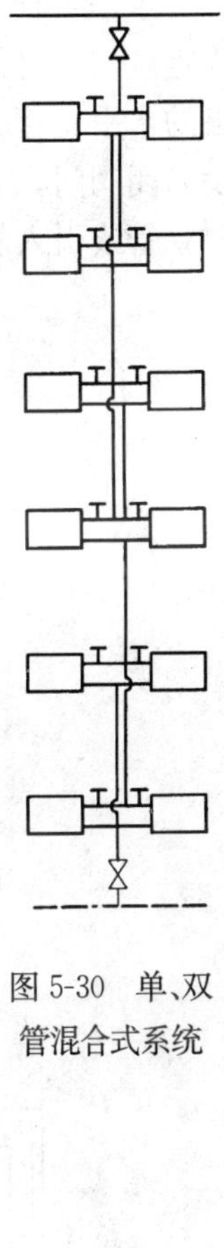

图5-30　单、双管混合式系统

第六节　燃气供应

一、燃气供应概述

民用与工业建筑内使用的燃气具有热能利用率高、便于运输和使用无灰、无渣、减少环境污染等优势。然而燃气也存在对人体健康有害的一面，如一氧化碳、硫化氢和烃类等物质具有毒性和窒息作用；可燃气体达到一定浓度时和空气的混合物遇到明火可引起爆炸；燃气管道内含有足够水分时将生成水化物，由此会缩小过流断面甚至堵塞管线等。因此，在燃气供应技术设施上应该有效而经济地克服燃气供应中的消极、不利因素，安全卫生地发挥其优点。

二、室内燃气供应

室内燃气供应系统是由用户引入管、室内燃气管网(包括水平干管、立管、水平支管、下垂管、燃具接管等)、燃气计量表、燃气用具等组成,如图5-31所示为室内燃气管道系统图。

从室外庭院或街道低压燃气管网接至建筑物内燃气阀门之间的管段称为用户引入管。引入管一般从建筑物底层楼梯间或厨房靠近燃气用具处进入，引入管可穿越建筑物基础，也可以从地面以上穿墙引入室内，但裸露在地面以上的管段必须有保温防冻措施，如图5-32所示。引入管应具有不小于3‰坡度。在引入管室外部分距建筑物外围结构2m以内的管段内不应有焊接头而采用煨弯，以保证安全。引入管上的总阀门可设在总立管上或是水平干管上。引入管管径应计算确定，但不能小于*DN*25mm。

水平干管多敷设在楼梯间、走廊或辅助房间内。燃气立管一般布置在用气房间、楼梯间或走廊内，可以明装或暗装。超过100m的高层建筑中的燃气立管应设置伸缩器。立管上引出的水平支管一般距室内地坪1.8～2.0m，低于屋顶0.15m至各燃气用具的分支立管上应设启闭阀门，安装高度为距地面1.5m左右；所有的水平立管应有不小于2‰～5‰的坡度坡向立管或引入管。

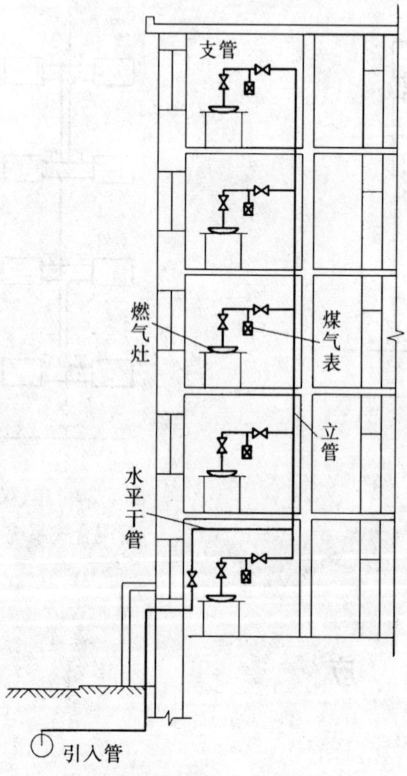

图5-31 室内燃气管道系统

所有室内燃气管道不得布置在居室、浴室、地下室、配电室、设备用房、烟道、风道和易燃易爆的场所，否则必须设套管保护。燃气管在穿越建筑物基础、楼板、隔墙时也应设套管。所有套管内的燃气管不能有接头。

室内燃气管道可采用水煤气管或镀锌钢管，可丝扣连接，只有管径大于65mm时或特殊情况下用焊接。安装完后要按规定进行强度和气密性实验。

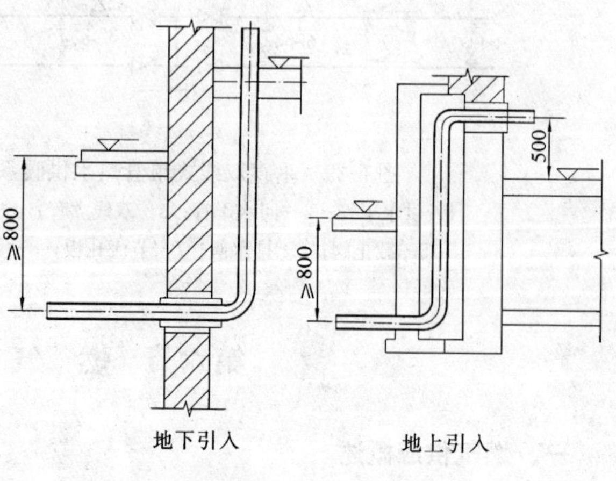

图5-32 引入管敷设法

三、燃气用具

生活用燃气具包括灶具、燃气计量表、液化石油气钢瓶、角阀等。民用生活用燃具样式繁多，表5-5为国产几种家用灶具的主要技术性能和尺寸。

燃气计量表俗称煤气表，其种类按用途划分有焦炉煤气表、液化石油气燃气表和两用燃气表。按工作原理划分有容积式、流速式两种。按形式划分有干式、湿式两种。低压输气常采用容积式干式膜或湿式罗茨流量计，中压输气多选用罗茨流量表或流速式孔板流量计，家用计量燃气常用膜燃气表。表 5-6 中所列为国产几种流量计的主要性能。

表 5-5　　几种家用灶具的主要技术性能

名　称	适用燃气种类	喷嘴直径	热负荷	进口连接胶管内径	灶孔中心距(mm)	外形尺寸 长×宽×高（mm）	生产厂
YZ-1 型搪瓷单眼灶	液化石油气	ϕ0.9	9200	ϕ9.0	—	345×252×97	北京市煤气用具厂
上海单眼灶	液化石油气	ϕ1.0	11700	ϕ10.0	—	360×250×95	上海煤气公司表具厂
YZ-2 型双眼灶	焦炉煤气	ϕ0.9	2×11700	ϕ9.0	400	660×330×125	北京市煤气用具厂
双眼灶	液化石油气	ϕ0.9	2×9200	ϕ9.0	420	680×365×660	北京市煤气用具厂
YZ-2A 型双眼灶	液化石油气	ϕ0.9	2×9200	ϕ9.5	420	680×365×660	天津市煤气用具厂
搪瓷双眼灶	焦炉煤气	大 ϕ3.4 小 ϕ1.2	2×10660	ϕ9.0	396	630×230×120	上海煤气表具厂

注　灶前燃气额定压力除上海单眼灶为 250±50mmH_2O、搪瓷双眼灶 100±50mmH_2O 外均为 280±50 mmH_2O。

表 5-6　　几种燃气流量计的主要技术性能

名称及型号	额定流量 (m^3/h)	输入压力 (MPa)	输出压力 (mm H_2O)	生　产　厂
QBJ-A(B)型燃气流量计	1 、2、2、5	≤0.4	≤700	浙江省苍南仪表厂
QBJ-A(B)型燃气流量计	0.5 、1、2	正常使用压力 ≤500mm H_2O		浙江省苍南仪表厂
YB-系列型	20、40、60、100、160、250、400、600	正常使用压力 0.002～0.4MPa		浙江省苍南仪表厂
JBR3 型皮囊式煤气表	3	正常使用压力 50～300mmH_2O		江苏省江阴煤气表具厂
JBR3-1 、TM-2 气体流量表	2	工作压力 30～50mm 水柱		重庆国营前卫仪表厂
LMN-2A 煤气表	2	工作压力 50～500H_2O		成都红星仪表厂
系列气体流量计	100 300 1000	使用压力 0.0001～0.1MPa 使用压力 0.0001～0.1MPa 使用压力 0.0001～0.1MPa		天津市第五机床厂

液化石油气供应瓶简称钢瓶，是贮装液化石油气的专用压力容器。使用钢瓶具有运输方便、简单经济等优点。我国生产钢瓶的厂家很多，充装量有 10、15、50kg 三种。表 5-7 所列为几种钢瓶的规格和主要技术特性参数。目前，居民用户钢瓶供应多为单瓶供应。单瓶供应设备是由钢瓶、调压器、燃具和耐油连接胶管或金属管组成。钢瓶应置于厨房或用气房间。单瓶与燃具、散热器等的水平净距不得小于 1m，耐油胶管不得穿越门、窗或墙壁。双瓶供应时可将钢瓶一备一用，两钢瓶之间亦可安装自动切换调压器，当一个钢瓶中燃气使用完后自动接通另一钢瓶。对于用气量很大的住宅楼、高层民用住宅或生活小区的燃气供应，可采用贮罐供应设备，用管网集中供气。

表 5-7 **钢瓶型号及主要特性参数**

技术参数	型号		
	YSP-10	YSP-15	YSP-50
筒体内径（mm）	314	314	400
几何容积（L）	23.5	35.5	118
钢瓶高度（mm）	534	680	1215
底座外径（mm）	240	240	400
护罩外径（mm）	190	190	
设计压力（MPa）	16	16	16
允许充装量（kg）	10	15	50
使用温度（℃）	－40～60	－40～60	－40～60

四、城市燃气的质量要求

1. 人工燃气及天然气中的主要杂质及允许含量指标

（1）焦油与灰尘　人工燃气中通常含有焦油和灰尘，其危害主要是堵塞管道和用气设备。天然气中灰尘是氧化铁尘类粒，是由管道腐蚀而产生的。输送天然气过程中由于灰尘所引起的故障，多发生在远离气源的用户端。我国城市煤气设计规范规定每标准立方米中所含焦油和灰尘小于 10mg。

（2）萘　人工燃气特别是干馏煤气中含萘较多，积于管道内使管道流通断面减小，甚至堵死，造成供气中断。规范规定对于低压输送的城市燃气，每标准立方米燃气中允许含萘量，冬季应小于 50mg，夏季应小于 100mg。

（3）硫化物　燃气中的硫化物分为无机硫和有机硫。燃气中的硫化物中 90%～95%为无机硫。也就是硫化氢。硫化氢及其与氧化合所形成的二氧化硫，都具有强烈的刺鼻气味，对眼粘膜和呼吸道有损坏作用。当空气中含有 0.05%（体积比）二氧化硫时，呼吸短时间生命就有危险。规范规定每标准立方米燃气中硫化氢含量应小于 20mg。

（4）氢　氨对燃气管道、设备及燃具能起腐蚀作用。燃烧时产生 NO、NO_2 等有害其他，影响人体健康，并污染环境。氨能对硫化物产生的酸类物质起中和作用，所以城市燃气输配系统中含有微量的氨，是有利于保护金属的。规范规定每标准立方米燃气中氨含量应小于 50mg。

（5）一氧化碳　一氧化碳是无色、无臭、有剧毒的气体。规范规定每标准立方米燃气中一氧化碳含量应小于 10%。

（6）氧化氮　氧化氮的燃烧产物对人体有害，空气中含有 0.01%体积的氧化氮时，短时间呼吸后，支气管将受刺激，长时间呼吸会危及生命。

2. 对液化石油气的质量要求

（1）硫分　一般硫化氢在 $100m^3$ 气体中含量应小于 5g 液态液化石油气总硫分应小于 0.015%～0.02%（质量比）。

（2）水分　水化物能缩小管道的流通断面，甚至堵塞管道、阀门等。水蒸气能加剧 O_2、H_2S 和 SO_2 与管道、阀门及燃气用具的金属之间的化学反应，造成金属腐蚀。所以要求液化石油气中不应含水分。

（3）二烯烃　当含有二烯烃的液化石油气气化时，在气化装置的加热面上，可能生成固体聚合物，是气化装置在很短时间内就不能进行工作。一般丁二烯在液化石油气中的分子成分不大于2%。

(4) 乙烷和乙烯 乙烷和乙烯含量过多，容易发生事故。一般液化石油气中乙烷和乙烯的含量不大于6%(质量比)。

(5) 残液 C_5和C_5以上的组分沸点较高，在常温下不能气化，而留存在容器内，称为残液。残液量大会增加用户更换气瓶的次数，增加运输量，因而对其含量应加以限制，要求残液量在20℃条件下不大于2%(体积比)。

3. 城市燃气的加臭

城市燃气是具有一定毒性的爆炸性气体，又是在压力下输送和使用的。由于管道及设备材质和施工方面存在的问题和使用不当，容易造成漏气，有时引起爆炸、着火和对人身中毒的危险。因此，当发生漏气时能及时被人们发觉进而消除漏气是很必要的。要求对没有臭味的燃气加臭，对于减少灾害，是必不可少的措施。

第六章　通　　风

第一节　概　　述

一、建筑通风的任务、意义

建筑通风的主要任务是控制生产过程中产生的粉尘、有害气体、高温、高湿，控制室内有害物量不超过卫生标准，创造良好的生产、生活环境，保护大气环境。

现今随着工业生产的不断发展，规模的不断扩大，散发的工业有害物日益增加［全世界每年排入大气的粉尘高达1亿吨，硫化物（SO_x）高达1.5亿吨］，对这些有害物如果不进行处理，就会严重污染室内外空气环境，对人民身心健康造成极大危害。因此，为广大人民群众创造良好的劳动环境、生活环境，搞好劳动保护、环境保护，对每一个从事通风工程设计、施工、研究的人员来讲意义都十分重大。

二、通风方式的分类及组成

通风，简单地说，就是把整个建筑物或局部场地不符合卫生标准的污浊空气排出室外，把新鲜空气或经过净化处理符合卫生标准的空气送入室内，前者我们称之为排风，后者称之为进风。

按照通风动力的不同，通风系统可分为自然通风和机械通风两大类。自然通风是依靠室内外空气的温度差所造成的热压或室外风力造成的风压使空气流动的。自然通风在一般的民用及公共建筑中大多采用开启的外窗进行无组织的自然换气，在工业建筑中用以改善工作区的劳动条件应用得较为广泛。

机械通风是依靠风机的动力使空气流动的，由于配置了动力设备（通风机），可使空气通过风道输送，并可对所输送的空气进行净化（空气过滤），因此，它有自然通风无可比拟的优越性。缺点是初投资大，运行及维护费较高。按照通风作用范围的不同，通风系统可分为全面通风和局部通风两大类。

全面通风又称稀释通风，它一方面用清洁空气稀释室内空气中有害物浓度，同时把污染的空气排出室外，使室内空气中的有害物浓度不超过国家卫生标准规定的最高允许浓度。全面通风由于所需要风量大，相应的设备也较庞大，设计全面通风系统时，要选择合理的气流组织，合理地布置送风口和排风口，使得送入室内的新鲜空气以最短的路程送入工作区，同时使得污浊的空气以最短的路程排至室外。

局部通风系统可分为局部进风和局部排风两种型式。它们都是利用局部气流使某工作区不受有害物的污染，创造良好的工作环境。局部通风系统由于风量小、造价低，设计时应优先考虑。

局部送风即只向局部工作区输送新鲜空气，在局部地点造成良好的空气环境。局部通风系统有系统式和分散式两种。系统式即空气经过集中处理后直接送入局部工作区，分散式局部送风一般采用轴流风机或喷雾风扇采用室内再循环空气的方法。

局部排风即把局部工作区产生的有害物(空气)收集起来通过风机排至室外。局部排风系统一般由局部排风罩(密闭罩)、风道、除尘器(有害气体净化器)、通风机等组成。

当室内有突然散发有毒气体或爆炸危险性气体的可能性时，应当设置事故排风系统。

通风系统由于设置场所的不同，其系统组成也各不相同，一般通风系统主要由以下两部分组成：

(1) 进风系统。由进风百叶窗、空气过滤器、加热器、通风机（离心式、轴流式、贯流式）、风道以及送风口等组成。

(2) 排风系统。一般由排风口（排气罩）、风道、过滤器（除尘器、空气净化器）、风机、风帽等组成。

第二节　室内外空气计算参数

一、空气的计算参数

1. 室外空气的计算参数

应按 GBJ 19—1987《采暖通风与空气调节设计规范》2001 年版的规定采用。

夏季通风室外计算温度，应采用历年最热月 14 时的月平均温度的平均值。

夏季通风室外计算相对湿度，应采用历年最热月 14 时的月平均相对湿度的平均值。

冬季通风室外计算温度，应采用累年最冷月平均温度。

2. 室内空气的计算参数

室内空气的计算参数（包括温度 t、湿度 φ 及风速 v 等）。主要是根据人体舒适性的要求以及生产工艺、卫生条件确定的。这些参数的选定，直接关系到通风系统的初投资及运行费的高低，关系到生产工艺、劳动条件以及人体的舒适性。

对于工业企业的生产车间，冬季通风室内计算温度可采用采暖室内计算温度，而夏季通风室内计算温度应根据室外温度的不同按表 6-1 选取。

表 6-1　夏季车间工作区空气温度

夏季通风室外计算温度 t_w（℃）	工作区温度 t_g（℃）
≤29	≤32
30	≤33
31	≤34
32～33	≤35
34	≤36

注　对于温度≤31℃的地区，当设置岗位吹风后，工作区计算温度允许超过表 6-1 的规定，但不得超过 35℃。

相对湿度，对于通风房间通常无要求。

二、有害物的来源

有害物是指生产过程中产生的各种粉尘、有害气体和蒸汽，以及高温和热辐射。

工业有害物的来源主要有以下几方面：

(1) 粉尘主要是工业生产过程中固体物料的破碎，粉末物料的筛分、混合，物料的燃烧、加工以及物料加热时产生的气体凝结被氧化过程中产生的。

工业粉尘对人体最大的危害是人体吸入一定量粉尘后，可能引起各种尘肺病，同时粉尘的产生也加速了机器的磨损，影响生产设备的寿命；粉尘排至大气，不仅危害居民健康，严重的还会危害农作物的生长。

(2) 有害蒸汽和气体主要是电镀、酸洗、金属冶炼、化工等生产过程产生的。最常见的有害气体有 CO、SO_2、C_6H_6（苯）、Hg、铅尘或铅蒸汽。

(3) 高温及热辐射的产生主要是冶炼、轧钢、机械制造厂的锻造、铸造车间在生产过程中产生的，通常在每立方米车间体积每小时散出的热量大于 20kcal/m^{3}h 时称之为热车间。

实践证明，单纯依靠通风的方式是不能从根本上解决防尘、防毒、防高温、防热辐射的。彻底解决这一问题必须采取综合的措施，改进生产工艺流程、改进工艺操作方法；建立严格的管理监督机制，采用合理的通风措施等。为了使工业企业的设计应用符合卫生要求、排放要求，保护工人、居民的健康及安全，1962 年我国颁布了《工业企业设计卫生标准》后，经实践检验，又作了部分修订，于 1979 年颁发了 GTJ 36—1979《工业企业设计卫生标准》，它是工业企业设计和检查的重要依据。

1973 年我国又颁发 GBJ 4—1973《工业三废排放试行标准》，排放标准是在卫生标准的基础上制定的，对 13 类工业有害物的排放量、排放浓度都做了明确规定，即工业企业在设计、使用中排入大气的有害物的浓度、数量必须符合卫生标准及排放标准。

三、全面通风量的确定

全面通风量即把散发到室内的有害物，稀释到卫生标准规定的最高允许浓度以下所必需的通风量。

（1）按消除余热所必需的通风量

$$G_1=\frac{Q}{C(t_p-t_j)}(\mathrm{kg/s}) \tag{6-1}$$

（2）按消除余湿所必需的通风量

$$G_2=\frac{W}{d_p-d_j}(\mathrm{kg/s}) \tag{6-2}$$

（3）按稀释有害物所必需的通风量

$$G_3=\frac{\rho G}{C_0-C_j} \tag{6-3}$$

以上式中 G_1、G_2、G_3——全面通风量，kg/s；

Q——余热量，kJ/s；

W——余湿量，g/s；

G——室内有害物散发量，mg/h；

t_p——排出空气温度，℃；

t_j——进入空气温度，℃；

d_p——排出空气含湿量，g/kg；

d_j——进入空气含湿量，g/kg；

ρ——空气密度，kg/m^3；

C_0——室内空气中有害物的最高允许浓度，mg/m^3；

C_j——进入空气中有害物的浓度，mg/m^3。

确定全面通风量时应按以下原则进行：

（1）当室内同时散发余热、余湿及有害物时，换气量取其中最大值。

（2）当室内同时散发多种有害物时，换气量取其中最大值，而当多种刺激性气体（SO_3 及 SO_2 或 H_nF_M 及其盐类）或多种溶剂（C_6H_6 及其同类物，醇类或醋酸酯类）的蒸汽在室内同时散发时，换气量按稀释各有害气体所需换气量的总和计算。

当有害物散发量不能确定时，换气量可按换气次数确定，即通风量 G（m^3/h）与通风房间体积 V（m^3）之比，$n=G/V$（次/h），可从有关资料中查得。

四、空气平衡和热平衡

1. 空气平衡

空气平衡即在房间中单位时间进入室内的空气质量与在同一时间内排出室外的空气质量相等。

空气平衡的数学表达式如下

$$L_{zj}+L_{jj}=L_{zp}+L_{jp} \tag{6-4}$$

式中 L_{zj}——自然进风量，m^3/s；

L_{jj}——机械通风量，m^3/s；

L_{zp}——自然排风量，m^3/s；

L_{jp}——机械排风量，m^3/s。

当 $L_{jj}=L_{jp}$ 时，室内外压差为零。

当 $L_{jj}>L_{jp}$ 时，室内处于正压状态，此时室内的部分空气会通过门窗洞口渗入到室外，此种方法称之为无组织排风。实际工程中，对清洁度要求高的房间以及防火要求保持正压（如空洞房间、防烟楼梯间、消防电梯前室等）。

当 $L_{jj}<L_{jp}$ 时，室内处于负压状态，此时会有部分室外空气渗入到室内，称之为无组织进风，在工程设计中，对产生有害物，有害气体的房间常保持负压。如污水泵房、加药间、加氯间等。

在寒冷地区为保证排风系统正常工作，避免过量冷空气进入室内，对于机械排风大的房间，必须设置机械送风系统。对于生产车间自然进风量不大于 1 次/h 为宜。

2. 热平衡

热平衡即为了保证室温恒定，使房间总得热量等于总失热量。

热平衡的数学表达式为

$$\sum Q_s+CG_pt_n=\sum Q_f+CG_{jj}t_{jj}+CG_{zj}t_w+CG_x(t_s-t_n) \tag{6-5}$$

式中 $\sum Q_s$——围护结构、材料吸热等的耗热量，kW；

$\sum Q_s$——室内生产设备及采暖设备等总散热量，kW；

G_p——局部和全面排风量，kg/s；

G_{zj}、G_{jj}——自然机械进风量，kg/s；

G_x——再循环空气量，kg/s；

t_n、t_w——室内外空气温度；

t_{jj}——机械进风温度，℃；

C——空气的质量比热，1.01kJ/kg·℃。

在进行热平衡计算时，必须了解车间的工艺流程，正确确定车间的得热量即分别计算出车间的最大、最小得热量，把最大得热量作为夏季车间计算热量，把最小得热量作为冬季车间计算热量。

生产过程中，由于工艺设备种类繁杂，且产生的大量蒸汽及有害气体完全用理论的方法计算设备的散热量、散湿量以及生产过程中产生的有害气体，难度很大。为此，必须深入现场进行实测，调查研究设计计算过程中可参阅有关文献资料或按经验数据确定。

第三节　局　部　通　风

局部通风分为局部送风和局部排风两种。局部送风有空气幕、空气淋浴等。局部排风有通风柜、伞形罩等。

一、空气幕

空气幕是一种局部送风装置。它利用条缝形风口喷出具有一定温度和速度的空气，用来封住门洞，减小或隔绝外部气流的侵入，从而保证室内工作区的设计参数。空气幕根据空气分布器的安装位置分为侧送式、上送式和下送式三种，如图 6-1 所示。

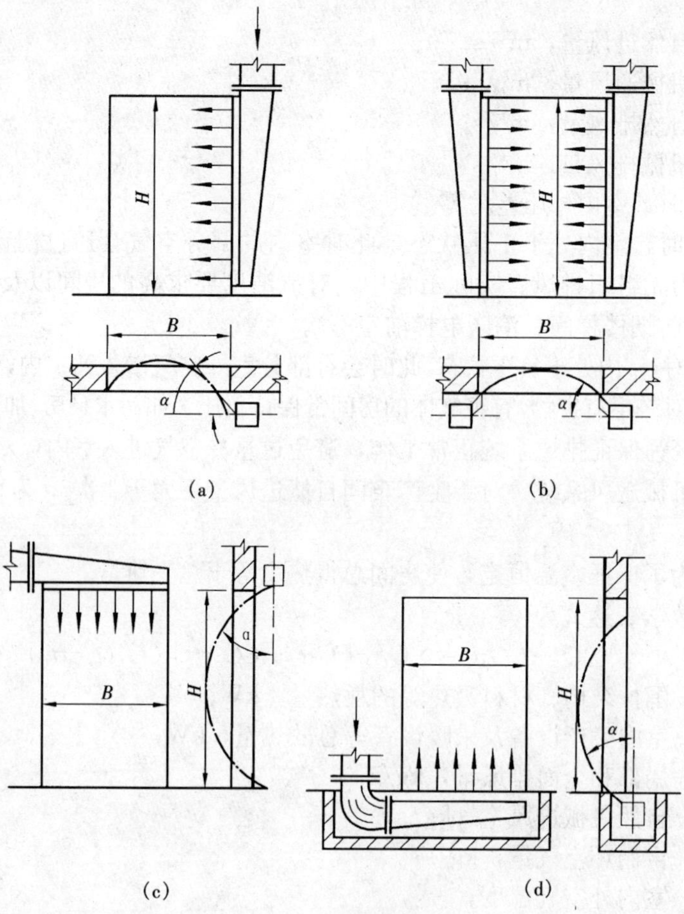

图 6-1 大门空气幕形式

(a)、(b) 侧送式；(c) 上送式；(d) 下送式

侧送式空气幕有单侧和双侧之分，如图 6-1（a）、（b）所示。单侧空气幕适用于门宽小于 4m 的门洞和物体通过大门时间较短的场合。当门宽大于 4m 时就要采用双侧大门空气幕。

下送式空气幕是空气由门洞下部送出，它阻挡冬季的冷空气效果较好。但由于下部存有灰尘，容易被风吹出，所以空气质量不好。

上送式空气幕用于一般公共建筑，如大型商场、学校等场合。商场和学校用的空气幕没有管道，只有风机、换热器、空气分布器三大部分。结构简单、安装方便。一般情况下空气幕冬天送热风，夏季送冷风。

二、空气淋浴

如果用全面通风的方法不能达到应有的效果，当操作地点的热辐射较大时，就要用空气淋浴进行局部送风。空气淋浴也叫系统式局部送风。送入工作地点的空气要经过处理，冬季进行加热，夏季进行冷却。空气处理的计算同全面通风一样。只是空气分布器与全面通风不同。图 6-2 是集中式空气淋浴的示意图。图 6-3 是斜射式与直射式空气淋浴的示意图。

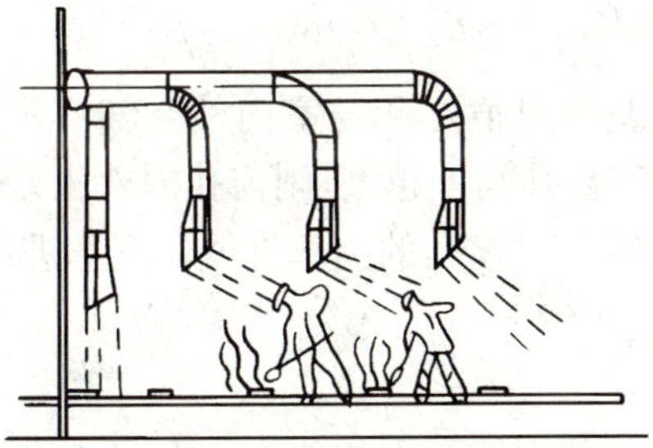

图 6-2　集中式空气淋浴

图 6-3　斜射式与直射式空气淋浴
(a) 斜射式；(b) 直射式

空气淋浴的优点是造价低，送风效果好。而且风口可以调节方向，比较灵活。

第四节　自　然　通　风

自然通风作用原理，就是利用室内外空气的容重差引起的热压或风力作用造成的风压实现通风换气的一种通风方法。

在热压或风压的作用下，一部分窗孔室外的压力高于室内的压力，这时，室外空气就会通过这些窗孔进入室内；另一部分窗孔室外压力低于室内压力，室内部分空气就会通过这些窗孔而流出室外，由此可知窗孔内外的压力差是造成空气流动的主要因素。

自然通风可应用于厂房或民用建筑的全面通风换气，也可应用于散热设备或高温有害气体的局部排气。

一、热压作用下的自然通风

1. 热压作用下的自然通风

假定某厂厂房下部和上部设有窗孔 a 和 b 如图 6-4 所示：上、下窗孔高度差为 h，窗孔外压力分别为 P_a 及 P_b 窗孔内压力分别为 P'_a 和 P'_b 室内外空气温度分别为 t_n 及 t_w，空气容重分别为 r_n 及 r_w，当 $t_n > t_w$ 时，则 $r_n < r_w$。

首先将上窗孔 b 关闭，这时空气在压力差作用下，在窗孔 a 内外发生流动。这种空气流动，最终使得 P'_a 和 P'_b 相等。此时，空气停止流动。根据流体静压力分布规律我们可知

$$P_b = P_a - hr_w, \quad P'_b = P'_a - hr_n$$

即 $P'_b - P_b = (P'_a - hr_n) - (P_a - hr_n)$

$$= (P'_a - P_a) + (r_w - r_n)h \qquad (6\text{-}6)$$

由此可得出窗孔 b 的数学表达式

即 $\Delta P_b = \Delta P_a + (r_w - r_n)h$

当 $P'_a - P_a = 0$ 时，$r_w - r_n > 0$ 时，$P'_b - P_b > 0$，

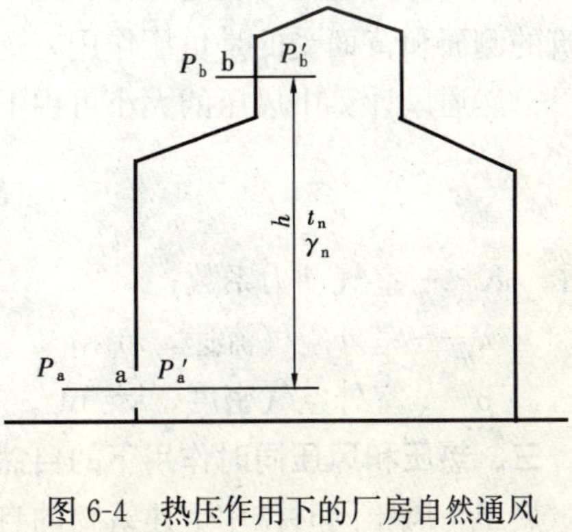

图 6-4　热压作用下的厂房自然通风

这时，将窗孔 b 打开，空气将从窗孔 b 流至室外，同时，室内空气压力也将随之降低。

当出现 $P_a > P'_a$ 时，空气由窗孔 a 流入室内，直到进排气量达到平衡，室内静压才能保持稳定。

由于窗孔 a 进风，$\Delta P_a < 0$，窗孔 b 排风，$\Delta P_b > 0$，根据式（6-6）得

$$\Delta P_b + (-\Delta P_a) = \Delta P_b + |\Delta P_a| = (r_w - r_n)h \tag{6-7}$$

由上式可以看出，进风窗孔与排风窗孔内外压差绝对值之和与室内外空气容重差$(r_w - r_n)$及两窗孔的高差有关。即室内外温差越大，进排气窗孔高差越大，则窗孔内外压差也越大。

对于单独一个窗孔，仍然会形成自然通风，其特征是窗孔的上部排风，下部进风，相当于两个上、下紧挨的窗孔。

2. 余压的定义及计算

通常将室内某点的压力与室外同标高且未受扰动的空气压力的差值称为该点的余压。

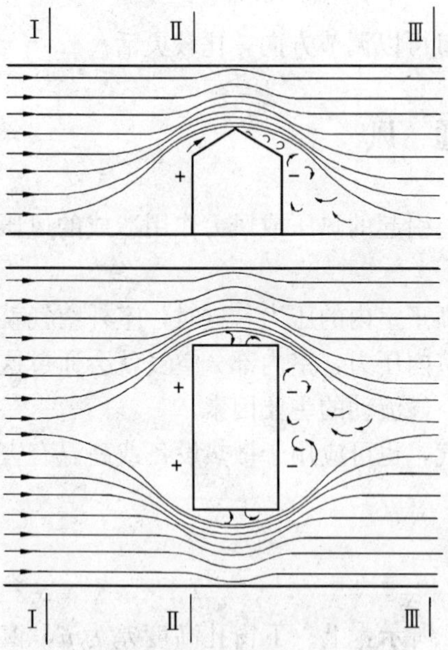

图 6-5 风压作用下建筑物自然通风空气流动状态图

由余压的定义我们可知：当窗孔内余压为正值时，该窗孔排风，余压为负值时，该窗孔进风。

由式(6-6)可知，$(P'_a - P_a)$为窗孔 a 的余压；$(P'_b - P_b)$为窗孔 b 的余压，其差值为$(r_w - r_n)h$。

当 $t_n > t_w$ 时，即 $r_n - r_w$ 室内余压随水平标高 h 的增加而增大。

当 $t_n = t_w$ 时，即 $r_n = r_w$ 室内各处余压值均相等。

二、风压作用下的自然通风

当建筑物与室外空气流相遇后，室外气流先冲击建筑物迎风面，然后发生绕流，经过一段距离后，又恢复到未受扰动时的流动状态，如图 6-5 所示。在Ⅰ-Ⅰ断面空气流未受扰动，平行流动。在Ⅱ-Ⅱ断面处空气流受到建筑物阻挡动压降低，静压升高，气流受到建筑物阻挡发生绕流，在建筑物侧面和背面产生局部涡流静压降低。

这种静压降低或升高统称为风压。静压升高，风压为正，称为正压，反之称为负压。风压为负的区域我们称之为空气动力阴影区。因此，建筑的侧面和背面受的是负压作用，这个负压区一直延伸到恢复平行流动的断面Ⅲ-Ⅲ为止。

自然通风计算中风压的大小可由下式确定，即

$$P = K\frac{\rho v^2}{2} \text{ (Pa)} \tag{6-8}$$

式中 K——室气动力系数；

v——室外空气流速，m/s；

ρ——室外空气密度，kg/m^3。

三、热压和风压同时作用下的自然通风

热压与风压同时作用下建筑物的自然通原理图如图 6-6 所示。

（1）对迎风面，当热压、风压同时作用下部窗孔处其作用方向是一致的，这时窗孔进风量要大于热压单独作用时的进风量。

当上部窗孔处风压小于热压时，窗孔排气。

当风压大于热压时，上部窗孔进气即形成了倒灌。

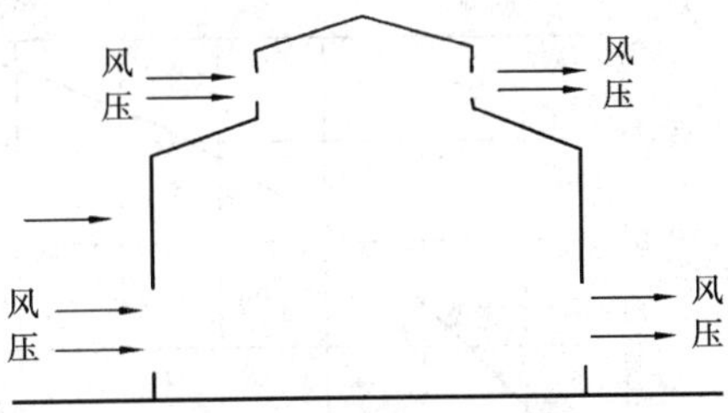

图 6-6　热压和风压同时作用下建筑物的自然通风原理

（2）对背风面来说，当热压和风压同时作用时，上部窗孔处热压与风压的作用方向一致，而下部窗孔其作用方向相反，因此，上部窗孔的排风量要大于热压单独作用时的排风量，而下部窗孔的进风量将减小甚至在下窗孔排气。

由于室外风速及风向不稳定，经常变化，因此在实际计算时仅考虑热压的作用对于风压只定性地考虑其对自然通风的影响。

四、自然通风量的计算

自然通风的计算主要有设计计算和校核计算两种。

设计计算是根据已知的卫生条件（有害物浓度及温度等）、工艺条件（余热、余湿、有害物数量等）来确定通风量。校核计算是在工艺条件、土建条件已知的情况下，计算通风量，校核其是否满足工作区的卫生条件。

自然通风通常按以下步骤进行。

（1）计算生产车间的全面通风量。

（2）确定窗孔位置，分配窗孔的进排风量。

（3）确定窗孔的内外压差。

（4）确定窗孔的面积。

计算生产车间全面通风量的数学表达式为

$$G=\frac{Q}{C(t_p-t_j)}\ (\mathrm{kg/s}) \tag{6-9}$$

式中　Q——生产车间总余热量，kg/s；

C——空气比热 $C=1.01\mathrm{kJ/kg\cdot ℃}$；

t_p——车间上部的排风温度，℃；

t_j——进风温度，℃。

对于排风温度 t_p 可采用两种方法确定。

1)采用温度梯度法确定 t_p

$$t_p=t_g+\Delta t(H-2) \tag{6-10}$$

式中　t_p——工作区空气温度，℃；

H——从地面至排气孔口高度，m；

Δt——温度梯度，℃/m，其值约为 0.3～1.5℃/m 之间。

2）采用有效热量法（m 法）确定 t_p 其数学表达式为

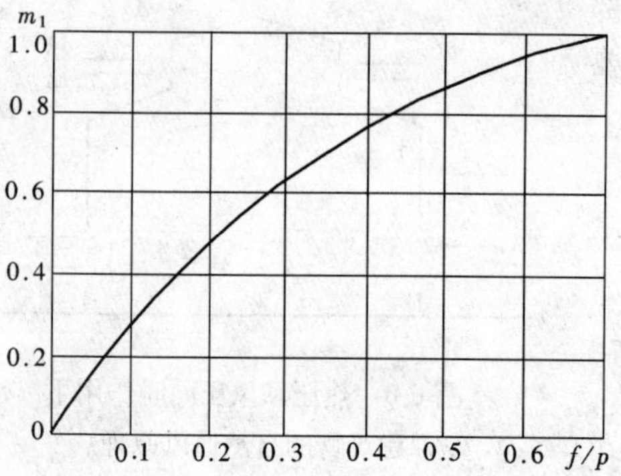

图 6-7 m_1 与 f/p 的关系图

$$t_p = t_w + \frac{t_g - t_w}{m} \tag{6-11}$$

式中 t_p——排气温度，℃；

t_g——工作区空气温度，℃；

t_w——室外空气温度，℃；

m——有效热量系数，$m=m_1m_2m_3$，其中 m_1 可按热源占地面积 f 与地面面积之比 f/p 按图 6-7 确定。

m_2 可根据热源高度按下表选定。

表 6-2 m_2 的选定

热源高度 H	≤2	4	6	8	10	12	≥14
m_2	1.00	0.85	0.75	0.65	0.6	0.55	0.50

m_3 可根据热源辐射热 Q_f 和总散热 Q_i 之比按下表选定。

表 6-3 m_3 的选定

Q_f/Q	≤0.4	0.5	0.55	0.6	0.65	0.7
m_3	1.00	1.07	1.12	1.18	1.30	1.45

五、加强自然通风的措施

加强自然通风应根据厂址、生产工艺要求、散发有害物的特点结合当地实际情况，因地制宜，合理地进行设计。

(1) 厂房的布置应尽量东西向，避免大面积墙体、玻璃窗西晒。厂房主要迎风面一般与夏季主导方向成 60°～90°，不宜小于 45°。

(2) 对于散发大量余热的生产厂房、车间，应尽量设计成单层建筑。

(3) 在多跨厂房中，尽量避免热跨相邻，冷，热跨以间隔为宜。

热设备的布置原则：

(1) 夏季自然通风以热压为主时，尽量将操作区布置在厂房外墙侧，热设备布置在天窗下面。

(2) 对于散热量大的热物料、设备等，应布置在厂房外夏季主导风向的下风向。

(3) 对于热源布置在外墙处时，则应尽量布置在进风孔的两侧。

(4) 如为多层生产车间时，宜将热物料，热设备布置在顶层、下层用于进气，如果必须布置在其他层时（工艺要求），应采取隔热措施以避免影响上层部分。

进排风窗口的布置原则：

(1) 进风口通常布置在夏季白天主导风向的上风向。

(2) 夏季自然通风进风口，其下缘距室内地面不应高于 1.2m，在寒冷地区，冬季自然通风用的进风口，其下缘不宜低于 4m，否则应采取防止冷风吹向工作区的措施。

(3) 夏季自然通风用的进风口，宜采用门、洞，对开窗或其他性能较好的窗。

(4) 自然通风的窗扇，应设便于维修、操作的开关装置。对于不需调节天窗窗扇开启角度的高温车间，宜采用不带窗扇的避风天窗，且应符合防雨要求。

（5）当热源靠一侧外墙布置时，而热源与外墙间无工作点时，进风口应布置在热源间断处。

（6）当冷热跨相邻，而以冷跨天窗进风时，通常邻近排风一侧的天窗不作进风用，以避免进风受到排风污染。

（7）利用天窗排风的生产厂房符合下列情况之一时，须采用避风天窗。累年最热月平均温度 $t_{pj}\geqslant 28$℃的地区，且室内散热量 $Q>20W/m^2$。累年最热月平均温度 $t_{pj}<28$℃的地区，且室内散热量 $Q>30W/m^2$ 时，不允许产生倒灌的生产车间。

（8）利用天窗排风的生产厂房，如果利用天窗能稳定排风或夏季室外平均速度 $v_{pj}\leqslant$ 1m/s时，可以不设避风天窗。

（9）当建筑物一侧与较高建筑物相邻时，避风天窗或风帽不得处在正压区。

第五节　通风系统的主要设备和构件

一、室内送排风口

（1）百叶式送回风口。百叶式送风口是通风、空调工程中最常用的一种送回风口型式，百叶式送风口的最大风速不宜超过表 6-4 数值。

表 6-4　　百叶式送风口的最大风速

序号	使 用 场 所	v_{max}（m/s）
1	教室、住宅、饭店客房、医院病房	3.8
2	图书、播音室、医院手术室	2.5
3	银行、剧院、咖啡馆、餐厅、小仓库、办公室	5.1
4	厨房、工厂、体育馆、仓库、百货商店	7.6

注　对于回风口，风速一般为 3～5m/s。

百叶式送回风口通常可分为单层（双层）百叶式送回风口、单层（双层）百叶带调节阀式送回风口、单层（双层）百叶带调节阀过滤层式送回风口等。

百叶式风口通常由铝合金制成，外形美观、选用方便、调节灵活、安装简单。

（2）侧向送回风口。这种风口结构简单，是直接在风道侧壁开孔或在侧壁加装凸出的矩形风口，为控制风量和气流方向，孔口处常设挡板或插板，此种风口缺点是各孔口风速不均匀、风量也不易调节均匀，通常用于空调精度要求不高的工程中。

（3）散流器。是由上向下送风的送风口通常都安装在送风管道端部明装或暗装于顶棚上，散流器一般分为平送式、下送式散流器两种。

平送式是指气流从散流器出来后贴附着棚顶向四周流入室内，使射流与室内空气更好地混合后进入工作区。

下送式散流器是指气流直接向下扩散进入室内，这种下送气流可使工作区被笼罩在送风气流中。

（4）喷射式送风口。就是一个渐缩的短管，这种送风口不装调节叶片或网栅风速大、射程远，适用于体育馆、剧院等大空间的公共建筑。

二、风道

（1）风管材料的选用。风管一般采用钢板制作，对于洁净度要求高或有特殊要求的工程常采用不锈钢或铝板制作，对于有防腐要求的工程可采用塑料或玻璃钢制作，采用建筑风道时，一般用砖砌，加气块、钢筋混凝土制作。

(2) 风管形式的确定。风管一般采用圆形或矩形风管。圆形风管耗材料少、强度大，但加工复杂、不易布置，常用于暗装；矩形风管易布置、易加工，使用较普遍，对于矩形风管，其宽高比宜小于 6，最大不应超过 10 。

(3) 风管压力损失的计算。风管沿程压力损失计算的数学表达式

$$\Delta P_{\mathrm{m}}=\frac{\lambda}{d_{\mathrm{d}}}\times\frac{\rho v^{2}}{2}\ (\mathrm{Pa}) \tag{6-12}$$

式中 v——运动粘度，m^2/s；

d_{d}——当量直径，m，对于圆形风道，$d_{\mathrm{d}}=d$，对于矩形风道，$d_{\mathrm{d}}=\frac{2ab}{a+b}$；

ρ——空气密度，kg/m^3；

λ——摩擦阻力系数按下式计算

$$\frac{\lambda}{\sqrt{\lambda}}=-2\log\left(\frac{k}{3.71d_{\mathrm{d}}}+\frac{2.51}{Re\sqrt{\lambda}}\right)$$

式中 k——绝对粗糙度，m；

Re——雷诺数 $Re=\frac{vd_{\mathrm{d}}}{\gamma}$。

对于风管沿程压力损失的计算也可查《全国通用通风管道计算表》进行。

风管局部压力损失计算的数学表达式

$$\Delta P_{\mathrm{j}}=\xi\frac{\rho v^{2}}{2}$$

式中 ξ——局部阻力系数；

ρ——空气密度，kg/m^3；

v——风管内该压力损失处的空气流速，m/s。

(4) 通风管道水力计算。对于低速送风系统通常采用假定流速法和等压损法计算，对于高速系统一般采用静压复得法计算。

假定流速法即考虑到风管的强度、运行噪声以及运行费等因素来设定一个经济流速，计算出风道的断面尺寸和压力损失，再按各环路压损差值进行调整以达到平衡。

表 6-5 为常用风机、风管的风速表。

表 6-5 风机、风管的风速

名称	推荐风速 (m/s)			最大风速 (m/s)		
	居住建筑	公共建筑	工厂	居住建筑	公共建筑	工厂
干管	3.5～4.5	5.0～6.5	6.0～9.0	4.0～6.0	5.5～8.0	6.5～11
支管	3.0	3.0～4.5	4.0～5.0	3.5～5.0	4.0～6.5	5.0～9.0
支管接出的风管	2.5	3.0～3.5	4.0	3.25～4.0	4.0～6.0	5.0～8.0
风机入口	3.5	4.0	5.0	4.5	5.	7.0
风机出口	5.0～8.0	6.5～10	8.0～12	8.5	7.5～11	8.5～14

等压损法是以单位长度风管的压力损失相等时，在已知总压力的情况下，取压力损失最大的环路，将总压力值平均分配给风管的各个部分，再根据各部分的风量及分配的压力值确定风管的尺寸，并对各环路的压力进行平衡以保证各环路间的压力损失差值小于 15%（风

管的单位长度摩擦压力损失值一般为 0.8～1.5Pa）。

对于一般的通风系统，通风管道的压力损失也可按下式进行估算

$$P=P_{m}L(1+k_{0}) \tag{6-13}$$

式中　P_{m}——单位长度通风管道的沿程压力损失，Pa/m；

L——送风管（到最远送风口）长度与回风管（到最远回风口）长度之和，m；

k_{0}——局部压力损失与沿程压力损力之比。当三通弯头少时 k_{0} 取 1.1～20。当三通弯头多时 k_{0} 取 3.0～5.0。

三、室外进排风装置

（1）进气装置。作用是采集室外新鲜空气供室内送风系统使用。根据进气装置设置位置不同，可分为窗口型、进气塔型两种进气口。其设计应符合下列要求：

1）进气口应设在空气新鲜、灰尘少、远离排气口的地方（离排气口水平距离≥10m）。

2）进气口的高度应高出地面 2.5m，并应设在主导风向上风侧，设于屋顶上的进气口应高出屋面 1m 以上，以免被风雪堵塞。

3）进气口应设百叶格栅，防止雨、雪、树叶、纸片等杂质被吸入。在百叶格栅里还应设保温门作为冬季关闭进气口之用（适用于北方地区）。

4）进气口的大小应根据系统风量及通过进气口的风速（一般为 2～2.5m/s）来确定。

（2）排气装置。即排风道的出口。作用是将排风系统中收集到的污浊空气排到室外。排气口经常设计成塔式安装于屋面。排气口的设计应符合下列要求：

1）当进排风口都设于屋面时，其水平距离应≥10m，并且进气口要低于排气口。

2）自然通风系统须在竖排风道的出口处安装风帽以加强排风效果。

3）排风口设于屋面上时应高出屋面 1m 以上，且出口处应设排风帽或百叶窗。

4）自然通风的排风塔内风速可取 1.5m/s，机械通风排风塔内风速可取 1.5～8m/s，两者风速取值均不能小于 1.5m/s，以防止冷风渗入。

四、风机

风机按其作用原理可分为离心式和轴流式两大类。

1. 离心式通风机的构造、工作原理及分类

（1）离心式通风机主要由叶轮、机壳、机轴、吸气口、排气口以及轴承、底座等组成。

（2）原理：风机叶轮在电动机的带动下随机轴高速旋转，叶片间的气体在离心力作用下由径向甩出到达风机出口后被压向风道同时在叶轮的吸口处形成一定真空，这时，外界气体在大气压力作用下被吸入叶轮内以补充排出的气体，如此源源不断地将气体输送到所需要的场所。

（3）分类：按产生压力的不同通风机可分为三类：

1）低压风机：$P\leqslant1000$Pa。

2）中压风机：1000Pa$<P\leqslant$3000Pa。

3）高压风机：$P>3000$Pa。

按输送气体性质的不同通风机可分为普通风机、排尘风机、防腐风机、防爆风机等。

2. 轴流式通风机的构造及工作原理

（1）构造：由叶轮、机壳、吸入口、扩压器及电动机组成。

（2）原理：当叶轮在机壳中转动时，由于叶轮有斜面形状，空气一方面随叶轮转动，一方面沿轴向推进，由于空气在机壳中的流动始终沿着轴向，故称为轴流式通风机。

3. 通风机的性能参数

(1) 风量（Q）。在单位时间内所输送的气体体积称为风量，单位为 m^3/h 或 m^3/s，其数学表达式为

$$Q=\varphi\frac{\pi Dv}{4}\ (m^3/s) \tag{6-14}$$

式中 φ——流量系数；

D——叶轮外径，m；

v——叶轮外周的圆周速度，即 $v=\frac{\pi Dn}{60}$ (m/s)，其中，n 为风机的转数（r/min）。

(2) 风压（P）。风机出口空气全压与入口空气全压之差称为通风机的风压，它包括动压和静压两部分。

(3) 功率（N）。通风机在单位时间内传给空气的能量称为通风机的有效功率（N_y），消耗在通风机轴上的功率称为轴功率（N_z）。通风机有效功率（N_y）的数学表达式为

$$N_y=\frac{QP}{3660}\ (W) \tag{6-15}$$

式中 Q——风机输送的风量，m^3/h；

P——风机的风压，Pa。

(4) 效率（η）。风机的有效功率（N_y）与轴功率（N_z）之比称为全压效率。

其数学表达式为

$$\eta=\frac{N_y}{N_z} \tag{6-16}$$

4. 通风机的选择

通风机的选择应根据被输送气体的性质（是否含尘、易燃、易腐蚀、易爆等）和用途（普通送排风、高温、高湿排风等）选用不同的风机。

选择通风机时，如当地使用条件为非标准状态，则应按下式进行换算，风机应按换算后的性能参数进行选择。

(1) 当地大气压及温度变化时

$$Q=Q_0$$

$$P=P_0\ P_a/P_{a0}\left(\frac{273+20}{273+t}\right)$$

$$\eta=\eta_0 \tag{6-17}$$

$$N=N_0\ (P_a/P_{a0})\left(\frac{273+20}{273+t}\right) \tag{6-18}$$

(2) 当转速及介质密度发生变化时

$$Q=Q_0\left(\frac{n}{n_0}\right)^3\frac{\rho n}{\rho_0 n_0}$$

$$P=P_0\left(\frac{n}{n_0}\right)^2\frac{\rho}{\rho_0} \tag{6-19}$$

$$\eta=\eta_0$$

$$N=N_0\left(\frac{n}{n_0}\right)^3\frac{\rho}{\rho_0} \tag{6-20}$$

式中 Q_0、P_0、η_0、N_0、P_{a0}——标准状态下或性能表中的风量风压、效率、功率、转数、大气压；

Q、P、η、N、n、P_a、t——实际工作区条件下的风量风压、效率、功率、转数、大气压、温度。

(3) 通风机电机的选择

通风机电机功率
$$N=a\frac{N_z}{\eta_c}$$

式中 a——容量安全系数，其值按表 6-6 选用；

N_z——通风机轴功率，kW；

η_c——机械传动效率，按表 6-7 选用。

表 6-6 电动机容量安全系数 a

电动机功率（kW）	a
<0.5	1.5
0.5～1	1.4
1～2	1.3
2～5	1.2
>5	1.15

表 6-7 机械传动效率 η_c

电机传动方式	η_c
直接传动	1.00
皮带传动（滚动轴承）	0.95
联轴器直接传动	0.98

五、通风机的型号表示方法

通风机的命名包括名称、型号、机号、传动方式、旋转方向和出口方向 6 个部分，表示方法如下：

通风（或 T）(7)　4 (6) － 72 (5) － 1 (4)　1 (3)　No6 (2)　C (1)

(1) 表示通风机传动方式为 C 式。

(2) 表示通风机机号叶轮直径为 600mm。

(3) 设计序号。

(4) 进风型式。

(5) 最高效率比转数。

(6) 表示通风机在最高效率点时全压系数乘 10 后的化整数。

(7) 用途。

各部分表示的意义详解如下：

(1) 名称。按作用原理称为离心风机，在名称之前可冠以用途字样或省略不写，如在名称前冠以用途字样时，可按下表规定采用汉语拼音字头或汉字。

表 6-8 风机代号简写表

名称	代号			名称	代号		
	汉字	汉语拼音	缩写		汉字	汉语拼音	缩写
一般通风换气	通风	Tong	T	防爆炸	防爆	BAO	B
排尘	排尘	CHEN	C	工业炉吹风	工业炉	LU	L
矿井	矿井	KUANG	K	电站锅炉引风	引风	YIN	Y
输送煤粉	煤粉	MEI	M	电站锅炉通风	锅炉	GUO	G
防腐蚀	防腐	FU	F	冷却塔通风	冷却	LENG	L
耐高温	耐温	WEN	W	特殊风机	特殊	TE	T

(2) 型号。是由基本型号和变形（或派生）型号组成，分三组，每组可用阿拉伯数字表

示，中间用横线隔开，表示方法如下：

第一组——第二组——第三组

基本型号（第一组、第二组）　　变形（或派生型号）（第三组）

第一组：通风机压力系数乘 10 后再按四舍五入化为整数。

第二组：通风机比转数化整后的整数值。

第三组：第一个数字表示通风机吸入口型式，参见表 6-19。第二个数字表示设计顺序号。

表 6-9　　通风机进口型式

代　　号	0	1	2
风机进口型式	双侧吸入	单侧吸入	二级串联吸入

(3) 机号。用通风机叶轮的分米尺寸表示，前面冠以符号 No 表示。例如，No5 表示 5 号风机，叶轮外径是 50cm 即 500mm。

(4) 传动方式。传动方式共有 6 种，即 A、B、C、D、E、F。

(5) 旋转方向。是指叶轮的旋转方向，用左或右表示，它是从电动机或皮带轮方向正视，若叶轮按顺时针方向旋转则称为右旋风机，反之为左旋风机。

(6) 出风口位置。按叶轮旋转方向用左（或右）和出口角度表示。如图 6-8 所示。

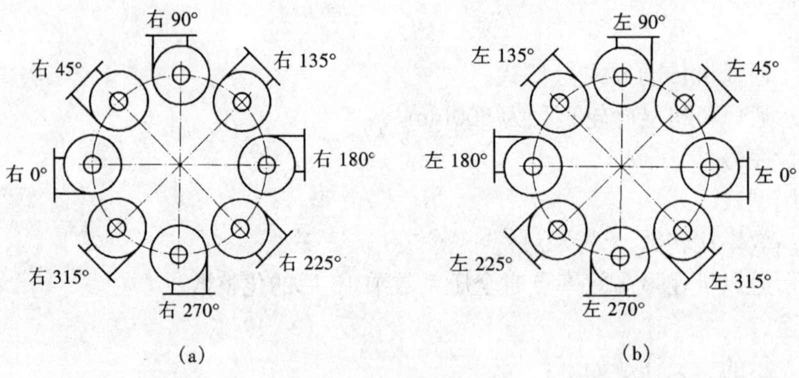

图 6-8　风机安装方位图

(a) 向右旋转；(b) 向左旋转

六、空气净化设备

空气净化分为两大类：一类是一般通风净化，如通风除尘、有害气体净化等。另一类是空调系统中空气的净化。空调系统中空气的净化又分为三种情况：第一种是一般净化。对室内空气的含尘浓度没有具体的要求，只要求送入室内的空气要进行净化处理。以保持一定的空气洁净度，这种情况只采用粗效过滤器就可以了。第二种是中等净化要求。对室内空气含尘浓度有一定的具体要求。如食品厂、制药厂和医院的手术室的空调系统就属于这种情况。这种情况采用粗效和高效过滤器两级过滤。第三种是超净要求。对室内的空气含尘浓度有特殊的要求。如集成电路生产车间、药厂的针剂生产车间等。

目前我国各产业部门结合本行业的产品生产情况，制订了适合各行业净化空气的各等级标准。如表 6-10～表 6-12 所示。

表 6-10　洁净室级别

洁净室级别	尘粒径（μ）	平均含尘浓度（粒/L）
3	≥0.5	≤3
30	≥0.5	≤30
300	≥0.5	≤300
3000	≥0.5	≤3000
30000	≥0.5	≤30000

表 6-11　电子工业洁净室级别

洁净室级别	尘粒径（μ）	含尘浓度（粒/L）
1	≥0.5	≤1
10	≥0.5	≤10
100	≥0.5	≤100
1000	≥0.5	≤1000
10000	≥0.5	≤10000

空气净化设备主要有除尘器、空气过滤器、洁净室、空气吹淋室、超净工作台、空气自净器、洁净层流罩等。

（1）除尘器。是把含尘量较大的空气（几十到几百 mg/m^3）经处理后排到大气，对于含尘浓度较高，灰尘分散度及物性差别很大的气体可采用不同类型除尘器进行净化。

表 6-12　高技术产品洁净室等级划分

洁净室级别	平均含尘浓度（粒/L）	
	≥0.5μ	≥5.0μ
5	≤5	0
50	≤50	0
500	≤500	≤5
5000	≤5000	≤40

目前常用除尘器的分类特点及适用范围详见表 6-13。

表 6-13　常用除尘器的分类特点及适用范围

型式	种类	名称	适用范围							优缺点
			粉尘（μ）	含尘浓度（g/Nm^3）	温度（℃）	压损（mmH_2O）	漏风率（%）	效率（%）	净化程度	
干式	重力除尘	沉降室	>50	不限	<500	5～10	<10	<50	粗净化	结构简单、制作方便、不堵塞、除尘效率低、占地大、压损小
	离心式除尘器	旋风除尘器	5～10	<100	<450	50～200	0	60～95	中净化	结构简单、占地小、除尘效率比沉降室高
		旋流式除尘器	1～5	<100	<450	500 左右	0	80～95	精净化	动力消耗大、需二次风、除尘效率高、占地大
	过滤除尘器	布袋除尘器	>0.1	5～50	60～300	100～300	5～30	90～98	精净化	效率高稳定、大型设备动力消耗大、占地大，结构复杂
		颗粒层除尘器							精净化	
	电除尘	电除尘器	>0.1	<10	<450	10～30	10～20	90～98	精净化	效率高、动力消耗小、投资高、占地大、结构复杂
湿式	冲击	水浴除尘器	1～10	<20	<400	60～120	0～5	80～95	精净化	结构简单、占地小、效率高、泥浆处理烦琐、腐蚀性气体设备需防腐
	电除尘	湿式电除尘器	>0.1	<5	<80	10～30	0～5	90～98	精净化	效率高、动力消耗小、结构复杂、占地大，设备需防腐
	筛板除尘	泡沫除尘器	1～5	<10	<200	每层筛板 60～80	0～5	95	精净化	结构简单、占地小、效率高、水耗量大、设量大、设备需防腐
	凝聚	文丘里除尘器	>0.2	5～50	<400	100～600		90～98	精净化	结构简单、占地小、效率高、压损大、设备需防腐

(2) 空气过滤器。是把含尘量不大的空气（几 mg/m^3）经净化后送入室内。空气过滤器按作用原理可分为浸油金属网格过滤器、干式纤维过滤器和静电过滤器三种。

空气过滤器按过滤空气的粒径及浓度可分为粗，中、高效过滤器。三种过滤器详见表6-14。

表 6-14 过滤器分类表

名称	入口浓度 (mg/m^3)	过滤空气粒径 (μ)	设计滤速 (m/s)	阻力 (Pa)		清扫更新时间 (月计) (8h/日)	效率 (η)
				初	终		
粗	<10	>10	50～300	3～5	<10	0.5～1	<90（质量法）
中	1～2	1～10	5～30	5～10	<20	2～4	40～90（比色法）
高	<1	<1	1～3	～20	～40	≥12	99.9～99.97（计数法）

(3) 洁净室。是指空气中的颗粒物质、温湿度及压力实行控制的密闭空间（房间）。洁净室主要应用于电子工业、航空仪表、光学机械、医疗等行业中，洁净室可分为普通洁净室、层流洁净室（分垂直式层流洁净室、水平层流洁净室）、并用型洁净室（普通型带洁净工作台）。

(4) 空气吹淋室。可防止污染空气进入洁净室。利用高速洁净空气流吹掉工作人员身上的灰尘，常与洁净室配套使用。

(5) 超净工作台。使洁净的层流空气通过工作台，迅速排除工作台上的灰尘，并不妨碍操作。同时可防止周围空气尘埃落入工作台内。它的特点是可使局部工作区保持很高的洁净度。

(6) 空气自净器。是靠空气循环提供局部洁净工作环境的空气净化设备。室内空气由风机吸入经粗效过滤器和高效过滤器后压出，从出风面吹出的洁净空气使局部环境可连续使用，可提高全室洁净度。

(7) 洁净层流罩。由低噪声风机、高效过滤器组成，安装在有一定洁净度的工作区，风机可吸入空调系统、技术夹层或室内空气，经过滤后送入工作区，从而保证工作区的空气有较高的洁净度。

七、高层建筑的防排烟

高层建筑由于占地面积小，能有效地解决大城市用地紧张、建房困难的问题。但高层建筑一旦发生火灾，由于火势蔓延快，扑救疏散困难，往往会造成严重的人员伤亡和财产损失。因此，高层建筑的防火设计就显得尤为重要。而防排烟设计是其中关键之一，必须慎重研究和解决防排烟问题。高层建筑的防排烟主要有自然排烟、机械排烟、机械加压送风三种形式。

根据《高层民用建筑设计防火规范》规定，一类高层建筑和建筑高度超过 32m 的二类高层建筑的下列部位应设排烟设施：长度超过 20m 的内走道；面积超过 100m^2，且经常有人停留或可燃物较多的房间；高层建筑的中庭和经常有人停留或可燃物较多的地下室。

1. 自然排烟

自然排烟即火灾时，利用室内热气流的浮力或室外风力的作用进行排烟。其特点是不需要任何动力，优点是投资少、维护管理简单。缺点是极易受室外风力的影响（当火灾处于迎风面时，烟气由于受风压作用不能排出，还会流向背风面有开口的房门，甚至向上蔓延）。

自然排烟的设计如下：

（1）对于防烟楼梯间及其前室、消防电梯前室及合用前室可利用直接对外开启的窗，自然排烟时可按表 6-15 规定的标准设计。

表 6-15　　前室或合用前室对外开启窗的设计标准

名　　称	消防电梯前室	合用前室	防烟楼梯间前室
窗有效开口面积 S_0（m）	＞2	＞2	＞3
安装高度 H（m）	墙壁上面或顶棚，室内高度为 1/2 以上		
操作及使用	手动启动装置，距地高度 0.8m＜H＜1.5m，用明显易懂的标志表示如何使用		
材料	对于和烟气接触部分须用不燃材料		
进出口门	采用与感烟设备联动的甲级防火门或平时关闭的门		

（2）当防烟楼梯间前室、消防电梯前室和合用前室靠外墙但不能开窗时，可采用设进风竖井和排烟竖井的方法进行自然排烟，详见表 6-16 规定。

表 6-16　　进风道、排烟道设计标准

名　　称	消防电梯电梯前室	合用前室	防烟楼梯间前室
排烟口（m^2）	＞4	＞6	＞4
排烟风道断面积（m^2）	＞6	＞9	＞6
进风口（m^2）	＞1	＞1.5	＞1
进风道断面积（m^2）	＞2	＞3	＞2
材料	进（排）风口，进（排）风道以及其他与烟气接触的排烟设备须用不燃材料		
手动开启装置（排烟口）	操作部分距地高度 0.8m＜H＜1.5 用明显易懂的标志表示使用方法		
排烟口与排烟风道直接连接，平时处关闭状态，当采用遥控或感烟装置联动时必须设手动开启装置			

对于自然排烟的排烟口，宜设在前室内走道与前室相通门的上部；排烟口的宽度与门宽度相同或设在前室入口门附近净高 1/2 以上的墙面上（当排烟口不能设在门上部时），进风口设在前室净高 1/2 以下的墙面上。对进（排）竖井的要求：自然进风竖井的进风口宜设在建筑物的下部，自然排烟竖井应高出屋面，出口设金属百叶窗，要求其底边距屋面不小于 1m。

2. 机械排烟

机械排烟就是使用排烟风机进行排烟。它可分为局部排烟和集中排烟两种方式。局部排烟即在每个房间内设排烟风机进行排烟；集中排烟即将建筑物划分成几个防烟分区并在每个防烟区内设置排烟风机进行排烟。机械排烟是：由挡烟垂壁、排烟口、防火排烟阀、排烟机、控制设备等组成的。

（1）建筑防烟分区的划分原则如下：

1）每个防烟分区的面积不应超过 500m^2，对于地下室不应超过 300m^2。防烟分区不应跨越防火分区。

2）当走道设排烟而房间（包括地下室）不设，且房间与走道间的门不是防火门时应包括房间的面积；当房间与走道间的门是防火门时，防烟分区的划分不包括房间的面积。

3）当走道不设排烟而房间（包括地下室）需设排烟时房间与走道间的门不是防火门时，防烟分区的划分应包括走道的面积；当房间与走道间的门是防火门时，防烟分区的划分不包括走道的面积。

4）当走道和房间（包括地下室）均应设排烟设施时可按建筑实际情况分设或合设排烟设施，并按分设或合设的情况划分防烟分区。

（2）机械排烟挡烟垂壁的设置原则如下：

1）设置机械排烟的房间、走道、地下室，如用挡烟垂壁划分防烟分区时，其由顶棚下突出的高度不应小于500mm，对于地下室应不小于800mm。

2）挡烟垂壁应用钢板、钢化玻璃等非燃材料制作。挡烟垂壁落下时，下边缘距地面高度应大于1.8m。

3）挡烟垂壁应与排烟口联动或由感烟设备、消防控制中心控制，挡烟垂壁同时应设手动控制装置。

（3）机械排烟系统的计算如下：

1）走道或房间采用机械排烟，当排烟风机负担一个防烟分区时应按该防烟分区面积每平方米≥60m^3/h计算，负担两个或两个以上防烟分区时，应按最大防烟分区面积每平方米≥120m^3/h计算。

2）一个排烟系统可负担几个防烟分区，其最大排烟量为60000m^3/h，最小排烟量为7200m^3/h。

3）排烟风道的尺寸，应按系统最远两个排烟口同时开启的条件计算。

4）排烟风机选择时应附加10%～30%的漏风系数。

（4）机械排烟系统的设计原则：

1）防烟楼梯间前室，消防电梯前室及合用前室的排烟系统与房间和走道的排烟系统必须分开独立设置。

2）机械排烟系统与通风、空调系统一般应分别设置，如合用时必须采取相应的安全措施。

3）每个排烟系统的排烟口的数量不宜多于30个。

4）排烟系统与烟气接触的部分必须采用非燃材料，且与可燃物的距离$S \geqslant 150$mm。

对于防烟梯间前室，消防电梯前室及合用前室机械排烟的设计应符合表6-17的要求。

表6-17 机械排烟设计选用标准

名　称	消防电梯前室	合用前室	防烟楼梯间前室
进风口（m^2）	>1	>1.5	>1
进风道断面积（m^2）	>2	>3	>2
进风口高度 H	以排烟口上端为准，设于地板或墙壁下部（顶棚高度的1/2以下）		
排烟口（m^2）	无规定		
排烟口高度 H（m）	以排烟口下边缘为准，设于顶棚或墙壁上部（顶棚高度1/2以上）		
排烟风机风量（m^3/h）	>14400	>21600	>14400
材料	进（排）风口，进（排）风道，以及与烟气接触的排烟设备的部分用不燃材料		
手动开启装置（排烟口）	手操作部分设在墙面距地高0.8m<H<1.5m处，用明显易懂的标志表示使用方法		

3. 机械加压送风

（1）火灾时为保证人员由安全通道进行疏散，常设置楼梯间加压送风系统，即在楼梯间或楼梯间及其前室加压送风使得楼梯间压力大于或等于前室的压力，而前室的压力又大于走道的压力当着火层人员打开通往前室及楼梯间的防火门时，在门洞断面上保持足够大气流速度，以使能阻止烟气进入前室和楼梯间。

（2）组成：主要由加压送风口、风道、加压送风机、吸风口，以及必要的电气控制设备等组成。

（3）加压送风系统送风量的计算。加压送风系统送风量的计算通常有三种方法：

1）全部防烟楼梯间门都关闭，保持压差 ΔP 时，用通过全部漏风面积的总漏风量来确定加压送风量。或按楼梯间的门开启时保持门洞断面空气流速来确定加压送风量。

当楼梯间门全部关闭时，送风量的数学表达式为

$$Q=0.827A\Delta P^{\frac{1}{a}}1.25 \tag{6-21}$$

式中　0.827——漏风系数；

A——总有效漏风面积，m^2；

ΔP——压力差，Pa；

a——指数，对窗周围缝隙取 1.6，对门周围的缝隙和其他较大漏风面积取 2；

1.25——附加系数（对不严密处）。

2）按保持防烟楼梯间正压值（25Pa）所需加压送风量（除着火层外，楼梯间门均关闭），即

$$Q=7+0.1n\ (m^3/s) \tag{6-22}$$

式中　n——建筑物层数。

3）按防烟楼梯间服务层数，一般每层送风量不小于 $0.47m^3/s$（即 $1700m^3/h$）。

对于防烟加压系统，宜在防烟楼梯间及其前室分别设送风竖井，对于楼梯间的送风竖井宜每隔 2～3 层设一个送风口对于前室送风竖井应每层设一个送风口，送风口的风速要小于或等于 7m/s。

高层建筑的防排烟系统中，排烟风机可采用离心风机或采用轴流风机并应在其机房入口处设有当烟气温度超过 280℃时能自动关闭的排烟防火阀。排烟风机应保证在 280℃时能连续工作 30min。机械排烟系统中，当任一排烟口或排烟阀开启时，排烟风机应能自行启动。

第七章 空 气 调 节

第一节 概 述

空气调节是保证空调房间空气参数的方法，空气参数包括温度、相对湿度、空气流速、空气的洁净度、细菌及有害气体。对于舒适性空调，一般保证室内的温度、相对湿度，以及空气流速。而对于工艺性空调，要求的参数较多，如实验室，振动、噪声要求就比较严格。对于制药车间，粉尘的含量及有害气体含量的要求就十分严格。每个空调房间要保持什么样的空气参数，具体根据其工艺性要求来定。

一、空调系统的应用

目前空调系统的应用十分普遍，各行各业都离不开空调系统的配合。如要求环境舒适的各种大型会议厅、各个宾馆及大型饭店、汽车及火车站的候车室等。生产工艺环境有要求的有各种纺织厂、制药厂、家用电气产品生产厂、集成电路生产厂、电影胶卷洗印厂等。

对大多数空调系统而言，主要是控制空调房间的温度和相对湿度。例如，$t_n=(20\pm0.5)$℃，$\varphi_n=(65\pm5)\%$。前面的数值是空调基数，后面的数是空调精度。空调精度是指在空调房间内，不同地点、同一时间测量时参数的变化范围不能大于的数值，或者同一地点、不同时刻测量时不能大于的数值。也就是温度最大不能大于20.5℃，最小不能小于19.5℃，相对湿度最大不大于70%，最小不小于60%。

对于舒适性空调系统的室内设计参数一般可按下列数据选取：

(1) 夏季：室内温度：24～28℃；
相对湿度：40%～65%；
风　　速：≤0.3m/s。

(2) 冬季：室内温度：18～22℃；
相对湿度：40%～60%；
风　　速：≤0.2m/s。

二、空调系统的分类

空气调节系统根据不同的分类方法，可以分成如下几类：

(1) 按设备的布置情况分：

1) 集中式空气调节系统，主要设备都集中在空调机房内。

2) 半集中式空气调节系统，大部分设备在空调机房内，有些设备在空调房间内，如风机盘管空调系统、诱导器空调系统等。

3) 局部空调系统，如壁挂式空调器、窗式空调器、立柜式空调器等。

(2) 按承担负荷的介质分：

1) 全空气空调系统，空调房间的所有冷热负荷都由空气来负担。

2) 全水空调系统，空调房间的所有冷热负荷都有水来负担。冬天供热水，夏天供冷水。

3) 空气—水空调系统，空调房间的冷热负荷由空气和水共同负担。

4）制冷剂系统，空调房间的负荷由制冷剂来负担。分体式空调机都属于制冷剂系统。

图 7-1 所示为按承担空调负荷的介质分类的示意图。

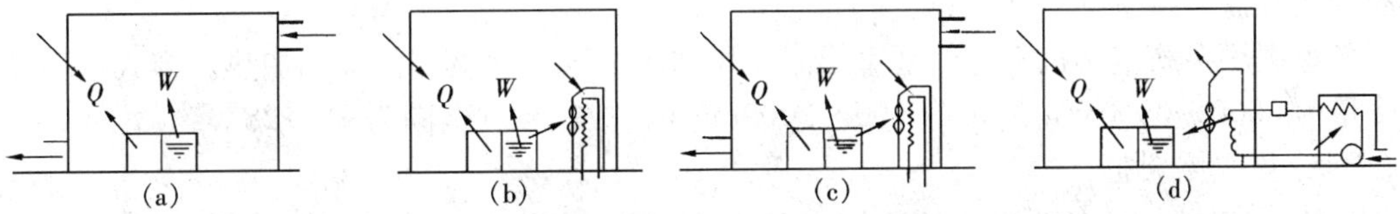

图 7-1　按承担空调负荷的介质分类示意图

(a) 全空气系统；(b) 全水系统；(c) 空气/*U*+2014 水系统；(d) 冷剂系统

（3）按送风管中风速的大小分：

1）低速空气调节系统，风管中流速一般较小，工业建筑空调系统的风管中流速小于 15m/s，民用建筑空调系统的风管中流速一般小于 10m/s。低速空调主要是为了风速太大，气流噪声太大。流速小风管的截面积就大、造价高，高速空调空气气流噪声大，但节省管材、造价低。

2）高速空调系统，在工业建筑中风管内的流速可以达到 15m/s 以上，在民用建筑中风管内的风速可以大于 12m/s。

第二节　空气调节方式和设备的组成

一、局部空气调节方式

局部空调机组有窗式空调机、壁挂式空调机、立柜式空调机及恒温恒湿机组等。它们都是一些小型的空调设备，适用于小的空调环境。安装方便、使用简单。适用于空调房间比较分散的场合。

1. 窗式空调机

窗式空调机是一种直接安装在窗台上的小型空调机。这种空调机安装简单、噪声小。不需要水源，接上 220V 电源即可。窗式空调机的结构原理图如图 7-2 所示。

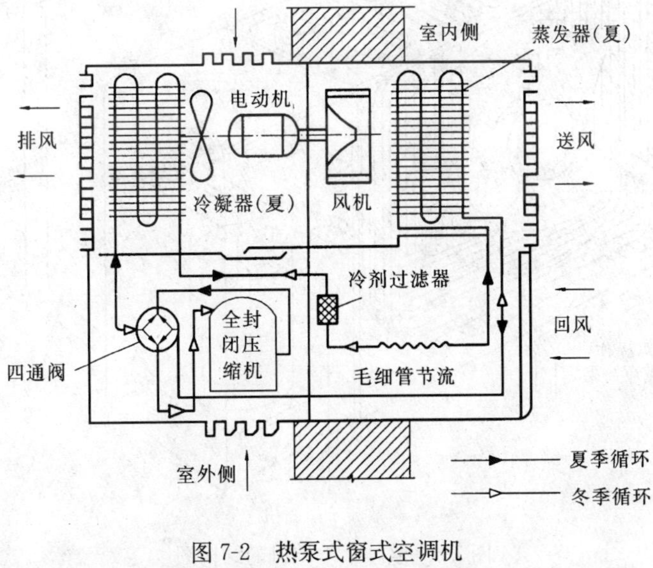

图 7-2　热泵式窗式空调机

窗式空调机一般采用全封闭冷冻机，以氟利昂 22 为制冷剂。冬季供暖循环时，可将电磁阀换向，进行冷热交换，使制冷剂流向改变，室内换热器改为冷凝器，向室内放热室外换热器为蒸发器，从室外空气吸热。

冬季用热泵式空调机不能保证室温时，可将电阻式加热器作为辅助加热。窗式空调机一般冷量为 1500～3500W，风量为 600～2000m^3/h，控制温度范围为 18～28℃。

2. 分体式空调机

分体式空调由室内机和室外机以及连接管和电线组成。视室内机的不同可分为壁挂式、吊顶式、吸顶式、落地式及柜机等。下面以用得最多的壁挂式为例进行介绍，如图 7-3 所示。

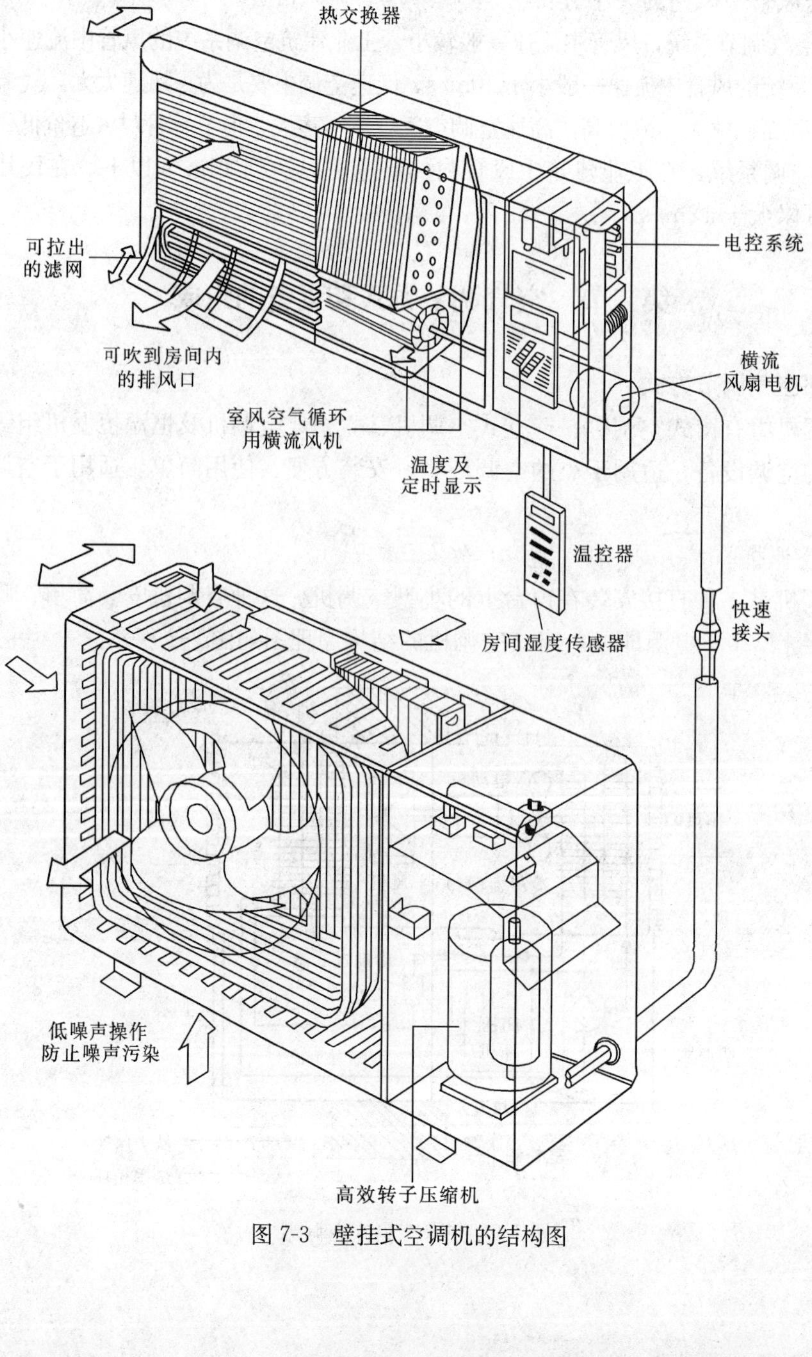

图 7-3 壁挂式空调机的结构图

壁挂式空调机有室内机组和室外机组，室内机一般做成长方形，挂在墙上，室内机后面有凝结水管，排向下水道。室外机内含有制冷设备、电机气液分离器、过滤器、电磁继电器、高压开关、低压开关等。连接管道有两根，一根是高压液管，另一根是低压气管。液管和气管都是紫铜管，需要弯曲时，弯曲半径越大越好。工作过程见图 7-4 所示。低温低压的湿蒸汽进入蒸发器吸热，变成低压蒸汽，而后通过连接管进入压缩机，在压缩机的作用下变成高温高压蒸汽，进入冷凝器放热，变成高压低温液体，经过毛细管节流变成低压低温湿蒸汽。完成一个循环。在这个工作过程中，压缩机耗电，蒸发器吸热，冷凝器放热。壁挂式空调机的制冷量在 2200～5000W 之间。

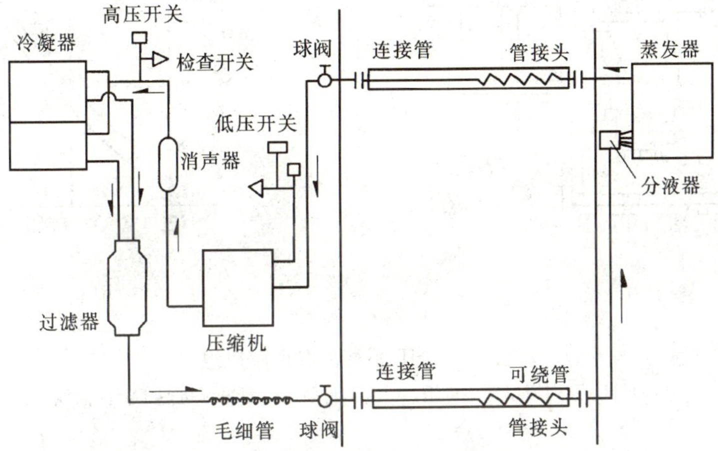

图 7-4　分体式空调机工作过程

3. 恒温恒湿机组

恒温恒湿机组分室内机和室外机，室内机包括制冷系统及加热器、加湿器、通风和电气控制部件。室外机有风冷冷凝器和水冷冷凝器两种，如图 7-5 所示。

这种空调机温度控制通过温控器控制压缩机的开停及电加热器的通断调节，湿度通过湿球温度计和晶体管控制电加湿器的工作。另外还有能量调节和安全保护装置。机组可直接安在空调房间内，也可以安在空调机房内通过风管送风。机组的新风口和送风口上装有过滤器。恒温恒湿机组一般采用 R12 作制冷剂，制冷量范围为 17400～116300W，适用于 60～500m^2 的空调房间。

二、半集中式空调系统

半集中式空调系统有两种，一种是风机盘管系统，另一种是诱导器系统。大部分空气处理设备在空调机房内，少量设备在空调房间内，即有集中处理又有局部处理。

1. 诱导器系统

图 7-6 所示为诱导器系统的示意图。经过集中空调机处理的新风（一次风）经风管送入各空调房间的诱导器中，由诱导器的高速（20～30m/s）喷嘴喷出，在气流的引射作用下，诱导器内形成负压，室内的空气（二次风）被吸入诱导器。一次风和二次风混合经换热器处理后送入空调房间。诱导器是用于空调房间送风的一种特殊设备，它由静压箱、喷嘴和二次盘管组成，如图 7-7 所示。

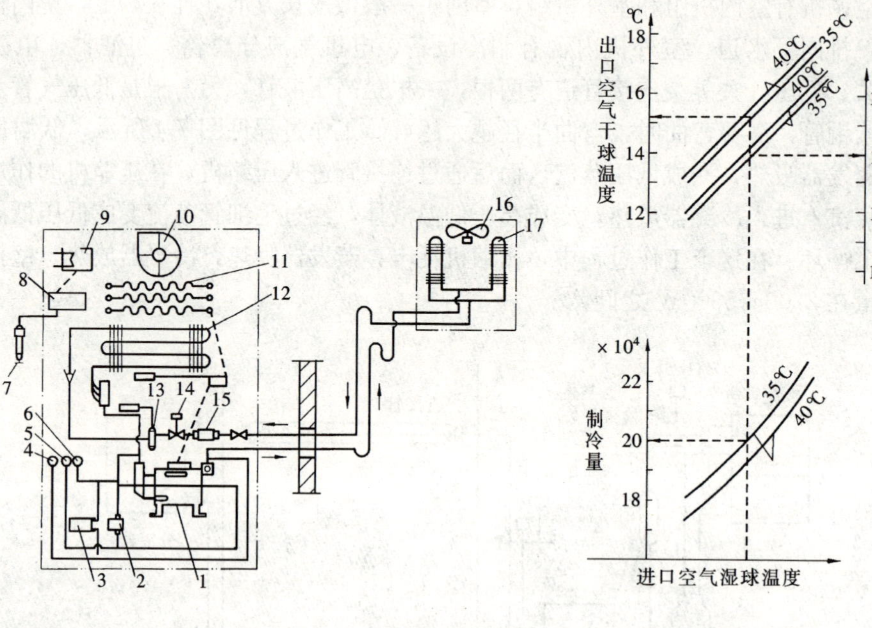

(a)　　(b)

图 7-5　HF 系列恒温恒湿机组

(a) HF 系列恒温恒湿机组；(b) HF 系列恒温恒湿机热工特性曲线

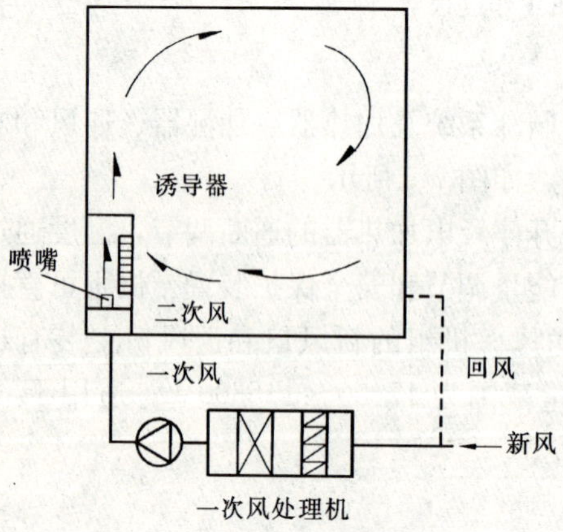

图 7-6　诱导器空调系统

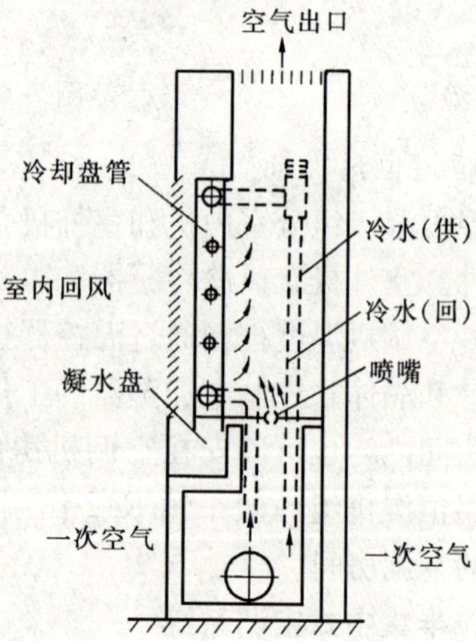

图 7-7　诱导器的结构

评价诱导器的性能指标是诱导比，它指被诱导的二次风和一次风的比值，即

$$n=\frac{G_2}{G_1} \tag{7-1}$$

式中　n——诱导比，一般在 2.5～5 之间；

G_2——被喷嘴诱入的二次风，kg/h；

G_1——通过静压箱送出的一次风，kg/h。

因为
$$G=G_1+G_2=G_1+nG_1$$

所以
$$G_1=\frac{G}{1+n} \tag{7-2}$$

由此可见，在一次风相同的情况下，诱导比大的诱导器，室内换气次数高。

2. 风机盘管系统

风机盘管系统是另一种半集中式空调系统，它在每个空调房间内设置风机盘管机组。风机盘管的形式很多，有立式明装、立式暗装、吊顶暗装等。图 7-8 是立式明装的风机盘管的结构图。

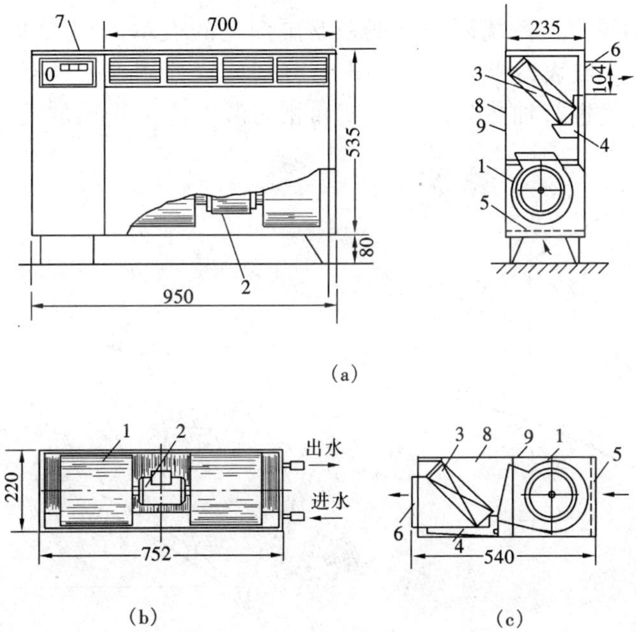

图 7-8 风机盘管构造

(a) 立面图；(b) 侧面图；(c) 俯视图

1—风机；2—电机；3—盘管；4—凝水盘；5—过滤器；6—出风口；7—控制器；8—吸声材料；9—外壳

风机盘管机组冷热水管分四管制、三管制和二管制三种。室内温度可以通过温度传感器来控制进入盘管的水量，进行自动调节，也可以通过盘管的旁通门来调节。风机盘管的容量一般为：风量 0.007～0.236m^3/h，冷量为 2500～7000W，风机电功率一般为 30～100W，水量约为 0.14～0.22L/s。半集中式空气调节系统，特别是风机盘管空气调节系统，在宾馆用得最多，因为它有造价低、风管占用空间少、安装方便等这些优点。

三、集中式空调系统

集中式空调系统的设备都在空调机房内，空调房间只有送风口和管道。在一些大型的公共场所采用这种形式较多。

利用一部分回风与室外新风混合处理后送入室内，这种空调系统称一次回风空气调节系统。利用一部分回风是为了节能，利用新风是为了满足空调房间人们对新风的要求，保证人体健康，所以这种形式用得最多。当然回风量越大，新风量越小越经济。但新风量太小卫生条件不好。一般规定新风量不小于总风量的10%～15%。

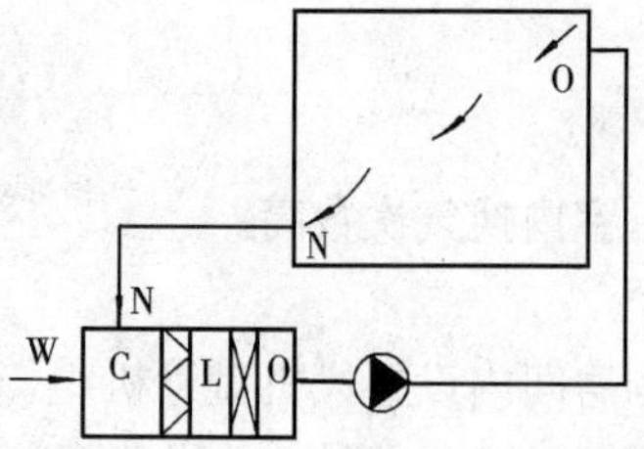

图7-9 一次回风空调系统图示

图7-9为一次回风空调系统的示意图，对于冬季室外新风和一部分回风混合进入空气处理设备，经过滤器除掉空气中的灰尘，经一次加热器加热，而后进入喷淋室，对空气进行加湿处理，然后经二次加热器把空气加热到所需的温度，最后用风机把空气送入空调房间。图7-10所示为一次回风冬季处理方案在焓湿图上的表示。图7-10中N为室内设计状态点，W′为冬季室外空气状态点，C′为新风和回风的混合点。

图7-11是一次回风空调系统夏季方案在焓湿图上的表示，新风和回风的混合点是C点，而后进入喷淋室（或表冷器）对空气进行冷却减湿处理，去掉空气中的水分，而后进入二次加热器对空气进行加热处理，温度和相对湿度达到送风的要求后，用风机送入空调房间内。

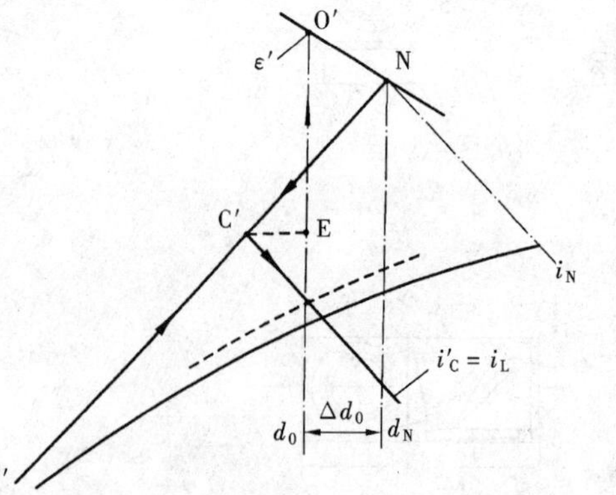

图7-10 一次回风空调系统冬季方案

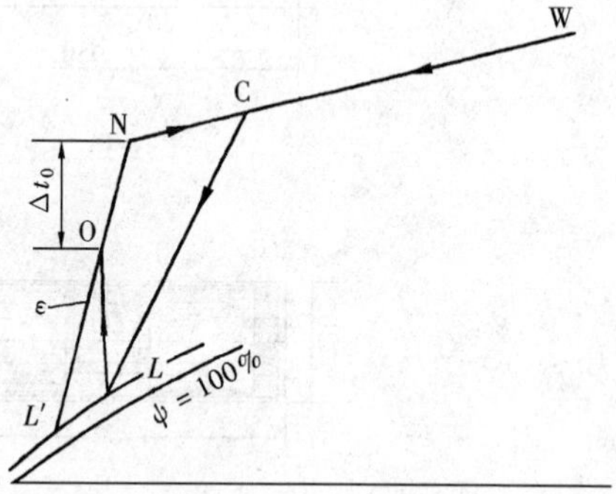

图7-11 一次回风空调系统夏季方案

集中空气调节系统和半集中式空调节系统相比，一次投资多，设备占地大，风管的尺寸大，占用空间多，但设备运行管理方便，能满足各种场合的要求。特别是对空气的湿度、温度、洁净度、噪声要求较高的场合，大多采用集中式空气调节系统。

第三节 空气处理及设备

对空气处理的设备很多，主要的有以下几类：空气加热设备、空气冷却设备、空气加湿和减湿设备、空气净化设备、消声和减振设备等。

一、空气加热

1. 加热器的种类

空气加热器的种类很多，有光管式和肋管式等，肋管式又有绕片管、轧片管、串片管等，如图7-12所示。管材有铜管铜片、铝管铝片、钢管钢片等。

绕片管是用延展性好的金属带绕在管子上制成的，如图7-12（a）、（b）所示。用轧片机在光滑管子上，轧出肋片称轧片管，如图7-12（d）所示。将事先准备好的带有孔口的肋

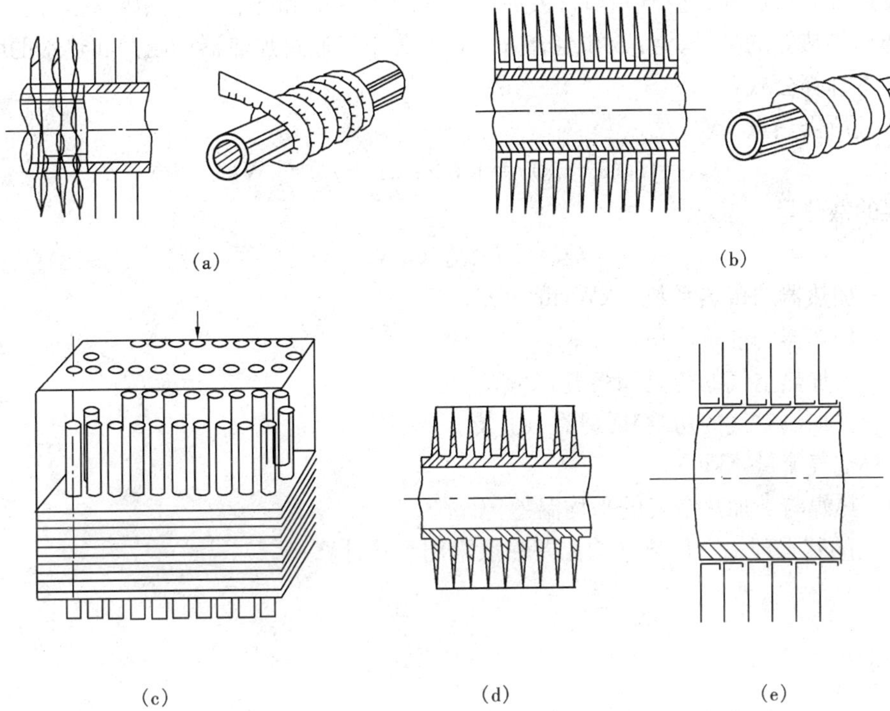

图 7-12　各种肋片管换热器的构造

(a) 有拆绕片管；(b) 无拆绕片管；(c) 整体串片管；(d) 轧片管；(e) 单片串片管

片与管束串在一起，经胀管之后可制成串片管，如图 7-12 (c) 所示。这几种管子传热性能最好的轧片管，因为片和管子之间没有间隙，没有传热热阻。上面这几种加热器统称为壳管式加热器。除此之外还有电加热器，如图 7-13 所示。电加热器一般用在恒温恒湿机组上，以及集中空调机的末端加热上。

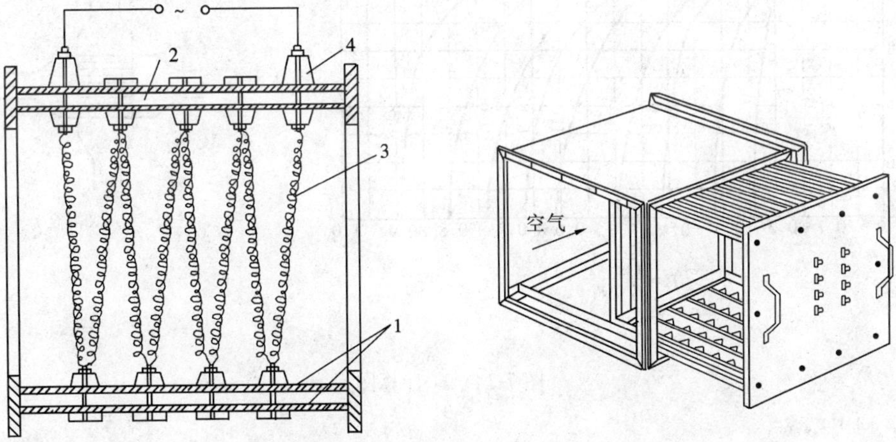

图 7-13　电加热器的构造图

1—隔板；2—保温层；3—电阻丝；4—电极

2. 加热器的选择

加热器选择时应已知：空气量G、被加热空气的初温t_1和终温t_2、热媒参数等。并根据这些参数选择加热器的型号、台数和组合方式，计算空气通过加热器的阻力和热水的阻力。

(1) 基本计算公式：

加热空气所需热量

$$Q_X = G(i_2 - i_1) = 1.01G(t_2 - t_1)\ (\text{kW}) \tag{7-3}$$

加热器的散热量

$$Q_S = KF\Delta t_m\ (\text{kW}) \tag{7-4}$$

式中　K——加热器的传热系数，kW/m^2·℃；

F——加热器的散热面积，m^2；

t_1、t_2——被加热空气的初温和终温，℃；

i_1、i_2——被加热空气的初焓和终焓，kJ/kg；

G——空气流量，kg/s；

Δt_m——热媒与被加热空气的平均温差，℃。

根据传热的基本理论，传热平均温差一般采用下式计算

$$\Delta t_m = \varepsilon_{\Delta t}\frac{\Delta t' - \Delta t''}{\ln\dfrac{\Delta t'}{\Delta t''}} \tag{7-5}$$

式中　$\varepsilon_{\Delta t}$——温差修正系数；

$\Delta t'$——换热器一端的热流体和冷流体的温差，℃；

$\Delta t''$——换热器另一端热流体和冷体的温差，℃。

温差修正系数$\varepsilon_{\Delta t}$的值和换热器内流体的流动方式、壳程及管程数、两流体的进出口温度有关。对于一侧流体混合，一侧流体不混合的流动方式$\varepsilon_{\Delta t}$，可查图 7-14。

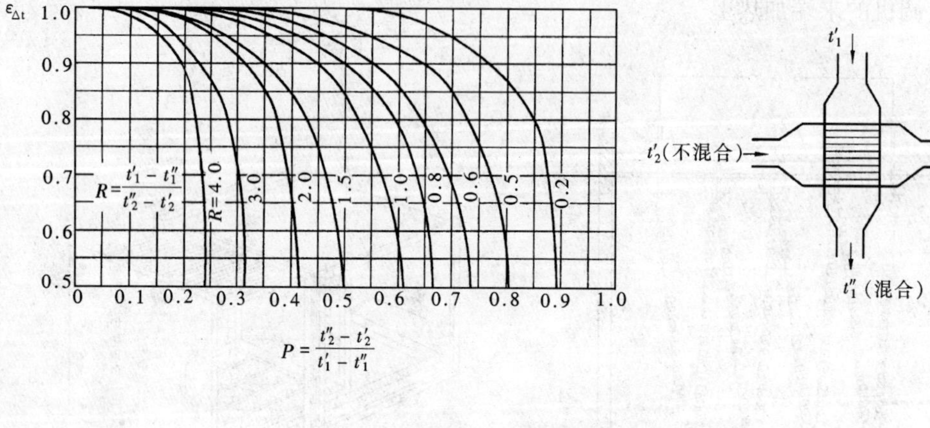

图 7-14　$\varepsilon_{\Delta t}$计算图

图 7-14 中

$$P = \frac{t_2'' - t_2'}{t_1' - t_1''} = \frac{\text{冷流体的加热度}}{\text{两流体的进口温差}} \tag{7-6}$$

$$R=\frac{t'_1-t''_1}{t''_2-t'_2}=\frac{\text{热流体的冷却度}}{\text{冷流体的加热度}} \tag{7-7}$$

式中 t'_1、t''_1——热流体的进出口温度,℃;

t'_2、t''_2——冷体的进出口温度,℃。

考虑到传热系数因表面积灰、管内结水垢、肋片结合不紧等影响而降低,所计算的加热器散热量应大于空气的吸热量,即

$$Q_S=(1.1\sim1.3)Q_X(\text{kW}) \tag{7-8}$$

加热器的传热系数 K,因为影响因素很多,难以用数学方法推导出来。通常采用下例实验公式计算:

热媒为热水时 $$K=A(v_\rho)^n\omega^p[\text{W}/(\text{m}^2\cdot℃)] \tag{7-9}$$

热媒为蒸汽时 $$K=B(v_\rho)^m[\text{W}/(\text{m}^2\cdot℃)] \tag{7-10}$$

式中 K——加热器的传热系数,W/m²·℃;

v_ρ——空气的质量流速,kg/m²·s;

ω——水在加热器肋管中的流速,m/s;

A、B、n、m、p——与加热器的构造、空气的质量流速等有关的实验常数。

空气的质量流速用下式计算

$$v_\rho=\frac{G}{3600f}[\text{kg}/(\text{m}^2\cdot\text{s})] \tag{7-11}$$

式中 f——空气加热器的通风净面积,m²。

由式(7-9)和式(7-10)可以看出,传热系数随质量流速的增加而增加,提高质量流速可以减小传热面积,减小设备投资。但质量流速的增加,空气的流动阻力也将增加,从而增风机的动力消耗,运行费用提高。目前,计算中一般采用 $v_\rho=6\sim10\text{kg/m}^2\cdot\text{s}$。

(2)加热器的空气阻力。空气流过加热器的阻力和加热器的形式、构造以及空气质量流速有关,一般采用下述公式计算

$$\Delta p=c(v_\rho)^y(\text{Pa}) \tag{7-12}$$

式中 c、y——与加热器有关的实验常数和指数。

为安全起见,按上式计算的空气阻力应考虑10%的附加值。

(3)加热器肋管中的水流速度。热水通过加热器的肋管时,流速的大小直接影响传热系数,由式(7-9)可以看出,流速增大可增大传热系数 K 值。但流速增大又会使热水通过加热器的阻力增大,因而也会增加水泵的电加消耗。一般对于低温热水取 $\omega=0.6\sim1.8\text{m/s}$,对高于100℃的高温水,由于水温降较大,可以取小些。根据热平衡关系可求得热水在加热器肋管中的流速

$$\omega=\frac{1.01G(t_2-t_1)}{3600\times1000f_s(t_r-t_h)\times4.19} \tag{7-13}$$

式中 f_s——空气加热器中流通热水的肋管总截面积,m²;

ω——进入换热器中热水流速,m/s;

t_r——热水温度,℃;

t_h——回水温度,℃;

其他符号意义同前。

（4）加热器的水流阻力。热媒为蒸汽时，加热器入口处的蒸汽压力应保持不小于 30kPa 的余压来克服加热器的阻力和保持凝结水管中具有一定的余压。热媒为热水时，加热器的阻力可按下式计算

$$\Delta h = D\omega^{S}\ \text{(Pa)} \tag{7-14}$$

式中 D、S——与加热器构造有关的实验常数和指数；

Δh——热水通过加热器的阻力，Pa。

所计算的热水阻力应考虑 20％的附加值。

国产各种空气加热器的传热系数和阻力计算公式如表 7-1 所示。

表 7-1　部分空气加热器的传热系数和阻力计算公式

加热器型号	传热系数 K[W/(m²·℃)]		空气阻力 Δp (Pa)	热水阻力 Δh (Pa)
	蒸　汽	热　水		
SRZ 型 5、6、10D	$13.6(v_\rho{}^{*})^{0.49}$		$1.76(v_\rho)^{1.998}$	D 型：$15.2w^{1.96}$ Z、X 型：$19.3w^{1.83}$
SRZ 型 5、6、10Z	$13.6(v_\rho)^{0.49}$		$1.47(v_\rho)^{1.98}$	
SRZ 型 5、6、10X	$14.5(v_\rho)^{0.532}$		$0.88(v_\rho)^{2.12}$	
SRZ 型 7D	$14.3(v_\rho)^{0.51}$		$2.06(v_\rho)^{1.17}$	
SRZ 型 7Z	$14.3(v_\rho)^{0.81}$		$2.94(v_\rho)^{1.52}$	
SRZ 型 7X	$15.1(v_\rho)^{0.571}$		$1.37(v_\rho)^{1.917}$	
SRL 型 B×A/2	$15.2(v_\rho)^{0.40}$	$16.5(v_\rho)^{0.24}$**	$1.71(v_\rho)^{1.67}$	
SRL 型 B×A/3	$15.1(v_\rho)^{0.43}$	$14.5(v_\rho)^{0.29}$**	$3.03(v_\rho)^{1.62}$	
SYA 型 D	$15.4(v_\rho)^{0.297}$	$16.6(v_\rho)^{0.36}w^{0.226}$	$0.86(v_\rho)^{1.96}$	
SYA 型 Z	$15.4(v_\rho)^{0.297}$	$16.6(v_\rho)^{0.36}w^{0.226}$	$0.82(v_\rho)^{1.94}$	
SYA 型 X	$15.4(v_\rho)^{0.297}$	$16.6(v_\rho)^{0.36}w^{0.226}$	$0.78(v_\rho)^{1.87}$	
Ⅰ型 2C	$25.7(v_\rho)^{0.375}$		$0.80(v_\rho)^{1.985}$	
Ⅰ型 1C	$26.3(v_\rho)^{0.423}$		$0.40(v_\rho)^{1.985}$	
GL 或 GL-Ⅱ型	$19.8(v_\rho)^{0.608}$	$31.9(v_\rho)^{0.46}w^{0.5}$	$0.84(v_\rho)^{1.862}\times N$	$10.8w^{1.854}\times N$
B、U 或 U-Ⅱ型	$19.8(v_\rho)^{0.608}$	$25.5(v_\rho)^{0.556}w^{0.0115}$	$0.84(v_\rho)^{1.862}\times N$	$10.8w^{1.854}\times N$

* v_ρ 为空气质量流速[kg/(m²·s)]；w 为水流速(m/s)；N 为排数。

** 用 130℃过热水，w=0.023～0.037m/s。

（5）空气加热器的选择计算例题。下面通过例题详细介绍一下空气加热器的选择计算方法及步骤。

【例 7-1】 如果要将 18000kg/h 的空气从 $t_1=-10$℃加热到 $t_2=20$℃，热媒是 0.5 表压的饱和蒸汽，饱和温度 $t_q=110.8$℃，试选择合适的加热器。

解　(1)计算加热空气所需热量

$$Q_X = 1.01G(t_2 - t_1) = 18000\times1.01\times[20-(-10)] = 5.45\times10^5\text{(kJ/h)} = 151.5\text{(kW)}$$

取附加系数 10％

$$Q_X = 1.1\times151.5 = 166.65\text{(kW)}$$

（2）选取经济质量流速 v_ρ，计算空气加热器的通风净面积 f。

取 $v_\rho=8\text{kg/m}^2\cdot\text{s}$

则

$$f=\frac{G}{3600v_{\rho}}=\frac{18000}{3600\times 8}=0.625\ (\mathrm{m}^2)$$

(3) 初选加热器的型号。根据 $f=0.625\mathrm{m}^2$ 初选加热器 SRZ10×6D，采用两台并联。总空气流通面积 $f_t=2\times 0.381=0.762\ (\mathrm{m}^2)$，查得，总散热面积 $25.13\times 2=50.26\ (\mathrm{m}^2)$。

(4) 求实际的质量流速

$$\rho=\frac{18000}{3600\times 0.762}=6.56\ (\mathrm{kg/m^2\cdot s})$$

(5) 求换热器的传热系数。

从表 7-1 查得：$K=13.62(v_{\rho})^{0.49}$ $[\mathrm{W/(m^2\cdot ℃)}]$

所以 $K=13.62(6.56)^{0.49}=34.234$ $[\mathrm{W/(m^2\cdot ℃)}]$

(6) 求加热器的散热量

$$\begin{aligned}Q_S&=KF\Delta t_m\\&=34.234\times 50.26(110.8-5)\\&=1.82\times 10^5(\mathrm{W})=182\mathrm{kW}\end{aligned}$$

(7) 检查安全率

$$\frac{Q_S-Q_X}{Q_X}\times 100\%=\frac{182-166.65}{166.65}\times 100\%=9.2\%$$

基本符合要求，选 SRZ10×6D 两台是合适的。

(8) 计算空气侧阻力

由表 7-1 查得： $\Delta P=1.76(v_{\rho})^{1.998}$

所以 $\Delta P=1.76(6.56)^{1.998}=75.9(\mathrm{Pa})$

附加 10%： $\Delta P=75.9\times 1.1=83.5(\mathrm{Pa})$

二、空气冷却

在空气调节工程中，除了用喷水室对空气进行加湿处理外，还可以用表面式换热器处理空气。大部分的表面式换热器，即可以作加热器也可以作冷却器。加热器已在前面讨论过，这里只讨论冷却器。

表面式冷却器分为水冷式和直接蒸发式两种。水冷式表面冷却器内用冷水或冷冻盐水作冷媒。直接蒸发式是通以制冷剂作冷媒，靠制冷剂的蒸发吸取空气的热量，用来冷却空气。在空调工程中常用 R12 和 R22 作制冷剂。直接蒸发式表冷器用的较少，现在只讨论水冷式表面冷却器。

(1) 构造。水冷式表冷器是用冷冻水通进换热器内，在构造上与蒸汽或热水加热器相同，也是在管上加肋片，只不过管内通入的是冷媒而已。有时两者就是同一台设备，通冷媒时作冷却用，通热媒时作加热用。

(2) 分类。表冷器按制作管的材料不同分为：钢管钢片、铝管铝片、铜管铜片、铜管铝片和钢管铝片等。按肋片管的加工方法不同分为：绕片式、穿片式、镶片式和轧片式等几种。

(3) 布置与安装。水冷式表面冷却器可以水平安装，也可以垂直或倾斜安装。垂直安装时务必要使肋片保持垂直。这是因为空气中的水分在表冷器外表面结露时，会增大管外空气侧阻力，减小传热系数。垂直肋有利于水滴及时流下，保证表冷器良好的工作状态。

从空气流过表冷器的方向看，表冷器可以并联也可以串联，又可以串并联组合。当处理的空气量大时，采用并联。当要求空气的温升大时，采用串联。

冷水的管路也有并联和串联之分，并联时冷水同时进入每一个换热器，空气与水的换热温差大，水流阻力小，但要求的水量大。串联时冷水顺次进入每个换热器，由于在前面换热器内冷水也吸收了空气的热量，温度有所升高，在末端换热器内和外面空气的温差就相对减小，同时水流阻力也较大，但水力稳定性较好，不至于由于外网工况的波动出现水力失调。换热器的安装如图 7-15 所示。

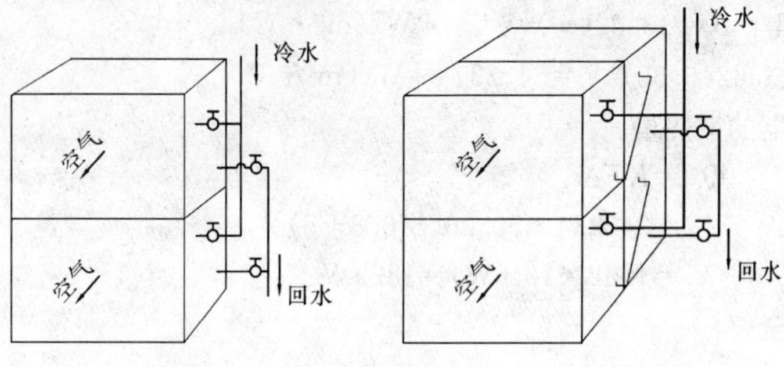

(a) (b)

图 7-15 表冷器管道的连接方式

(a) 并联连接；(b) 串联连接

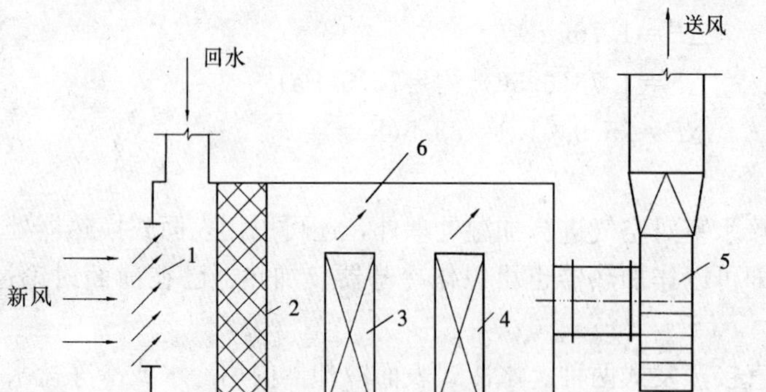

图 7-16 安装表冷器的空调箱

1—百叶窗；2—过滤器；3—表冷器；4—加热器；5—风机；6—旁通阀

空气与冷水两者的流向，既可以顺流也可以逆流。但多数为逆流，因为逆流传热温差大，有利于提高换热量，减小所需表冷器的表面积。水冷式表面冷却器在空调箱内的安装如图 7-16 所示。

空气进入空调箱先经过过滤器，除掉空气中的灰尘，再进入表冷器冷却降温（夏天），然后用风机送往空调房间。

水冷式表面冷却器处理空气的过程只有两种，一种是对空气冷却；另一种是对空气冷却干燥。如果对空气进行这两种处理过程可以采用表面式冷却器。

三、空气加湿和减湿

1. 空气的加湿

在空调工程中，有时需要对空气进行加湿和减湿处理，以增加空气的含湿量和相对湿度，满足空调房间的设计要求。

对空气的加湿方法很多，有喷水室，还有喷雾加湿和喷蒸汽加湿等。喷雾加湿设备有压缩空气喷雾加湿机、电动喷雾机等。喷蒸汽加湿设备有电热式加湿器和电极式加湿器等。

（1）喷蒸汽加湿。把蒸汽喷入空气中直接对空气进行加湿的方法称喷蒸汽加湿。蒸汽可喷入空气处理室内，也可设置在风道内。它的特点是节省电能、加湿快、均匀、稳定、不带水滴、不带细菌、设备简单、运行费用低。

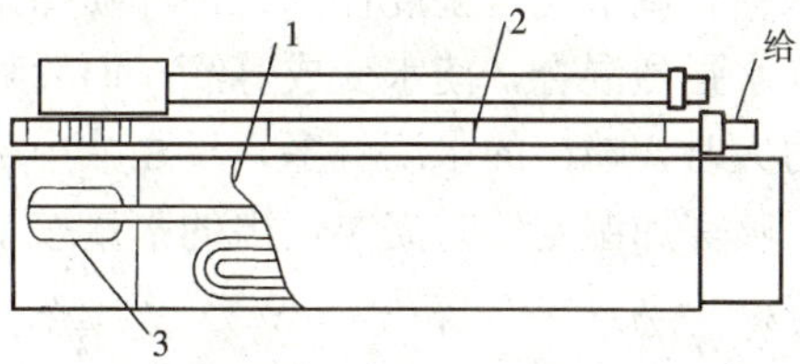

图 7-17　电热式加湿器图

1—电加热管；2—给水管；3—浮球阀

电热式加湿器是将放置在水槽中的管状电加热元件通电后，把水加热至沸腾，发生蒸汽的加湿设备，如图 7-17 所示。它由管状电加热器、防尘罩和浮球开关等组成。管状电加热元件是由电阻丝包在绝缘密封管内组成的。加湿器上还装有给水管，和自来水相连，箱内水位由浮球阀控制。一是在供电线路上装有电流控制设备，当需要蒸汽多时，增大供电电流。反之，减小供电电流。二是在送汽管上装有电动调节阀，电动调节阀由装在空气中的湿度敏感元件控制，从而保证加湿空气的相对湿度。

电极式加湿器是在水中放入电极，电流从水中通过把水加热的设备。图 7-18 所示为电极式加湿器的结构图。它由外壳、保温层、三根铜棒电极、进水管、出水管和接线柱等组成。当电极棒通电后，电流从水中通过，这时水相当于电阻，水被加热而发生蒸汽，蒸汽喷入空气中，对空气加湿。水容器内的水位越高，导电面积越大，则通过的电流越强，发生的蒸汽量就越多。因此可以通过调节溢流管内水位的高低的方法来调节加湿器发生的蒸汽量，从而调节对空气的加湿量。

电极式加湿器发生的蒸汽量与所需的电功率大小按下式计算

$$N=WI_q \text{ (kW)} \tag{7-15}$$

式中　W——发生的蒸汽量，kg/s；

I_q——蒸汽的焓，一般可取 I_q＝2690kJ/kg。

电极式加湿器的特点是结构紧凑，而且加湿量容易控制，所以用的较多。缺点是耗电量大，电极上易结水垢和腐蚀。

(2) 喷雾加湿。将常温的水喷成雾状直接进入空气中的加湿设备，称喷雾加湿设备。利用高速喷出的压缩空气，引射出水滴，并使水滴雾化而进行加湿的方法，称压缩空气喷雾加湿。如图7-19所示为压缩空气喷雾加湿的系统图，它

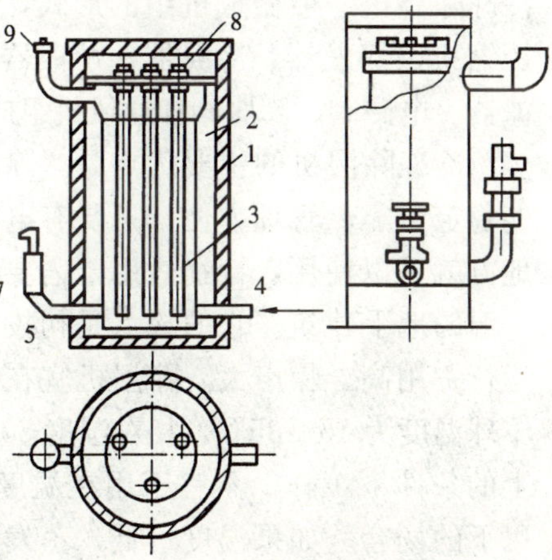

图 7-18　电极式加湿器

1—进水管；2—电极；3—保温层；4—外壳；5—接线柱；6—溢水管；7—橡皮短管；8—溢水嘴；9—蒸汽出口

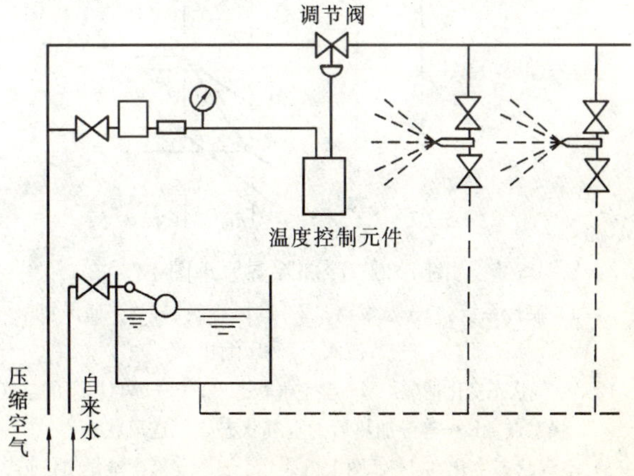

图 7-19　压缩空气喷雾加湿图

由水箱、调节阀、湿度控制元件和喷嘴组成。当压缩空气进入喷嘴时，把水箱内水吸入，空气和水强烈混合，使水变成雾滴，而后喷入空气中，对空气进行加湿。进入喷嘴的压缩空气压力大时，喷出的水滴就多，反之减小。空气压力由调节阀控制。

喷雾加湿空气时需要喷出的水量按下式计算

$$W=\frac{d_n-d_2}{1000}G\ (\text{kg/h}) \tag{7-16}$$

式中 d_n、d_2——分别为室内状态点和送风状态点的含湿量，g/kg；

G——送风量，kg/h。

2. 空气的减湿

空气的减湿在空调设备内有喷冷冻水减湿、表冷器减湿、转轮除湿机及吸湿剂减湿等。在空调房间内有加热通风法减湿、冷冻除湿机等。这里一并介绍。

(1) 热通风法除湿。向空调房间送入热风或直接在空调房间进行加热来降低室内空气相对湿度的方法，称加热通风法除湿。实践证明，当室内的含湿量一定时，空气的温度每升高1℃，相对湿度约降低5%。但空气的等湿升温过程并不能减少含湿量，只能降低相对湿度，也就是不能真正的除湿。如果加热的同时又送以热风，可把水分带出室外，这就能达到真正的减湿目的。这种方法的特点是方法简单、投资少、运行费用低，最大的缺点是相对湿度控制不严格。

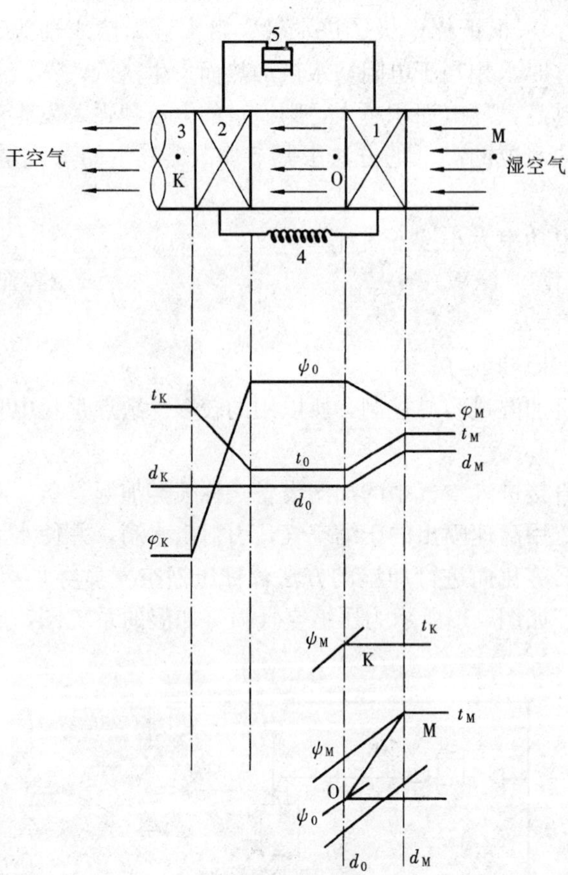

图 7-20 冷冻除湿原理图

(1) 制冷系统：1—蒸发器；2—冷风冷凝器；3—通风机；4—节流阀；5—压缩机

(2) 空气状态变化情况：M—湿空气状态点；O—露点以下的空气状态点；K—等湿加热后的空气状态点（送风状态点）

(3) 空气状态变化在 $I\sim d$ 图上的表示：d—空气含湿量（g/kg）；t—空气干球湿度（℃）；ψ—空气相对湿度（%）

(2) 冷冻除湿机。利用制冷设备来除掉空气中水分的方法称冷冻除湿机。冷冻除湿机一般做成机组的形式，它由压缩机、蒸发器、冷凝器、贮液器、过滤器、电磁阀、膨胀阀和通风机组成。

冷冻除湿机的主要优点是，除湿性能稳定可靠、管理方便，只要有电源的地方就可以使用，特别适用于需要除湿升温的地下建筑。它的缺点是初投资和运行费用高、噪声大。除湿机宜在空气干球温度为15～35℃，相对湿度50%以上的条件下工作。不宜于用在温度4℃以下的场合。如果温度过低，蒸发器表面结霜，影响传热，又增大空气流通的阻力，除湿能力降低。图 7-20 所示为除湿机的原理图。

湿空气在通风机 3 的作用下，从右

面进入除湿机（M 点），通过过滤器进入蒸发器 1，因蒸发器内部流过的是制冷剂，在制冷剂的作用下，蒸发器表面的温度低于外面空气的露点温度，空气中的水就在蒸发器表面凝结，空气中水分被除掉。空气析出水分后又进入冷凝器，冷凝器流过的是高温高压的制冷剂，空气吸收冷凝器放出的冷热后，相对湿度降低，温度升高。升温后的空气用风机送入空调房间。

制冷剂的循环如下：首先制冷剂在蒸发器内吸收空气的热量后，变成低温低压的蒸汽，由压缩机吸入，在压缩机内，由于压缩机的作用，把制冷剂压缩成高压高温的气体，高压高温气体进入冷凝器，把热量放给外面的空气，变成高压低温的液体，高压低温的液体经过节流阀节流，又变成低压低温的湿蒸汽，进入蒸发器。这样完成了一个循环。在这个循环过程中，压缩机耗电能，蒸发器从空气吸热，冷凝器向空气放热。空气向蒸发器放热的同时，空气中的水分也就在蒸发器表面凝结。这样就达到了除湿的目的。

（3）喷淋室。喷水室是即能加湿又能减湿的设备，这主要取决于喷水的温度。喷水室又叫喷淋室，是空调工程中的主要空气处理设备之一。喷水室的作用是将水喷成雾状，当空气经过时，空气和水进行热湿交换，达到特定的处理目的。

下面是一单级喷水室的构造图，它由喷嘴排管、挡板、底池、附属管及外壳组成。为了防止水被空气带走，在喷水室内还设有前挡水板和后挡水板。

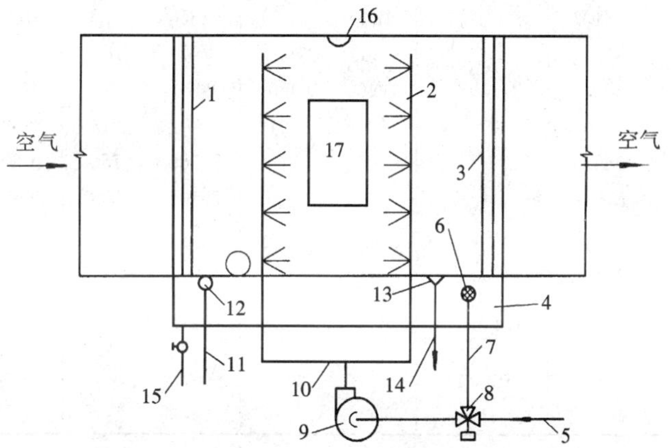

图 7-21 喷水室的构造图

1—前挡水板；2—喷水排管；3—后挡水板；4—底池；5—冷水管；6—滤水器；7—循环水管；8—三通调节阀；9—喷水管；10—供水管；11—补水管；12—浮球阀；13—溢水器；14—溢水管；15—排水管；16—防水照明灯；17—检查门（密闭门）

喷水室的工作过程是这样的：被处理的空气以一定的速度经过前挡水板 1 进入喷水室，在喷水室内，空气与喷嘴出来的雾状水滴直接接触，由于水滴与空气的温度不同，它们之间进行着复杂的热湿交换过程。空气的温度、相对湿度和含湿量都发生了变化。由喷水室出来空气经挡水板 3 分离出所携带的水分再经其他处理，最后用风机送往空调房间。

底池 4 是收集喷淋水用的。池中的滤水器 6 和循环管 7 以及三通调节阀 8 组成了循环水系统。进入水泵 9 的水来自两部分，一部分来自底池，一部分来自空调机房间的冷热源。在夏天 5 是冷水管，来自制冷系统，冷水和来自底池的循环水混合达到一定的水温后用水泵送入喷水室进行喷淋。底池内多余的水经溢水管 13 排入下水管道。当需要不同的水温时可以调节三通阀 8 来改变回水和冷冻水的水量。当喷水室需要清洗时用排水管 15 把水排入下水管道。

四、空气的净化

空气的净化是除掉空气中灰尘，控制房间的洁净度。在工业企业的很多车间需要保持空气的洁净度，如电子生产车间、纺织车间、制药车间、胶片洗印厂等。

正常的空气中含有大量的灰尘，不能满足工艺的需要，就必须采取措施除掉空气中的灰尘。通常空气的净化要求分为三类：一般净化：只要求一般的净化处理，没有明确的控制指标。中等净化：要求空气中悬浮微粒的质量浓度不大于0.15mg/m^3。超级净化：对空气中悬浮微粒的质量和大小均有要求，分别有1级、100级、1000级、10000级、10万级等。详见表7-2所示。

表 7-2　　洁净级别的划分

级别名称		粒径（μm）									
		0.1		0.2		0.3		0.5		5	
		单位体积粒子数									
SI	英制	(m^3)	(ft^3)	(m^3)	(ft^3)	(m^3)	(ft^3)	(m^3)	(ft^3)	(m^3)	(ft^3)
M1		350	9.91	75.7	2.14	30.9	0.875	10	0.283	—	—
M1.5	1	1240	35.0	265	7.5	106	3.0	35.3	1.0	—	—
M2		3500	99.1	757	21.4	309	8.75	100	2.83	—	—
M2.5	10	12400	350	2650	75.0	1060	30.0	353	10.0	—	—
M3		35000	991	7570	214	3090	87.5	1000	28.3	—	—
M3.5	100	—	—	26500	750	10600	300	3530	100	—	—
M4		—	—	75700	2140	30900	875	10000	283	—	—
M4.5	1000	—	—	—	—	—	—	35300	1000	247	7.0
M5		—	—	—	—	—	—	100000	2830	618	17.5
M5.5	10000	—	—	—	—	—	—	353000	10000	2470	70.0
M6	100000	—	—	—	—	—	—	1000000	28300	6180	175
M6.5	100000	—	—	—	—	—	—	3530000	100000	24700	700
M7		—	—	—	—	—	—	10000000	283000	61800	1750

要除掉空气中的灰尘一般是采用空气过滤器，空气过滤器又分初效过滤器、中效过滤器、高效过滤器等。评价过滤器的性能一般有以下三个指标：

1. 过滤效率

单台过滤器的过滤效率用下式表示

$$\eta=\frac{n_1-n_2}{n_1}=\left(1-\frac{n_2}{n_1}\right)\times100\%=(1-p)\times100\% \tag{7-17}$$

式中　η——过滤器的过滤效率，%；

n_1——进入过滤器的灰尘含量；

n_2——从过滤器排出的灰尘含量；

p——过滤器的穿透率。

如果n台过滤器串联，总效率用下式计算

$$\eta=1-(1-\eta_1)(1-\eta_2)\cdots(1-\eta_n) \tag{7-18}$$

式中　η——串联过滤器的总效率，%；

η_1、η_2、…、η_n——各台过滤器的单独的效率，%。

2. 过滤器的阻力

过滤器的阻力是指空气通过过滤器的流动阻力，它包括滤料阻力和结构阻力两部分。过

滤器阻力一般用下式计算

$$\Delta H=Av+Bv^2 \tag{7-19}$$

式中 ΔH——过滤器的总阻力，Pa；

v——过滤器的面风速，m/s；

A、B——实验常数。

3. 过滤器的容尘量

在额定风量下，过滤器的阻力达到终阻力时，过滤器所能容纳的总粉尘量，称过滤器的容尘量。过滤器的容尘量越大越好，清灰周期就越长。

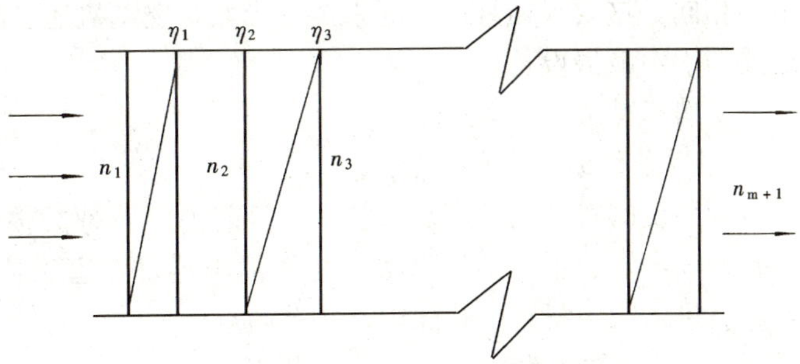

图 7-22 空气净化系统原理图

过滤器在空调系统中的应用如图 7-22 所示。首先新风和回风混合，而后进入过滤器，除掉空气中的灰尘，经换热器处理到所需要的温度，用风机送入空调房间。当空调房间要求一般净化时，只需要安装初效过滤器。当空调房间要求中等过滤时，就要安装初效和中效过滤器（有时还要安装亚高效过滤器）。当空调房间需要超净净化时，就要安装初效、中效、及高效过滤器（串联使用）。

五、空调机的构造

空调机也叫中央空气处理机，有时也叫空调箱。它把空气吸入经过过滤、加热、冷却、喷淋等处理，而后送往空调房间。根据风量大小，空调机有大有小。根据材料不同，空调机有金属空调箱和非金属空调箱等。现在多数空调箱是厂家加工好，用户采用就可以了。当需要的空调箱特别大时，有时需要在现场制作。

装配式空调箱的最大特点是可以根据设计要求直接选用，设计安装都比较方便。标准的空调机有回风段、混合段、预热段、过滤段、表冷段、喷水段、蒸汽加湿段、再热段、送风机段、能量回收段、消声器段和中间段等。图 7-23 所示为装配式空调箱的结构图。

回风段的作用是把新风和回风混合，消声段的作用是消除气流中的噪声，回风机段的作

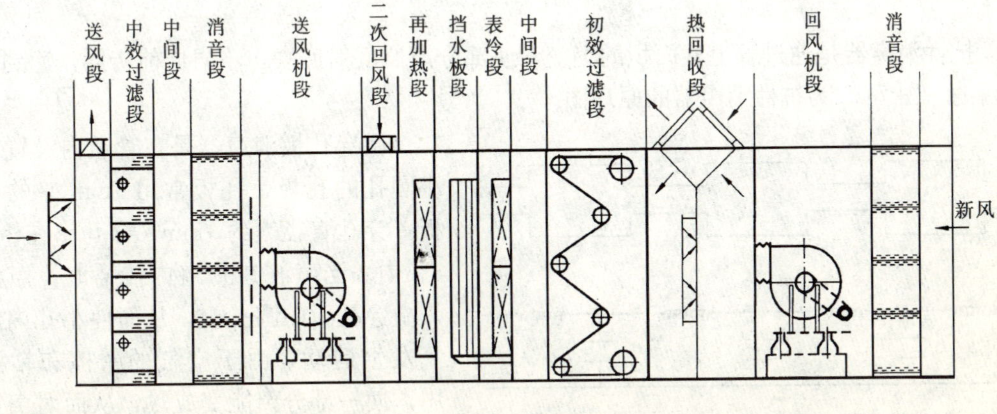

图 7-23 装配式空调箱的结构图

用是把新风和回风吸入空调箱，它克服回风系统的阻力。初效过滤器是过滤掉空气中的大颗粒灰尘。表冷段是对空气进行冷却处理（或冷却减湿处理）。挡水板段是除掉空气中的水分。送内机段是风机把空气送往空调房间。中效过滤器是进一步对空气进行过滤，以达到洁净度的要求。除此之外还有百叶调节阀等设备。

如上所讨论的是一般空调机的结构，对于风量不同，处理过程不同，空调机的尺寸结构等都不相同。这要根据具体情况来定。当然，空调机还要配备冷热源及管道系统，而且空调箱还要加消声减振设备。

六、消声减振

1. 空调系统的消声

空调系统的噪声用消声器来解决。目前消声器种类很多，有阻性消声器、抗性消声器、微穿孔板消声器、干涉消声器等。阻性消声器是在管道内表面贴附吸声材料，当声波通过时，声波进入吸声材料的孔隙内，小孔内空气振动，消耗声波的能量，声音被消除。图7-24所示为T701两种阻性管式消声器的结构图。

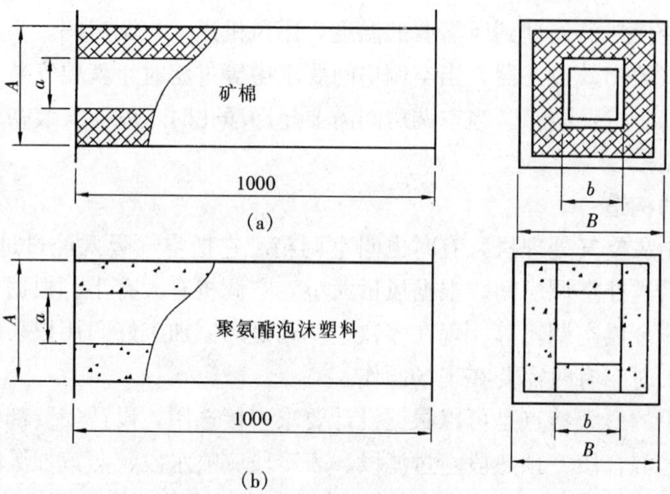

图 7-24　T701 阻性管式消声器

(a) 矿棉；(b) 聚氨酯泡沫塑料

抗性消声器是通过管道截面积的突变，使部分声波反射回去，不再向前传播，达到消声的目的。图 7-25 为抗性消声器的原理图。

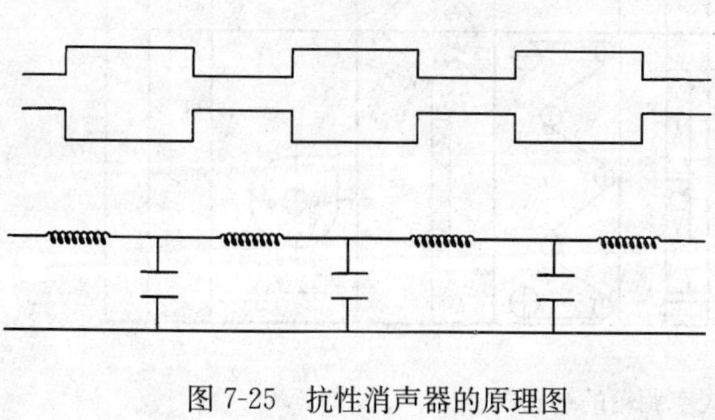

图 7-25　抗性消声器的原理图

微穿孔板消声器是在管道内设置有微小圆孔的孔板，孔板常用 1mm 厚的金属板，穿孔直径大约 1mm，穿孔率在 1%～3%内。当声波在管道内传播时，声波进入微穿孔板的圆孔内，从而使小孔内的空气发生运动，由于空气的摩擦和粘滞作用，使一部分声能变成热，从而对声能进行了消除。图 7-26 所示为双层微穿孔板消

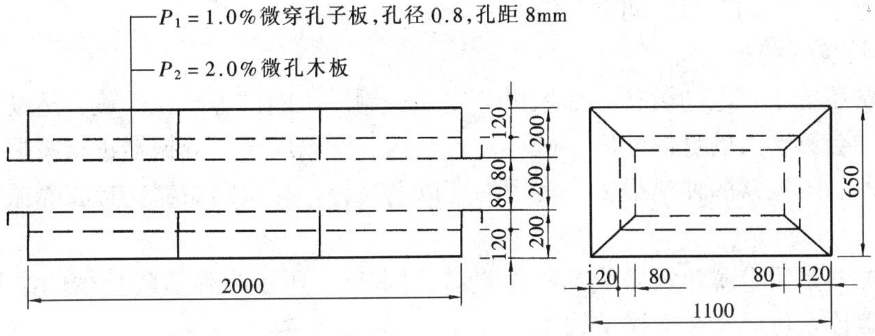

图 7-26 双层微穿孔板消声器结构

声器的结构图。

干涉消声器是利用声波相互干涉来消除噪声的设备。干涉消声器目前有两种，一种是旁路干涉消声器，另一种是电子干涉消声器。图 7-27 所示为旁路干涉消声器的原理图，图 7-28所示为电子干涉消声器的原理图。

旁路干涉消声器是在管道的侧面接出一旁通管道组成的消声器。当声波在管内传播时，一部分声波分岔进入旁路管道，这样从旁路管道出来的声音和直通管道的声音相位发生变化，两者的波峰和波谷相抵消，达到消声的目的。

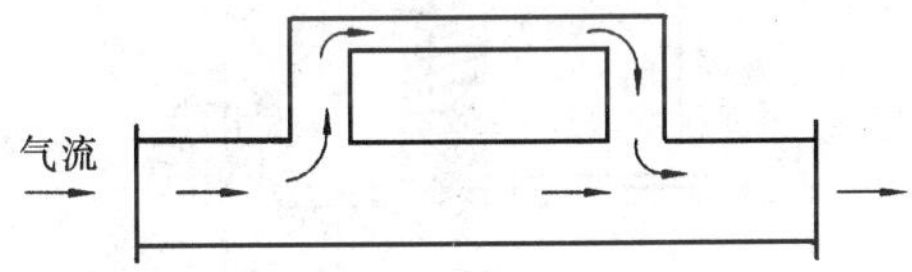

图 7-27 旁路干涉消声器

电子干涉消声器是利用电子设备吸收噪声源发出的噪声，而后经过处理发出一个大小相同，相位不同的声音，这样噪声源发出的噪声和电设备发出的噪声，大小相同，但相位不同，两者波峰和波谷相抵，达到消除噪声的目的。

消声器在空调系统的应用十分普遍，当然用什么样的消声器应经过计算确定，消声器安在什么位置也有具体的规定。图 7-29 所示为消声器的安装情况。图 7-29 中除在机房外设置消声器，在送风口处也设有消声器。这样机房的噪声由消声器Ⅰ来消除。但空气在管道内流动的过程中，外界的噪声也会传入管道，为了不让这部分噪声进入空调房间，在空调房间的进口处也设有消声器Ⅱ。外界噪声就不能进入空调房间，房间的噪声标准就能得到保证。同

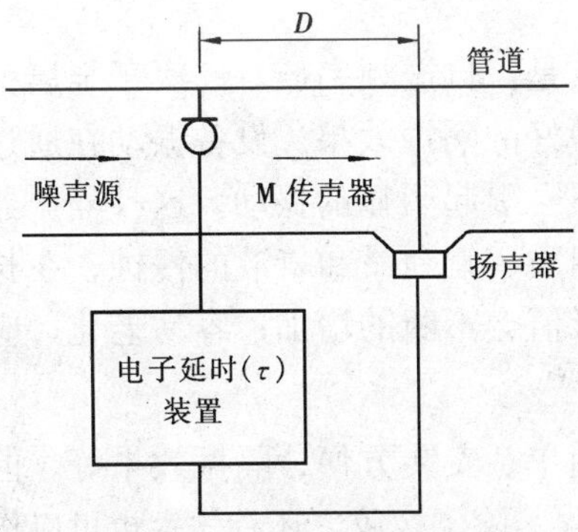

图 7-28 电子干涉消声器

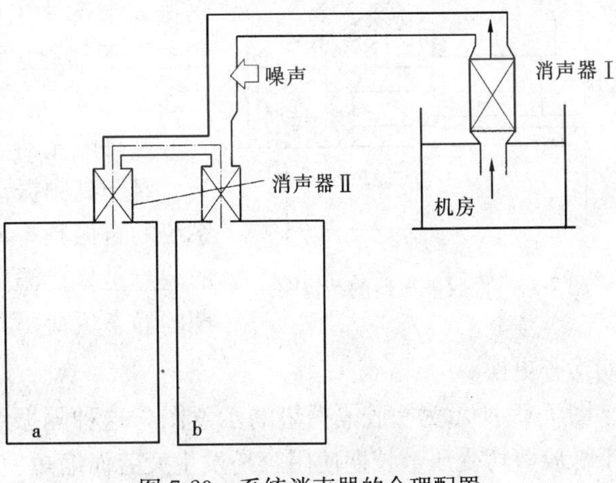

图 7-29 系统消声器的合理配置

时消声器Ⅱ也避免房间 a 和房间 b 相互串音。

2. 空调设备的减振

通风空调系统中：电动设备，如风机、水泵、制冷压缩机等，在作旋转运动时将发生振动。这些振动会影响人的身体健康，破坏建筑结构。所以应设置减振器进行减振。减振器有时也叫隔振器。隔振器的种类很多，常用的有以下三种，弹簧隔振器、橡胶隔振器和橡胶隔振垫。

弹簧隔振器是用金属弹簧做成的隔振设备。图 7-30 所示为弹簧隔振器的结构图。隔振器配有地脚螺栓，可固定在支撑结构上。

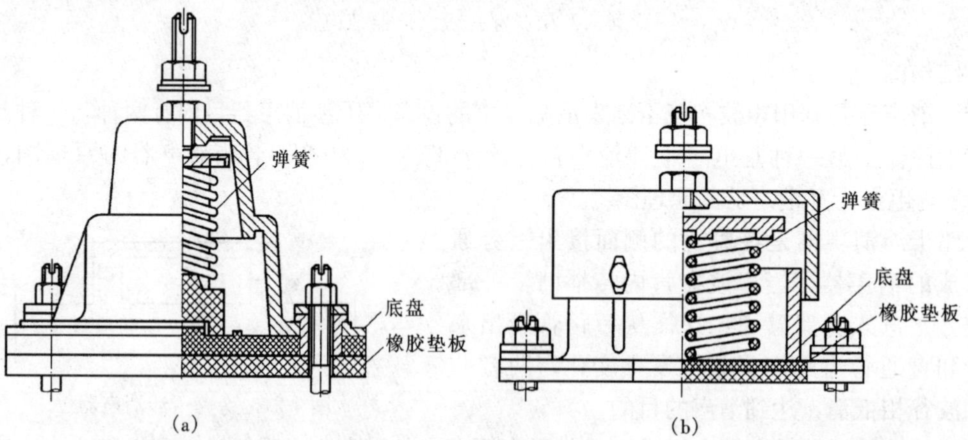

图 7-30　弹簧隔振器结构图

(a) TJ-1-10；(b) TJ-1-14

这种隔振器的优点是隔振效果好、使用寿命长，且能抗油、水的侵蚀，而且不受温度的影响。缺点是水平稳定性差。

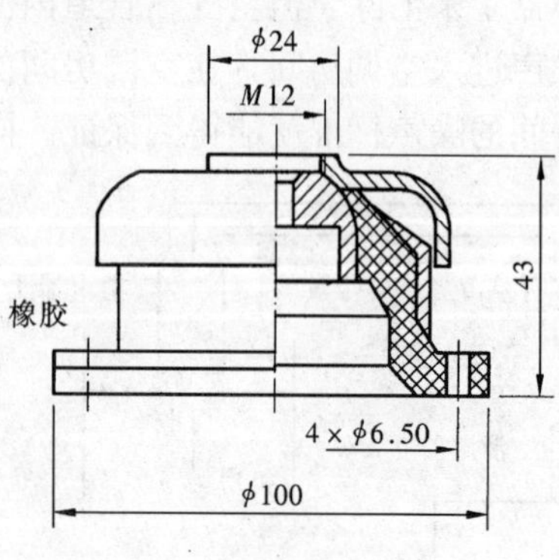

图 7-31　橡胶隔振器的结构图

橡胶隔振器是用橡胶做成的隔振设备。如图 7-31 所示。这种橡胶隔振器是用丁腈橡胶经硫化处理成圆锥体，粘结在内外金属环上，外部套有橡胶防护罩。隔振器上部中心设有小孔口，以便用螺栓和设备基座相连。下部周边设有 4 个螺栓孔，用于把隔振器和基础相连。

这种隔振器的特点是：自振频率低，仅次于金属弹簧。对于高频振动有很好的隔振效果。设备振动在通过系统的自振频率时，不会引起明显的振动。这种隔振器的缺点是易受温度、油质、氟利昂和氨液的侵蚀；在长期的静态负荷下，变形值会不断的增加；容易老化，应定期检查更换。

图 7-32 所示为橡胶隔振垫的示意图，这种隔振结构简单、安装方便、隔振效果好。但由于橡胶剪切受压，长期使用容易发生疲劳而缩短使用年限。除了橡胶，还有软木也可以作隔振材料。

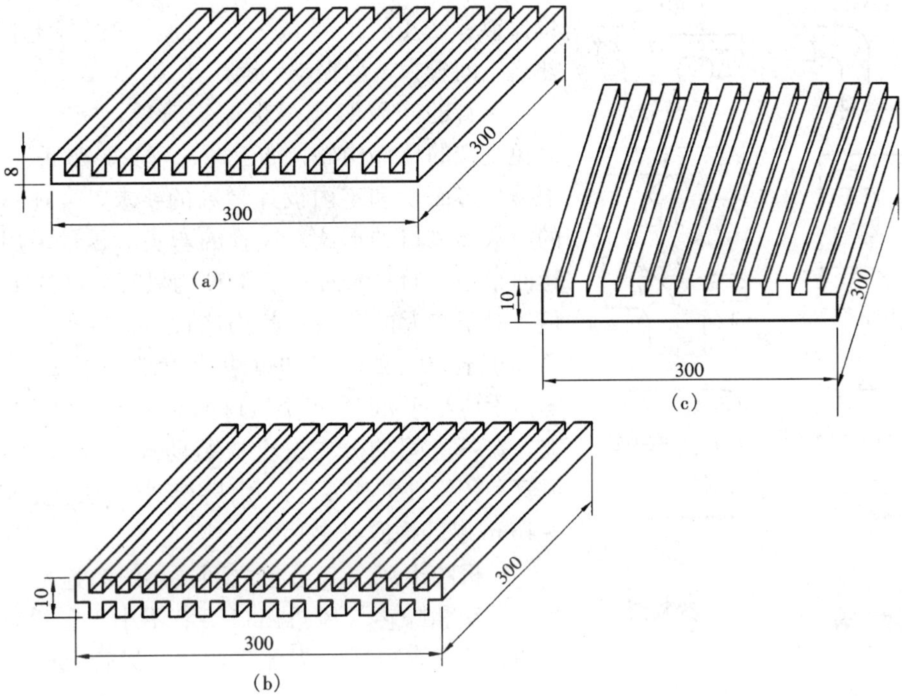

图 7-32 橡胶隔振垫

(a) 单面单向肋形橡胶隔振垫；(b) 单向双面肋形隔振垫；(c) 双面双向肋形橡胶隔振垫

七、空调机房的布置

空调机组安装必须保证地面平整，而且空调机组的基础应高于地面 100～150mm。对于大型的空调机组应做防振基础，一般采用在机组下垫 10mm 厚的橡胶板。空调机组上面接完管道后的净高不小于 0.5m，机组的侧面净间距不小于 1m，以备维修和更换部件时有操作空间。空调机组的出风口上应接帆布软连接，以减小机组的噪声和振动传到后部系统内。空调机房内的管道应符合工艺流程，而且要短而直，尽量和建筑配合，保证美观实用。空调机房内的热水和冷水管及风管，应进行保温，这样即保证减小冷热损失，冷水管表面也不会结露。空调机房设在地下室时，应设机械排风，小型机组按每小时 3 次换气次数计算，大型机组按 $V_C=0.404Q^{2/3}$ (m^3/h) 计算。空调机房内还应设给水和排水设施，以备清洗之用。

八、空调管道及布置

空调系统的风道，包括送风管、回风管、新风管及排风管等。主风管内的风速一般为 8～10m/s，支风管内的风速为 5～8m/s。风速太大，将发生很大的噪声。送风口的风速一般为 2～5m/s，回风口的风速为 4～5m/s。

为了便于和建筑配合，风管的形状一般选取矩形的较多，矩形管容易和建筑配合而且占用空间也较小，钢制风管最大边长≤200mm 时，壁厚取 0.5mm；最大边长在 250～500mm 之间时，壁厚取 0.75mm；最大边长在 630～1000mm 时，壁厚取 1.0mm；最大边长≥1250mm 时壁厚取 1.2mm。

空调管道的材质常用的有玻璃钢管道、镀锌铁皮管道，有时也用砖风管道和混凝土管

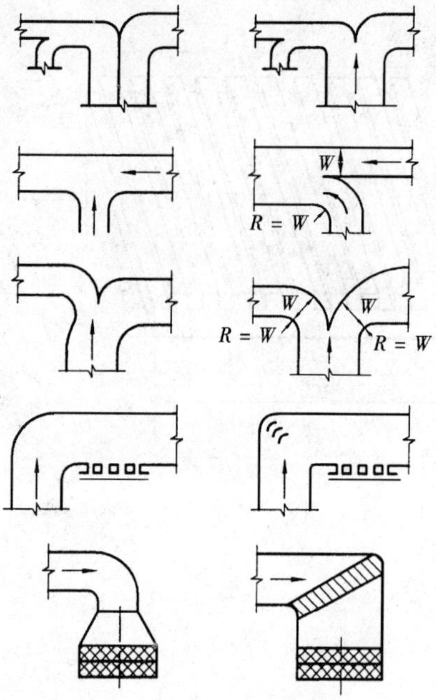

图 7-33 风管的连接图

道。玻璃钢管的优点是防腐、防火、安装方便。但造价比镀锌铁皮管道要高一些。而砖和混凝土管道占用建筑空间较大，但振动和噪声小。

风管的布置时应尽量缩短管线，减小分支管线，避免复杂的局部构件，如三通、弯头、四通、变径等。根据建造面积和室内设计参数的要求，合理布置风口的个数和风口的形式。风管的弯头应尽量采用较大的弯曲半径，通常取曲率半径 R 为风管宽度的 1.5～2.0 倍。对于较大的弯头在管内应设导流叶片。三通的夹角不小于 30°。风管渐扩的扩张角应小于 20°，渐缩管的角度应小于 45°。每个风口上应装调节阀。为防止火灾，在各房间的分支管上应装防火阀和防火调节阀。风管和各构件的连接应采用法兰连接，法兰之间的用 3～4mm 厚的橡胶做垫片。

风机的出风口与管道之间要用帆布连接，这样可减小振动和噪声。风机出口要有不小于管道直径的 5 倍的直管段，以减小涡流和阻力。风管及部件的安装如图7-33所示。

第四节 空气调节系统与建筑的配合

一个好的空调工程应该是各专业密切的配合，才能达到好的效果。过去，空调工程的设计师是在建筑师将近完成的建筑平面图上进行设计。建筑平面图在开始设计时也很少征求空调设计人员的意见，这样就经常出现分给的设备便用面积不够，或管道与结构的矛盾。对于一般的采暖工程，以建筑师为主是对的，而对于有大量设备的空调工程，就不应采取这种设计程序。对于一个建筑师在设计初应初步了解空调系统的大致情况，如设备的种类、多少、管道的直径及大致的走向，并给设备工种以合理的建议。

一、管道与建筑的配合

空调管道布置应尽可能和建筑协调一致，保证使用美观。管道走向及管道交叉处，要考虑房屋的高度，对于大型建筑，井字梁用得比较多，而且有时井字梁的高度达 700～800mm。对管的布置带来很大的不方便。同理当管道在走廊布置时，走廊的高度和宽度都限制管道的布置和安装，设计和施工时都要加以考虑。特别是当使用吊顶作回风静压箱时，各房间的吊顶不能互相串通，否则各房间的回风量得不到保证，很难使设计参数达到要求。

管道打架问题在空调工程中也很重要，冷热水管、空调通风管道、给水排水管道在设计时应各专业配合好。而且管道与装修、结构之间的矛盾也处理好。往往是先安装的管道施工很方便，后来施工时很困难。为解决这个矛盾设计和施工时应遵循下列原则：小管道让大管道，有压管道让无压管道。

二、空调设备与建筑的配合

空调机在空调机房内的布置有以下几个要求：

（1）中央机房应尽量靠近冷负荷的中心布置。高层建筑有地下室时宜设在地下室。

（2）中央机房应采用二级耐火材料或不燃材料建造，并有良好的隔声性能。

（3）空调用制冷机多采用氟利昂压缩式冷水机组，机房净高不应低于 3.6m。若采用溴化锂吸收式制冷机，设备顶部距屋顶或楼板的距离，不小于 1.2m。

（4）中央机房内压缩机间宜与水泵间、控制室隔开，并根据具体情况，设置维修间及厕所等。尽量设置电话，并应考虑事故照明。

（5）机组应做防振基础，机组出水方向应符合工艺的要求。

（6）对于溴化锂机组还要考虑排烟的方向及预留孔洞。

（7）对于大型的空调机房还应隔声处理，包括门、天棚等。

（8）空调机房应设控制室和休息间，控制室和机房之间应用玻璃隔断。

第八章 冷 热 源

第一节 冷热源组成

空调冷源有天然冷源和人工冷源两种。

天然冷源主要是地道风和深井水，深井水可作为舒适性空调冷源处理空气，但如果水量不足，则不能普遍采用，而地道风主要是利用地下洞穴、人防地道内冷空气送入使用场所达到通风降温的目的。

利用深井水及地道风的特点是节能、造价低，但由于受到各种条件的限制，不是任何地方都能应用。

人工冷源主要是采用各种型式的制冷机制备低温冷水来处理空气或者直接处理空气。

人工制冷的优点是不受条件的限制，可满足所需要的任何空气环境，因而被用户普遍采用。其缺点是初投资较大，运行费较高。

空调热源主要有独立锅炉房和集中供热的热网。对于独立锅炉房提供的热媒可以是热水也可以是蒸汽，或者同时供应热水和蒸汽，即蒸—水两用锅炉，锅炉燃用的燃料可以是煤（燃煤锅炉）、油（燃油锅炉）、气（燃气锅炉）。

对于集中供热的热网提供的热媒可以是低温水 $t<100℃$ 或高温水 $t>100℃$，对于空调用热源可参阅《锅炉及锅炉房设备》有关章节。

目前，空调工程中常用的制冷机主要有活塞式冷水机组、离心式冷水机组、螺杆式冷水机组、双效溴化锂吸收式制冷机、直燃型制冷机、直燃型冷温水机组、模块化冷水机组以及空调机组（窗式空调、立柜式空调机）等。

一、活塞式冷水机组

活塞式冷水机组由活塞式制冷压缩机、干式蒸发器、卧式壳管式冷凝器、热力膨胀阀等组成，机组配有能量调节及自动保护装置，对于小型机组适用于 R12、R22、R502 等制冷剂，气缸直径小于 70mm，配用功率不小于 0.37kW；对于中型机组适用于 R12、R22、R502、R717 等制冷剂，气缸直径为 70～170mm，当冷水机组采用多台压缩机时可提高冷水机组的供冷范围。

图 8-1 为活塞式冷水机组的外形结构。整个设备用户只需做基础连接冷冻水管冷却水管及电机电源即可。

二、离心式冷水机组

离心式冷水机组由制冷压缩机、蒸发器、冷凝器以及其他辅助设备、自动保护装置等组成。

离心式冷水机组按驱动方式分类有燃气轮机驱动、蒸汽轮机驱动、电驱动三种型式；按连接方式分有开式和半封闭式冷水机组；按冷凝器冷凝方式分有水冷式和风冷式冷水机组；按蒸发器和冷凝器结构型式分有单筒式和双筒式冷水机组；按压缩机使用级数可分为单级、二级和三级冷水机组；按制冷剂使用种类可分为 R11、R12、R22 型冷水机组；按机组能量

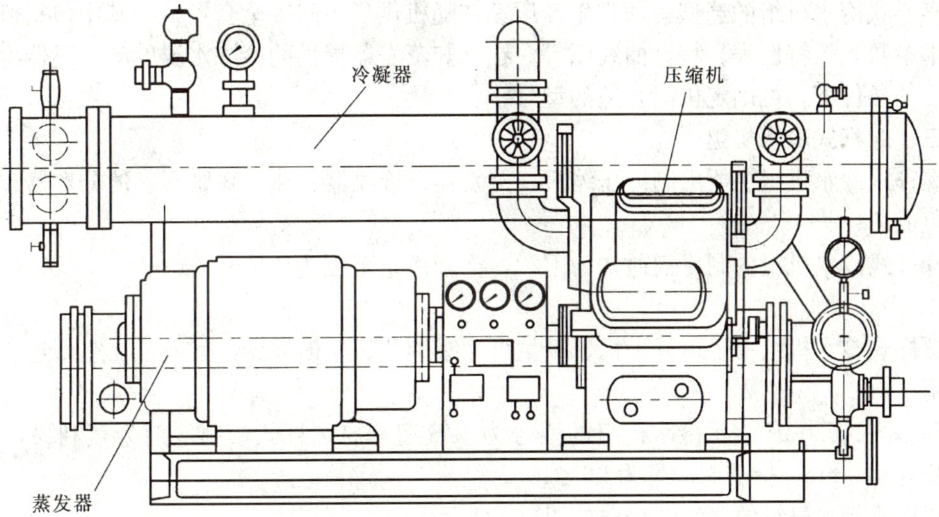

图 8-1 活塞式冷水机组的外形结构

利用程度可分为单一制冷型、热泵型、热回收冷水机组；按机组能耗可分为一般型（能耗指标 0.253kW/kW）、节能型（0.238kW/kW）、超节能型（≤0.222kW/kW）冷水机组。

离心式冷水机组的特点是制冷压缩机转速高、流量大，制冷范围单机容量通常在 581.4kW（50×10^4kcal/h）以上，最大可达 3500kW（约 3000×10^4kcal/h）制冷量，对于需要空调负荷很大的建筑群、高层建筑等特别适用。

图 8-2 为离心式冷水机组的曲型流程（制冷剂为 R12）。

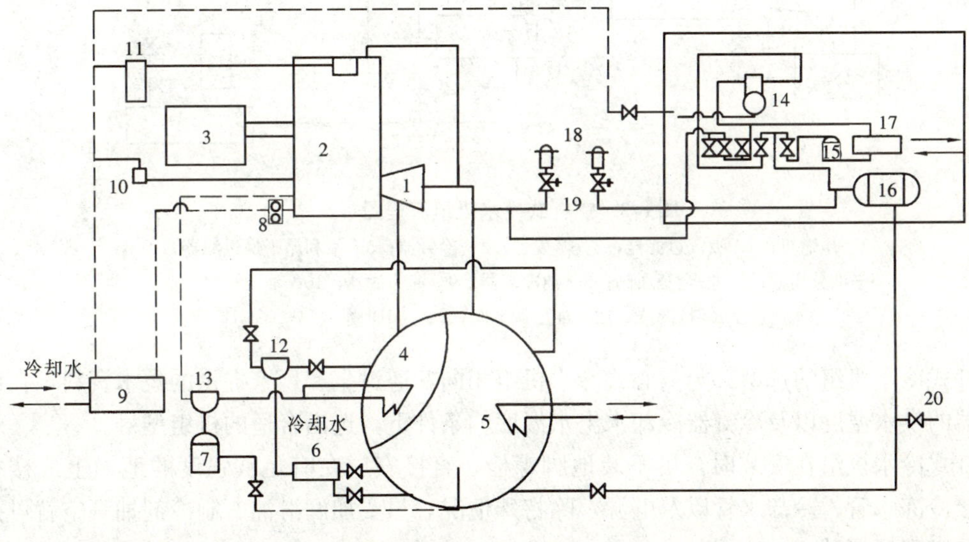

图 8-2 R12 型离心式冷水机组流程图

1—离心式制冷压缩机；2—增速器；3—电动机；4—冷凝器；5—蒸发器；6—干燥器；7—回油装置过滤器；8—油泵；9—油冷却器；10—油压调节器；11—供油过滤器；12—射流器；13—射流器；14—制冷剂传送系统压缩机；15—制冷剂传送系统存液瓶；16—制冷剂传送系统贮液缸；17—制冷剂传送系统冷凝器；18—防爆膜；19—安全阀；20—充氟阀

离心式冷水机组的选型：通常生产厂家在随机供货中附带全套资料，其中包括机组的主要技术参数表、特性表、特性曲线图等，在已知蒸发器提供的冷冻水温度和冷凝器冷却水出水温度的条件下，可确定机组合适的型号。

三、螺杆式冷水机组

螺杆式冷水机组主要由制冷压缩机、蒸发器、冷凝器、热力膨胀阀、油分离器、自控设备等组成。

螺杆式冷水机组的制冷剂通常为R22，空调冷量范围为121～1119kW［(10.4～96.2)×10^4kcal/h］。

螺杆式冷水机组由于运行平稳、冷量可无级调节、易损件少，目前，在空调建筑中正广泛应用。

例JZS-KF20-96表示冷水机组的型号为JZS型开启螺杆式，制冷剂为氟利昂，转子公称直径为200mm，标准制冷量为96×10^4。

螺杆式冷水机组的典型流程详如图8-3所示。

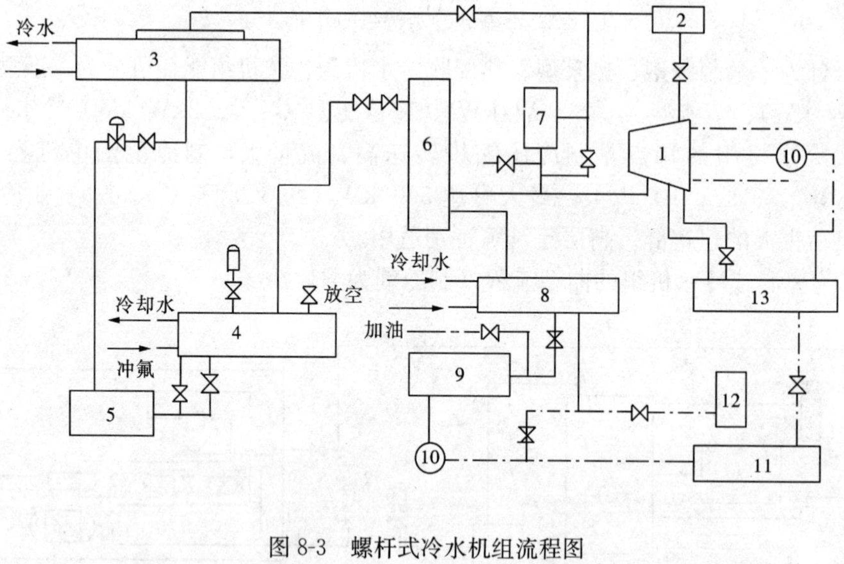

图8-3 螺杆式冷水机组流程图

1—压缩机；2—吸气过滤器；3—蒸发器；4—冷凝器；5—氟利昂干燥过滤器；6—油分离器；7—安全旁通阀；8—油冷却器；9—油粗滤器；10—油泵；11—油精滤器；12—油压调节阀；13—四通阀

螺杆式冷水机组的选型：与离心式冷水机组相同，通过生产厂家提供的技术资料，在已知蒸发器的供水温度以及冷凝器冷却水出水温度的条件下，选出合适的机组型号。

螺杆式冷水机组在安装时，可不装地脚螺栓，直接安放在有足够强度的地面上或楼板上，连接冷冻水管、冷却水管以及电源，除特殊情况，只要加润滑油、制冷剂抽真空就可按说明书要求现场调试。

四、溴化锂吸收式制冷机

溴化锂吸收式制冷机是以水为制冷剂，溴化锂为吸收剂通过水在低压状态下蒸发吸热而进行制冷的。

溴化锂吸收式制冷机主要分为单效、双效和直燃型三种型式。

1. 单效溴化锂吸收式制冷机

单效溴化锂吸收式制冷机主要由蒸发器、冷凝器、发生器、吸收器、热交换器、屏蔽泵等组成。其工作过程如下：稀溶液（溴化锂）由发生器泵加压送至热交换器，经过加热后送至发生器内，被发生器盘管中的工作蒸汽（或热水）加热后，由于溶液中水的沸点比溴化锂的沸点低得多，因此稀溶液被加热到一定温度后，溶液中的水分汽化成为冷剂水蒸气，这部分冷剂水蒸气经挡板进入冷凝器，被冷凝器盘管内的冷却水吸热冷凝成冷剂水，再经过节流进入蒸发器内，通过蒸发器泵把冷剂水喷洒到蒸发器内盘管外表面上，蒸发吸收流经盘管内冷水的热量以达到制备冷冻水的目的。

冷剂水蒸气蒸发吸热后进入吸收器，被吸收器泵均匀喷洒在盘管外的混合吸收液吸收成为稀溶液，而这部分吸收热量由吸收器盘管内通过的冷却水带走，从而完成制冷循环。从发生器经热交换器来的浓溶液与吸收器中的稀溶液混合成为中间溶液。

图 8-4 为单效溴化锂吸收式制冷机的工作原理图。

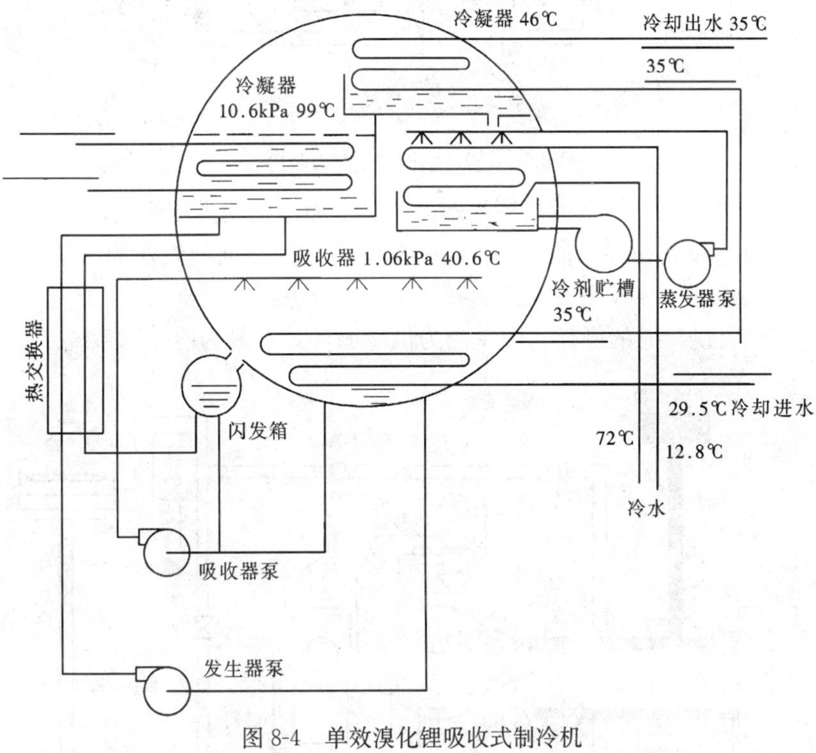

图 8-4 单效溴化锂吸收式制冷机

2. 双效溴化锂吸收式制冷机

主要由蒸发器、冷凝器、高低压发生器、热交换器、吸收器屏蔽泵等组成。与单效溴化锂吸收式制冷机不同的是，其稀溶液（溴化锂）先进入高压发生器，被高压发生器盘管中的高压蒸汽加热产生的冷剂蒸汽是作为低压发生器的热源用来加热低压发生器的中间溶液，充分利用了其汽化潜热，减少了冷凝负荷。

图 8-5 为双效溴化锂吸收式制冷机的工作原理图。

3. 直燃型冷温水机组

主要由蒸发器、冷凝器、高低压发生器、吸收器、屏蔽泵等组成，与双效溴化锂吸收式

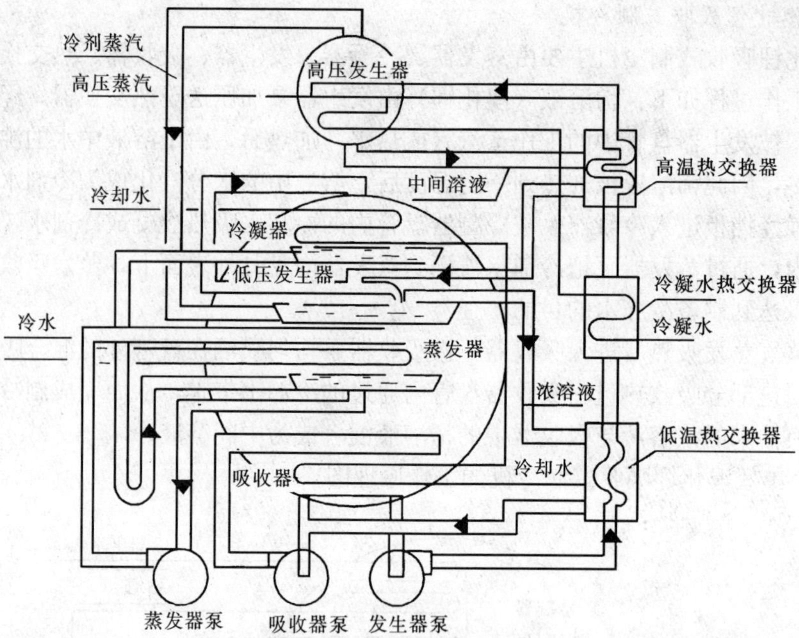

图 8-5　双效溴化锂吸收式制冷机

制冷机不同的是，其高压发生器的热源是燃油或燃气而不是用高压蒸汽，高压发生器相当于一个火管锅炉，加热溴化锂稀溶液，高压发生器中产生的冷剂蒸汽作为低压发生器的热源，夏季可供空调用冷冻水，冬季可用机组直接供暖或空调热水。

图 8-6 为直燃机供冷时的循环，图左侧为供冷循环，右侧为冷却水系统。

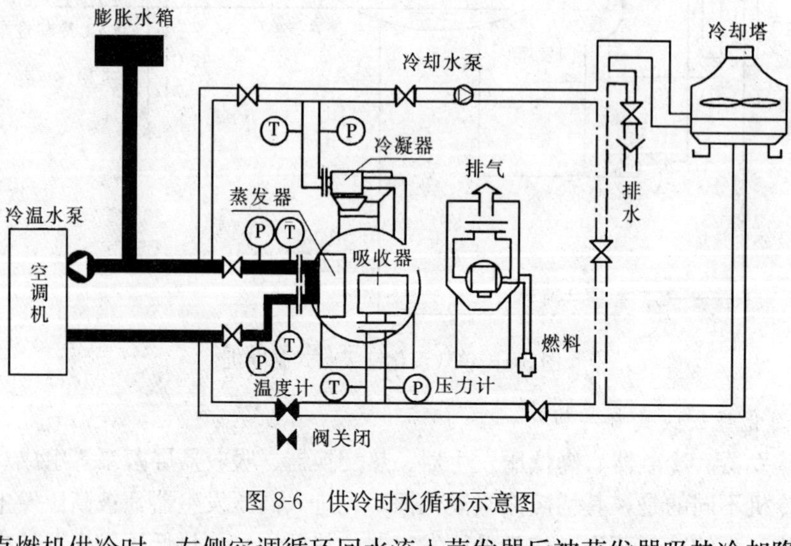

图 8-6　供冷时水循环示意图

夏季当直燃机供冷时，左侧空调循环回水流入蒸发器后被蒸发器吸热冷却降温后，由冷冻水泵送入空调机，在冷冻水泵吸入口设定压膨胀水箱，而右侧冷却水则由冷却塔进入吸收器盘管及冷凝器盘管，被加热后再通过冷却水泵输送至冷却塔，经放热降温后，再由冷却塔流出循环使用。

冬季当直燃机供热时，空调系统回水则先进入吸收器盘管再进入冷凝器盘管，介质被高温蒸汽加热后，用循环泵送往空调机，而此时，蒸发器和冷却塔均停止工作。

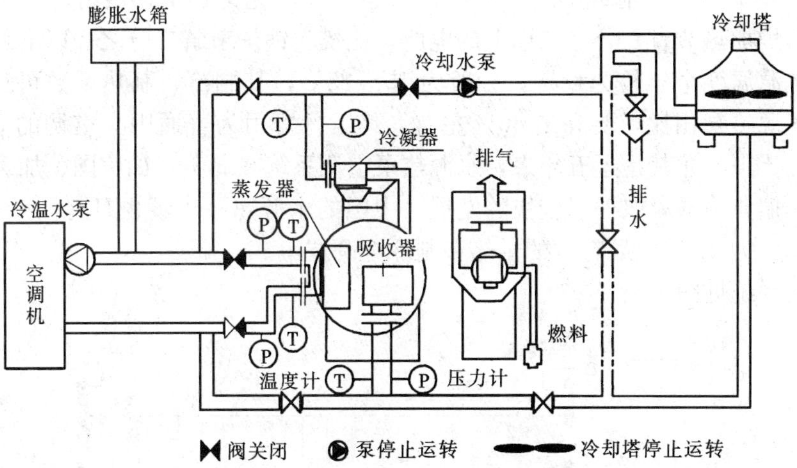

图 8-7 直燃机供热时水循环示意图

在制冷过程中，如需同时供应热水，需在直燃机的高温发生器外另加装一个换热器即可，通过高温发生器提供的部分蒸汽来加热热水，当提供的热水仅为直燃机专供热水时的10%左右时，高温再生器的容积可以不变。

4. 模块化冷水机组

模块化冷水机组又称积木式冷水机组，采用单元组合化设计，单元片并联组合而成，每个单元片内有两个完全独立的制冷系统（冷量为 65kW）、两台全封闭活塞式单速（双速）电机、两套冷凝器、两台蒸发器及控制器等组成，每片制冷量为 130kW，每单元的尺寸为：460mm×1250mm×1622mm，模块化冷水机组最多可组成 13 片，最大容量为 1690kW，但一般以≤8 片为宜（主要是管内流速的限制）。

模块化冷水机组采用的制冷剂为 R22，水冷却式、冷却水温度范围为 28.4～40℃，提供的冷冻水温度范围为 5～8℃。

模块化冷水机组的最大优点是调节性能好、传热效率高、占地面积小、启动电流小、噪声低，特别对于非满负荷运行尤为适用。其缺点是蒸发器、冷凝器进出水无相应的启闭装置，对于大型空调建筑及区域性空调，模块化冷水机组处于劣势。

五、水源和地源热泵系统

1. 水源热泵系统

水源热泵技术是利用地球表面浅层水源，如地下水、河流和湖泊中吸收的太阳能及地热能而形成的低温、低位热能资源，并采用热泵原理，通过少量的高位电能输入，实现低位热能向高位热能转移的一种技术。

地球表面浅层水源，如深度在 1000m 以内的地下水、地表的河流、湖泊及海洋，吸收了太阳进入地球的相当的辐射能量，并且水源的温度一般都十分稳定。水源热泵机组工作原理就是在夏季将建筑物中的热量转移到水源中，由于水源温度低，可以高效地带走热量，而冬季，则从水源中提取能量，由热泵原理通过空气或水作为载冷剂，提升温度后送到建筑物中。通常水源热泵消耗 1kW 的能量，用户可以得到 4kW 以上的热量或冷量。

与锅炉（电、燃料）和空气源热泵的供热系统相比，水源热泵具有明显的优势。锅炉供热只能将 90%～98%的电能或 70%～90%的燃料内能转化为热量，供用户使用，因此地源热泵要比电锅炉加热节省三分之二以上的电能，比燃料锅炉节省二分之一以上的能量。由于水源热泵的热源温度全年较为稳定，一般为 10～25℃，其制冷、制热系数可达 3.5～4.4，与传统的空气源热泵相比，要高出 40%左右，其运行费用为普通中央空调的 50%～60%。因此，近十几年来，尤其是近五年来，水源热泵空调系统在北美，如美国、加拿大及中、北欧，如瑞士、瑞典等国家取得了较快的发展，中国的水源热泵市场也日趋活跃。可以预计，该项技术将会成为 21 世纪最有效的供热和制冷空调技术。

水源热泵系统见图 8-8：

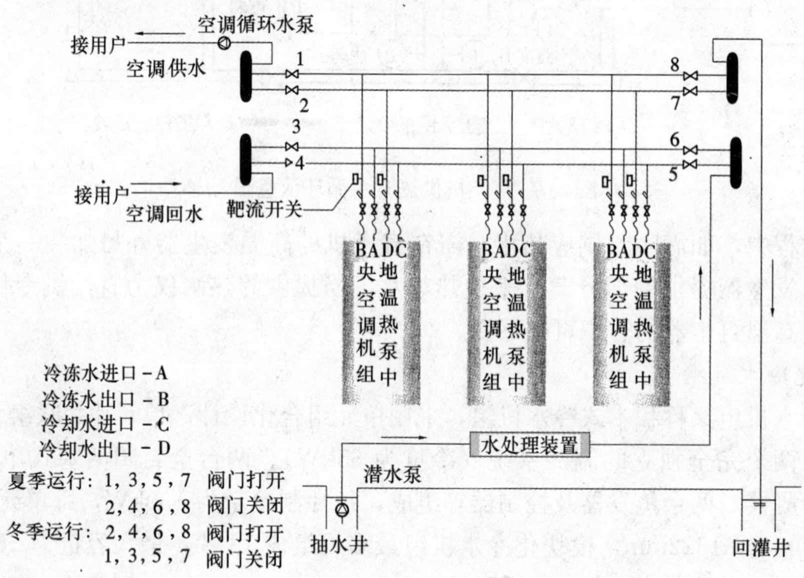

图 8-8 模块化地温热泵空调系统示意图（水源）

冬季热水流程：

用户回水→27→23→9→2→10→24→用户。

冬季井水流程：

21→20→25→12→5→15→26→22。

夏季冷水流程：

用户→27→23→8→5→11→24→用户。

夏季井水流程：

21→20→25→13→2→14→26→22。

水源热泵的特点如下：

(1) 一机两用或一机三用。

两用：冬季供热水，夏季供冷水；

三用：供冷、供暖、供生活用水。

(2) 节能效果显著。与分体式空调加直接电采暖相比，节电可达 50%～75%。

(3) 环保效益显著，供暖区无污染，环保效益好。

(4) 合理利用高品位能量，综合能源效率高。

(5) 以地下水作低位热源，非常诱人。在北方地区，井水水温大部分地区高于 10℃。

(6) 自动运行。

2. 地源热泵系统

地源热泵系统见图 8-9。

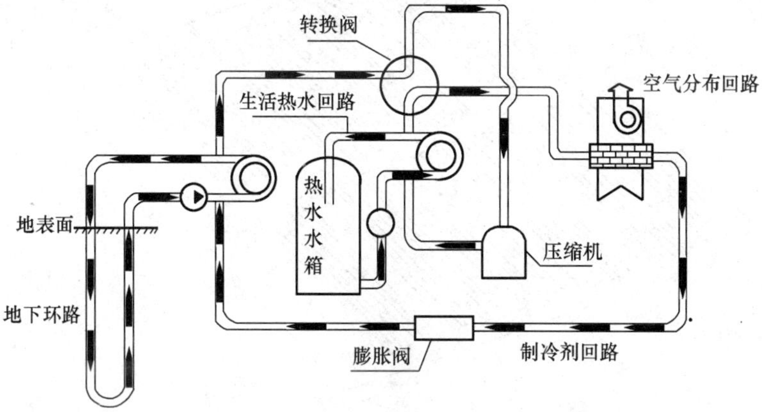

图 8-9　地热泵系统图

地源热泵又称为土壤源热泵，地源热泵系统设计的核心内容，主要包括地下热交换器形式及管材选择，管径、管长及竖井数目、间距确定，管道阻力计算及水泵选型等。

(1) 选择热交换器的形式。在现场勘测结果的基础上，考虑现场可用地表面积、当地土壤类型以及钻孔费用，确定热交换器采用垂直竖井布置（图 8-10）或水平布置方式（图 8-11）。尽管水平布置通常是浅层埋管，可采用人工挖掘，初投资一般会便宜些，但它的换热性能比竖埋管小很多，并且往往受可利用土地面积的限制，所以在实际工程中，一般采用

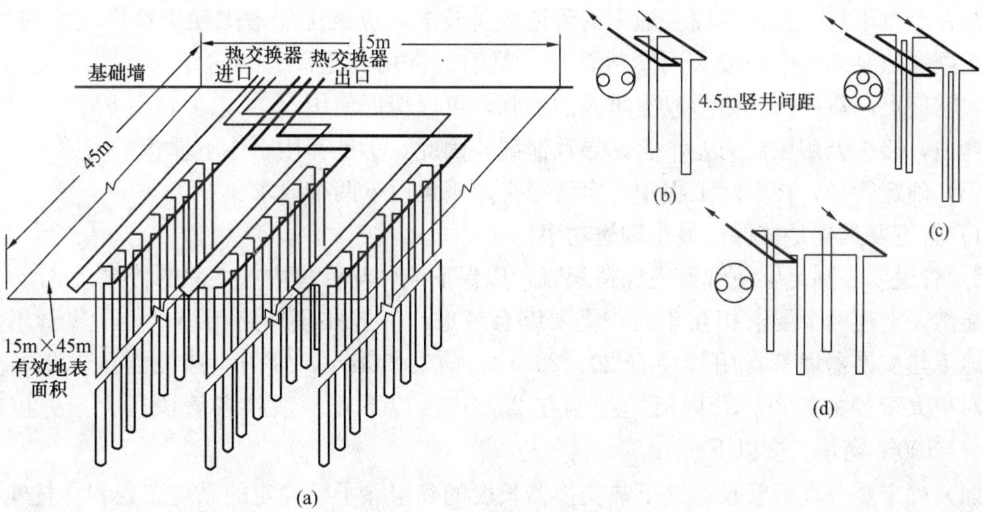

图 8-10　垂直埋管形式

(a) 垂直式热交换器示例；(b) 单竖井/环路，单 U 形管/竖井；
(c) 单竖井/环路，双 U 形管/竖井；(d) 多竖井/环路，单 U 形管竖井

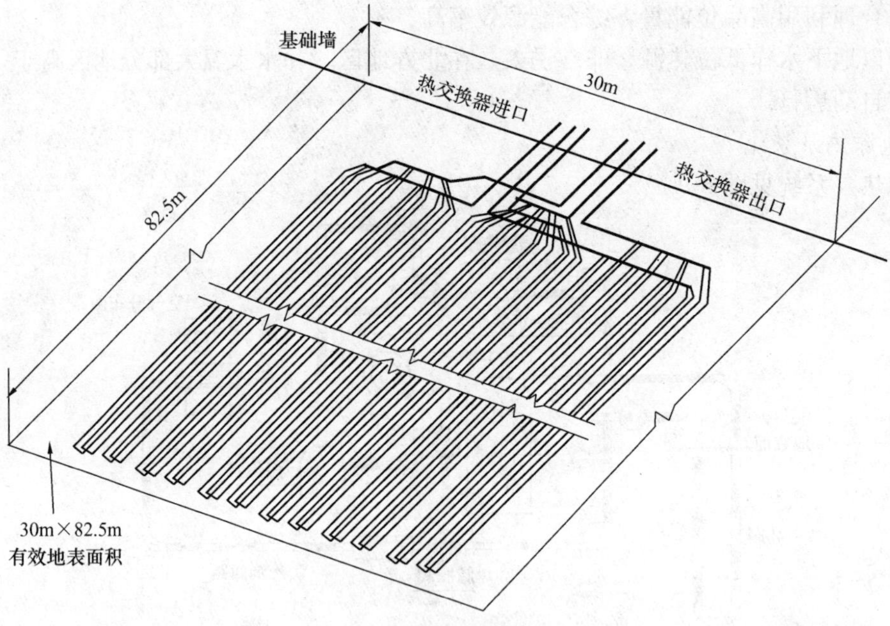

图 8-11 水平埋管形式

垂直埋管布置方式。根据埋管方式不同，垂直埋管大致有 3 种形式：①U 型管；②套管型；③单管型。套管型的内、外管中流体热交换时存在热损失。单管型的使用范围受水文地质条件的限制。U 型管应用最多，管径一般在 50mm 以下，埋管越深，换热性能越好，最深的 U 型管埋深已达 180m。U 型管的典型环路有 3 种，其中使用最普遍的是每个竖井中布置单 U 型管。

（2）选择管材。一般来说，一旦将换热器埋入地下后，基本不可能进行维修或更换，这就要求保证埋入地下的管材化学性质稳定并且耐腐蚀。常规空调系统中使用的金属管材在这方面存在严重不足，且需要埋入地下的管道数量较多，应该优先考虑使用价格较低的管材。所以土壤源热泵系统中一般采用塑料管材。目前最常用的是聚乙烯（PE）和聚丁烯（PB）管材，它们可以弯曲或热熔形成更牢固的形状，可以保证使用 50 年以上，而 PVC 管材由于不易弯曲，接头处耐压能力差，容易导致泄漏，因此，不推荐用于地下埋管系统。

（3）确定管径。在实际工程中确定管径必须满足以下两个要求：

1）管道要大到足够保持最小输送功率。

2）管道要小到足够使管道内保持紊流，以保证流体与管道内壁之间的传热。

显然，上述两个要求相互矛盾，需要综合考虑。一般并联环路用小管径，集管用大管径，地下热交换器埋管常用管径有 20、25、32、40、50mm，管内流速控制在 1.22m/s 以下，对更大管径的管道，管内流速控制在 2.44m/s 以下或一般将各管段压力损失控制在 $4mH_2O/100m$ 当量长度以下。

（4）确定竖井埋管管长。地下热交换器长度的确定除了已确定的系统布置和管材外，还需要有当地的土壤技术资料，如地下温度、传热系数等。在实际工程中，可以利用管材“换热能力”来计算管长。换热能力即单位垂直埋管深度或单位管长的换热量，一般垂直埋管为 70～110W/m（井深）或 35～55W/m（管长），水平埋管为 20～40W/m（管长）左右。

设计时可取换热能力的下限值，即 35W/m（管长），具体计算公式如下

$$L=\frac{Q'_1\times1000}{35}$$

式中　Q'_1——夏季向土壤排放的热量，kW；

L——竖井埋管总长，m；

35——夏季每米管长散热量，W/m。

（5）确定竖井数目及间距。国外，竖井深度多采用 50～100m，设计者可以在此范围内选择一个竖井深度 H，代入下式计算竖井数目

$$N=\frac{L}{2H}$$

式中　N——竖井总数，个；

L——竖井埋管总长，m；

H——竖井深度，m；

2——考虑到竖井内埋管管长约等于竖井深度的两倍。

对计算结果进行圆整，若计算结果偏大，可以增加竖井深度，但不能太深，否则钻孔和安装成本大大增加。关于竖井间距有资料指出：U 型管竖井的水平间距一般为 4.5m，也有实例中提到 DN25 的 U 型管的竖井水平间距为 6m，而 DN20 的 U 型管的竖井水平间距为 3m。若采用串联连接方式，可采用三角形布置来节约占地面积。

其他还有压力损失计算、水泵选择、定压设备选择等。

第二节　空调冷热源流程

一、空调水系统

1. 空调水系统分类

（1）空调冷源按布置方式分有开式和闭式系统两类。开式系统的特点是与大气相通。因此，外界空气中的氧气、污染物等极易进入水循环系统，管道、设备等易腐蚀、易堵塞，与闭式系统相比，开式系统的水泵不仅要克服系统的沿程阻力及局部阻力损失，而且还要克服系统的静水压头，水泵能耗较大。现今在空调工程中，特别是冷冻水系统中，已经很少采用开启式循环系统。

闭式系统由于管道及设备腐蚀小、水泵能耗小，在空调工程中被广泛应用。

（2）空调冷源的流程按调节方式分有定流量系统，变流量系统两种方式。

定流量系统的特点是系统水量不变，通过改变供回水温度差满足空调建筑的要求。定流量系统通常在末端设备或风机盘管侧采用双位控制的三通阀进行调节，即室温超出设计值时，室温控制器发出信号使三通阀的直通阀座部分关闭，使供水经旁通阀座全部流入回水干管中。当室温没有达到设计值时，室温控制器作用使三通阀直通部分打开，旁通阀关闭，供水全部流入末端设备或风机盘管以满足室温要求。

变水量系统中，供回水温度不变，要求空调末端设备或风机盘管侧的供水量随负荷的增减而改变。故系统输送能耗也随之变化。要求变水量系统中水泵的设置和流量的控制必须采取相应的措施。

(3) 空调水系统按水泵的设置方法分为单级泵系统及复式泵系统两类。

单级泵系统即在空调冷热源侧（制冷机、换热器、锅炉）和负荷侧（末端设备或风机盘管）合用水泵的循环供水方式，适用于中小型建筑。

复式泵系统即在空调水系统的冷热源侧（制冷机、换热器、锅炉）和负荷侧（末端设备或风机盘管）分别设置水泵的循环供水方式。复式泵系统特别适用于空调分区负荷变化大或作用半径相对悬殊的场合。

2. 空调冷热源的常用系统型式

(1) 定流量系统：

1) 一级泵定流量水系统的流程，如图 8-12 所示。冷冻机锅炉均为单台系统流量一定，用户三通阀调节进入盘管的水量。

这种系统的优点是系统简单、易管理，其缺点是：水泵侧流量不能调节，在部分负荷时运行费用较高，同时系统各区阻力需平衡，水泵的扬程需按最大阻力分区的环路确定。

对于冷源设置两台以上，系统部分负荷时，可使相应的冷冻水泵停止工作，同时切断阀门，供水温度不变，或者停止冷冻机运行，不停水泵，则水温上升，这些方法都可使系统运行费降低。

2) 二级泵定流量水系统流程，如图 8-13 所示。二级泵系统与一级泵系统相比，由于降低了冷热源的承压力，同时也降低了用户侧的承压力，因此适用于高层、超高层、区域建筑等大系统。

二级泵供水系统的冷热源设备若有两台及两台以上时，如果共用连通集管（或分集水器

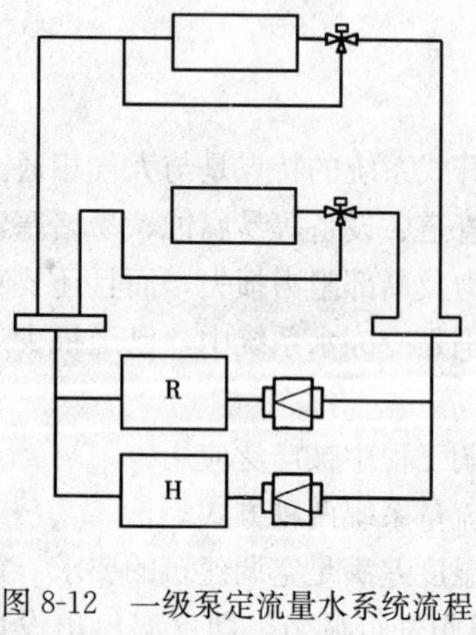

图 8-12 一级泵定流量水系统流程

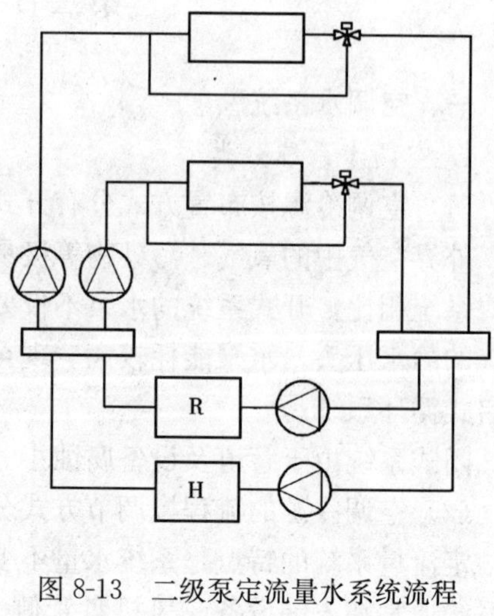

图 8-13 二级泵定流量水系统流程

连通），当冷热源及水泵停止运行时，系统内的循环水量仍能保持一定，只是随着时间的变化，供水温度会升高或降低。

(2) 变流量系统：

1) 一级泵变流量水系统如图 8-14 所示。

冷源设置多台机组形式，用户由室温调节器调节二通阀进行控制，在冷源与用户之间的供回水总管上安装旁通管，在旁通管上安装压差调节器，用来控制旁通管上二通阀的启闭。

当用户负荷减少时，则用户侧水流量减少，反映在系统供回水总管之间压差增大。这时压差调节器工作使旁通管二通调节阀开大，使一部分水经旁通管由高压侧流至低压侧，相反当用户负荷增加时，水流量增加，系统供回水总管之间压差减小，流经旁通管的水量减小，从而保持冷源水量不变，同时也保证用户供回水压力的恒定。

对于一级泵变流量系统，可以通过供回水管压力的变化控制冷水机组和冷冻水泵工作台数（一台冷冻水泵对应一台冷水机组互为联锁控制），也可由供回水温度的变化通过卸缸等方法调节冷水机组的供冷量，这样可以使冷水机组在系统部分负荷运行时达到节能的目的。

2）二级泵变流量系统如图 8-15 所示。

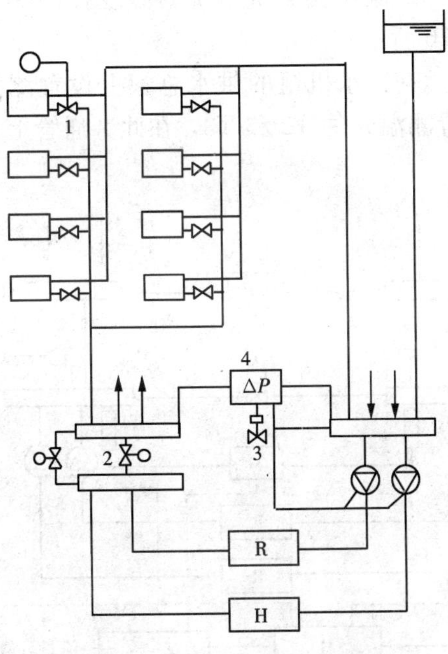

图 8-14 一级泵变流量水系统

1—二通控制阀；2—负荷侧控制阀；3—旁通阀；4—压差控制器

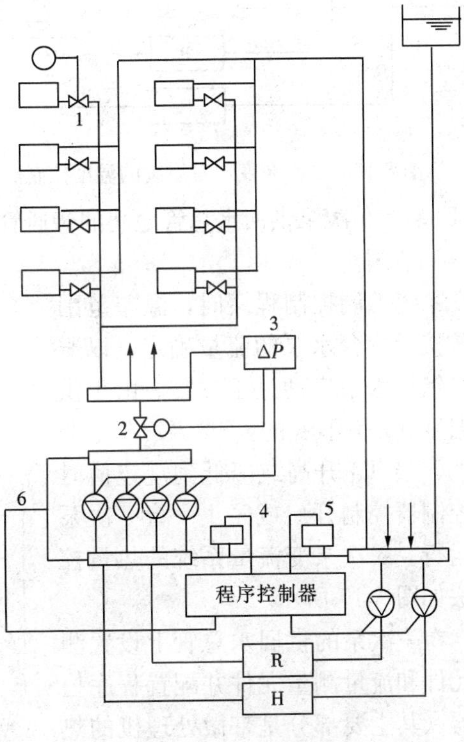

图 8-15 二级泵变流量水系统

1—二通控制阀；2—负荷侧控制阀；3—压差控制器；4—流量计；5—流量开关；6—旁通阀

冷源设有多台冷水机组和多台并联的一次泵，用户侧设有多台并联的二次泵，对于冷源侧一次泵采用流量法控制水泵的运行台数，对于用户侧二次泵采用压差控制法控制二次泵启动的台数。在分集水器的连通管上设置流量计和流量开关。

a. 当二次泵系统水流量增加，一次泵的水流量不足时，这时就有一部分水从旁通管右边流向左边，当这部分旁通流量达到一台一次泵运行流量时，流量开关的电信号传至程序控制器自动启动一台一次泵和冷水机组。

b. 当二次泵系统流量减小时，一次泵的水流量过剩，这时多余的水量经过旁通管由左边流向右边，当这部分流量达到一台一次泵流量时，流量计的电信号传至程序控制器，自动关掉一台一次泵和冷水机组。

c. 一次泵的选择。流量按所对应的冷水机组的额定流量确定，扬程按克服一次泵环路内的冷热源内部阻力（蒸发器或锅炉，或水加热器）、供回水管路的沿程及局部阻力损失（不包括用户侧阻力损失）。

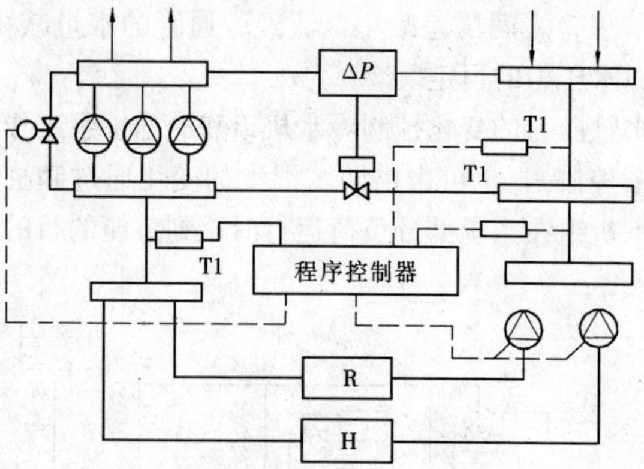

图 8-16 二次泵变流量系统的温度控制法

d. 二次泵的选择。流量按考虑负荷系数和同时作用系数后在设计工况下的水流量确定，扬程按克服空调末端设备的阻力以及系统环路的沿程，局部阻力损失确定。

e. 旁通管的确定。旁通管通常按一台冷水机组的水量确定其管径，旁通管应有 0.3～1.0mH_2O 的阻力损失（为了改善流量计使用效果）。

二次泵变流量系统的温度控制法如图 8-16 所示。

在冷水机组的供水总管上设置测温元件 T1，在一次泵供回水总管之间的旁通管两侧设置测温元件 T2 和 T3，在此旁通管上设置差压调节阀。

系统编制控制程序时，温差范围应按接近一台水泵的流量确定，以避免机组和水泵启动过于频繁。由于供水温度 T1 是不变的，T2 及 T3 是变化的，当 T3 升高或降低到规定值时由控制器控制开启或停止一台一次泵的运行。二次泵变流量系统的热量控制法如图 8-17 所示。

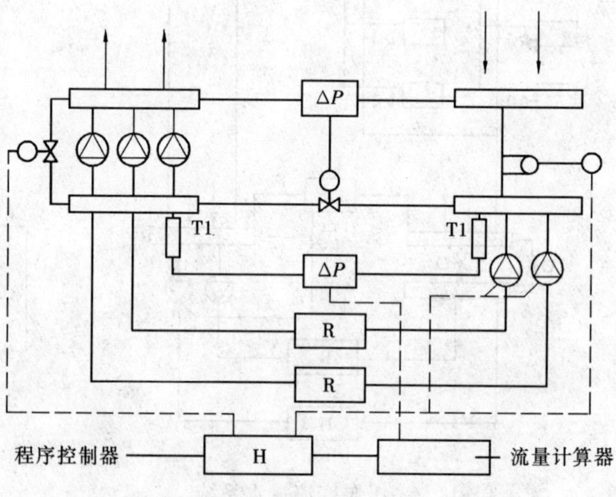

图 8-17 二次定流量系统的热量控制法

在一次泵的供回水总管上设置测温元件和流量测量元件并配置程序控制器（其主要部分是带微处理机的热量计算器）。系统把温差信号和流量信号同时输入热量计算器进行计算，并由控制器发出指令对冷水机组和水泵进行台数控制。

热量控制法的优点是操作使用方便，缺点是初投资较大需要较高管理及维护水平，适于标准高的区域及高层建筑的空调工程。

二、冷热源的主要设备

1. 冷却塔

（1）种类。空调工程中使用的冷却塔主要有开放式冷却塔和密闭式冷却塔两种。开放式冷却塔又分为逆流式和斜交叉式两种。逆流式冷却塔的特点是安装面积小，但高度大，适用于安装高度不受限制的场合；对斜交叉式冷却塔，安装面积比逆流式大，但焓移动系数由于比逆流式小，且高度小，适用于高层建筑屋顶等高度受限制的场合；对于密闭式冷却塔，通常用于空气污染严重的地区或者闭式水热源、热泵空调系统。

（2）开放式冷却塔。循环水量由制冷机制冷量、冷却水进出口温差以及断面积决定，对于双效溴化锂吸收式制冷机，冷却水进口温度为32℃。

出口温度为37℃时，冷却水量约0.017m^3/min.RT。

开放式冷却塔的冷却水量、风量的计算。图8-18为冷却塔水和空气变化曲线，t_{s1}、t_{s2}为室外空气的进出口湿球温度，t_{w1}、t_{w2}为冷却塔进出口水温，$\Delta t=t_{w2}-t_{w1}$称之为冷幅，通常为5℃左右，冷却水温降$\Delta t_w=t_{w1}-t_{w2}$按要求冷却水温降要大、冷幅要小，对压缩式制冷机通常取$\Delta t_w=4\sim5$℃；吸收式制冷机取$\Delta t_w=6\sim9$℃左右，空气进出口温差$\Delta t_s=t_{s2}-t_{s1}$，一般为5℃左右，对于t_{s1}则由当地气象资料查得（不保证率5%）。

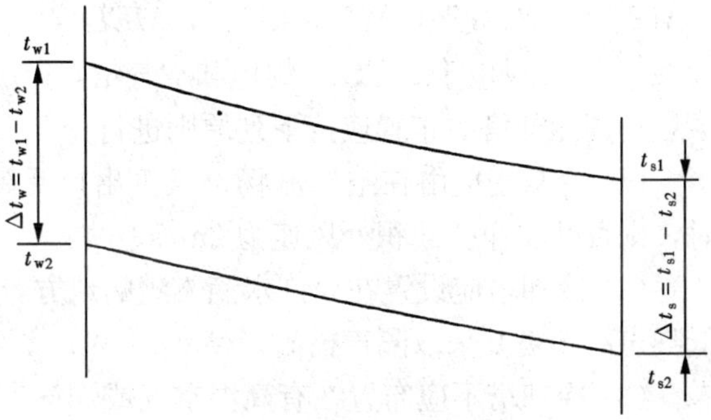

图8-18　冷却塔水与空气温度的变化

冷却塔的冷却水量和风量的数学表达形式为

$$G=\frac{3600Q_C}{c(t_{w1}-t_{w2})} \tag{8-1}$$

$$G=\frac{3600Q_C}{i_{s2}-i_{s1}} \tag{8-2}$$

式中　G——冷却水量，kg/h；

Q——风量，kg/h；

Q_C——冷却塔冷却热量，kW，对压缩式制冷机取1.3Q_o，对吸收式制冷机取215Q（Q_o为制冷机负荷）；

c——水的比热，kJ/（kg·K）；

t_{w1}、t_{w2}——冷却塔进出口水温，℃；

i_{s1}、i_{s2}——对应于t_{s1}、t_{s2}的饱和空气焓，kJ/kg。

冷却塔的冷却效率

$$e=\frac{t_{w1}-t_{w2}}{t_{w1}-t_{s1}} \tag{8-3}$$

冷却塔的断面积F

$$F=\frac{Q}{1.2\times3600v} \tag{8-4}$$

式中　Q——风量，kg/h；

v——断面风速，m/s，通常取2.0m/s左右。

对于单位断面积水量（G/F）一般取700～13000［kg/（m^2·h)］，水气比

$$G/Q=\frac{i_{s2}-i_{s1}}{c(t_{w1}-t_{w2})} \tag{8-5}$$

逆流式冷却塔的冷却热量Q_C通常按下式估算

$$Q_C=KFH\ (MED)$$

式中　c——冷却热量，kW；

K——冷却塔填料部分总焓移动系数，kJ/(m^2·h)；

H——填料高度，m；

MED——对数平均焓差，kJ/kg，$MED=\Delta i_1-\Delta i_2=(i_{w1}-i_{s2})-(i_{w2}-i_{s1})$，其中 i_{w1}、i_{w2} 对应于 t_{w1} 及 t_{w2} 的饱和空气焓，kJ/kg。

空调冷却塔的布置应按下列原则进行：

(1) 冷却塔应由在空气流畅、风机出口无障碍物的地方，当冷却塔必须用百叶窗遮挡时，则百叶窗净孔面积处风速为 2m/s。

(2) 冷却塔应设置在允许水滴飞溅的地方，当对噪声有特殊要求时，应选择低噪声或超低噪声冷却塔并采取隔声措施。

(3) 冷却塔不应布置在有高温空气或烟气出口的地方，否则应留有足够的距离。

(4) 当冷却塔布置在楼板上或屋面上时，应保证其足够的承载能力。

冷却塔的补水量通常取其循环水量的 1%～3%。冷却水和补给水的水质可按表 8-1 要求执行。

表 8-1　冷却水、补给水质标准

名　称	冷却水	补给水	名　称	冷却水	补给水
氯化物离子 Cl^- (mg/L)	≤200	<50	碱度 $CaCO_3$ (mg/L)	<100	<50
硫酸根离子 SO_4^{2-} (mg/L)	≤200	<50	总硬度 $CaCO_3$ (mg/L)	<200	6.0～8.0
		<50	pH 值 (25℃)	6.5～8.5	<200
			导电率 (25℃) (μS/cm)	<800	

2. 冷却水泵扬程的确定

$$H=H_1+H_2+H_3+H_4 \quad (mH_2O) \tag{8-6}$$

式中 H_1——冷却水系统的沿程及局部阻力损失，mH_2O；

H_2——冷凝器内部阻力，mH_2O；

H_3——冷却塔中水的提升高度，mH_2O；

H_4——冷却塔的喷嘴喷雾压力，常取 $5mH_2O$。

3. 冷冻水泵选择

冷冻水泵的流量可按下式确定：

$$Q=(1.1\sim1.2)Q_{max} \quad (m^3/h) \tag{8-7}$$

式中 1.1～1.2——附加系数，水泵单台工作时取 1.1，两台并联工作时取 1.2。

冷冻水泵的扬程可按下式确定：

对于开式系统

$$H_K=H_1+H_2+H_3+H_4 \quad (mH_2O) \tag{8-8}$$

对于闭式系统

$$H_b=H_1+H_2+H_3 \quad (mH_2O) \tag{8-9}$$

式中 H_1H_2——水系统的沿程和局部阻力损失，mH_2O；

H_3——设备内部的阻力损失，mH_2O；

H_4——开式系统的静水压力，mH_2O；

H_2/H_1 对于集中供冷通常取 0.2～0.6；对于小型建筑取 1～1.5；对于大型建筑取 0.5～1.0。设备阻力损失参照表 8-2 选取。

表 8-2 设备阻力损失

序号	名称	内部阻力损失	注释
1	吸收式冷冻机 蒸发器 冷凝器	4～10 5～14	根据产品不同而定 根据产品不同而定
2	离心式冷冻机 蒸发器 冷凝器	3～8 5～8	根据产品不同而定 根据产品不同而定
3	冷热盘管	2～5	v=0.8～1.5m/s 时
4	冷却塔	2～8	不同喷雾压力时
5	风机盘管	1～2	容量越大，阻力越大
6	热交换器	2～5	
7	自动控制阀	3～5	

4. 膨胀水箱

膨胀水箱的容积是由系统中水容量和最大水温变化范围决定的。其计算公式如下

$$V = \alpha \Delta t V_c (m^3) \quad (8\text{-}10)$$

式中 V——有效容积（即信号管到溢流管之间高差），m^3；

α——水的体积膨胀系数，α=0.0006（1/℃）；

Δt——最大水温差，℃；

V_c——系统内水容量。

对于系统水容量可在设计完成后，但计算确定也可参考表 8-3 的经验参数确定。

表 8-3 系统内的水容量 [L/m^2（每平方米建筑面积）]

	与机组结合使用的系统	全空气系统
供暖	0.7～1.30	0.40～0.55
供冷	1.20～1.90	1.25～2.00

注 供暖是指使用热水锅炉时，当使用交换器时可取供冷时的数值；与机组结合使用的系统是指诱导器或风机盘管与全空气系统相结合时的方式。

经计算确定有效容积后即可从现行《采暖通风标准图集 T905》—（一）、（二）选择膨胀水箱的规格、型号。

5. 过滤器、除污器

系统中安装除污器或水过滤器，主要是清除过滤水中杂质及水垢，从而避免系统堵塞，保证各类设备、阀门的正常工作。

通常除污器、过滤器安装在水泵吸入口，热交换器的进水管上；对于除污器有立式、卧式和卧式角通式三种，可根据建筑平面适当选型。

除污器和过滤器都是按连接管的管径选择的。

阻力计算时，除污器的局部阻力系数常取 4～6，水过滤器的阻力系数常取 2.2。

除污器、过滤器前后应设蝶阀，以备检修与系统切断（平时常开），安装必须注意水流方向。

6. 分集水器

作用是便于系统流量分配，便于系统的调节。

表 8-4　分水器、集水器配管间距

L_1	d_1+60
L_2	d_1+d_2+120
L_3	d_2+d_3+120
L_4	d_3+60

确定分、集水器管径是使水通过的流速控制在 0.5～0.8m/s，分水器、集水器配管间距可参照表 8-4 确定。

分、集水器应采用无缝钢管制作，选用的管壁和封头板厚度以及焊缝做法应按耐压要求确定。

三、冷热源的主要附件

1. 管材

(1) 分类。空调工程中常用管材为无缝钢管及水、煤气输送钢管两种。水煤气输送钢管俗称熟铁管，它分为镀锌钢管（俗称白铁管）和不镀锌钢管（俗称黑铁管）两种，同时根据管壁厚度的不同，水煤气输送钢管又分为公称压力≤1.0MPa 的普通管及公称压力≤1.6MPa 的加厚管。

无缝钢管按制造方法分为热轧无缝钢管和冷拔（轧）无缝管两种，热轧无缝钢管的最大公称直径为 600mm，冷拔无缝钢管的最大公称直径是 200mm，在实际工程中当管外径小于 57mm 时，通常采用热轧无缝钢管。

(2) 表示方法。空调工程中，水煤气输送管的规格是用公称直径（*DN*）表示的，如公称直径为 100mm 的水煤气输送钢管，则表示为 *DN*100mm。

无缝钢管的规格常用钢管的外径乘以管壁厚来表示。如外径为 159mm 管壁厚 4.5mm 的无缝钢管，则表示为 *D*159×4.5mm，它相当于公称直径 150mm。

(3) 规格。

1) 空调工程中常用水煤气输送管的规格见表 8-5（摘引 YB 234—1963）。

表 8-5　水煤气输送管规格

公称直径 *DN*（mm）	外径 (mm)	普通管（≤1.0MPa）		加厚管（≤1.6MPa）	
		壁厚 (mm)	理论质量（不计管接头）(kg/m)	壁厚 (mm)	理论质量（不计管接头）(kg/m)
10	17.00	2.25	0.82	2.75	0.93
15	21.25	2.75	1.25	3.25	1.44
20	26.75	2.75	1.63	3.5	2.01
25	33.5	3.25	2.42	4.00	2.91
32	42.25	3.25	3.13	4.00	3.77
40	48.00	3.5	3.84	4.25	4.53
50	69.00	3.5	4.88	4.50	6.16
65	75.5	3.75	6.64	4.50	7.83
80	88.50	4.00	8.34	4.75	9.81
100	114.00	4.00	10.85	5.00	13.44

2) 空调工程中常用的一般无缝钢管规格见表 8-6（摘引 YB 231—1970）。

表 8-6 **无缝钢管的规格**

公称直径 *DN*（mm）	外径 *D*（mm）	壁厚 δ（mm）	质量 *G*（kg/m）	公称直径 *DN*（mm）	外径 *D*（mm）	壁厚 δ（mm）	质量 *G*（kg/m）
10	14	3.0	0.814	100	108	4.0	10.26
15	18	3.0	1.11	125	133	4.0	12.73
20	25	3.0	1.63	150	159	4.5	17.15
25	32	3.5	2.46	200	219	6.0	31.54
32	38	3.5	2.98	250	273	7.0	45.92
40	45	3.5	3.58	300	325	8.0	62.54
50	57	3.5	4.62	400	426	9.0	92.55
65	76	4.0	7.10	500	530	9.0	105.50
80	89	4.0	8.38				

2. 管道的连接件

（1）管道的连接。主要有螺纹连接（丝接）、焊接连接和法兰连接三种，实际工程中应按现行规范要求，根据不同用途的建筑、特殊房间以及所选管材、最大工作压力等选定，详见表 8-7。

表 8-7 **常用管道连接型式选用表**

连接型式	适用条件					
	管材	管径	工作温度（℃）	工作压力（MPa）	耐腐蚀	耐振动
丝接	水煤气管	≤65	≤100	≤1.57	黑铁管差 镀锌管优	良
	塑料管	≤100	≤40	低压	良	良
焊接	无缝钢管	≤150	与管材同	中高压	由钢种定	优
	焊接钢管	10～2000		由管材定	差	优
	有色金属管	≤50		中压	优	优
	铸铁管	80～350		≤0.981	良	优
	塑料管	≤100		低压	优	优
法兰	同上	同上	〃	与管材同	电焊接材料定	良

注 1. 管道与法兰的焊接形式不同，其承压能力也不同，但它只适用于 $P_g \leqslant 2.453$MPa 的场合。法兰连接中，大多用法兰中的平焊法兰方式。

2. 钢管翻边活动法兰用于 $0.24\text{MPa} \leqslant P_g \leqslant 0.58$MPa 管材连接件及管道的连接。

（2）阀门。通常有闸板阀（闸阀）、球形阀（截止阀）、蝶阀三种。闸阀主要应用在以关断为主要目地的场合；球形阀主要用于以控制流量为主要目地的地方，蝶阀大多用于管径在 *DN*100mm 以上用以关断及控制流量的地方。

按耐压强度阀门可分为低压阀（工作压力 $P_g \leqslant 1.507$MPa）、中压阀（$2.453\text{MPa} \leqslant P_g \leqslant 6.278$MPa）和高压阀，即 $P_g \leqslant 98.1$MPa 三种。

对于安装在空调系统中主干线的阀门，应逐个按现行有关规定做强度试验和严密性试验，其试验压力应为该阀门出厂规定的压力。

对于系统中使用的阀门还应在安装前做耐压试验，即在每批阀门（同型号、同规格）中抽查90%进行试验，不能少于1个。如抽查中有裂、漏、缺等不合格阀门，须再抽查2%，仍存在不合格阀门时，则必须逐个进行试验直至合格为止。

(3) 法兰。我国现行法兰的技术标准的公称压力系列有0.1MPa、0.25MPa、0.6MPa、1.0MPa、1.6MPa、2.5MPa、4.0MPa、6.4MPa。

工种中选用的法兰应优先选用标准法兰；在空调水系统中使用的法兰，当公称压力P_g<0.6MPa时，一般应按0.6MPa等级选用；当选择与阀件或设备相连接的法兰时，应按阀件或设备的（按后页）的最大工作压力来选择；当采用凹凸式或木集槽式法兰连接时，通常把阀件或设备上的法兰制成凹面或槽面，而需配制的法兰制成凸面或木集面。

(4) 管道的支吊架。空调工程中所用管道支吊架材料及做法可参阅现行采暖通风标准图N112使用，管道与吊架间距可参考表8-8选择。

表8-8 管道支吊架最大设置间距

公称直径DN (mm)		15	20	25	32	40	50	65	80	100	125	150	200	250
最大间距(m)	保温管	1.5	2.0	2.0	2.5	3.0	3.0	4.0	4.0	4.5	5.0	6.5	7.0	8.0
	不保温管	2.5	3.0	3.5	4.0	4.5	5.0	6.0	6.0	6.5	7.0	8.0	9.5	11.0

四、保温

为防止空调冷水管道表面结露，(热水管道散热损失)，保证进入末端设备（空调机组或风机盘管等）的供水温度，对于管道及其附件均采应取保温措施。保温层经济厚度的确定与很多因素有关，如需详细计算时，可参阅《供热工程》或有关设计手册。

目前，空调工程中常用的保温材料详见表8-9。

表8-9 常用保温材料特性表

名 称	导热系数[W/(m·℃)]	使用温度范围(℃)	密度(kg/m³)	特 点
软质聚氨酯泡沫塑料	0.040	−30～30	30～36	可现场发泡成型，强度高，但造价高
玻璃棉管壳	0.035～0.058	≤250	120～150	耐火，耐腐蚀，吸水性小，化学稳定性好，缺点刺激皮肤
岩棉管壳	0.052～0.058	−268～350	100～200	施工方便，温度适用范围大需注意岩棉对人体的危害
可发性聚苯乙烯磺料板（管壳）	0.041～0.044	−40～70	18～25	有自熄型和非自熄型两种

空调工程中保温层厚度常按表8-10估取。

表8-10 空调工程中保温层厚度

公称直径 (mm)		≤32	40～65	80～150	200～300	>300
玻璃棉	保温厚度δ(mm)	35	40	45	50	50
（自熄型）聚苯乙烯		40～45	45～50	55～60	60～65	70

注 其他管道，如冷凝水管，冷却塔出水管，膨胀水箱的保温厚度取25mm。

第三节 冷热源设备布置及实例

一、主要设备布置

（1）制冷机房内设备的布置应保证操作方便，检修的需要设备的布置尽量紧凑以节省建筑面积。

（2）大中型冷水机组（离心式、螺杆式，吸收式制冷机）间距为1.5～2.0m，蒸发器和冷凝器一端应留有检修空间，长度按厂家要求确定。

（3）对分离式制冷系统，其分离设备的布置应符合下列要求。

1）风冷冷水机组，分体机室外机应设在室外（屋顶）当设在阳台或转换层时，应防止进排气短路。同时要按厂家要求布置设备，满足出风口到上面楼板的允许高度。

2）风冷冷凝器，蒸发式冷凝器安在室外应尽量缩短与制冷机的距离，当多台布置时，间距一般为0.8～1.2m。

3）卧式壳管式冷凝器布置时，外壳离墙≥0.5m端部离墙≥1.2m另一端留有不小于管子长度的空间，其间距为d+0.8～1.0（d为冷凝器外壳直径）。

4）贮液器离墙距离为0.2～0.3m，端部离墙0.2～0.5m间距d+0.2～0.3（d为贮液器外径）贮液器不得露天放置。

（4）压缩机的主要通道及压缩机突出部分到配电盘的通道宽度≥1.5m；两台压缩机突出部分间距≥1.0m；制冷机与墙壁间距离以及非主要通道≥0.8m。

（5）制冷机房净高：对活塞式、小型螺杆式制冷机高度一般为3～4.5m，对于离心式制冷机中、大型螺杆式制冷机，高度一般为4.5～5.0m（有起吊设备时还应考虑起吊设备工作高度）；对吸收式制冷机，设备最高点到梁下距离不小于1.5m，设备间净高不应小于3m。

（6）大型制冷机房应设值班室、卫生间、修理间，同时要考虑设备安装口。

（7）寒冷地区的制冷机房室内温度不应低于15℃，设备停运期间不得低于+5℃。

（8）制冷机房应有通风措施；其通风系统不得与其他通风系统联合，必须独立设置。

二、设计实例

1. 北京西单百货商场

（1）工程简介：

1）商场一、二期工程总面积S=25350m²。

2）营业厅夏季温度t_n=26～27℃，相对温度ϕ=60%左右；冬季t_n=18～20℃最小新风量按9m³/h选定。

3）商场北半部分为第一期工程建筑，中跨和南半部分为第二期工程现为一体，地下一层地上四层（局部五层）营业厅建筑面积为总建筑面积的2/3，其他为办公仓库及附房等，现增设两层商场。

4）空调冷源为三台日本DAIKIN HTE500J2KR型冷水机组供应7～12℃冷冻水，机组布置在地下室空调制冷机房内，制冷机组的容量考虑预留了建筑北侧拟增设建筑的容量（预新建西单商场北场——属高层建筑），空调用冷却塔设置在建筑屋面上。

（2）空调冷源主要设备：

1）离心式冷水机组：日产 HTE500J2KR 三台，冷量 $Q=1900kW$，冷冻水温度 7℃，冷却水入口 32 ℃，$N=370kW$。

2）空调机：日产 AV120M，风量 $Q=75000m^3/h$，功率 $Q_1=578.01kW$/台。

3）冷却水泵 EBARA200×150FS4K575 四台。

$Q=420\sim480m^3/h$，H38～28H20，$N=750kW$。

4）冷冻水泵：4 台同上。

5）冷却塔 SHINWA 型，SBC-250ES 三台 $N=5.5kW$。

6）蓄水池：为原有深井水水池。

7）冷冻水膨胀水箱 $\phi1500mm$，$H1200mm$ 设于屋顶。

8）分水器 $\phi600mm$，$L1500mm$ 一个。

9）除污器 $\phi400mm$ 一个；$\phi600mm$ 一个。

（3）空调冷冻机房主要设备布置图（见图 8-19）。

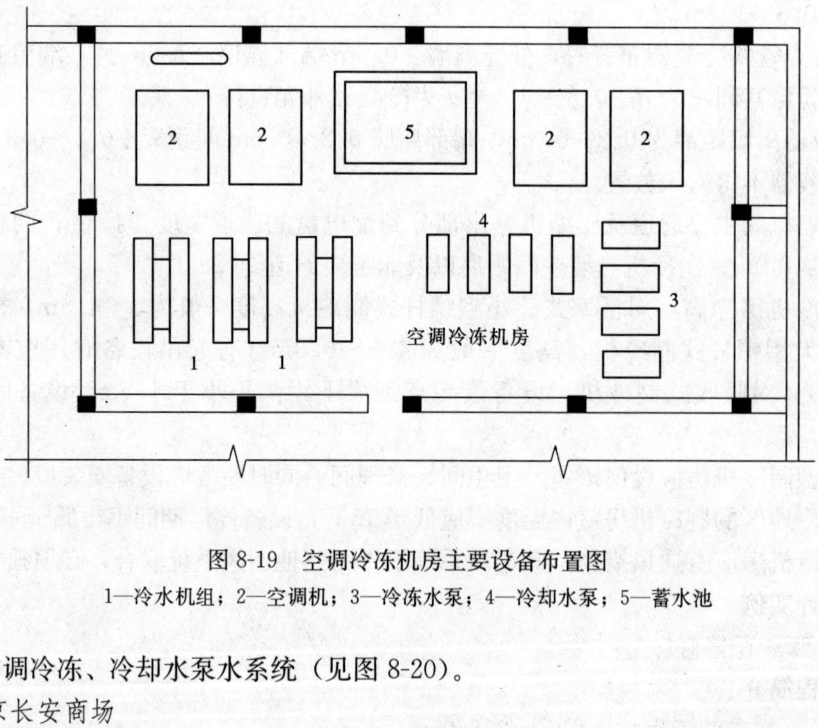

图 8-19　空调冷冻机房主要设备布置图

1—冷水机组；2—空调机；3—冷冻水泵；4—冷却水泵；5—蓄水池

（4）空调冷冻、冷却水泵水系统（见图 8-20）。

2. 北京长安商场

（1）工程简介：

1）长安商场总建筑面积 $S=31562m^2$，高度 $H=22.6m$，地下 2 层，地上 6 层，建筑为东西两部分，东边 4 层，西边 5 层，局部 6 层为水箱间。

2）西半部为Ⅰ段，东半部分为Ⅱ段，在西半部Ⅰ段地下－6.2m 地下室布置冷冻机房，空调机房、通风机房等在东半部分Ⅱ段。接地下－6.2m 地下室布置冷冻机房、冷库、集中制冷机房、库房、副食加工房等。

3）空调冷冻水由设在Ⅱ段地下室的离心式冷水机提供，单台制冷量为 1163kW 设置 3 台冷冻水泵及 1 台工作备用泵冷冻水供回水温度为 7/12℃。

4）空调用冷却塔（3 台）设于Ⅰ段 5 层屋顶。

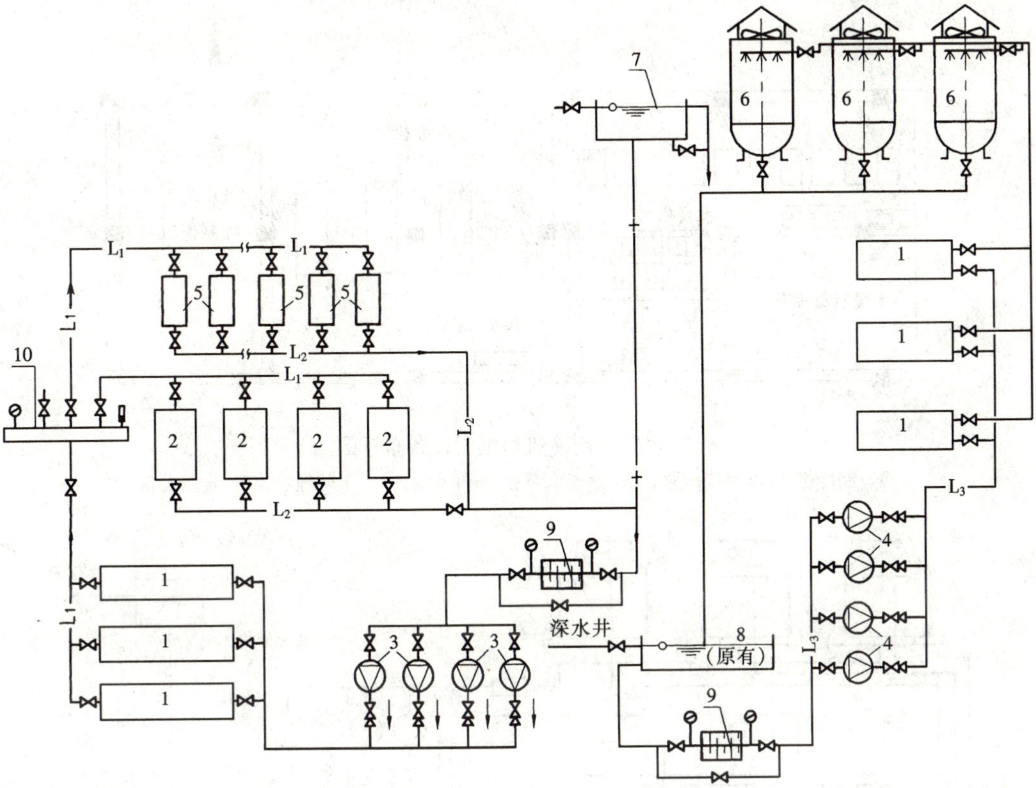

图 8-20 冷冻冷却水系统流程图

1—冷水机组（HTE500J2KR）；2—空调机（AV120M）；3—冷冻水泵（200×150FS4575）；4—冷却水泵（200×150FS4575）；5—风机盘管；6—冷却塔；7—膨胀水箱；8—蓄水池；9—除污器；10—分水器

(2) 主要设备：

1）离心式冷水机组 FLZ-1000A3 台制冷量 $Q=1163$kW，冷水温度 7℃，回水温度 12℃，冷却水入口温度 32℃，$N=300$kW。

2）冷冻水泵 8BA-12 型，4 台 $Q=220\sim340\mathrm{m^3/h}$，$H=32\sim25.4\mathrm{mH_2O}$，$N=40$kW 三用一备。

3）8BA-12 冷却水泵 4 台 $Q=220\mathrm{m^3/h}$，外形尺寸为 $A\times B\times H=2450\mathrm{mm}\times800\mathrm{mm}\times3100\mathrm{mm}$。

4）BLSS-300 型超低噪声冷却塔 3 台 $Q=300\mathrm{m^3}$，风量 $Q=20\times10^4\mathrm{m/h}$，$N=5.5$kW，$N=5.5$kW。

5）冷冻补水泵 2DA-8×4 型 $Q=10.8\mathrm{m^3/h}$，$H=40\mathrm{mH_2O}$，$N=4.5$kW，两台一用一备。

6）ZGR-Ⅲ型水处理器两台 $Q=3\sim6\mathrm{m^3/h}$，外形尺寸为 $A\times B\times H=2450\mathrm{mm}\times800\mathrm{mm}\times3100\mathrm{mm}$。

7）软化水箱，外形尺寸为 $A\times B\times H=2500\mathrm{mm}\times1500\mathrm{mm}\times1800\mathrm{mm}$。

(3) 制冷机房主要设备布置图如图 8-21 所示。

(4) 空调冷冻冷却水系统如图 8-22 所示。

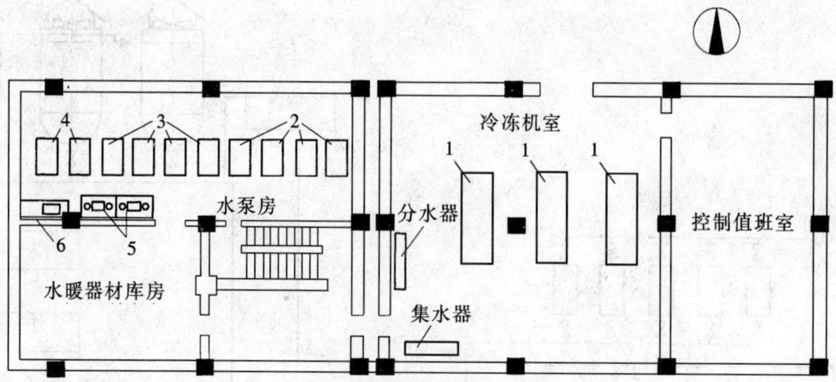

图 8-21 制冷机房主要设备布置图

1—制冷机；2—冷冻水泵；3—冷却水泵；4—补水泵；5—水处理器；6—定压设备

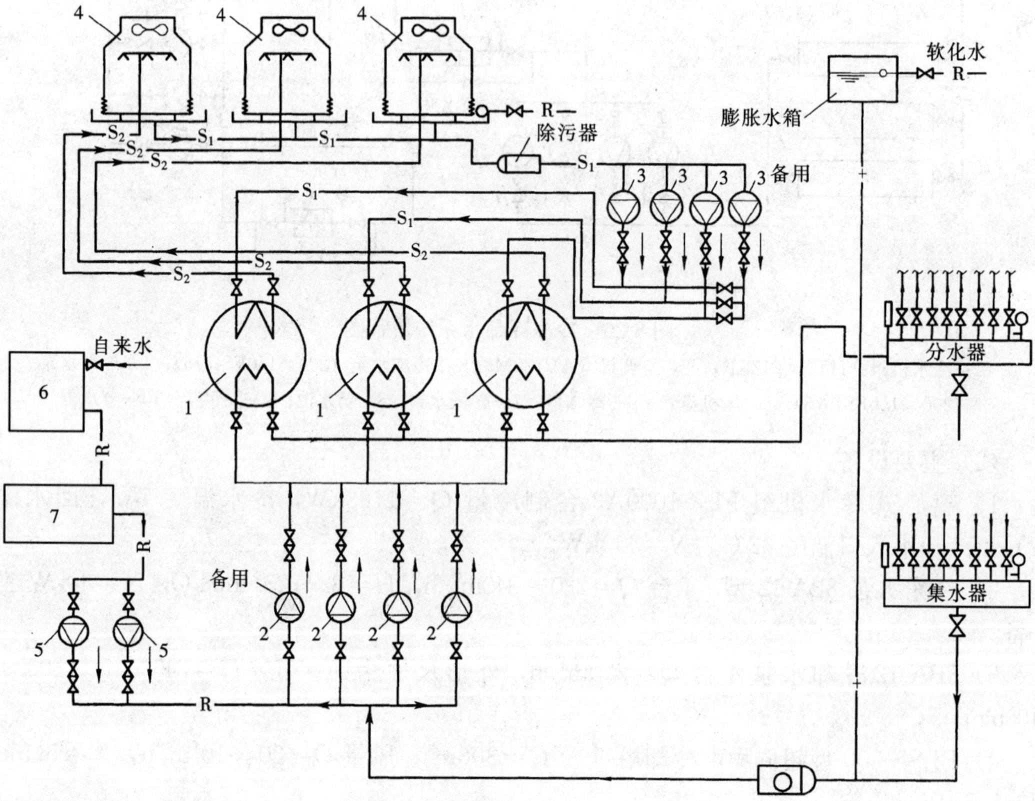

图 8-22 空调冷冻、冷却水系统图

1—制冷机；2—冷冻水泵；3—冷却水泵；4—冷却塔；5—补水泵；6—水处理器；7—软化水箱

S_1—自来水管；S_2—冷冻水管；R—热水管

第四篇 建筑电气工程

第九章 建筑供配电系统

第一节 变电所的形式及对建筑的要求

在电力系统中，经常利用变压器来提高发电机的输出电压，以便远距离输送。达到目的后，还需利用变压器把电源的高电压变换成负载所需的低电压。目前用户所使用的三相变压器高压侧一般为10kV，低压侧一般为400V，因此，变压器是输配电系统中不可缺少的重要设备，也是变电所的主要设备。

一、变电所的形式

10kV变电所一般指设置在屋内的高低压配电装置及其土建部分，它主要由三部分组成，即高压配电室、变压器室及低压配电室。此外还有屋外型变配电装置，即杆上变压器台或落地式变压器台。

变配电装置如设在室内，工作较稳定，受外界环境气候因素的影响小，设备使用寿命长一些，但其散热效果较差，一般需另加通风散热装置，工程造价较高；变配电装置如设在室外，散热效果较好，工程造价较低，但其工作稳定性不及设在室内，设备使用寿命也短一些。

（一）杆上变压器台

用于配电的三相杆上变压器台有两杆式及三杆式。两杆式的外形如图9-1所示，三杆式为变压器装在单独的两根电杆上。杆上变压器台的附近有建筑物时，其距离不得小于5m。不足5m时，在变压器台宽度及其两侧各加1.5m的范围内（高度为变压器以上3m及以下所有部分）不得有门窗。杆上变压器的容量不得大于315kVA。

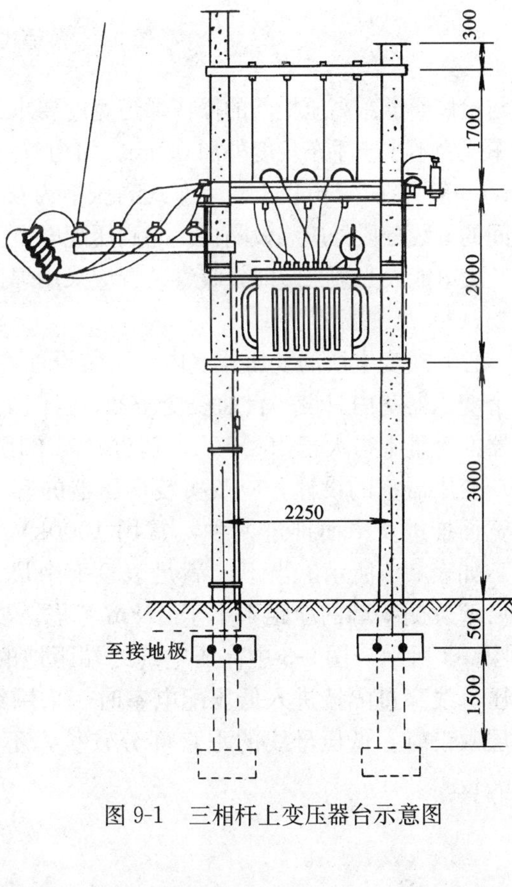

图9-1 三相杆上变压器台示意图

（二）落地式变压器台

落地式变压器台如图9-2所示，它与低压配电室组合成10kV变电所。

（三）高压配电室

10kV高压配电室均采用成套式的高压配电柜，布置时应考虑进出线的方便并预留1～2台的位置以备扩展。高压柜一般可靠墙安装，当柜后有母线引出时需留有0.6m的安

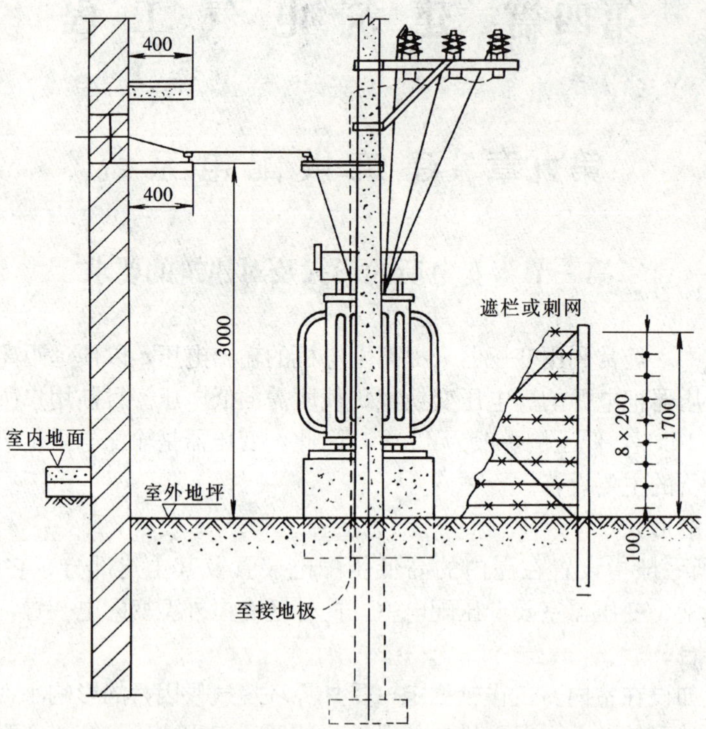

图 9-2 落地式变压器台示意图

装与检修通道。高压柜前的操作通道宽度要求：固定式为不小于 1.5m，但一般宜为 2m 以上；手车式为不小于手车长度外加 0.9m。如为双列布直时，固定式高压柜间的通道宽度不应小于 2m，一般宜在 2.5m 以上；手车式高压柜为双车长外加 0.6m。一列高压柜有两个电源时，在中间的母线分段处应装设隔板。与高压配电室无关的管道，不应穿越其间。室内尽量不采暖，如装设电能表必须采暖时，暖气装置应采用焊接，且不应有法兰、螺纹接头及阀门等。

（四）变压器室

独立式变电所的变压器室内，可装设油浸式变压器，附设于民用建筑物第一层变电所的每个变压器室内只设一台油浸变压器，且门上设防火挑檐，装设在居住建筑内的每台油浸变压器的容量不得大于 400kVA，超过时需采用非燃型的电力变压器。

变压器室的设计，应按实装变压器的容量加大一级考虑，以备增容。变压器的布置分为宽面推进及窄面推进两种，常用 1000kVA 以下的 SL7 变压器外形尺寸及变压器室尺寸，如表 9-1 所示。当不能满足表 9-1 中尺寸时，变压器与大门的净距可按不小于 1m，与后壁及侧壁墙的净距不小于 0.8m 考虑。变压器室高低压母线的布置方案，典型的两种如图 9-3 所示。图 9-3 中高压电缆终端距地的高度，依据变压器容量而定，如表 9-2 所示。低压母线穿过隔墙进入低压配电室时，采用绝缘隔板，如图 9-4 所示。采用高低压母线上下层敷设时，低压母线的垂直部分较长，不能承受短路时的电动力作用，因此需装设母线夹板。

表 9-1　　**SL7 变压器外形尺寸及变压器室尺寸**

变压器容量（kVA）	变压器尺寸（mm）						变压器室最小轴线尺寸（mm）			
							宽面推进		窄面推进	
	长	宽	高	轮距	起吊高度	质量（kg）	室宽	进深	室宽	进深
200	1430	1000	1653	550	3400	5160	3600	3300	3000	3600
250	1460	1090	1700	550	3500	6000	3600	3300	3000	3600
315	1420	1190	1920	550	3900	6480	3600	3300	3000	3600
400	1480	1380	1980	660	4000	8520	3900	3300	3000	3900
500	1500	1400	2020	660	4100	9120	3900	3300	3000	3900
630	1640	1310	2290	660	4600	11160	3900	3300	3000	3900
800	2130	1330	2650	820	5400	14160	4200	3600	3300	4500
1000	2180	1360	2816	820	5700	16080	4200	3600	3600	4500

表 9-2　　**变压器室高压电缆终端的距地高度**

变压器容量（kVA）	200、250	315、400	500、630	800、1000
高压电缆头距地高度（m）	1.7	1.9	2	2.1

图 9-3 中的方案均为高压电缆引入，低压母线引出。当变压器容量较小，低压可采用钢管大截面导线引向低压配电室。当变压器室内装设高压负荷开关时，如图 9-5 所示。负荷开关的操作手柄距变压器的距离，不宜小于 1.5m。

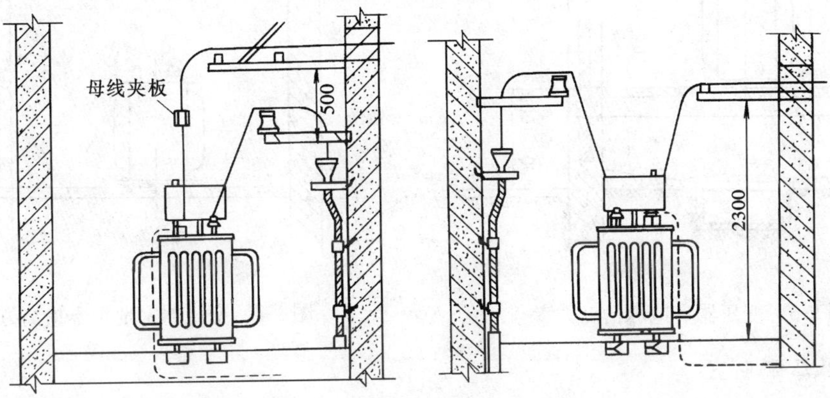

图 9-3　变压器室高低压母线布置的两种方案

变压器的容量小于 500kVA 时，其充油量不足 500kg，可设置贮油池或采取挡油措施。容量为 630kVA 及以上时，需设贮油池。变压器室下部有地下室时，必须设贮油箱。贮油池一般与变压器的下部通风结合起来，即所谓变压器地坪的抬高方案，如图 9-6 所示。贮油池的容积需按 100％变压器油量计算，上部加钢筋网铺以卵石层，以防止火势蔓延。附设于建筑物内变电所的变压器室，需设室外事故贮油坑，用管道与室内贮油池连接。最常用的挡油措施是自变压器室大门向室内做坡，使变压器发生事故漏油时不致流至室外。采取挡油措施往往与变压器室地坪不抬高方案相结合使用，如图 9-7 所示。变压器室的照明，采用在靠大门侧装设壁灯的方式，以使之离开变压器较远，便于更换灯泡。其开关宜在大门及巡视小门两处设置。

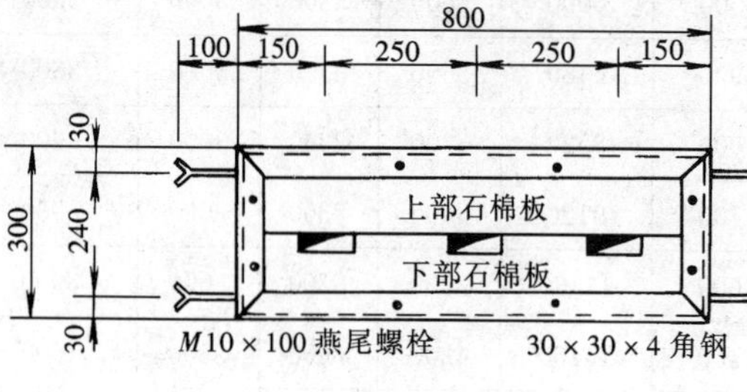

图 9-4 低压母线穿墙绝缘隔板

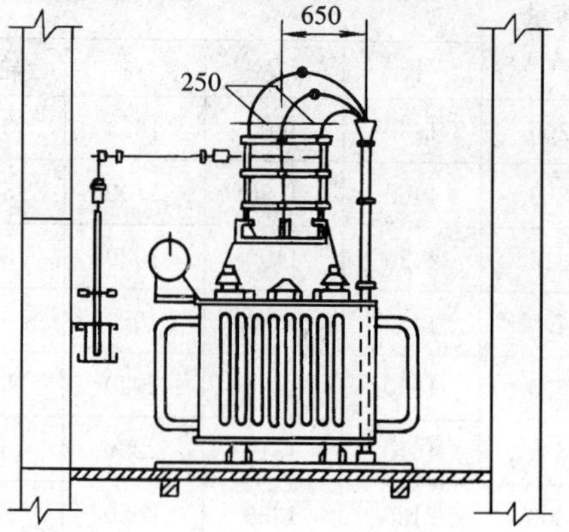

图 9-5 变压器室内装设负荷开关示意

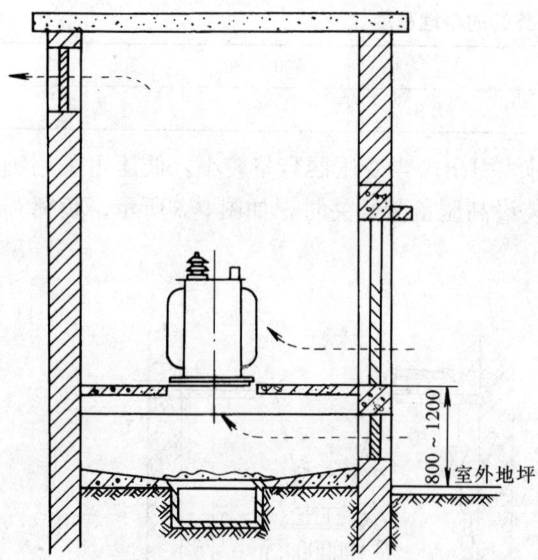

图 9-6 变压器室地坪抬高方案

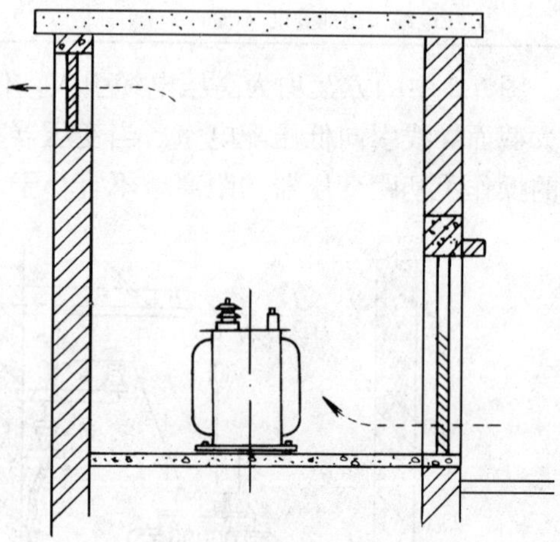

图 9-7 变压器室地坪不抬高方案

（五）低压配电室

低压配电室一般采用低压成套配电柜，除采用单面操作的开关柜不超过 3 台时可靠墙安装外，均采用离墙安装。配电柜一般靠变压器室布置，以使低压母线的距离最短，在两端应各留出一面配电柜的位置（按一台变压器留一面的位置为宜）。与低压配电室无关的管道不应穿越其间，需要采暖时的要求与高压配电室相同。低压配电柜后的通道，需在墙壁上设照明灯。

（六）箱式变电站

箱式变电站简称箱变，是一种将高压开关设备配电变压器、低压开关设备、电能计量设备和无功补偿装置等按一定的接线方案组合在一个或几个箱体内的紧凑型成套配电装置。它适用于额定电压 10/0.4kV 的三相交流系统，见图 9-8。

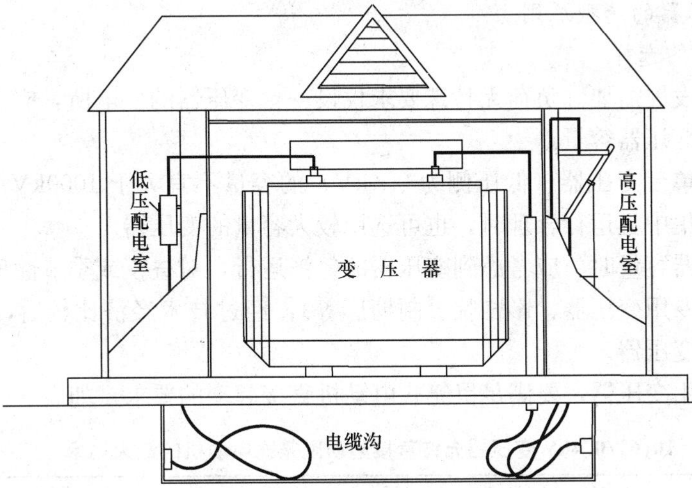

图 9-8 箱式变电站

二、配电变压器的选用

(一) 变压器型号含义

S——三相；D——单相；J——油浸自冷（只用于单相变压器）；C——成型固体；G——空气式；Z——有载调压；L——铝线（铜线无此标志）。

型号后边数字为设计序号；型号后面分子数为额定容量（kVA），分母数为高压绕组电压等级（kV）。

例 SL1-500/10 型表示为三相油浸自冷式铝线电力变压器，额定容量为 500kVA，高压绕组电压为 10kV，第一次系列设计。

电力变压器订货时须注明：①型号名称；②额定容量（kVA）；③一、二次侧电压（kV）；④绕组联结组标号；⑤阻抗电压百分数；⑥频率；⑦相数；⑧安装地点，如为海滨、污垢地区或者海拔超过 1000m 时，均需特别注明；⑨其他特殊要求等。

SL7 系列 10kV 三相油浸自冷式铝线低损耗变压器技术数据如表 9-3 所示。

表 9-3 SL7 系列三相油浸自冷式铝线变压器技术数据

型号	额定容量（kVA）	电压组合(kVA)		损耗(W)		阻抗电压（%）	空载电流（%）	联结组别	总质量（kg）
		高压	低压	空载	负载				
SL-30/10	30	10	0.4	150	800	4	7	Y,yn0	300
SL-50/10	50	10	0.4	190	1150	4	6	Y,yn0	460
SL-100/10	100	10	0.4	320	2000	4	4.2	Y,yn0	675
SL-160/10	160	10	0.4	460	2850	4	3.5	Y,yn0	945
SL-200/10	200	10	0.4	540	3400	4	3.5	Y,yn0	1070
SL-250/10	250	10	0.4	640	4000	4	3.2	Y,yn0	1255
SL-315/10	315	10	0.4	760	4800	4	3.2	Y,yn0	1525
SL-400/10	400	10	0.4	920	5800	4	3.2	Y,yn0	1775
SL-500/10	500	10	0.4	1080	6900	4	3.2	Y,yn0	2055
SL-630/10	630	10	0.4	1300	8100	4.5	3	Y,yn0	2745
SL-800/10	800	10	0.4	1540	9900	4.5	2.5	Y,yn0	3305
SL-1000/10	1000	10	0.4	1800	11600	4.5	2.5	Y,yn0	4135

（二）配电变压器的选型原则

1. 变压器容量的选择

（1）考虑社会发展需要。负荷无特殊要求仅设一台变压器的变电所，应按计算容量加大19％～25％来确定变压器容量。

（2）变电所中单台变压器（低压侧为0.4kV）的容量不宜大于1000kVA，但当用电设备容量较大，负荷集中且运行合理时，也可选用较大容量的变压器。

（3）确定变压器容量时，应考虑到变压器的经济运行，对昼夜或季节性负荷波动较大的用电单位（如照明专用变压器、影剧院、制糖厂等），经过技术经济比较后，可采用大小容量不等分别运行的变压器。

（4）工矿企业用变压器，要满足鼠笼式电动机直接起动的要求，如表9-4所示。

表9-4　10(6)/0.4kV变压器允许直接起动鼠笼式电动机的最大功率

变压器供电的其他负荷	起动时允许电压降（％）	变压器容量 S_B（kVA）											
		50	100	125	160	200	250	315	400	500	630	800	1000
$S_{fh}=0.5S_B$ $\cos\varphi=0.7$	10 15	11 15	22 30	26 37	30 45	40 55	55 75	63 90	75 130	90 155	132 185	160 225	215 280
$S_{fh}=0.5S_B$ $\cos\varphi=0.7$	10 15	8.5 15	18.5 30	22 37	26 45	37 55	45 75	55 90	72 115	90 155	110 180	132 225	185 280

注　1. 上表所列数据系指电动机与变电所低压母线直接相连时参考数据，当供电线路较长时，应通过计算校验其允许电压降值。

2. S_{fh}及$\cos\varphi$为变压器所供给的其他负荷（kVA）及其功率因数。

2. 变压器选型

（1）普通电力变压器的一般通用条件：

1）环境温度（周围气温变化值）：最高气温40℃，最高日平均气温30℃，最高年平均气温20℃，最低气温－30℃。

2）海拔高度：变压器安装地点的海拔高度不超过1000m。

3）空气最大相对湿度：当空气温度为25℃时，相对湿度不超过90％。

4）安装场所无严重影响变压器绝缘的气体、蒸汽、化学性沉积、灰尘、污垢及其他爆炸性和侵蚀性介质。

5）安装场所无严重的振动。

（2）特殊变压器的选型：

1）在防火要求较高的场所，应尽可能选用不燃或难燃的变压器；当环境潮湿或者多尘时，宜选用环氧树脂浇注式等干式变压器；选用干式变压器时，变压器进出线应采用电缆。

2）在具有化学腐蚀性气体、蒸汽或具有导电、可燃粉尘或纤维会严重影响变压器安全运行的场所，露天变电所处于多尘或多雪环境时，宜采用密闭式变压器。

3）在多雷区及土壤电阻率较高的山区，应选用防雷变压器。

4）当单相负荷使变压器的三相负荷不平衡率超过25％时，应设单相变压器。

3. 变电所安装形式的选择

对小城镇居住区、工厂生活区供电时，宜设杆上变电所或露天变电所。乡村地区变电所普遍采用杆上式、台墩式、落地式等几种形式。

杆上式变电所简称变台，又分单杆式变压器台和双杆式变压器台两种。单杆式变压器台适用于30kVA 及以下变压器安装。双杆式变压器台适用于0～315kVA 范围内的变压器安装，如图 9-9 所示。台墩式变电所是用砖、块石砌筑而成的高 2.5m 左右的建筑物，将变压器直接安放在台墩上。

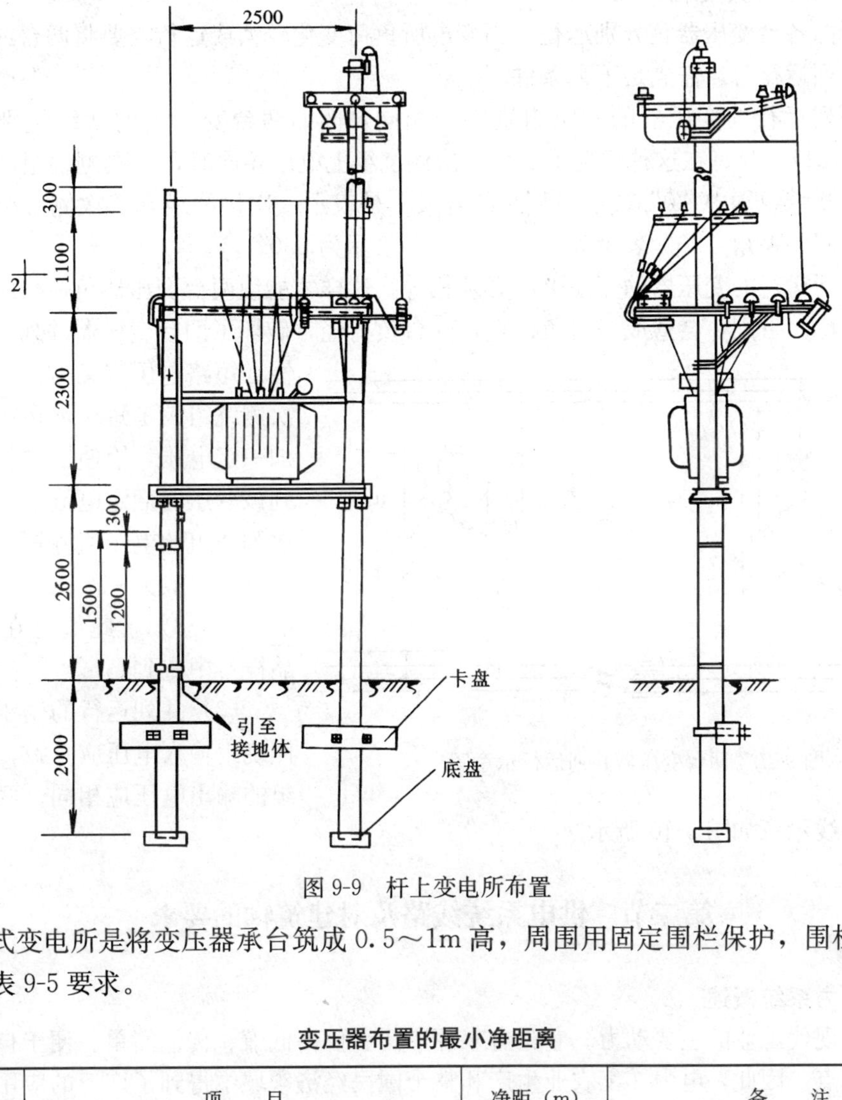

图 9-9 杆上变电所布置

落地式变电所是将变压器承台筑成 0.5～1m 高，周围用固定围栏保护，围栏高度和宽度应符合表 9-5 要求。

表 9-5 **变压器布置的最小净距离**

变压器安装方式	项 目	净距（m）	备 注
室 内 变电所	1. 变压器外廓与后壁、侧壁距离 2. 变压器与门的净距	0.6（0.8） 0.8（1）	括号内数字适用 1250kVA 变压器
露天或 半露天 变电所	3. 变压器外廓与围栏或建外墙 4. 变压器底部距地面 5. 相邻变压器外廓之间 6. 对一级负荷供电时相邻变台间的防火净距 7. 变压器四周固定围栏高度	0.8 0.3 1.5 10 1.7	如达不到要求应设防火墙

4. 配电变压器选择安装地点的原则

（1）高压进线方便，尽量靠近高压电源。

（2）尽量设在负荷中心，以节省导线，减少线路功率损耗。

(3) 选择无腐蚀性气体，运输方便，易于安装的地方。

(4) 避开交通和人畜活动中心，以确保用电安全。

(5) 配电电压为380V时，其供电半径不超过700m。

5. 变压器的并列运行

变电所内各台变压器宜分别运行。当变电所负荷变化较大或运行需要将两台或两台以上的变压器并列运行时，需满足下列条件。

(1) 并列运行的变压器的联结组别必须相同，例如两台变压器的联结组别，均应为Y,yn0或Y,d11。只有在这种情况下，当一次侧绕组上电压相同时，二次侧绕组电压值及相位才相同。联结组别中“0”(或“11”)的含义，是表示一次侧绕组和二次侧绕组同名端的线电动势之间的夹角，“0”表示为360°(“11”表示为330°)。

(2) 并列运行的变压器的短路电压必须相等。这样才能使两台变压器负荷分配和它的额定容量成正比。否则，会造成一台负荷重，一台负荷轻，破坏了两台变压器并列运行的经济性。短路电压定义为：将变压器二次侧绕组人工短路，在一次侧绕组加一定电压，恰使二次侧绕组能达到该变压器额定电流值，此加入一次侧绕组的电压值称短路电压。短路电压一般为一次侧绕组额定电压的4%～8%，此值可在变压器产品样本中查到。

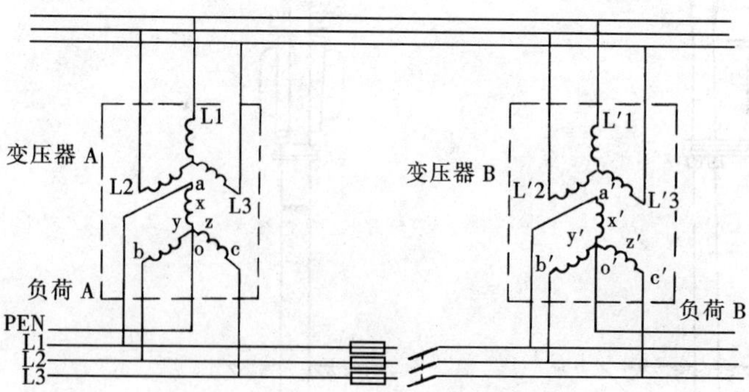

图 9-10　两台变压器并列运行示意图

(3) 并列运行的变压器的一次侧绕组输入电压应一致，二次侧绕组的输出电压应相同。两台变压器并列运行接线示意如图9-10所示。

第二节　供电系统线路及对建筑物的要求

一、电力系统概述

电力是现代工业的主要动力。它具有来源广泛、价格低廉、传输简单、便于自动化控制和测量等优点。因此，电力在工农业生产和整个国民经济领域中得到了广泛的应用。电力的生产、输送、分配和使用的全过程，实际上是在同一瞬间完成的。由发电厂、电力网、变电所及电力用户组成的统一整体，称为电力系统，如图9-11所示。

发电厂是将各种非电能转换成电能的工厂。根据其所转换的能源不同，发电厂可分为水

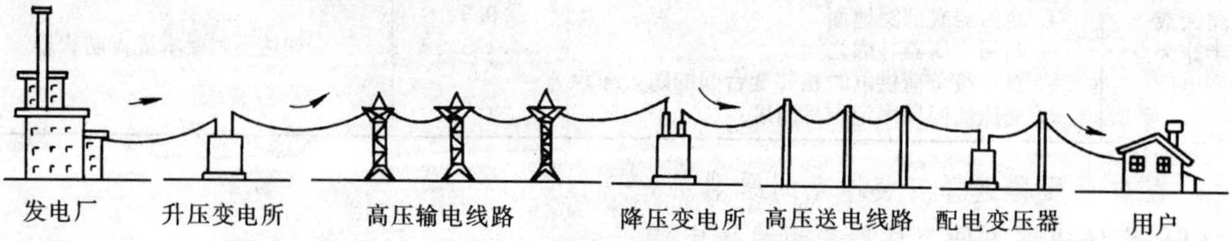

图 9-11　从发电厂到用户的输配电过程示意图

力发电厂、火力发电厂、原子能发电厂、太阳能发电厂、地热发电厂、潮汐发电厂以及风力发电厂等。

电力网是输送、变换和分配电能的网络，由变电所和各种不同电压等级的电力线路所组成。它是联系发电厂和用户的中间环节。电力网的任务是将发电厂生产的电能输送、变换和分配到电力用户。

表 9-6　我国交流电力网和电力设备的额定电压

电压等级	电力网和用电设备额定电压	发电机额定电压	电力变压器额定电压	
			一　次	二　次
低压（V）	220/127 380/220 660/380	230 400 690	220/127 380/220 660/380	230/133 400/230 690/400
高压（kV）	3 6 10 — 35 63 110 220	3.15 6.3 10.5 13.8、15.75、18.20 — — — —	3 及 3.15 6 及 6.3 10 及 10.5 13.8、15.75、18.20 35 63 110 220	3.15 及 3.3 6.3 及 6.4 10.5 及 11 — 38.5 69 121 242
超高压（kV）	330 500 750	— — —	330 500 750	363 550 —

电力网的电压等级多，详见表 9-6。在我国习惯上将电压为 330kV 及 330kV 以上的称超高压，1～330kV 的称高压，1kV 以下的称低压。一般将 3、6、10kV 等级的电压称为配电电压。

变电所是接受电能、变换电压和分配电能的场所。它是由电力变压器和配电装置组成。按变压的性质和作用又可分为升压变电所和降压变电所两种。

在电力系统中，所有消耗电能的用户均称为电力用户。电力用户所拥有的用电设备可按其用途分为：动力用电设备（如电动机等）、工业用电设备（如电解、冶炼、电焊、热处理等设备）、电热用电设备（如电炉、干燥箱、空调等）、照明用电设备和试验用电设备等，它们可将电能转换为化学能、机械能、热能和光能等不同形式。

二、电力负荷的分类

电力网上用电设备所消耗的电功率称为电力负荷。根据用电设备的性质和电力用户对供电可靠性提出的要求，电力负荷可分为一、二、三级。

（一）民用建筑电力负荷分级

（1）一级负荷：因中断供电能造成重大政治影响的建筑物和因中断供电能造成人员伤亡的建筑物，如人民大会堂、大型体育馆、重要宾馆、医院的手术室。

（2）二级负荷：因中断供电能造成经济上较大损失的建筑物和因中断供电能造成秩序混乱的重要公共建筑物，如某些实验室、大型影剧院、大型商场。

(3) 三级负荷：停电造成的影响和损失不大的一般建筑物。

民用建筑中常用用电设备及部位的负荷分级如表 9-7 所示。

表 9-7　常用民用用电设备及部位的负荷级别

序号	建筑类别	建筑物名称	用电设备及部位名称	负荷级别
1	住宅建筑	高层普通住宅	客梯电力，楼梯照明	二级
2	宿舍建筑	高层宿舍	客梯电力，主要通道照明	二级
3	旅馆建筑	一、二级旅游旅馆	经营管理用电子计算机及其外部设备电源，宴会厅电声、新闻摄影、录像电源，宴会厅、餐厅、娱乐厅、高级客房、厨房、主要通道照明，部分客梯电力，厨房部分电力	一级
			其余客梯电力，一般客房照明	二级
		高层普通旅馆	客梯电力，主要通道照明	二级
4	办公建筑	省、市、自治区及部级办公楼	客梯电力，主要办公室、会议室、总值班室、档案室及主要通道照明	一级
		银行	主要业务用计算机及其外部设备电源，防盗信号电源	一级
			客梯电力	二级
5	教学建筑	高等学校教学楼	客梯电力，主要通道照明	二级
		高等学校的重要实验室		一级
6	科教建筑	科研院所的重要实验室		一级
		市（地区）级及以上气象台	主要业务用电子计算机及其外部设备电源，气象雷达、电报及传真收发设备、卫星云图接收机、语言广播电源，天气绘图及预报照明	一级
			客梯电力	二级
		计算中心	主要业务用电子计算机及其外部设备电源	一级
			客梯电力	二级
7	文娱建筑	大型剧院	舞台、贵宾室、演员化妆室照明，电声、广播及电视转播、新闻摄影电源	一级
8	博览建筑	省、市、自治区级及以上博物馆、展览馆	珍贵展品展室的照明，防盗信号电源	一级
			商品展览用电	二级
9	体育建筑	省、市、自治区级及以上体育馆、体育场	比赛厅（场）、主席台、贵宾室、接待室、广场照明，计时记分、电声、广播及电视转播、新闻摄影电源	一级
10	医疗建筑	（区）级及以上医院	手术室、分娩室、婴儿室、急诊室、监护病房、高压氧舱、病理切片分析、区域性中心血库的电力及照明	一级
			细菌培养、电子显微镜、电子计算机 x 线断层扫描装置、放射性同位素加速器电源，客梯电力	二级
11	商业仓库建筑	冷库	大型冷库、有特殊要求的冷库的一台氨压缩机及其附属设备电力，电梯电力，库内照明	二级

续表

序号	建筑类别	建筑物名称	用电设备及部位名称	负荷级别
12	商业建筑	省辖市及以上重点百货大楼	营业厅部分照明	一级
			自动扶梯电力	二级
13	司法建筑	监狱	警卫照明	一级
14	公用附属建筑	区域采暖锅炉房		二级
15	一类高层建筑	高层建筑的消防设施	消防控制室、消防水泵、消防电梯、防烟排烟设施、火灾自动报警、自动灭火装置、火灾事故照明、疏散指示标志和电动的防火门窗、卷帘、阀门等消防用电	一级
16	二类高层建筑			二级

（二）工业电力负荷分级

（1）一级负荷：因中断供电能造成人身伤亡和造成国民经济重大损失的电力负荷，如重大设备损坏、重大产品报废、国民经济中重点企业的连续生产过程被打乱需要长时间才能恢复，以及破坏重要的交通枢纽、重要通信设施等。

（2）二级负荷：因中断供电能造成国民经济较大损失的电力负荷，如主要设备损坏、大量产品报废、连续生产过程被打乱需较长时间才能恢复、重点企业大量减产等。

（3）三级负荷：不属于一级和二级负荷者。

工业建筑中常用用电设备的负荷级别如表 9-8 所示。

表 9-8　　常用工业用电设备的负荷级别

序号	厂房或车间名称	用电设备名称	负荷级别	备注
1	热煤气站	鼓风机、发生炉传动机构	二级	
2	冷煤气站	鼓风机、排送机、冷却通风机、发生炉传动机构、中央仪表室计量屏、冷却塔风扇、高压整流器、双皮带系统的机械化输煤系统	二级	
3	部分重点企业中总蒸发量超过 10t/h 的锅炉房	给水泵、软化水泵、鼓风机、引风机、二次鼓风机、炉箅机构	二级	
4	部分重点企业中总排气量超过 $40m^3/min$ 的压缩空气站	压缩机、独立励磁机	二级	
5	铸钢车间	平炉气化冷却水泵、平炉循环冷却水泵、平炉加料超重机、平炉所用的 75t 及以上浇铸超重机、平炉鼓风机、平炉用其他用电设备（换向机构、炉门卷扬机构、计器屏），5、10t 电弧炼钢炉低压用电设备（电极升降机构、倾炉机构）及其浇铸超重机	二级	

续表

序号	厂房或车间名称	用电设备名称	负荷级别	备注
6	铸铁车间	30t 及以上的浇铸超重机、部定重点企业冲天炉鼓风炉	二级	
7	热处理车间	井式炉专用淬火超重机、井式炉油槽抽油泵	二级	
8	300t 及以下的是水压机车间	锻造专用设备：起重机、水压机、高压水泵		
9	水泵房	供二级负荷用电设备的水泵	二级	
10	大型电机试验站	主要机组、辅助机组	二级	2×103 及以上发电机的试验站
11	刚玉冶炼车间	刚玉冶炼电炉变压器、低压用电设备（循环冷却水泵、电极提升机构、电炉传动机构、卷扬机构）	二级	
12	磨具成型车间	隧道窑鼓风机、卷扬机构	二级	
13	油漆树脂车间	反应釜及其供热锅炉	二级	2500kW 及以上
14	层压制品车间	压机及其供热锅炉	二级	
15	动平衡试验站	动平衡试验装置的润滑油系统	二级	
16	线缆车间	熔炼炉的冷却水泵、鼓风机、连铸机的冷却水泵、连扎机的冷却水泵及润滑泵压铅机、压铝机的熔化炉、高压水泵、水压机、交联聚乙烯加工设备的挤压交联、冷却、收线用电设备干燥浸油缸的连续电加热、真空泵、液压泵	二级	
17	焙烧车间	隧道窑鼓风机、排风机、窑车推进机、窑门关闭机构油加热器、油泵及其供热锅炉	二级	

（三）各级电力负荷对供电的要求

（1）一级负荷：应有两个以上独立电源供电。独立电源是指在若干电源中任一电源发生故障或因检修停电时，不影响其他电源继续供电。对有特殊要求的一级负荷，为保证供电绝对可靠，独立电源应来自不同地点。

（2）二级负荷：一般采用双回路供电，即采用两条线路供电。若条件不允许，可采用10kV 及 10kV 以下的专用架空线供电。是否设置备用电源应作经济技术比较，若中断供电所造成的损失大于设置备用电源费用，则应设置备用电源。否则允许采用一个独立电源。

（3）三级负荷：对供电无特殊要求。在不增加投资的情况下，应尽量提高供电的可靠性。

三、工业与民用建筑供电系统

（一）小型工业与民用建筑供电系统

此种供电系统一般只需设立一个简单的变电所，电源进线电压通常为 10kV，经降压变压器将电压降到 380/220V，再经低压配电线路向动力用电设备和照明用电设备供电，如图 9-12 所示。

（二）中型工业与民用建筑供电系统

这一供电系统电源进线电压一般为10kV，经高压配电所、高压配电线路，将电能送到各车间和建筑物变电所，再由变压器将电压降为380/220V，通过低压配电线路向用电设备供电，如图9-13所示。

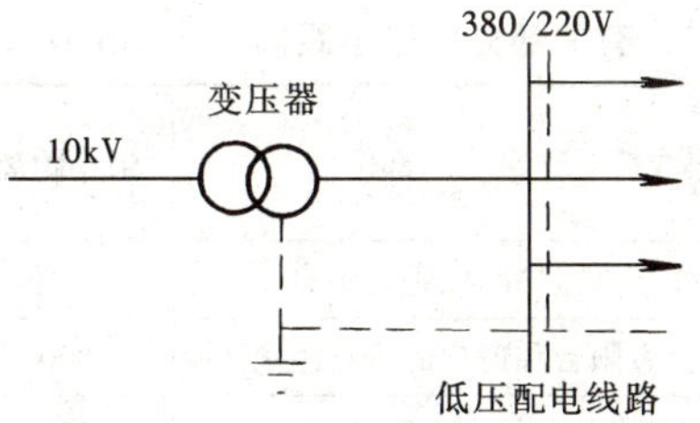

图9-12 小型工业与民用建筑供电系统

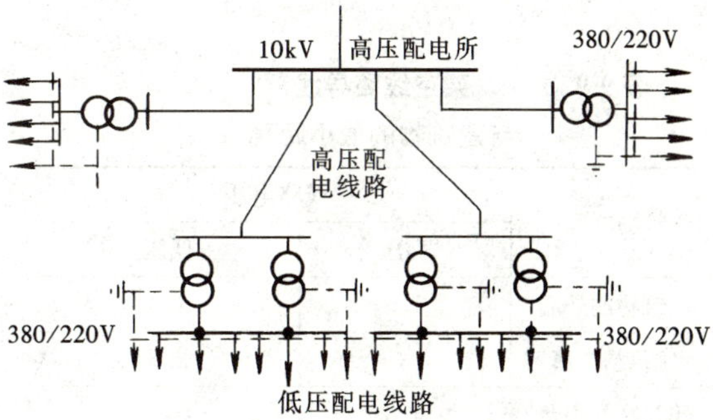

图9-13 中型工业与民用建筑供电系统

（三）大型工业与民用建筑供电系统

此类电源进线电压一般为110kV或35kV，需经两次降压。首先经总降压变电所，将电压降为10kV，然后由10kV高压配电线路将电能送到各车间或民用建筑的降压变电所，再将电压降为380/220V，由低压配电线路向用电设备供电，如图9-14所示。

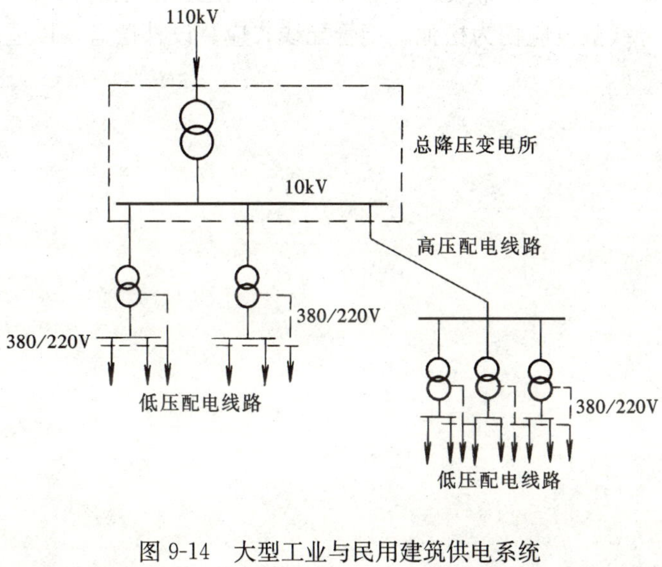

图9-14 大型工业与民用建筑供电系统

（四）供电线路对建筑的要求

供电线路对建筑的要求可从室外供电线路与室内配电线路各对建筑的要求两个方面去考虑。

（1）室外供电线路对建筑的要求。当室外供电线路采用架空线路时，架空线路导线与建筑物最小距离应不小于表9-9所列数值。

室外供电线路上的低压接户线与建筑物有关部分的距离，不应小于表9-10所列数值。

当室外供电线路采用直埋电缆敷设时，如直埋电缆与建筑物平行时，要求它们之间的最小净距为0.5m。

(2) 室内配电线路对建筑的要求。室内配电线路对建筑的要求主要表现在：导线穿过楼板时，应设钢管或塑料管加以保护，管子长度应从离楼板面2m高处，到楼板下出口处为止。

表9-9 架空线路导线与建筑物的最小距离 (m)

建筑物的部位	线路电压	
	高压	低压
建筑物的外墙	1.5	1.0
建筑物的窗	3	2.5
建筑物的阳台	4.5	4
建筑物的屋顶	3	2.5

表9-10 低压接户线与建筑物有关部分的最小距离 (mm)

接户线接近建筑物的部位	最小距离
与接户线下方窗户间的垂直距离	300
与接户线上方阳台和窗户的垂直距离	800
与窗户或阳台的水平距离	750
与墙壁、构架之间距离	50

(3) 导线穿墙要用瓷管，瓷管两端的出线口，伸出墙面不小于10mm，这样可防止导线和墙壁接触，防止墙壁潮湿时产生漏电现象。导线过墙用瓷管保护，除穿向室外的瓷管应一线一根外，同一回路的几根导线可穿在同一根瓷管内，但管内导线的总面积（包括绝缘层）不应超过管内截面的40%。

(4) 当导线穿墙壁或天花板敷设时，导线与建筑物之间的距离一般不小于10mm。在通过伸缩缝的地方，导线敷设应稍为松弛。钢管配线，应装设补偿盒，以适应建筑物的伸缩。

第十章　电　气　照　明

电气照明早已成为生产和生活中不可缺少的重要部分，随着人们生活水平的提高，生产和工作环境的改善，对电气照明的要求不仅局限于能够提供充分、良好的光照条件，而且希望电气照明能够装饰和美化环境。

对建筑行业的工程人员来说，能读懂照明施工图，了解照明配电设备的安装、导线的敷设、灯具的布置等，将有利于同电气工程人员的协调配合，提高工程质量。

第一节　电气照明常用参数

一、光

光是电磁波，可见光是人眼所能感觉到的那部分电磁辐射能，光在空间以电磁波的形式传播，它只是电磁波中很小的一部分，波长范围约在 380～780nm，如图 10-1 所示。

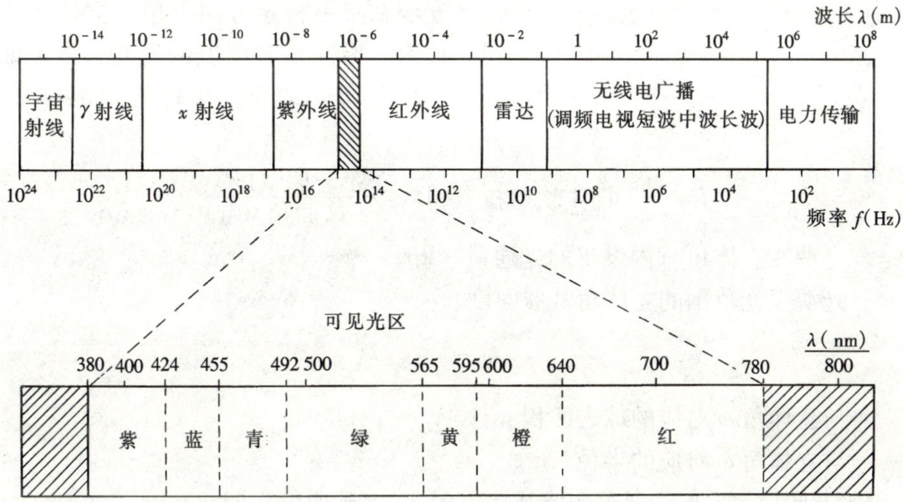

图 10-1　电磁辐射频谱

可见光在电磁波中仅是很小的一部分，波长小于 380nm 的叫紫外线；大于 780nm 叫红外线。这两部分虽不能引起视觉，但与可见光有相似特性。这里，我们只研究可见光。

在可见光区域内不同波长又呈现不同的颜色，波长从 780nm 向 380nm 变化时，光的颜色会出现红、橙、黄、绿、青、蓝、紫 7 种不同的颜色。

380～424nm　紫色　　565～595nm　黄色　　424～455nm　蓝色
595～640nm　橙色　　455～492nm　青色　　640～780nm　红色
492～565nm　绿色

当然，各种颜色的波长范围不是截然分开的，而是由一个颜色逐渐减少，另一个颜色逐渐增多地渐变而成的。

二、光通量

光源在单位时间内，向周围空间辐射出的使人产生光感觉的能量，称为光通量，用符号 Φ 表示，单位为流明（lm）。

光通量是说明光源发光能力的基本量，如：一只 40W 的白炽灯发射的光通量为 350lm，一只 40W 的荧光灯发射的光通量为 2100lm。通常用消耗 1W 功率所发出的流明数来表征电光源的特征，称为发光效率，用符号 η 表示。发光效率越高越好，如 40W 白炽灯发光效率 $\eta=350/40=8.75$（lm/W），而 40W 荧光灯发光效率 $\eta=2100/40=26.25$（lm/W），好于白炽灯。

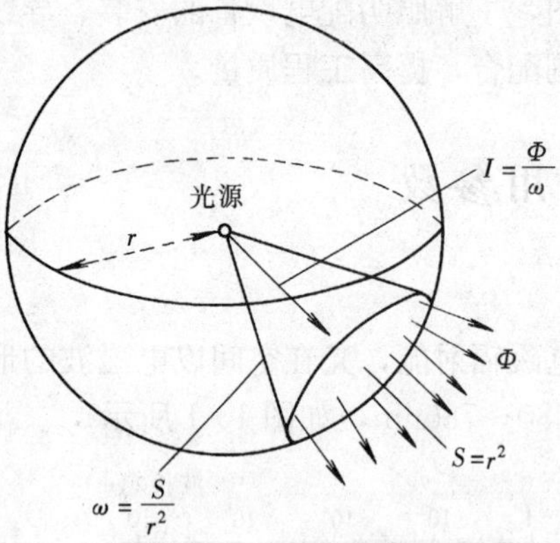

图 10-2 发光强度示意

三、发光强度（光强）

在桌上吊一盏灯，有灯罩时要比没有灯罩时亮，即有灯罩时桌面所接受的光通量比没灯罩时多，虽然光源发出的光通量没有变化，但由于灯罩的反射，使向下的光通量增加了。灯罩改变了光通量原来在空间的分布状况，光源和灯具发出的光通量在空间各方向或选定方向上的分布密度，用发光强度来表示。

光源在某一特定方向上单位立体角内的光通量，称为光源在该方向上的发光强度，如图 10-2 所示，用符号 I 表示，单位为坎德拉（cd），公式为

$$I=\frac{\Phi}{\omega}，即 1 坎德拉（cd）=\frac{1 流明（lm）}{1 球面角（sr）} \tag{10-1}$$

式中 Φ——光源在立体角 ω 内发出的光通量，lm；

ω——光源发光范围的立体角（球面度）。

$$\omega=\frac{S}{r^2} \tag{10-2}$$

式中 S——与立体角 ω 对应的球表面积 m^2；

r——与立体角 ω 对应的半径，m。

对于向各方向均匀发射光通量的圆球体，包含 4π 球面度，即 $\omega=4\pi$。

四、照度

照度是单位面积所接受的光通量，用符号 E 表示，单位为勒克斯（lx），公式为

$$E=\frac{\Phi}{S} \tag{10-3}$$

即

$$1\text{lx}=\frac{1\text{lm}}{1\text{m}^2}$$

照度是表示被照面上光强弱的物理量，它不仅与光通量和面积有关，还与光强和距离有关。点光源的发光强度与照度的关系如图 10-3 所示。

由式（10-1）知，$I=\frac{\Phi}{\omega}$，将式（10-2）代入式（10-1），则

$$I=\frac{\Phi}{S/r^2}$$

所以

$$\Phi=I\frac{S}{r^2}$$

将上式代入式（10-3）中

$$E=\frac{\Phi}{S}=\frac{\frac{IS}{r^2}}{S}=\frac{I}{r^2} \qquad (10\text{-}4)$$

上式表明照度与光源在这个方向的光强 I 成正比，它与距光源的距离 r 的平方成反比。

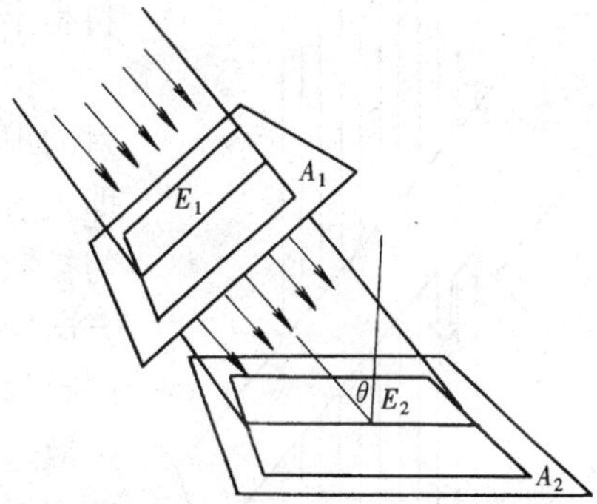

图 10-3 点光源的发光强度与照度的关系

五、亮度

亮度表示光源或物体的明亮程度。

在同一照度下，并排着黑、白两个物体，看起来白色物体要亮得多，说明人眼对明暗的感觉并不能直接取决于物体上的照度，而是取决于物体在眼睛视网膜上形成的照度，视网膜上的照度是由被视物体在沿视线方向上的发光强度造成的。

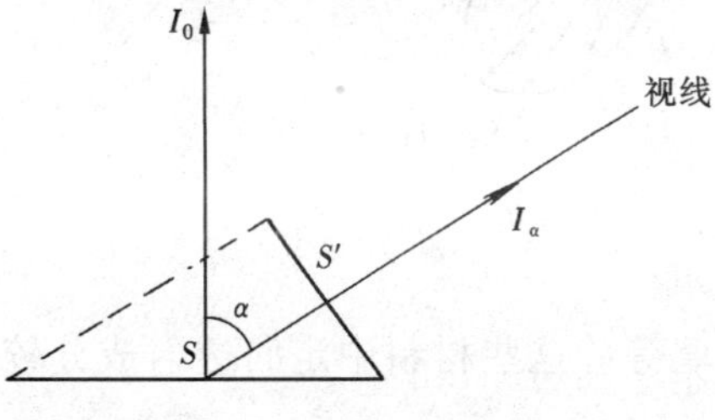

图 10-4 亮度示意图

被视物体在视线方向单位投影面上的发光强度，称为该物体表面的亮度，如图 10-4 所示。用符号 L 表示，单位为坎德拉/米（cd/m）或尼特（nt）。

$$L=\frac{I_0}{S}=\frac{I_\alpha}{S\cos\alpha} \qquad (10\text{-}5)$$

式中 I_α——视线方向上的光强（cd）；

S——被视物体表面积（m^2）；

α——视线方向与被视表面法线的夹角。

为了对亮度有些感性认识，举几个例子：白炽灯灯丝亮度为$(2.0\sim20)\times10^6\,cd/m^2$；荧光灯$(0.5\sim1.5)\times10^4\,cd/m^2$；电视屏幕$(1.7\sim3.5)\times10^2\,cd/m^2$；太阳 $16\times10^9\,cd/m^2$。

六、材料的光学性质

光线在传播过程中遇到介质时，一部分光通量被介质反射，另一部分透过介质，还有一部分被吸收。各种材料的反光和透光能力对照明设计是很重要的。在光滑的材料表面上可看到定向反射和定向透射，如玻璃镜面和磨光的金属表面。半透明或表面粗糙的材料，可使入射光线发生扩散。扩散程度与材料性质有关：乳白色玻璃对入射光线有较好的均匀扩散能力，在外观上亮度很均匀；磨砂玻璃的特点是具有定向扩散能力，其外观上的最大亮度方向随入射光的方向而变化。

光在传播过程中，遇到介质时，入射的光通量 Φ 的一部分被反射，一部分透过介质进入另一侧的空间，还有一部分被吸收，如图 10-5 所示。

定向反射材料的表面是很光滑且不透明的，如镜子和磨得很光滑的金属表面。它仅是按入射角等于反射角的规律改变光线的方向，其立体角保持不变。因此，在反射角方向上可以清楚地看到入射光源的现象，而偏离这个方位则看不见了。

扩散反射材料是表面粗糙且不透明的材料，如白粉墙、石膏饰面板、白色无光漆的表面等。实际上大部分无光泽的、粗糙的建筑材料都可近似地看成为扩散反射材料。扩散透射材

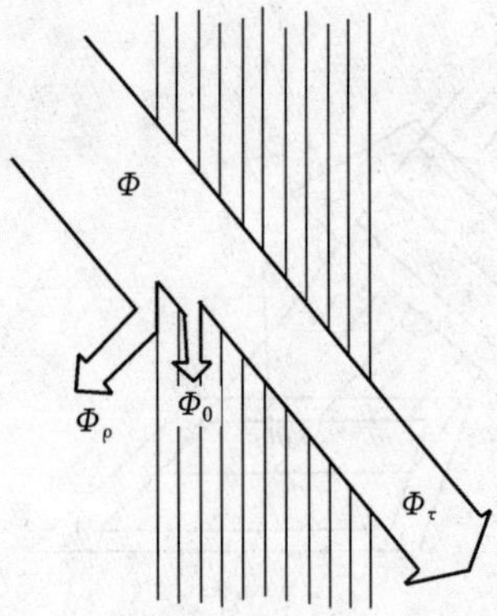

图 10-5 光的反射、透射和吸收

料是半透明的材料，如乳白玻璃和半透明塑料等。

扩散反射和透射材料使入射光线发生扩散反射、扩散透射的现象，它们的特点是光线均匀地向周围空间反射或透射，即入射光经扩散后，被分散在更大的立体角内，故又称为均匀扩散。扩散反射和扩散透射的发光体或发光表面，从各个方向看亮度都是相同的，看不见光源的形象，不会产生强光刺眼的现象，从而形成亮度分布相当均匀的大片发光面。用扩散透射材料制作的灯罩和发光顶棚，光线均匀地散射使人感到柔和舒适。

混合反射和透射材料同时具有定向和扩散的两种性质，即入射光被扩散在较大的立体角内，但在某一方向上还具有最大强度。混合反射和透射材料的光强和亮度分布状况如图10-6所示。

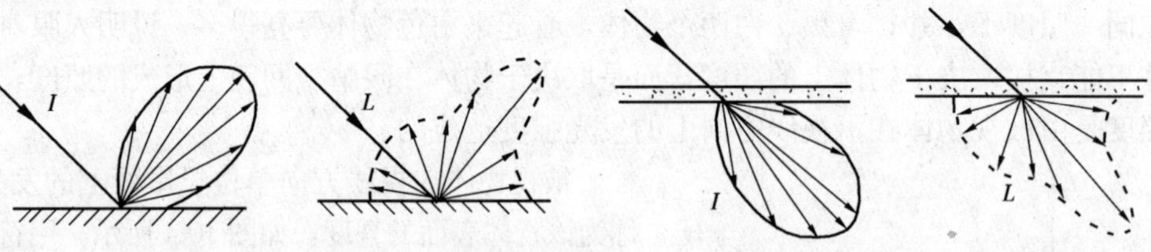

(a) (b)

图 10-6 混合反射和透射的光强与亮度分布

(a) 混合反射；(b) 混合透射

混合透射材料常用的有较薄的乳白玻璃、磨砂玻璃等。这些材料中定向透射成分较显著，透过它们不能清晰地看到光源的形象。

第二节 电 光 源 与 灯 具

我们把可以将电能转换为光能的设备称为电光源，电光源按发光原理可分为两大类。

第一类是热辐射光源，它是利用电流的热效应，把具有耐高温、低挥发性的灯丝加热到白炽程度而产生可见光。常用的热辐射光源有白炽灯、卤钨灯等。

第二类是气体放电光源，它是利用电流通过气体（或蒸气）电离和放电而产生可见光。气体放电光源按其发光物质又可分为：金属、惰性气体和金属卤化物三种。

一、电光源的光电参数

1. 额定值

额定电压是指电光源的规定工作电压，在额定电压下流过电光源的电流称为额定电流。

电光源在额定工作条件下所消耗的有功电功率叫额定功率。

额定光通量是指电光源在额定工作条件下发出的光通量，通常又简称为光通量。

发光效率是指电光源每消耗 1W 电功率所发出的光通量。

电光源全寿命是指电光源直到完全不能使用为止的全部时间；有效寿命是指电光源的发光效率下降到初始值的70%时为止的使用时间；平均寿命是每批抽样试品有效寿命的平均值。通常所指的寿命为平均寿命。

2. 光色

电光源的光色包含有两个方面的意义：一是人眼观看到光源所发出的光的颜色，这称为光源的色表；另一方面是光源所发出的光，照射到物体上，它对物体颜色呈现的真实程度，叫光源的显色性。

色表是人眼观看到光源所发出的颜色，用色温来表示，光源的色温小于3300K时，给人暖的感觉，故又称为暖色光；大于5000K时，给人冷的感觉，称为冷色光；3300～5000K为中间状态。一般情况下，暖色光在低照度时使人感到比较舒适，而在高照度时会感到刺激性，冷色光在低照度时使人感到阴沉昏暗，在高照度时则感觉明快。

同颜色的物体在不同的光源照射下，呈现出不同的颜色，光源的光，对物体颜色呈现的真实程度，称为光源的显色性。在电气照明技术中，光源的显色性用显色指数 Ra 来表示。表10-1所列是常用电光源的一般显色指数 Ra。

光源的色温和显色性之间没有必然的联系，因为具有不同的光谱能量分布的光源可能有相同的色温，但显色性却可能差别很大。例如荧光高压汞灯的色温高达5500K，从远处看它发出的光又白又亮如同日光（6500K）。但它的光谱能量分布却与日光的相差很大。其光谱内青、蓝、绿光多而红光很少，被照的人和物显得发青，显色性差（Ra 仅为22～51）。而白炽灯的色温为2800～2900K，从远处看它的光呈黄红色，但它的显色指数可达97。这表明白炽灯的色表较差而显色性则较好。白炽灯的光谱能量分布是连续的，且红光成分较多。

表10-1　　常用电光源的一般显色指数 *Ra*

光　源	显色指数 Ra	光　源	显色指数 Ra
白炽灯	97	高压汞灯	22～51
日光色荧光灯	80～94	高压钠灯	20～30
白色荧光灯	75～85	钠-铊-铟灯	60～65
暖白色荧光灯	80～90	镝　灯	85以上
卤钨灯	95～99	卤化物灯	93
氙　灯	95～97		

3. 频闪效应

由于交流电作周期性变化，因而电光源所发出的光通量也随之做周期性的变化，叫频闪效应。它会使人眼产生闪烁的感觉。热辐射光源的发光体的热惰性大，所以闪烁感觉不明显，但气体放电灯的这种现象则较为显著。

二、常用电光源

1. 白炽灯

（1）构造和工作原理。白炽灯是由灯丝、支架、引线、玻壳和灯头等部分组成，如图10-7所示。

图10-7　白炽灯的构造

白炽灯是靠电流通过灯丝加热至白炽状态，利用热辐射而辐射出可见光，因此灯丝选用高熔点材料——钨。当灯泡工作时，由于温度很高，钨丝逐渐蒸发，一般在灯内充入氩、氮或二者的混合气等惰性气体，钨在蒸发过程中遇到惰性气体的阻拦，有一部分钨粒子返回灯丝上，减慢了钨粒子沉积在玻壳上的速度，从而提高了灯泡的寿命和发光效率，由于氩、氮成本较高，因此小功率灯泡还是真空的。

(2) 白炽灯的特性：

1) 白炽灯的光色。显色性高，显色指数大于 97，钨丝白炽灯的光谱能量分布中，长波光（红光）强，短波光（蓝光和紫光）弱，一般白炽灯的灯温为 2800～2900K，用于一般场所；高色温灯泡的色温为 3200K，主要用于舞台照明、摄影，但与日光色仍有较大的差别。

2) 发光效率（光效）。灯泡的发光效率是用灯泡输入的光通量 Φ（lm）与输入电功率 P（W）之比。即

$$\eta=\frac{\Phi}{P}$$

白炽灯的发光效率 η 是比较低的，一般为 5.5～191lm/W。

3) 起动电流。白炽灯钨丝冷态电阻比热态电阻小得多，白炽灯为纯电阻负载，服从欧姆定律，所以起动电流为额定电流的 7～10 倍，但过渡过程很短（只有 0.07～0.38s）。可以认为是瞬时点燃的。

4) 寿命。白炽灯在工作中，因钨丝的蒸发，逐渐变细，在某一点处断裂，结束其使用寿命，尤其当电压值高于额定值，其寿命将大大缩短，一般白炽灯泡的平均寿命为 1000h，电压变化对其寿命影响较大，当电压高出其额定值 5%，其寿命减少 50%。

白炽灯泡虽然发光效率低、光色较差，但由于构造简单、体积小、使用方便、价格低廉、可以调光，所以仍然是目前应用最广泛的光源。

2. 卤钨灯

白炽灯在使用过程中，由于从灯丝蒸发出来的钨，沉积在灯泡壁上而使玻璃壳发黑，使其透光变差从而使光效率低，并使灯丝寿命缩短，而卤钨灯则能较好地克服这一缺点。

(1) 卤钨灯的构造和工作原理。卤钨灯制成管型，灯管为一直径 10mm 左右的管子，用耐高温的石英玻璃或高硅氧玻璃制成，在灯管内沿轴向安装单螺旋或双螺旋钨丝，用钨质支架将灯丝固定，灯管两端为陶瓷头及作为镍或钼合金触头，灯管内充填氮气或惰性气体（氩或氪、氙）另加微量的卤元素（氟、氯、溴），故卤钨灯是利用充填气体中卤素物质的化学反应的一种钨丝灯，如图 10-8 所示。

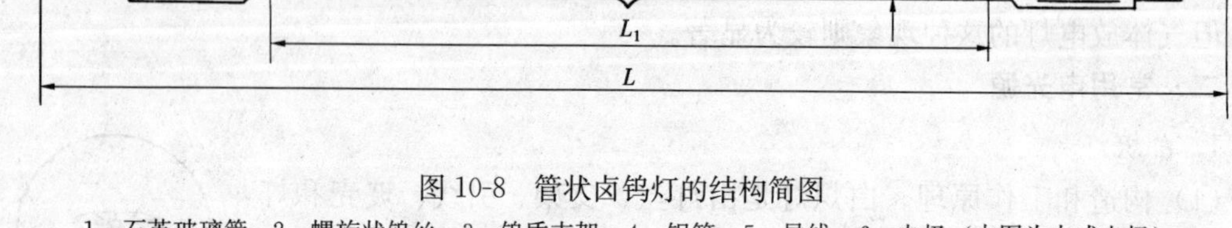

图 10-8 管状卤钨灯的结构简图

1—石英玻璃管；2—螺旋状钨丝；3—钨质支架；4—钼箔；5—导线；6—电极（本图为夹式电极）

卤钨灯也是一种热辐射光源，当钨丝通电后，加热至白炽状态而发光，同时从钨丝上蒸发出来的钨，向玻璃方向迁移，但因充填气体中有卤素，钨与卤素化合生成气态的卤化钨。卤化钨扩散到灯丝附近的高温区时，又被分解成钨和卤元素，分解出的钨有可能落回钨丝上使灯丝上损失的钨得以补充，而卤元素又向灯泡壁区域扩散，在那里又与钨原子化合再次扩散到灯丝附近发生分解，如此形成所谓卤钨循环。在这个过程中卤元素不断地把向灯管壁移近的钨“运回”到灯丝上，这个过程在灯管整个使用寿命期中进行，故有效地防止灯管的黑

化，从而使卤钨灯在整个使用期间保持良好的透光性，光通量输出降低很少。

卤钨循环使再生的钨回到灯丝上，但并不是回到它蒸发前所在位置，而是向灯丝两端温度较低的部位迁移，在蒸发严重的位置（热点），得不到应有补充，所以卤钨循环对延长灯丝寿命作用不大。

（2）卤钨灯的特性：

1）由于卤钨灯的卤钨循环，减少了管壁上钨的沉积，改善了透光率；又因灯管工作温度提高，辐射的可见光量增加，从而使发光效率大大提高。

2）由于卤钨灯中充惰性气体，可抑制钨蒸发，使灯的寿命有所提高。

3）卤钨灯工作温度高，光色得到改善，发光白，而白炽灯光色发黄，卤钨灯的显色性好，其色温特别适用于电视播放照明，舞台照明，及摄影、绘画照明等。

4）卤钨灯能瞬时点燃，适用于要求调光的场所，如体育馆、观众厅等。

5）卤钨灯工作温度高，灯管壁的温度达600℃左右，从防火角度考虑，不能与易燃物接近，使用时应注意散热条件，但不允许采用人工冷却（如电扇吹）。

6）卤钨灯安装必须保持水平，倾斜角不得大于±4°，否则会严重影响寿命；耐震性差，不宜在有震动场所使用。

3. 荧光灯

荧光灯是一种低气压汞蒸气放电光源，它具有结构简单、制造容易、光色好、发光效率高、寿命长和价格便宜等优点，目前在电气照明中被广泛应用。

（1）荧光灯构造。荧光灯是由荧光灯管、镇流器和启动器（跳泡）所组成。

荧光灯管可制成直管，也可制成环形或U形，如图10-9所示。

荧光灯管内壁涂有荧光粉，两端装有钨丝电极，并引至管的灯脚，管内抽真空后充入少量汞和惰性气体氩，汞是灯管工作的主要物质，氩气是为了降低灯管启动电压和启动时抑制电极钨的溅射，以延长灯管寿命。

（2）工作原理。荧光灯管是具有负电阻特性的放电光源，需要镇流器和启动器才能正常工作，如图10-10所示。

在接线图10-10中，镇流器L与灯管为串联，启动器S1与灯管为并联。

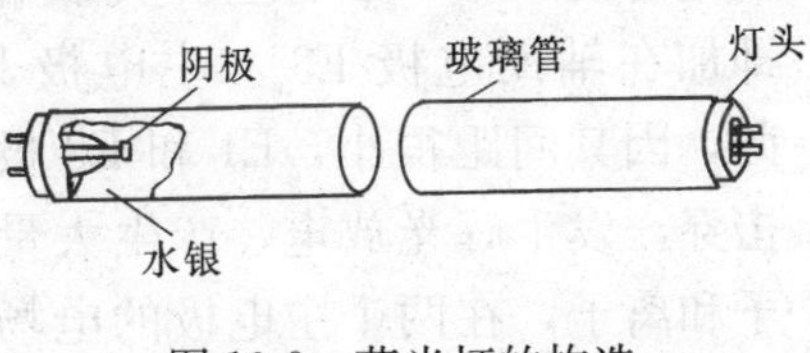

图10-9 荧光灯的构造

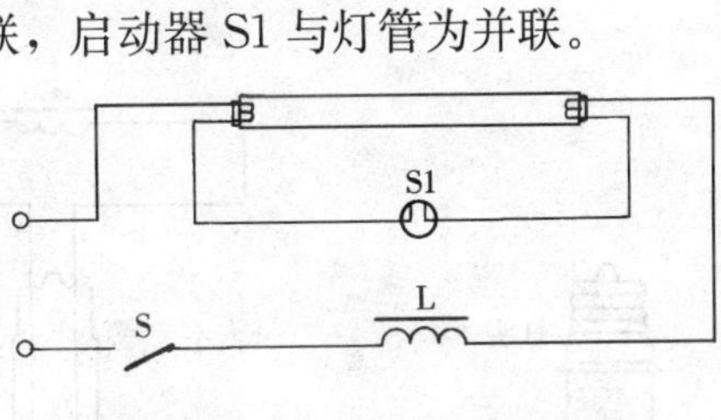

图10-10 荧光灯的工作电路图

当合上电源开关S后，线路电压加到启动器S1的两个电极上，启动器S1是一个小型的辉光灯，电极间距较小，在线路电压作用下产生辉光放电而发热，其中U形双金属片电极由膨胀系数不同的两种材料构成，受热后张开，与固定电极接触而接通电路，此时电流流经镇流器，灯丝和启动器，使灯丝加热而发射电子，启动器的触点闭合后，辉光放电停止，双金属片电极迅速冷却，经数秒钟后，它冷却收缩而与固定电极弹开分离。就在这弹开的一瞬间，串联在电路中的镇流器L（为一电感线圈），产生一个较高的自感电动势，与电源电压叠加而施加在灯管的两端，从而使灯管两电极间击穿放电，当电子从阴极向阳极高速运动时，和灯管内的汞和氩气原子相碰撞而溢出电子，这些电子再与其他气体原子相碰撞，从而使气体不断电离形成自持放电过程，灯管内的水银蒸气原子在放电时激发出紫外线，紫外线照射到灯管内壁的荧光质上而产生可见光，在这一过程中，所消耗的电能只有较小的一部分转变为可见光，而大部分电能变为热而散发了。

由于荧光管具有负电阻特性，为了在灯管点燃之后能稳定地工作，需要保持稳定放电，这一任务由镇流器来担当，用它来克服负阻效应，限制和稳定通过灯管的工作电流，灯管稳定工作后，电流流经镇流器和灯管，使镇流器上产生较大的电压降，灯管两端的电压比线路电压低很多，在这个电压下启动器不足以产生辉光放电，故在灯管正常工作时启动器不会再闭合。

(3) 荧光灯的特性：

1) 光色。由于荧光灯采用不同的荧光材料，发出的光谱也不相同，因而形成各种各样的光色，采用三基色荧光质，根据光学混合定律，混合发出的光是白色。

2) 发光效率高，比白炽灯高3倍，但由于有镇流器，功率因数较低，$\cos\varphi$一般为0.5～0.6。

3) 荧光灯管的寿命可达3000h，其条件是每启动一次连续点燃3h，如果频繁地开关灯管，会大大地增加灯丝阴极物质的消耗，使寿命降低。因此，开关频繁的场所不宜采用荧光灯。

4) 光的闪烁。荧光灯用50Hz交流电供电，随着交流电的变化，其发光也有周期性的明暗变化，这个现象称为“闪烁”效应，对固定的物体，闪烁效应不易察觉。但对运动的物体，则很明显，如果物体转动的频率是荧光灯变化频率的整数倍时，实际在转动的物体看上去好像没转动，因而往往造成人身伤亡事故，在这种场所，要采取措施防止闪烁效应。

5) 环境因素。温度过低或过高，都会使荧光灯不易启动，最适宜的环境温度为18～25℃。其次空气温度过高，灯管也不易启动，因此荧光灯不宜用在室外。

4. 高压汞灯

(1) 高压汞灯的构造和工作原理。高压汞灯的主要部分是石英放电管，是由耐高温的石英玻璃制成的管子，里面封装有钨制成的主电极（E1、E2）和辅助电极（E3），管中的空气被抽出，充有一定量的汞和少量的氩气，为了保温和避免外界对放电管的影响，在它的外面还有一个硬质玻璃外壳，如图10-11所示。

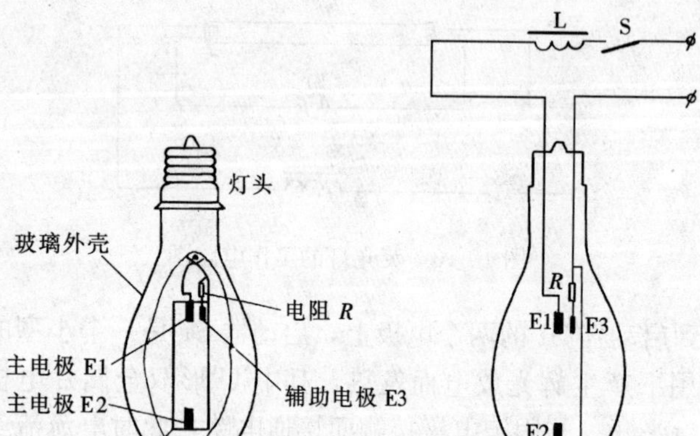

图10-11 荧光高压汞灯的结构示意图

(a) 构造；(b) 电路图

由图10-11可知，主电极装置在放电管的两端，当合上开关以后电压即加在辅助电极E3和主电极E1之间，因其间距很小，E1和E3极间被击穿，发生辉光放电，产生大量的电子和离子，在两个主电极的电场作用下，过渡到主电极间的弧光放电，灯管起燃。为了限制主电极与辅助电极之间的放电电流，辅助电极串联一个约为40～60kΩ的电阻，当两个主电极放电以后，辅助电极实际上就不参与工作了。从合上开关S到放电管完全稳定工作，约需4～8min。

放电管工作时，汞蒸气压力升高

(2～6 个大气压)，高压汞灯由此得名，在高压汞灯外玻璃泡的内壁涂以荧光质，便构成荧光高压汞灯，涂荧光质主要是为了改善光色，还可降低灯泡的亮度，所以作照明的大多是荧光高压汞灯。

放电管工作时，在两个主电极间是弧光放电，发出强光，同时水银蒸气电离后发出紫外线，又激发外玻壳内壁涂的荧光粉，以致发出很强的荧光，所以它是复合光源。

(2) 高压汞灯的特性：

1) 效率较高：可达 40～60lx/W，节省电能。

2) 寿命长：有效寿命可达 5000h。

3) 显色性差：高压汞灯的光色呈蓝绿色，缺少红色成分，显色性差，显色指数为 20～30，照到树叶上，感到树叶很鲜明，但照到其他物体上，就变成灰暗色，失真很大，故室内照明一般不采用，主要用于街道、广场、车站等不需要分辨颜色的场所。

4) 灯的再启动时间较长，高压汞灯熄灭以后，不能立刻再启动，必须等待冷却以后，一般为 5～10min，故不宜在开关频繁和要求迅速点亮的场所。

5) 外壳温度较高，选用时应考虑散热和防火。

5. 高压钠灯

(1) 高压钠灯的构造和工作原理。高压钠灯与高压汞灯相似，是由玻璃外壳、陶瓷放电管、双金属片 b 和加热线圈 H 等组成，并且需外接镇流器，其构造示意图和工作线路如图 10-12 所示。

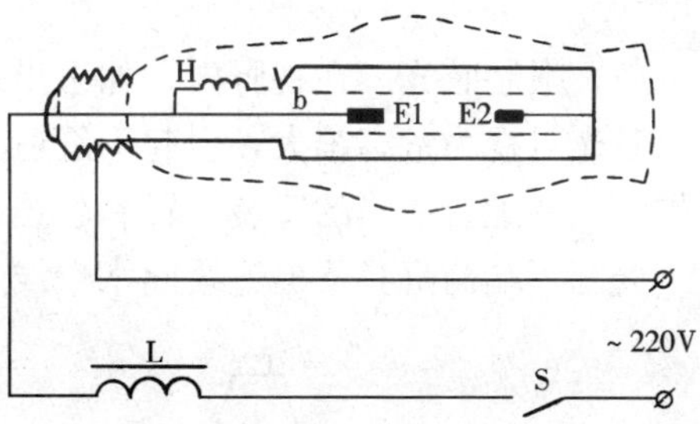

图 10-12 高压钠灯结构示意图

细而长的放电管是由半透明多晶氧化铝陶瓷制成，因为这种陶瓷在高温下具有良好抗钠腐性能，而玻璃或石英玻璃在高温下容易受钠腐蚀。陶瓷放电管在抽真空后充入钠之外，还充入一定量的汞，以改善灯的光色和提高光效，管内封装一对电极 E1、E2，玻璃外壳内抽成真空，并充入氩气。

当开关 S 合上，启动电流通过加热线圈 H 和双金属片 b，加热线圈发热使双金属片触点断开，在这瞬间镇流器 L 产生高压自感电动势，使放电管击穿放电，启动后借助放电管的高温使双金属片保持断开状态。高压钠灯从启动到正常稳定工作需 4～8min，在这个过程中，灯的光色在变化，起初是很暗的红白色辉光，很快变为亮蓝色，随后发出单一黄光，随着钠蒸气压力的增高，发出金白色光。

高压钠灯还有用电子触发器启动的方式。

(2) 高压钠灯特性：

1) 发光效率高：可达 130～150lx/W，用于需要高效率的场所。

2) 寿命长；平均寿命可达 5000h。

3) 灯的再启动时间长，与高压汞灯相似，熄灭后再启动时间约 10～15min，故不能作事故照明灯用。

4) 光色：显色性较差，低压钠灯以荧光为主，显色性很差，随着钠蒸气压力增高光色得到改善，呈金白色。它的透雾性好，适合于需要高亮度，高效率的场所，如主要交通通路、飞机场跑道、沿海及内河港口城市的路灯。

三、灯具的光学特性

灯具是一种控制光源发出的光进行再分配的装置，它与光源共同组成照明器，但在实际应用中，灯具与照明器并无严格的界限。灯具的作用如下。

（1）合理配光。即将光源发出的光通量重新分配，以达到合理利用光通量的目的。各种灯具分配光通量的特性可由灯具的配光曲线来表示。

配光曲线：将光源在空间各个方向的光强用矢量表示，并把各矢量的端点连接成曲线，用来表示光强分布的状态，称为配光曲线。如图 10-13 所示。

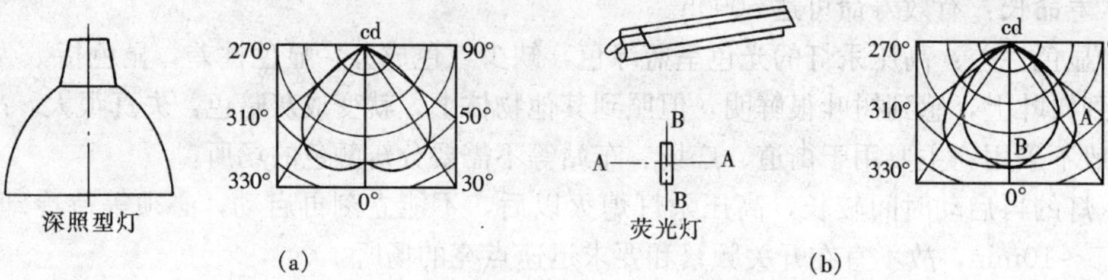

(a) (b)

图 10-13 灯具的配光曲线

(a) 对称配光；(b) 非对称配光

（2）限制眩光。在视野内，如果出现很亮的东西，就会刺眼，这种刺眼的亮光，称为眩光，眩光对视力危害很大，引起不舒适感觉或视力降低，限制眩光的方法是使灯具有一定的保护角，并配合适当的安装位置和悬挂高度，或者限制灯具的表面亮度。

光源下端与灯具下檐连线同水平线之间夹角称为保护角，如图 10-14 所示。

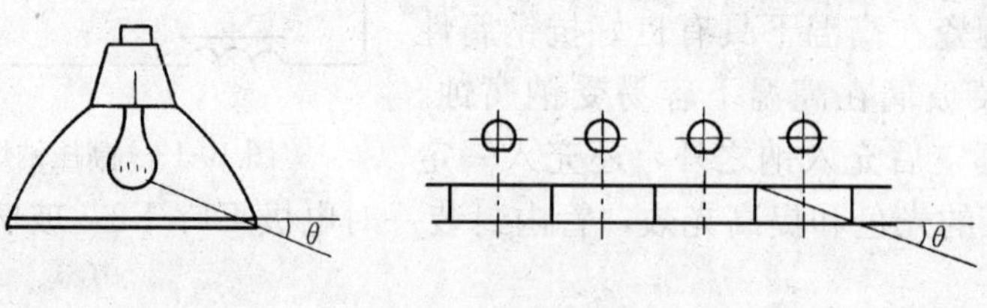

图 10-14 灯具和格栅的保护角

灯具的保护角，是为了保护眼睛不受光源直射光的照射而设计的，所以在规定的灯具悬挂高度下，在其保护角范围内，使光源在强光视角区内隐蔽起来，避免直接眩光。

对避免直接眩光要求较高的地方，可采用格栅式灯具。

（3）提高光源的效率。灯具的效率是反映灯具的技术经济效果的指标，从一个灯具射出的光通量 F_2 与灯具光源发出的光通量 F_1 之比，称为灯具的效率 η，即

即
$$\eta=\frac{F_2}{F_1}\times 100\%$$

因为 $F_2<F_1$，所以 $\eta<1$。

各种灯具的效率，可查阅有关照明手册。

光源配以适当的灯具，可提高光源的使用效率。

四、灯具的分类

照明灯具很难按一种方法来分类，可从不同角度来分类，如按光源分类，根据安装方法分类等。

1. 按配光曲线分类

（1）直接配光（直射型灯具）。90%～100%的光通量向下，其余向上，即光通量集中在下半球，直射型灯具效率高，但灯的上半部几乎没有光线，顶棚很暗，与明亮灯光容易形成对比眩光，又由于它的光线集中，方向性强，产生的阴影也较浓。

（2）半直接配光（半直射型灯具）。60%～90%的光通量向下，其余向上，向下光通量仍占优势，它能将较多的光线照射到工作面上，又使空间环境得到适当的亮度，阴影变淡。

（3）均匀扩散配光（漫射型灯具）。40%～60%的光通量向下，其余向上，向上和向下的光通量大致相等，这类灯具是用漫射透光材料制成封闭式的灯罩，造型美观，光线柔和，但光的损失较多。

（4）半间接配光（半间接型灯具）。10%～40%的光通量向下，其余向上，这种灯具上半部用透明材料，下半部用漫射透光材料做成，由于上半球光通量的增加，增强了室内反射光的照明效果，光线柔和，但灯具的效率低。

（5）间接配光（间接型灯具）。0～10%的光通量向下，其余向上，这类灯具全部光线都由上半球射出，经顶棚反射到室内光线柔和，没有阴影和眩光，但光损失大，不经济，适用于剧场、展览馆等。

灯具按光通量上、下比例分配分类，如表 10-2 所示。

表 10-2　　灯具按光通量上、下比例分配分类表

类型		直接型	半直接型	漫射型	半间接型	间接型
光通量分布特性（占照明器总光通量）	上半球	0～10%	10%～40%	40%～60%	60%～90%	90%～100%
	下半球	100%～90%	90%～60%	60%～40%	40%～10%	10%～0
特点		光线集中，工作面上可获得充分照度，易产生眩光和阴影，有较强的明暗对比，光效高	光线能集中在工作面上，空间也能得到适当照度，比直接型眩光小，阴影小，明暗对比不太强	空间各个方向光强基本一致，比半直接型眩光小，较柔和	增加了反射光的作用，使光线比较均匀柔和。无眩光，无阴影，光线柔和	扩散性好，光线柔和均匀。避免了眩光和阴影，但光的利用率低
示意图		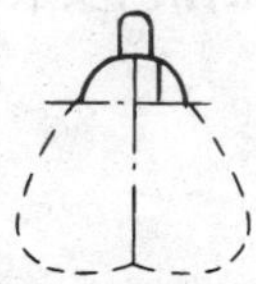				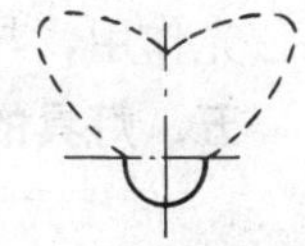
实例		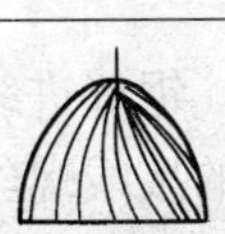		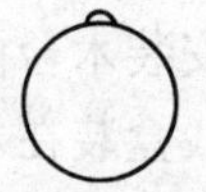	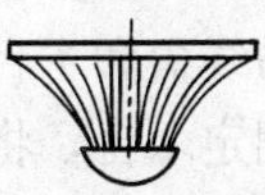	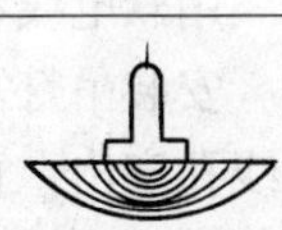
灯具材料		反光性能良好，不透明的搪瓷、铝、镀银面	半透明、下面开口式玻璃菱形罩、碗形罩	上半部透明，下半部漫射透光材料制成封闭式	与半直接型相反	与直接型相反

2. 按结构特点分类

照明器按结构特点分，主要有下列几种：

(1) 开启型。其光源与外界环境直接相通。

(2) 闭合型。透明灯具是闭合的，它把光源包合起来，但室外空气仍能自由流通，如乳白玻璃球形灯等。

(3) 密闭型。透明灯具固定处有严密封口，内外隔绝可靠，如防水防尘灯等。

(4) 防爆型。符合《防爆电气设备制造检验规程》的要求，能安全地在有爆炸危险性介质的场所中使用。

图 10-15 所示是照明器按结构特点分类示例。

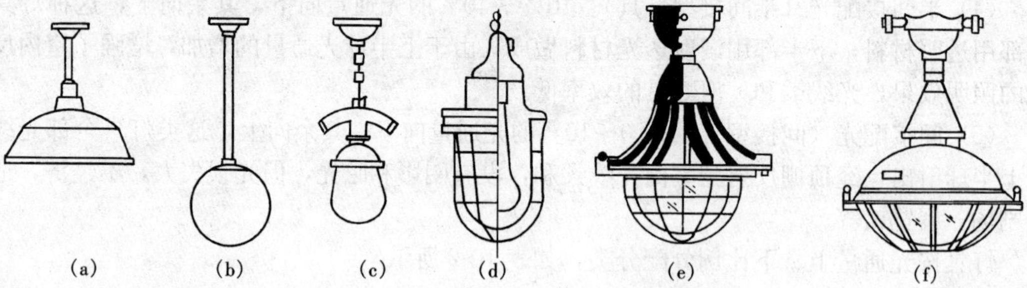

图 10-15 照明器按结构特点分类示例

(a) 开启型；(b) 闭合型；(c) 密闭型；(d) 防爆型；(e) 隔爆型；(f) 安全型

3. 按安装方式分类

在建筑电气照明中，根据安装方式的不同，大体上可将照明器分为如下几种：

(1) 悬吊式。悬吊式是最普通的，也是应用最广泛的安装方式。它是利用线吊、链吊和管吊来吊装灯具，以达到不同的使用效果。

(2) 吸顶式。吸顶式是将照明器装在顶棚上。吸顶式照明器应用广泛，配用适当的灯具，则可用于各种室内场合。

(3) 壁式。照明器安装在墙壁、庭柱上。主要用作局部照明和装饰照明。

(4) 嵌入式（暗式）。在有吊顶的房间内，照明器嵌入顶棚内安装。这种安装方式能消除眩光作用，与吊顶结合有较好的装饰效果。

五、灯具的安装

1. 吊线式

用软电线将灯具从顶棚吊下来，如图 10-16 所示。

安装吊灯需吊线盒和木台，安装木台前，先钻好出线孔，锯好进线槽，然后将电线从木台线孔穿出，再固定木台，将吊线盒装在木台上，从吊线盒的接线螺丝上引出软线，软线的另一端接到灯座上，由于接线螺丝不能承受灯的自重，故软线在吊线盒内及灯座内应打线结，使线结卡在吊线盒和灯座的出、入线孔处，软线吊灯质量不能超过 1kg，否则应采用吊链式或吊管式。

2. 吊链式

采用吊链式时，灯线宜与吊链缠绕在一起，如图 10-17 所示。

3. 吊管式

采用吊管式时，其钢管内径一般不小于 10mm，当吊灯质量超过 3kg 时，应预埋吊钩或螺栓，如图 10-18 所示。

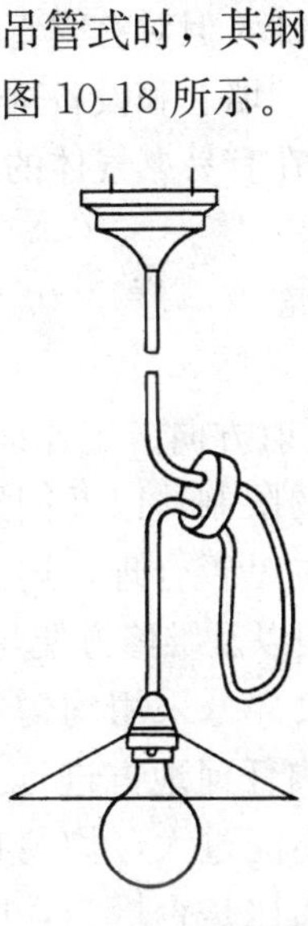

图 10-16 移动吊线式

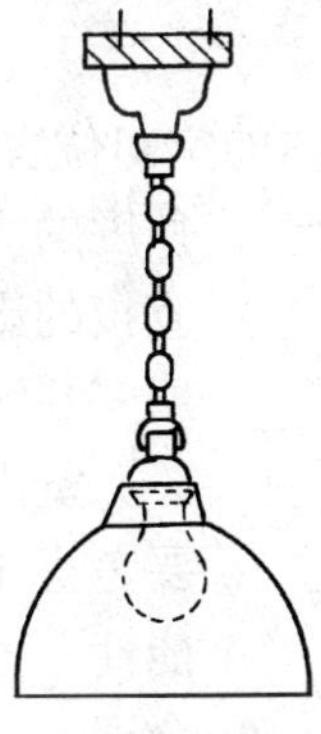

图 10-17 吊链式

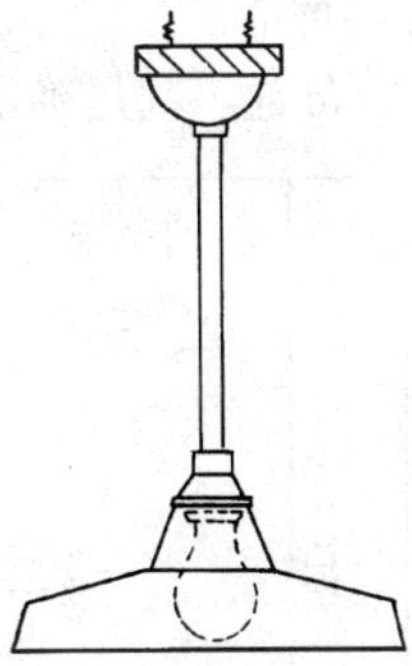

图 10-18 吊管式

4. 吸顶式

将灯具直接安装在顶棚上，称为吸顶式，如图 10-19 所示，灯具安装时，利用顶棚内出线盒将电源引入灯具，并在下面把灯具用螺丝固定。

5. 壁装式

将灯具安装在墙壁或柱子上，壁灯除了满足使用的功能外，更有艺术装饰的功效，配合土建施工，预埋管线和灯位盒，待土建竣工后，再安装灯具，如图 10-20 所示。

6. 嵌入式

将灯具嵌装在吊顶上，如图 10-21 所示，在吊棚制作时，预留好孔洞，再将灯具嵌装在孔洞中。

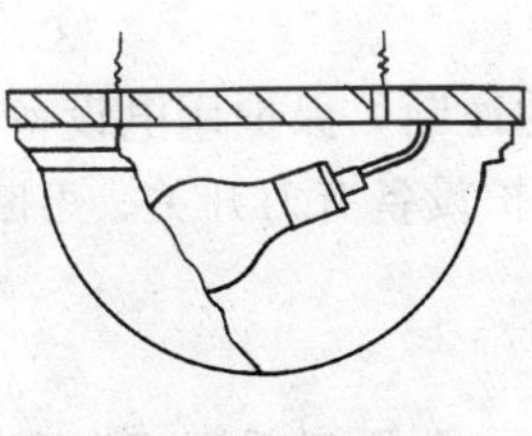

图 10-19 吸顶式

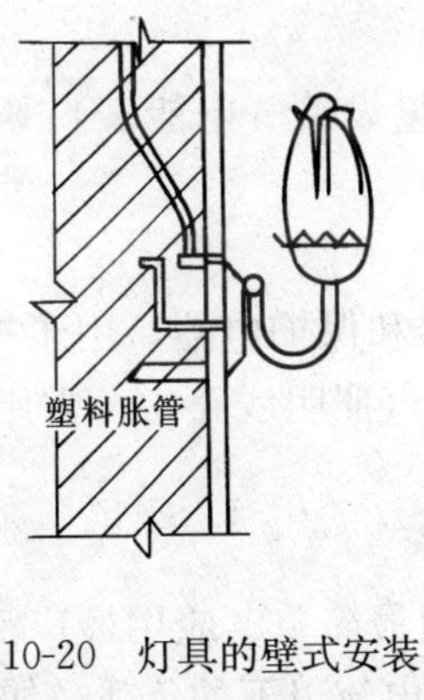

图 10-20 灯具的壁式安装

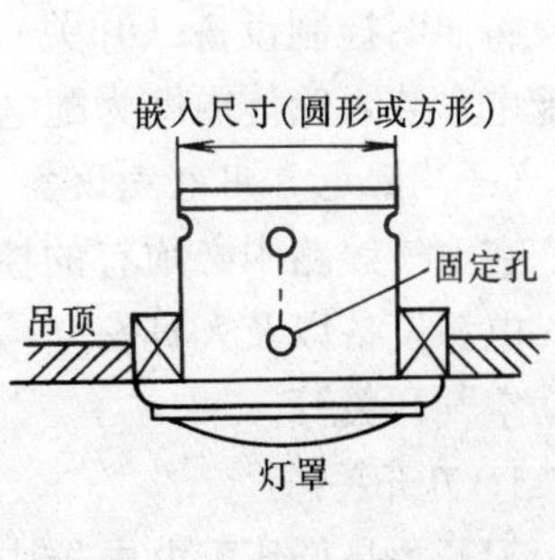

图 10-21 灯具的嵌入安装

六、灯具的选择与布置

1. 灯具的选择

根据使用环境条件、配光特性、经济性，以及灯具的造型与建筑物是否协调，来选择不同的灯具。

在一般生活用房和公共建筑物中，多数采用半直射型或漫射型的灯具或荧光灯。在高大的生产厂房，一般选用直射配光的深照型灯具，狭窄的配光适于高挂，但对有垂直照度要求的场所，不宜采用高度集中配光的灯具，而应考虑有一部分光能照到墙上和设备垂直面上。

在潮湿房间或含有大量尘埃的场所，则应选用防水防尘灯具；在有易燃气体的场所，应采用防爆型灯具。

根据不同的环境和要求，来选择灯具，应结合具体的工程来考虑。

2. 灯具的布置

灯具的布置，就是确定灯具在房间内的空间位置，它与光的投射方向、工作面的照度、照度的均匀性、眩光的限制，以及阴影等都有直接的影响，灯具布置是否合理，还关系到照明安装容量和投资费用以及维修方便与安全等。

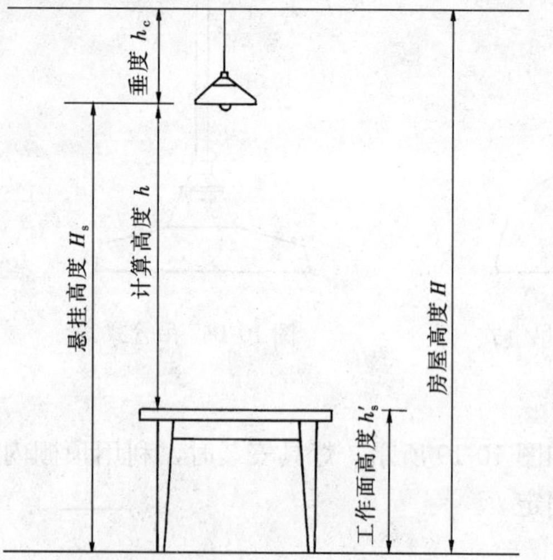

图 10-22 灯具悬挂尺寸示意图

室内一般照明，大部分采用均匀布置，需要考虑工作人员在室内任何地方进行工作的可能性，各点照度差别不能过大，均匀布置是否合理，主要取决于距离比是否恰当，所谓距离比（L/h）是指灯具的间距 L 和计算高度 h 的比值。

灯具悬挂示意如图 10-22 所示，房屋高度 H 减去垂度 h_c，即为灯的悬挂高度 h_s，照明图 10-22 上标的即为此值，悬挂高度 h_s 减去工作面高度 h'_s。即得计算高度 h。

根据使用和安全要求，室内灯具离地面有一个最低悬挂高度，如荧光灯则不应低于 2m，卤钨灯不应低于 6m。

第三节 配电设备、配电箱的布置

将照明控制设备（开关）、计量设备（电能表）等集中安装在一块盘上，称为配电盘，将配电盘装入箱体内即为配电箱。

（一）配电常用电气设备

在电气线路中必须有的控制器和保护电器，用于控制线路的通断，保护用电设备、线路、电源设备以及人身安全。在电气照明线路中，常用的控制保护设备有刀开关、熔断器、自动空气开关等。

1. 刀开关

刀开关是低压配电电器中结构最简单、应用最广泛的电器，主要用于低压成套配电装置，作为不频繁地接通与分断额定电流以下的负载，如小型电动机等。

刀开关按照极数分为单机、双极和三极；按结构分为平板式和条架式；按照操作方式分为直接手柄操作式、杠杆操作机构式和电动操作机构式；按刀开关转换方向分为单头和双头等。刀开关的典型结构如图 10-23 所示结构，由手柄、触刀、静插座和底板组成。为了使用方便和减少提及，在刀开关上安装熔丝或熔断器，组成兼有通、断电路和保护作用的开关电器，如胶盖刀开关、熔断器式刀开关等。

2. 熔断器

低压熔断器是最简单的保护电器，当线路过载或短路时，其熔丝将会过热而熔断，断开故障电流，从而保护线路和设备，熔断器具有反时限特性，而熔体熔断的时间与电流的平方成反比，电流越大，熔断越快，当电流略大于其最小熔断电流时，经过较长时间熔丝才熔断，当电流很大时，熔丝的熔断时间很短。

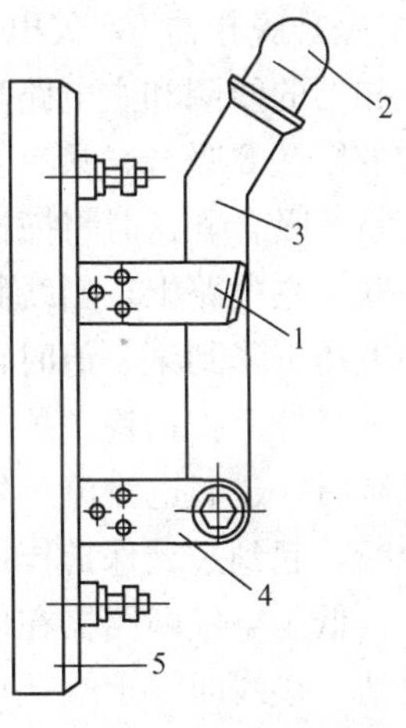

图 10-23 刀开关典型结构

1—静插座；2—手柄；3—触刀；4—铰链支座；5—绝缘底板

熔断器具有结构简单，体积小，重量轻，价格便宜等优点，在建筑电气系统中应用广泛，尤其是快速熔断器，能在短路电流未达到冲击值之前完全熄灭电弧，即具有限流作用。熔断器主要由熔体和安装熔体的绝缘管或绝缘座组成。熔体的材料主要由铅、铅锡合金、铜、银、锌等组成，制作成丝状或片状。使用时将熔断器串联在被保护的电器设备或线路中，在正常工作情况下，通过熔体的电流小于或等于它的额定电流，熔体发热温度低于其熔点，熔体不会熔断，保持电路接通。当电路发生短路或者严重过载时，故障电流远远超过其额定值，熔体被加热到熔点而烧断，从而自动将电路切断，起到保护作用。

低压熔断器按照结构可分为螺旋式、管式、插入式等。

3. 自动空气开关

自动空气开关也称为自动空气断路器，在现代建筑电气的照明线路中，自动空气开关的应用已经十分普遍，其结构复杂、功能多、操作方便、体积越来越小。较完整的低压空气断路器具有过载保护功能、短路保护功能、欠电压及失压保护功能、远地控制功能、跳闸报警功能等。这些功能是通过双金属片或电磁线圈等感应元件感受到电路的不正常情况或其他外界信号，然后通过各种机械传递机构的传递，最终使脱扣机构脱扣，打开开关，断开电路。

自动空气开关按结构和用途分成塑料外壳式、框架式、限流式、漏电和快速断路器。框架式自动空气开关为敞开式结构，主要用作配电网络的保护开关，适用于大容量的线路。塑料外壳式自动空气开关的结构特点是具有安全保护用的塑料外壳，适用作配电网络的保护开关和作电动机、照明电路及电热电路的控制开关。

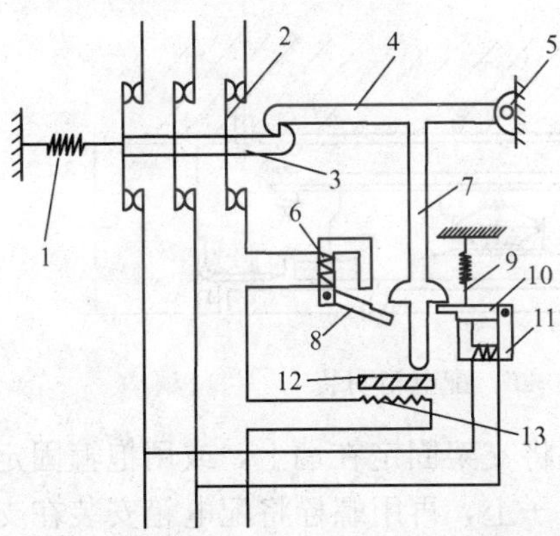

图 10-24 自动空气开关原理图

1，9—弹簧；2—触头；3—锁键；4—搭钩；5—轴；6—过电流脱扣器；7—杠杆；8，10—衔铁；11—欠电压脱扣器；12—双金属片；13—电阻丝

自动空气开关的简单工作原理如下：自动空气开关主要由三个基本部分组成，即触头和灭弧系统；各种脱扣器，包括失压脱扣器、过流脱扣器、热脱扣器、分励脱扣器；操作机构和自由脱扣机构。图 10-24 所示为自动空气开关的工作原理简图，自动空气开关的主触头 2 是靠操作机构（主要为手动，也有电动）合闸的。主触头闭合后，触头 2 由锁键 3 保持在闭合状态，锁键 3 由搭钩 4 支持着，搭钩 4 可以绕轴 5 转动，如果搭钩 4 被杠杆 7 顶开，那么触头 2 就将被弹簧 1 拉开，电路分断。自动空气开关的自动分断，是由过电流

(电磁)脱扣器6，欠电压脱扣器11和热脱扣器，控制杠杆7顶开搭钩4而实现的。过电流脱扣器的线圈和主电路串联，当线路正常工作时，过电流继电器的线圈所产生的吸力不能将它的衔铁8吸合，只有当电路发生短路和产生很大的过电流时过电流脱扣器吸力才增加，将衔铁8吸合，这时将撞击杠杆7，将搭钩4顶起，触头2就打开了。欠电压脱扣器11的线圈并联在主电路上，当线路电压正常时，欠电压脱扣器产生的吸力能够将它的衔铁10吸合，如电压下降到某一值时，欠电压脱扣器的吸力减少，衔铁10将被弹簧9拉开，这时同样将撞开杠杆7把搭钩4顶开，触头2就打开了。热脱扣器的作用和热继电器相同，当线路发生过载时，过载电流流过发热元件13，使双金属片12受热弯曲，同样将搭钩4顶开，使触头分断，起到过载保护作用。

低压空气断路器在使用时要垂直安装，不要倾斜，以避免使其内部的机构部件运动不够灵活。接线时要上端接电源线，下端接负载线。有些空气开关自动跳闸后，需将手柄向下扳，然后再向上推合闸，若直接向上推则不能合闸。

4. 电能表

电能表在用电管理中是不能缺少的，凡是有电的地方都应装设电能表，目前应用较多的是感应式电能表，它是利用固定的交流磁场与由该磁场可动部分导体中所感应的电流之间的作用而工作的。电能表在使用时，要正确选择额定电压与额定电流，其接线如图10-25所示，单相电能表有四个接端，一端接电流相线，二端接负载相线，三端接电源零线，四端接负载相线。

(二) 配电箱的布置

配电箱分为明装和暗装两种，明装是将配电箱安装在墙上、柱上或落地支架上，明装时配电箱下沿距地1.8m；暗装时配电箱下沿距地1.5m。配电箱安装时，其金属构件、铁制盘及电器的金属外壳均应可靠接地或接零。悬挂式配电箱可安装在墙上或柱子上。挂式配电箱安装如图10-26所示。

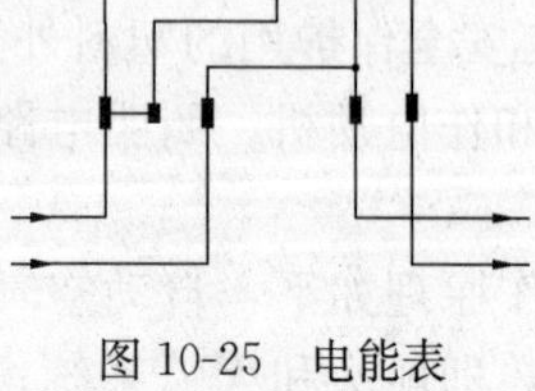

图10-25　电能表接线示意图

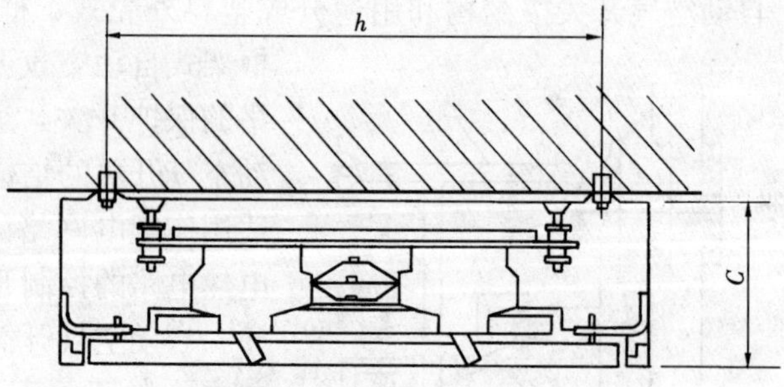

图10-26　配电箱明装

配电箱安装在支架上时，应先将支架加工好，然后将支架固定在墙上，或用抱箍固定在柱子上，再用螺栓将配电箱安装在支架上。

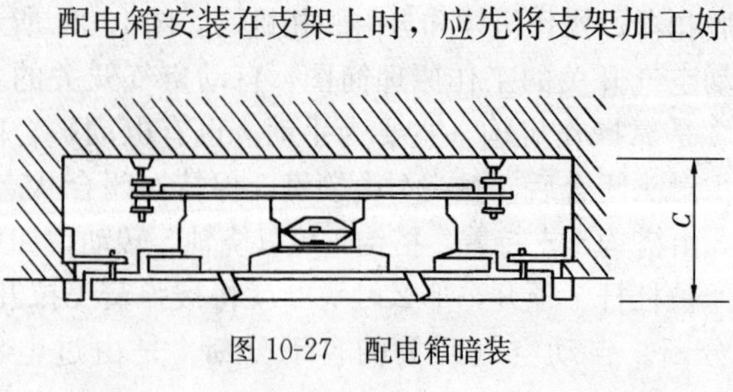

图10-27　配电箱暗装

配电箱暗装通常是配合土建砌墙时将箱体预埋在墙内，如图10-27所示。一般当主体工程砌至安装高度时就可以预埋配电箱，配电箱的宽度超过300mm

时，箱上应加过梁，避免安装后受压变形。预埋的电线管均应配入配电箱内，再进行配电盘的安装，安装配电盘时，先清除杂物，补齐护帽，检查盘面安装的各种部件是否齐全牢固。零线要经零线端子连接，不应经过熔断器。配电盘安装好后，即安装地线。

（三）照明器开关及插座

照明器控制开关用于对单个照明器或几个照明器的通断控制，体积很小，一般只有 2 个电极，即一个动触头，一个静触头，只有通与断两种状态，由人工手动控制，有跷板式、扳把式和拉线式等结构形式，安装方式有明装和暗装，如图 10-28 所示。

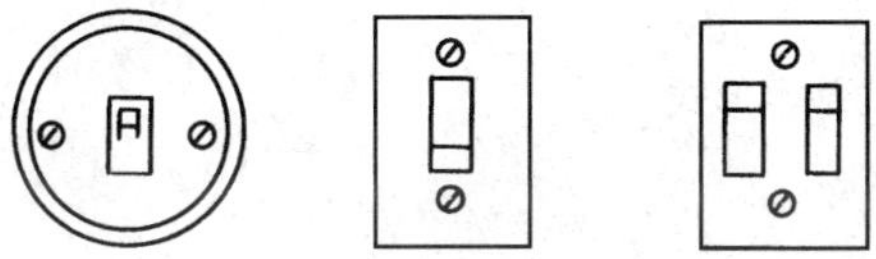

图 10-28 照明器控制开关

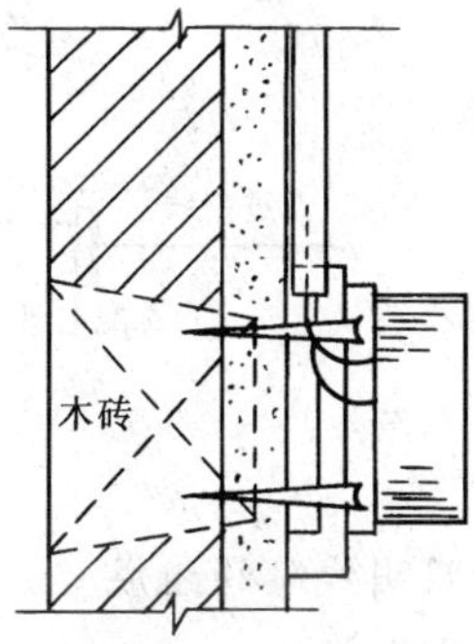

图 10-29 明装开关或插座的安装

照明器开关的明装方法是先将木台固定在墙上，然后再在木台上安装开关或插座。如图 10-29 所示。

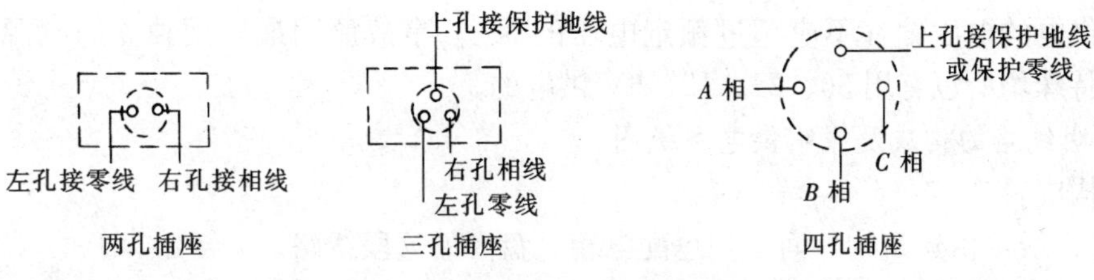

图 10-30 插座排列顺序图

扳把开关一般装成开关往上扳是电路接通，往下扳是电路切断。插座接线孔的排列顺序：单相双孔插座为面对插座的右孔接相线，左孔接零线。单相三孔、三相四孔的接地或接零线均应在上方，如图 10-30 所示。

照明器开关的暗装方法如图 10-31 所示。先将开关盒按图纸要求位置埋在墙内。埋设时，可用水泥砂浆填充，但应注意埋设平正，铁盒口面应与墙的粉刷层平面一致。待穿完导线后，即可将开关或插座用螺栓固定在铁盒内，接好导线，盖上盖板即可。

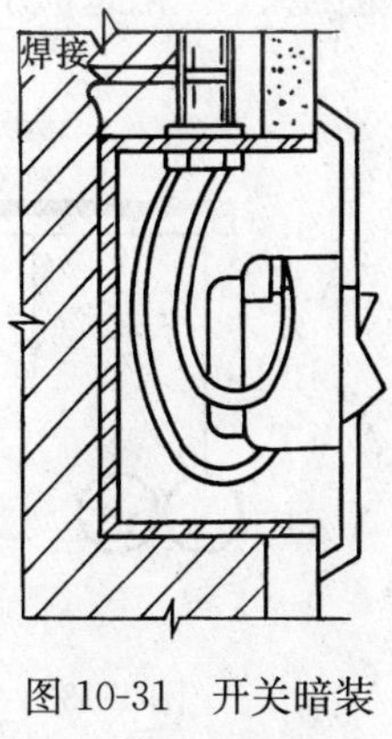

图 10-31 开关暗装

插座安装高度一般为 1.3m，在托儿所、幼儿园、住宅及小学校等不应低于 1.8m。车间及试验室的插座一般距地高度不低于 0.3m，特殊场所暗装插座一般不应低于 0.15m。开关的安装位置应便于操作，其安装高度：拉线开关一般距地为 2～3m，距门框为 0.15～0.2m，且接线的出口应向下。其他各种开关一般为 1.3m，距门框为

0.15～0.2m。拉线开关相邻间距一般不小于 20m。

第四节 电气照明线路的布置及敷设

电气照明线路主要包括照明电源的进线、配电、线路的布置、敷设、灯具、开关、插座的安装等。

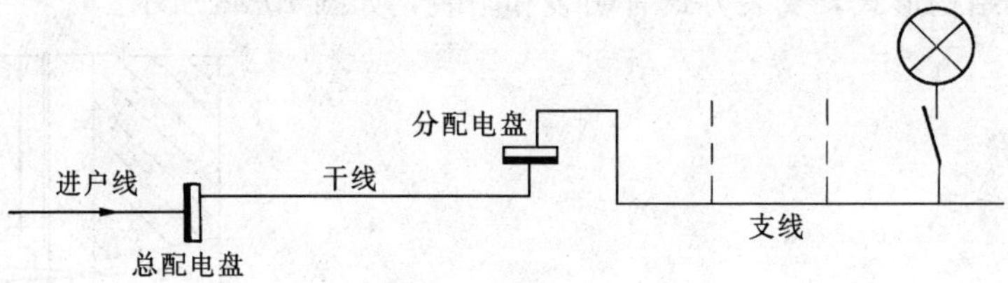

图 10-32 照明线路的基本形式

（一）照明线路的组成

1. 照明供电

照明线路的供电一般为单相交流 220V 二线制，若负载电流超过 30A 时，应采用 380/220V 的三相四线制，如图 10-32 所示。

正常照明电源一般可与动力负荷合用电源，但不宜与冲击性较大的动力负荷合用电源，以免电压偏移过大，严重影响照明质量或降低光源寿命，也可装设照明专用变压器。

照明供电的电压偏移不应超过额定电压的 5%。事故照明最好用独立的电源供电。此外，一些特殊场所也有用 36、24、12、6V 供电的。

2. 照明线路的构成及照明供电系统图

(1) 构成。

1) 进户线：由建筑物外面引到总配电箱（盘）的这段线路。

2) 干线：从总配电箱引出到各分配电箱的线路。它通常有放射式、干线式和链式三种形式。

a. 放射式配电系统供电可靠性高、配电设备集中、检修方便，但系统灵活性较差、有色金属消耗较多，一般适用于容量大、负荷集中或重要的用电设备。如图 10-33 所示。

b. 干线式配电系统所需配电设备及有色金属消耗量较少、系统灵活性好，但干线故障时影响范围大，一般适应于用电设备比较均匀、容量不大，又无特殊要求的场合，如图 10-34 所示。

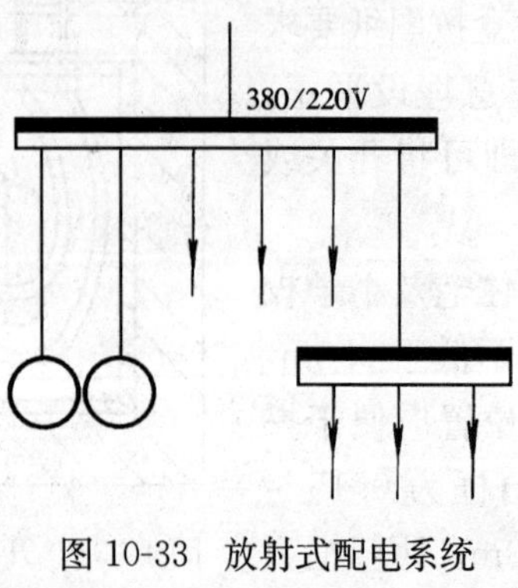

图 10-33 放射式配电系统

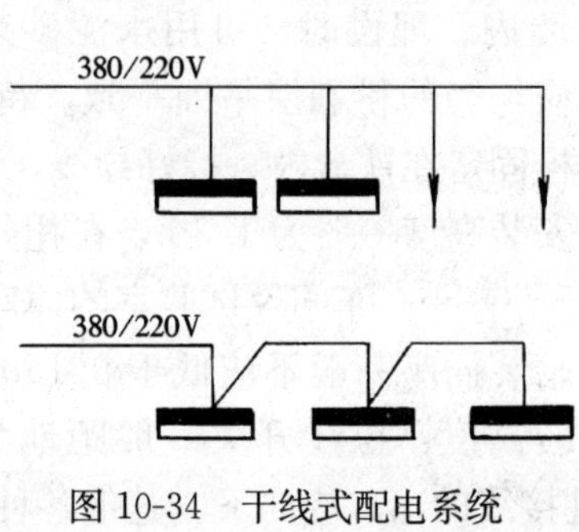

图 10-34 干线式配电系统

c. 链式配电系统与干线式相似，适应距离变电所较远而彼此相距又较近的不重要的小容量用电设备。链接的设备一般不超过 3 台或 4 台，如图 10-35 所示。

3）支线：由分配电箱引出到各用电设备（负荷）的线路。

照明线路应是根据建筑物来设计的，总配电箱内设总开关，总开关后还可设若干个分总开关，保护控制干线，分配电盘可出的回路一般为 3、6、9、12 个回路，每一支线的供电范围，单相不超过 20～30m，电流不超过 15A，出线口（灯具和插座总数）不超过 20 个（最多不应超过 25 个），但花灯、彩灯、大面积照明等回路除外。

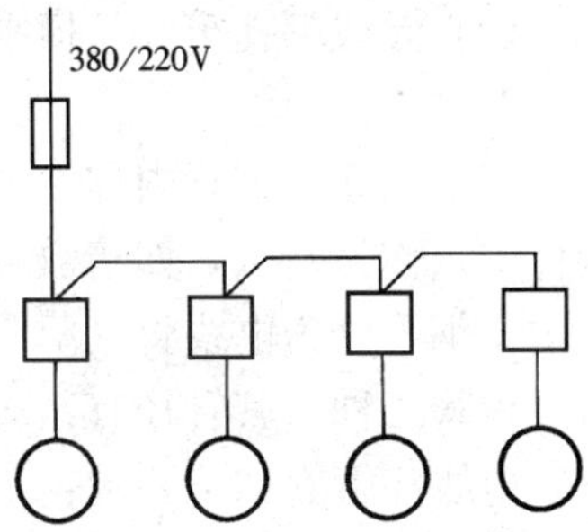

图 10-35 链式配电系统

（2）照明供电系统图。照明供电系统图是表示供电方式的图，它表明电气设备型号、安装、配电的顺序以及工作原理等，是反映照明工程中各电气设备相互关系的图，一般用单线图绘出，如图 10-33 所示，系统图要说明的问题如下：

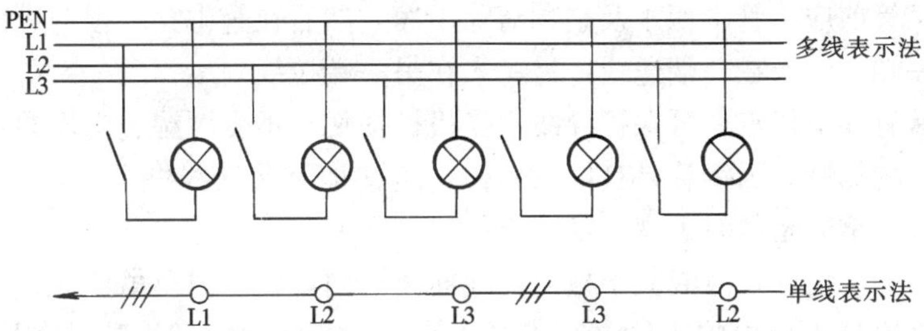

图 10-36 三相支线灯具最佳排列示意图

1）供电电源的相数：单相还是三相。

2）配电方式：电源的分配，即哪相电源向哪些负荷供电。

3）控制、计量方式和设备：控制、计量、设备的规格型号也应在系统图中标出。

（二）照明线路敷设

1. 进户线的敷设

进户线的引入方式分为两种：一种架空引入，一种是电缆进线。

（1）架空引入：即由室外的电杆上将电线引至建筑物外墙横担的绝缘子上，这段线路称为接户线，横担固定在外墙上，绝缘子（瓷瓶）固定在横担上，再从绝缘子上引出电线经防水弯头穿入钢管内，到总配电箱的这段称为进户线。架空引入投资少，但不美观且有碍交通。

（2）电缆进线方式：即将电缆由室外埋地穿过基础进入室内总配电箱，电缆进入建筑物时穿钢管保护，电缆埋地进线美观，但造价高。

2. 瓷瓶（绝缘）配线

瓷瓶配线是利用瓷瓶支持导线的一种方法，适用于干燥或潮湿场所，先将瓷瓶固定在墙上或角钢支架上，再将导线牢固绑扎在瓷瓶上，瓷瓶分为鼓形、针式、蝶式三种。

瓷瓶配线注意事项如下：

（1）导线截面在 $6mm^2$ 及以下者用“单花”绑法，$10mm^2$ 及以上者用“双花”绑法。

(2) 导线与建筑物必须保持一定距离，不得接触；导线穿越楼板或墙壁，或与热力管交叉时，必须穿套管保护。

(3) 导线绑扎牢固，横平竖直。

3. 钢管配线

将电线穿在钢管内称为钢管配线，若钢管在建筑结构外表敷设，称为明敷，埋设在建筑构件内，称为暗敷，如暗敷可将钢管随土建施工敷设于墙壁、楼板的板缝或面层及现浇混凝土中。钢管分为电线管（薄壁钢管）、普通焊接钢管（厚壁钢管，有镀锌和不镀锌两种）及防爆钢管三种，其管径有：15、20、25、32、40、50、70、80、100mm 等。

电线穿管有如下要求：

(1) 不同电源、不同电压、不同回路的导线不得穿在同一管内。

(2) 工作照明与事故照明导线不得穿在同一管内。

(3) 互为备用的导线不得穿在同一管内。

(4) 一根管中所穿导线一般不得超过 8 根。

(5) 电线穿管前应将管中积水及杂物清除干净，然后在管中穿一根钢线作引线，将导线绑扎在引线的一端，一人在一端送线，另一人在另一端拉线。

钢管配线具有如下优点：可保护导线不受机械损伤，不受潮湿、尘埃的影响，多用于多尘，易燃、易爆的场所。因钢管是良好的导体，若接地及跨接线做得好，可作为保护接地，以减少触电危险，钢管暗敷时美观，换线方便。

钢管暗敷设的部位在现浇混凝土板内，地面垫层内，砖墙内及吊顶内。

敷设在现浇混凝土板内的钢管，其外径不得超过板厚的 1/3。敷设在地面垫层内的钢管，其外径至少应比地面做法的总厚度小 20mm。

暗敷在砖墙内的管道，垂直敷设者可在墙体剔槽后埋入，而水平敷设者必须随砖砌入，以免影响结构安全。

在吊顶内敷设钢管，一般在吊顶龙骨装配完成后敷设。

暗敷的所有钢管须焊接成整体并统一接地。但钢管也有缺点：一是造价高；二是施工时煨弯较困难，煨弯时不许煨瘪，要有一定的弯曲半径。

4. 塑料管配线

将电线穿在塑料管内即为塑料管配线，也有明敷和暗敷两种。塑料管多为阻燃半硬塑料管（PVC），塑料管绝缘性好且耐腐蚀，煨弯较容易，细管可直接用手煨弯，塑料管直径为 15、20、25、32、40、50、70mm。

半硬塑料管暗敷是由阻燃性半硬塑料管、塑料接线盒、开关盒组成。半硬塑料管既有一定强度又具有可挠性，便于施工，尤其适用于预制混凝土结构的建筑内暗敷，这是其他管材所不能解决的。由于半硬塑料管容易弯曲，应沿板缝内或墙缝内暗敷。

第五节 电气照明网络计算

(一) 照明负荷计算

1. 负荷计算的概念

供电线路负荷的大小，不能简单地将用电设备的额定功率相加取其和。因为用电设备并不同时运行，同时运行中的用电设备也不一定都在额定功率下工作，并且各用电设备的性质不同，其功率因数也不可能完全相同。计算负荷是一个假想的持续负荷，其热效应与一段时间实际变动负荷所产生的最大热效应相等。

人们以计算负荷作为选择供配电系统的配电变压器、电器、线路和保护元件的依据。

2. 计算负荷的确定方法

负荷计算方法常用的有单位面积耗电量法、单位产品耗电量法，需用系数法和利用系数法。对于民用建筑，可采用需用系数法和单位面积耗电量法。

(1) 需用系数法：

1) 用电设备的计算负荷。采用需用系数法时，需首先将用电设备分类，然后求出各类用电设备的计算负荷。

有功计算负荷 P_{js}，等于同类用电设备的额定功率 P_N 之和，再乘以该类用电设备的需用系数 k_x，即

$$P_{js}=k_xP_a \quad (kW) \tag{10-6}$$

$$P_a=\Sigma P_N$$

需用系数 k_x 与用电设备的工作性质、效率、台数和线路的功率损耗等有关。通常是根据对各类负荷的实际测量，进行统计分析，将所有影响计算负荷的诸因素归并成一个系数称需用系数。

无功计算负荷 Q_{js} 等于同类用电设备的有功计算负荷 P_{js} 乘以与其平均功率因数相对应的正切函数 $\tan\varphi$

即
$$Q_{js}=P_{js}\tan\varphi \quad (kvar) \tag{10-7}$$

根据电原理可知，同类用电设备的视在计算负荷为

$$S_{js}=\sqrt{P_{js}^2+Q_{js}^2} \quad (kVA) \tag{10-8}$$

或
$$S_{js}=\frac{P_{js}}{\cos\varphi} \quad (kVA) \tag{10-9}$$

式中　$\cos\varphi$——计算负荷的平均功率因数。

2) 建筑照明的计算负荷。

照明支线的有功计算负荷

$$P_{js}=k_x\Sigma P_z(1+a) \quad (kW) \tag{10-10}$$

照明干线的有功计算负荷

$$P\Sigma_{js}=k_t\Sigma P_{js} \quad (kW) \tag{10-11}$$

上两式中　P_{js}——照明有功计算负荷；

ΣP_z——正常照明或事故照明的光源容量之和；

k_x——照明需用系数，见表 10-3；

k_t——照明负荷同时系数，见表 10-4；

a——镇流器及其他附件损耗系数，白炽灯和卤钨灯 $a=0$，高压汞灯 $a=0.08$，荧光灯及其他气体放电灯 $a=0.2$。

照明线路无功功率的计算负荷为

$$Q_{js}=k_x\Sigma P_z(1+a)\tan\varphi \quad (kvar) \tag{10-12}$$

照明线路的视在计算负荷为

$$S_{js}=\sqrt{P_{js}^2+Q_{js}^2}\quad(kVA) \tag{10-13}$$

或
$$S_{js}=k_x\sum\frac{P_Z(1+a)}{\cos\varphi}\quad(kVA) \tag{10-14}$$

式中 $\cos\varphi$——电光源功率因数，见表10-5。

【例10-1】 某生活区照明供电系统，各建筑物均采用380/220V三相四线制进线，各幢楼的光通量已由单相负荷换算为三相负荷，各荧光灯具均带电容器补偿。办公楼一幢，安装荧光灯的光源容量为4.8kW，安装白炽灯的光源容量为5.6kW；托儿所一幢，安装荧光灯的光源容量为1.8kW，安装白炽灯的光源容量为0.6kW。试确定该生活区各幢楼的照明计算负荷及变压器低压侧的计算负荷。

解 需用系数由表10-3得 $k_{x1}=0.8$（办公楼）、$k_{x2}=0.5$（住宅）、$k_{x3}=0.6$（托儿所），求各幢楼的照明计算负荷

办公楼 $P_{js1}=k_{x1}\sum P_z(1+a)=0.8[4.8(1+0.2)+1.8(1+0)]=6.05(kW)$

住　宅 $P_{js2}=k_{x2}\sum P_z(1+a)=0.5\times5.6(1+0)=2.8(kW)$

托儿所 $P_{js3}=k_{x3}\sum P_z(1+a)=0.6[1.8(1+0.2)+0.6(1+0)]\approx1.66(kW)$

查表10-4和表10-5分别取 $k_t=0.8$，$\cos\varphi=1$，则变压器低压侧的视在计算负荷为

$$\begin{aligned}S_{\Sigma js}&=k_t\left(k_x\sum P_z\frac{1+a}{\cos\varphi}\right)\\&=k_t\left(\frac{P_{js1}}{\cos\varphi}+n\frac{P_{js2}}{\cos\varphi}+\frac{P_{js3}}{\cos\varphi}\right)\\&=0.8\left(\frac{6.05}{1}+5\times\frac{2.8}{1}+\frac{1.66}{1}\right)\\&=17.37(kVA)\end{aligned}$$

式中 n——住宅幢数，本例题 $n=5$；

$S_{\Sigma js}$——照明干线的视在计算负荷。

(2) 单位面积耗电量法。对不太重要的简单工程照明设计计算或进行照明方案比较时，为了简化计算工作量，可采用单位面积耗电量法进行照明用电负荷的估算。照明装置单位面积耗电量参考值见表10-6。

估算方法：依据工程设计的建筑物的名称，查表10-6得照明装置单位面积耗电量参考值，将此值乘以该建筑物的建筑面积，乘积即为此建筑物的照明供电估算负荷。

表10-3 **照明用电设备需用系数 k_x**

建筑类别	k_x	备注
住宅楼	0.4～0.6	单元式住宅，每户两室，6～8个插座，户装电表
单身宿舍	0.6～0.7	标准单间，1～2灯，2～3个插座
办公楼	0.7～0.8	标准单间，2灯，2～3个插座
科研楼	0.8～0.9	标准单间，2灯，2～3个插座
教学楼	0.8～0.9	标准教室，6～8灯，1～2个插座
商店	0.85～0.95	有举办展销会可能时
餐厅	0.8～0.9	

续表

建筑类别	k_x	备注
社会旅馆	0.7～0.8	标准客房，1灯，2～3个插座
社会旅馆附对外餐厅	0.8～0.9	标准客房，1灯，2～3个插座
旅游旅馆	0.35～0.45	标准客房，4～5灯，4～6个插座
门诊楼	0.6～0.7	
病房楼	0.5～0.6	
影院	0.7～0.8	
剧院	0.6～0.7	
体育馆	0.65～0.75	
展览馆	0.7～0.8	
设计室	0.9～0.95	
食堂、礼堂	0.9～0.95	
托儿所	0.55～0.65	
浴室	0.8～0.9	
图书馆阅览室	0.8	
书库	0.3	
试验所	0.5～0.7	2000m² 及以下取0.7，2000m² 以上取0.5
屋外照明（无投光灯者）	1	
屋外照明（有投光灯者）	0.85	
事故照明	1	
局部照明（检修用）	0.7	
一般照明插座	0.2，0.4	5000m² 及以下取0.4，5000m² 以上取0.2
仓库	0.5～0.7	
汽车库、消防车库	0.8～0.9	
实验室、医务室、变电所	0.7～0.8	
屋内配电装置、主控制楼	0.85	
锅炉房	0.9	
生产厂房（有天然采光）	0.8～0.9	
生产厂房（无天然采光）	0.9～1	
地下室照明	0.9～0.95	
井下照明	1	
小型生产建筑物、小型仓库	1	
大跨度生产厂房	0.95	
工厂办公楼	0.9	
由多个小房间组成的生产厂房	0.85	
工厂的车间生活室、实验大楼、学校、医院、托儿所	0.8	
大型仓库、配电所、变电所等	0.6	2000m² 及以下取0.7，2000m² 以上取0.5

（二）线路工作电流的计算

选择导线截面时应首先按线路工作电流进行选择，然后按允许电压损失、机械强度允许的最小导线截面进行检验。

照明线路工作电流由下述公式计算。

表 10-4 照明负荷同时系数 k_t

工作场所	k_t 值		工作场所	k_t 值	
	正常照明	事故照明		正常照明	事故照明
生产车间	0.8～0.9	1.0	道路及警卫照明	1.0	
锅炉房	0.8	1.0	其他露天照明	0.8	
主控制楼	0.8	0.9	礼堂、剧院（不包括舞台灯光）、商店、食堂	0.6～0.8	
机械运输系统	0.7	0.8			
屋内配电装置	0.3	0.3	住宅（包括住宅区）	0.5～0.7	
屋外配电装置	0.3		宿舍（单身）	0.6～0.8	
生产办公楼	0.7		旅馆、招待所	0.5～0.7	

表 10-5 照明用电设备的 cos*φ* 及 tan*φ*

光源类别	cosφ	tanφ	光源类别	cosφ	tanφ
白炽灯、卤钨灯	1	0	高压钠灯	0.45	1.98
荧光灯（无补偿）	0.6	1.33	金属卤化物灯	0.4～0.61	2.29～1.29
荧光灯（有补偿）	0.9～1	0.48～0	镝灯	0.52	1.6
高压水银灯	0.45～0.65	1.98～1.16	氙灯	0.9	0.48

单相照明线路计算电流

$$I_{js}=\frac{P_{js}}{V_{NP}\cos\varphi}=\frac{S_{js}}{V_{NP}}\quad(\mathrm{A}) \tag{10-15}$$

三相四线制照明线路计算电流

$$I_{js}=\frac{P_{js}}{\sqrt{3}V_{NL}\cos\varphi}=\frac{S_{js}}{\sqrt{3}V_{NL}}\quad(\mathrm{A}) \tag{10-16}$$

式中 P_{js}——线路计算有功负荷；

S_{js}——线路计算视在负荷；

V_{NP}——线路额定相电压；

V_{NL}——线路额定线电压；

$\cos\varphi$——光源功率因数。

表 10-6 照明装置单位面积耗电量参考值

序号	建筑物名称	耗电量（W/m²）	序号	建筑物名称	耗电量（W/m²）
	工业建筑		8	表面处理间	9～11
1	机械加工间	7～10	9	机修电修间	7.5～9
2	焊接车间	7～10	10	元件，仪表，装配实验房	10～13
3	装配车间	8～11	11	生产准备厂房	8～11
4	锻压车间	7～9	12	工厂中央实验室	9～12
5	铸工车间	8～10	13	计量室	10～13
6	木工车间	10～12	14	变电所及配电所	8～12
7	热处理车间	10～13	15	冷冻站	8～10

续表

序号	建筑物名称	耗电量（W/m²）	序号	建筑物名称	耗电量（W/m²）
16	乙炔站	8～11	5	装车场	15～20
17	氧气站、煤气站	8～10	6	峒室	15～20
18	消防站	8～10	7	露天矿	0.5～1.0
19	锅炉房	7～9	8	废石场，堆土场	0.2～0.3
20	水泵房和空压站房	6～9		生活建筑	
21	电石库	2～3	1	一般住宅	10～15
22	氧气瓶库	5～8	2	高级住宅	12～18
23	易燃材料库	5～7	3	单身宿舍	8～10
24	材料库	4～7	4	办公室、会议室、资料室	10～15
25	汽车库	7～10	5	设计室、绘图室、打字室	12～18
26	机修厂	8～10	6	商店	12～15
27	冶炼厂	8～10	7	食堂、餐厅	10～13
28	选矿厂	10～12	8	医院	9～12
29	发电厂	12～15	9	学校	12～15
30	室外配电装置	1.5～2	10	托儿所、幼儿园	9～12
31	理化实验室、计量室	10～15	11	俱乐部	10～13
32	工厂办公室	10	12	浴室、更衣、厕所	6～8
	矿山		13	汽车道	4～5
1	采掘工作地点	10	14	人行道	2～3
2	井下车场	15～20	15	车站、广场	0.5～1
3	电机车运输巷道	3～4	16	警卫照明	3～4
4	其他运输巷道	3			

【例 10-2】　某住宅楼照明采用 380/220V 三相四线制进线，干线采用单相放射式配电，如图 10-37 所示。每门幢每条支线负荷都相同，即白炽灯 40W 10 只；荧光灯 40W 10 只；插座 20 只，每只插座按 50W 计。现计算：①各支线的计算负荷和计算电流；②各干线的计算负荷和计算电流；③进户线的计算负荷和计算电流。

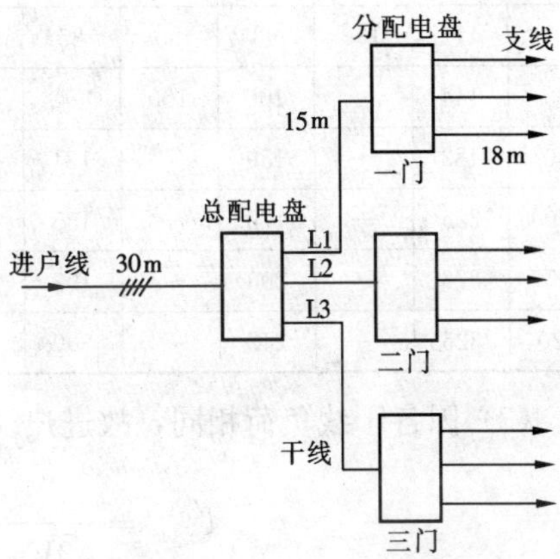

图 10-37　照明干线配电方式

解　(1)已知白炽灯、插座的损耗系数 $a=0$，荧光灯的 $a=0.2$；查表 10-3 住宅楼的需用系数 $k_x=0.4\sim0.6$，取 $k_x=0.6$；查表 10-5 白炽灯 $\cos\varphi=1$，$\tan\varphi=0$；荧光灯 $\cos\varphi=0.6$，$\tan\varphi=1.33$；插座 $\cos\varphi=0.8$，则 $\tan\varphi=0.75$。

$$p_{js}=k_x\sum P_z(1+a)=0.6[40\times10(1+0)+40\times10(1+0.2)+50\times20(1+0)]=1128(\mathrm{W})$$

$$Q_{js}=k_x\sum P_z(1+a)\tan\varphi=0.6[40\times10(1+0)\times0+40\times10(1+0.2)\times1.33+50\times20(1+0)\times0.75]=833.04(\mathrm{var})$$

$$S_{js}=\sqrt{P_{js}^2+Q_{js}^2}=\sqrt{1128^2+833.04^2}=1402.26(\mathrm{VA})$$

$$I_{js}=\frac{S_{js}}{V_{NP}}=\frac{1402.26}{220}=6.37(\mathrm{A})$$

(2) 因每条干线向三条支线输电，且各支线负荷相同，查表 10-3，住宅楼的同时系数

$k_t = 0.5 \sim 0.7$，取 $k_t = 0.7$，则

$$P_{\sum js} = k_t \sum P_{js} = k_t \times 3P_{js} = 0.7 \times 3 \times 1128 = 2368.8 \ (\text{W})$$

$$Q_{\sum js} = k_t \sum Q_{js} = k_t \times 3Q_{js} = 0.7 \times 3 \times 833.04 = 1749.38 \ (\text{var})$$

$$S_{\sum js} = \sqrt{P_{\sum js}^2 + Q_{\sum js}^2} = \sqrt{236808^2 + 1749.38^2} = 2944.75(\text{VA})$$

$$I_{\sum js} = \frac{S_{\sum js}}{V_{NP}} = \frac{2944.75}{220} = 13.39(\text{A})$$

表 10-7　　绝缘导线的连接允许载流量（A）

BV、BBX、BXF 型铜芯绝缘导线及配用熔丝额定电流（35℃）

截面 (mm²)	明敷		单芯导线穿金属管内根数						单芯导线穿硬塑管内根数					
	导线	熔丝	2	熔丝	3	熔丝	4	熔丝	2	熔丝	3	熔丝	4	熔丝
1.0	17	15	13	10	12	10	11	10	10	7	9	7	8	7
1.5	21	15	15	10	14	10	13	10	11	10	11	10	10	7
2.5	28	20	22	15	21	15	20	15	17	15	17	15	15	10
4	37	25	32	25	28	20	26	20	26	20	23	20	21	15
6	47	35	37	30	35	25	31	25	31	25	29	25	26	20
10	68	60	58	45	48	40	42	40	49	35	40	35	35	30
16	89	80	68	60	61	45	54	45	58	45	52	45	46	35
25	119	100	93	80	85	60	72	60	81	60	74	60	63	45
35	144	—	106	100	94	80	91	80	96	80	84	80	82	60
50	183	—	139	—	121	100	99	80	125	100	109	100	88	80
70	225	—	172	—	155	—	137	100	154	—	139	—	123	100
95	276	—	206	—	193	—	167	—	186	—	174	—	150	—
120	326	—	242	—	209	—	197	—	230	—	198	—	187	—

（3）因各干线负荷相同，故进户线总负荷为干线负荷的 3 倍，即

$$I'_{\sum js} = \frac{S'_{\sum js}}{\sqrt{3}V_{NL}} = \frac{3 \times 2944.75}{\sqrt{3} \times 380} = 13.42(\text{A})$$

因每条干线是三相进户线的一相线，故进户线的电流即为干线的计算电流。

（三）导线截面的选择

（1）按线路计算（工作）电流及导线型号，查导线允许载流量表，使与所选导线截面相配合的熔丝电流大于或等于线路工作电流，这从载流量来考虑是满足了。选用截面的载流量 I 配用熔丝电流 I_e 和线路计算电流 I_{js} 有如下关系

$$I > I_e \geqslant I_{js} \tag{10-17}$$

导线的允许载流量和配合的熔丝额定电流见表 10-7，其温度校正系数见表 10-8。

绝缘导线穿管管径选择见表 10-9。

表 10-8　　　　环境温度不同绝缘导线截流量校正系数

温度℃		15	20	25	30	35	40	45
校正系数	铜 芯	1.293	1.228	1.16	1.08	1.00	0.915	0.83
	铝 芯	1.381	1.251	1.173	1.088	1.00	0.983	0.966

表 10-9　　　　穿管管径选择表

导线截面 (mm^2)	导 线 根 数									
	2		3		4		5		6	
	适 应 最 小 管 径 (mm)									
	厚管	薄管	厚管	薄管	厚管	薄管	厚管	薄管	厚管	薄管
1.0	13	16	13	16	19	19	19	25	19	25
1.5	13	16	19	19	19	19	19	25	25	25
2.5	13	16	19	19	19	25	19	25	25	25
4	13	16	19	19	19	25	—	—	—	—
6	19	19	19	25	25	25	—	—	—	—
10	19	25	25	32	32	32	—	—	—	—
16	25	25	32	32	32	38	—	—	—	—
25	32	32	32	38	38	—	—	—	—	—
35	32	38	38	—	50	—	—	—	—	—
50	38	38	50	—	50	—	—	—	—	—
70	50	—	63	—	63	—	—	—	—	—
95	63	—	63	—	75	—	—	—	—	—

(2) 所选用导线截面应大于或等于机械强度允许的最小导线截面。机械强度允许的最小导线截面见表 10-10。

(3) 验算线路的电压偏移，要求线路末端灯具的电压不低于其额定电压的允许值。

表 10-10　　　　机械强度允许的最小导线截面

导线敷设方式	支持点距离 (m)	截面 (mm^2)		导线敷设方式	支持点距离 (m)	截面 (mm^2)	
		铜芯	铝芯			铜芯	铝芯
吊灯用软线		0.75		建筑物内裸导线		2.5	6
瓷珠配线	1.5 以下	1	2.5	建筑物外沿墙敷设绝缘导线	20 以下	4	10
	2.0 以下	1.5	4				
瓷瓶配线	3.0 以下	1.5	4	引下线（绝缘导线）	10 以下	2.5	4
	6.0 以下	2.5	4		25 以下	4	6
槽板配线		1	1.5	移动式用电设备绝缘软线	生活用	0.5	
穿管配线		1	2.5		生产用	1.0	
铝卡片配线	0.3 以下	1	2.5	380/220V 架空裸导线		6	16

第六节 电气工程照明设计实例

一、建筑照明设计的资料准备

(1) 建筑的平面图、立面图和剖面图。

(2) 生产车间、实验室的工艺设备布置图或办公室、商店等室内布置图。

(3) 建筑物和工艺设备对电气照明的要求(设计任务书)。

(4) 照明电源的进线方位。

二、电气工程施工图内容

随着科学技术的进步,高新技术的开发引进,建筑电气工程已不再是几十年前只作室内照明、普通家用电器和少量低压动力配线的状态。同时,实用电子技术深入现代建筑电气领域,使建筑电气分项工程增多,消防、防盗、保安、通信、高速电梯等进入现代建筑物,过去泛指的强电和弱电系统已经不能说明现代建筑电气工程的内涵。但是,无论哪种建筑电气的分项工程,都应有下列主要图纸类型:

(1) 变配电、动力、照明设备安装平面布置图。

(2) 总体工程、单位工程总配电系统图。

(3) 分层、分段、分部或分项工程配电系统图。

(4) 通用设备安装剖面图。

(5) 通用设备安装大样图。

(6) 系统工程和分项工程及机组的接线原理图。

(7) 电气设备安装控制接线图。

(8) 变配电所和发电机组分项工程全图。

(9) 智能电气、信息网络系统图和平面图。

(10) 火灾报警、防盗、保安、电视及监控等分部或分项工程系统图或平面图。

(11) 施工图设计说明书。

(12) 主要设备及器材一览表等设计文件。

三、电气照明的设计步骤

建筑电气施工图设计:应按建筑总体工程、单位工程,建筑电气分部工程、分项工程分别进行。由大到小做规划,由小到大逐项做计算、设计参数统计、积累。图纸要一张一张地画,总的用电功率得一个系统一个系统地统计用电负荷量。申请高压供电用户或低压供电用户要根据实际情况做技术经济比较分析后设计,就一般经验而言:住宅小区建筑电气工程比较分散,可以在负荷中心建造独立变配电所或附贴楼房式变配电所,供电、维护、管理比较方便;而大型旅馆、办公楼、高层公共建筑等工程用电功率大负荷又集中,提倡变配电所建设在建筑物内并且分层、分段设置。总之,建筑电气工程设计应从电源和电气安全保护技术措施考虑,做可行性研究开始。输、配电线路宜以地下暗敷电力电缆为主,逐渐减少城市架空线路。建筑物内线路,凡能做暗线的应采用穿钢管或阻燃塑料管暗敷线,提高电气的防火能力。

智能电子设施、防火防盗装置、楼宇自控监测管理、网络通信系统等现代科技手段,应按建筑物类别,投资状况和业主要求,根据实际需要确定,不可盲目追求不切实际的电气化、自动化。其设计具体步骤一般分为:

(1) 收集有关资料。

(2) 选择电光源及灯具。

(3) 确定布置灯具方案和进行照度计算。

(4) 确定照明供电方式和照明线路的布置方式。

(5) 计算照明负荷。

(6) 选择照明线路的导线、开关、熔断器等。

(7) 按国家统一规定符号绘制照明供电系统图和照明布置平面图。

四、建筑照明设计实例

试为某一教学楼作出照明设计。其平面图见图 10-38，对每间教室和办公室要求安装单

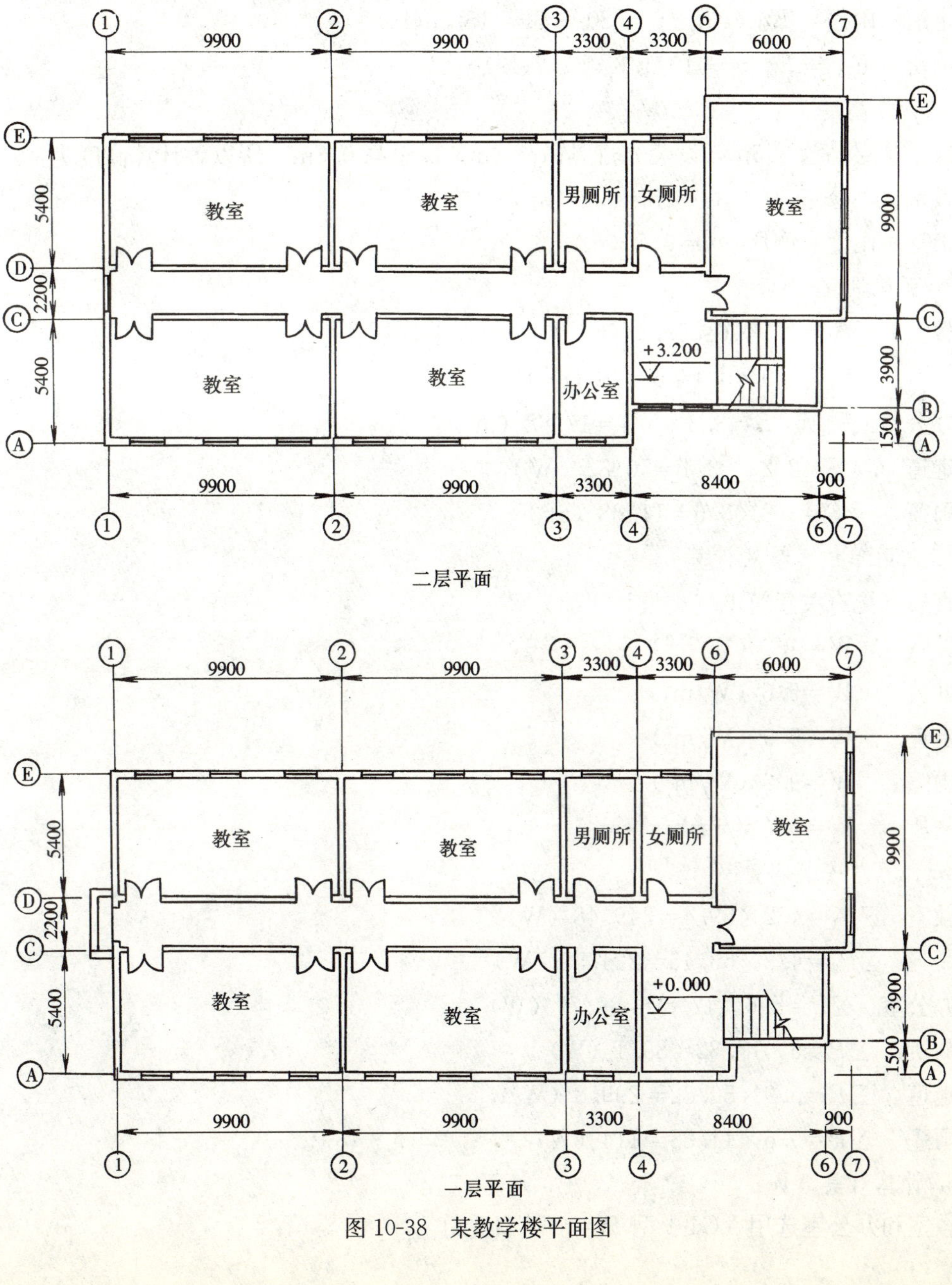

图 10-38 某教学楼平面图

相插座2只。

(一) 电光源及灯具的选择

教室和办公室一般选用YGI-1型1×40W荧光灯；走道和厕所选用JXD5-2型吸顶灯；雨篷选用JXD45型吸顶灯。

(二) 确定布置灯具方案和进行照度计算

1. 选择计算系数

查有关照明手册，教室、办公室取推荐照度$E_{pj}=751lx$；厕所取$E_{pj}=10lx$；走道、雨篷，取$E_{pj}=20lx$。取最小照度系数$z=1.3$，则最低照度E_{zd}：

教室、办公室 $E_{zd}=E_{pj}/z=75/1.3=57.7(lx)$

走道、雨篷 $E_{zd}=E_{pj}/z=20/1.3=15.38(lx)$

厕所 $E_{zd}=E_{pj}/z=10/1.3=7.7(lx)$

2. 计算高度

教学楼层高为3.5m，设荧光灯具吊高3m，课桌高0.8m，所以各计算高度为：

教室、办公室 $h=3-0.8=2.2$ (m)

走道、雨篷和厕所 $h=3.5$ (m)

3. 面积计算

教室 $S_1=9.9\times6=59.4$ (m^2)

$S_2=9.9\times5.4=53.46$ (m^2)

办公室或厕所 $S=3.3\times5.4=17.82$ (m^2)

走道 $S=2.2\times23.1=50.82$ (m^2)

雨篷 $S=3.3\times3.6=11.88$ (m^2)

4. 采用单位容量法计算

查表（见有关建筑电气类设计手册）

教室 $W=4.2$ (W/m^2)

办公室 $W=5.6$ (W/m^2)

走道 $W=5.9$ (W/m^2)

雨篷 $W=9.6$ (W/m^2)

厕所 $W=5$ (W/m^2)

5. 计算总安装容量

教室 $\Sigma P_1=4.2\times59.4=249.48$ (W)

$\Sigma P_2=4.2\times53.46=224.53$ (W)

办公室 $\Sigma P=5.6\times17.82=99.79$ (W)

厕所 $\Sigma P=5\times17.82=89.1$ (W)

走道 $\Sigma P=5.9\times50.82=299.8$ (W)

雨篷 $\Sigma P=9.6\times11.88=114$ (W)

6. 计算灯具数量

教室和办公室选用YG1-1型$P=40W$日光灯

$N_1=\sum P_1/P=249.48/40=6.24$（套），取 6 套

$N_2=\sum P_2/P=224.53/40=5.61$（套），取 6 套

走道、厕所选用 JXD5-2 型吸顶灯，其白炽灯 $P=100$W，故走道 $N=\sum P/P=299.8/100=2.998$（套），取 3 套。

厕所 $N=\sum P/P=89.1/100=0.891$（套），取 1 套。

雨篷选用 JXD45 型吸顶灯，其白炽灯 $P=100$W，$N=\sum P/P=114/100=1.14$（套），选 1 套。

7. 布灯方式如图 10-39 所示

（三）确定照明供电方式和照明线路的布置方式

采用 380/220V 三相四线制供电。电源由二层④轴线架空穿钢管引至二层总配电箱Ⅱ，

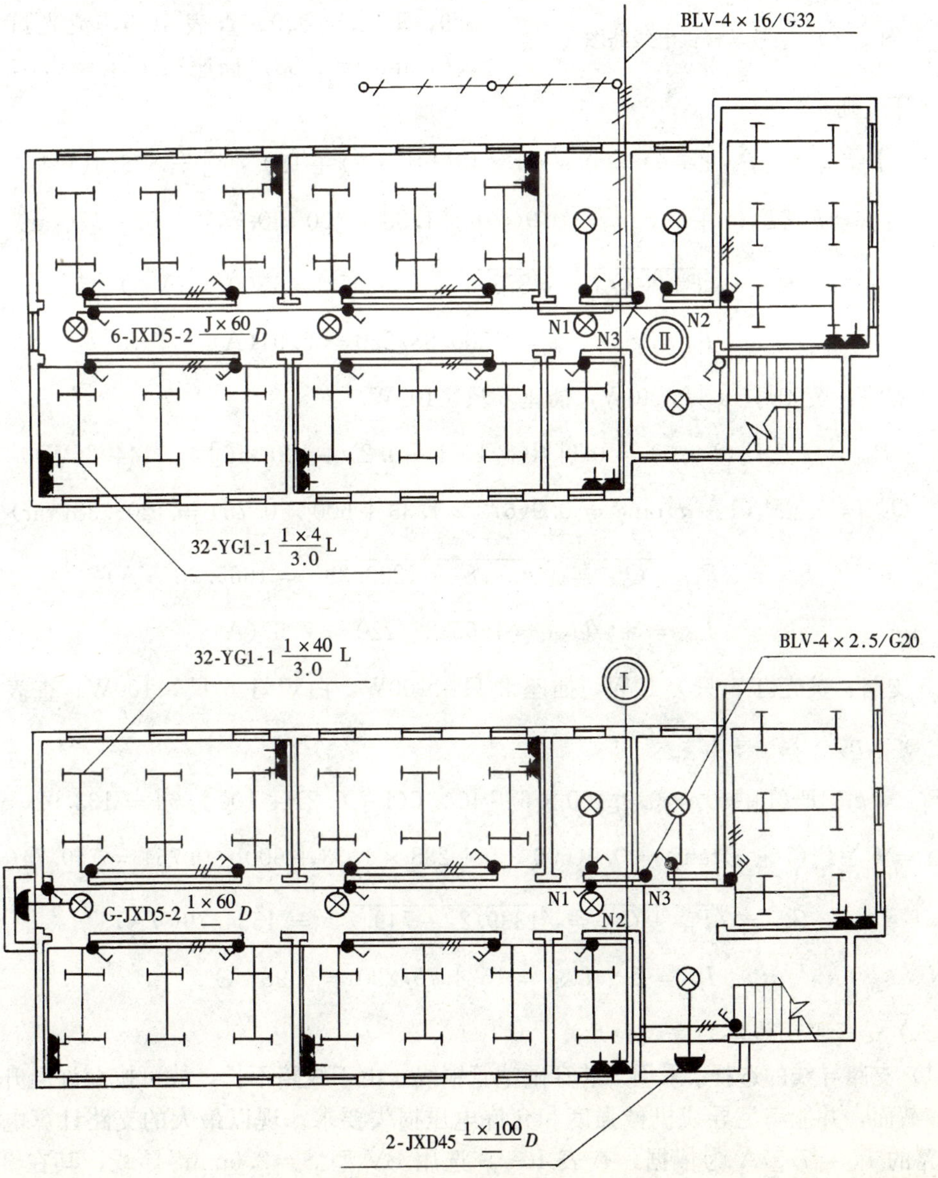

图 10-39 某教学楼照明平面布置图

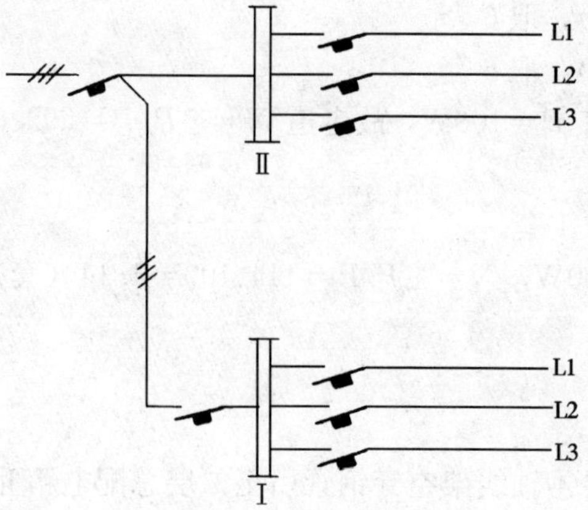

图 10-40 某教学楼供电线路图

再由Ⅱ配电箱引线穿钢管于墙内暗敷引至一层Ⅰ配电箱。其供电线路如图 10-40 所示，由各配电箱引出三条支路分别为 L1、L2、L3 相，供各层用电。

（四）计算照明负荷

该教学楼各层照明负荷相同，故只需计算一层的照明负荷。

L1 支路：荧光灯 12 只×40W，插座 4 只×100W，插座的损耗系数 $a=0$，荧光灯的 $a=0.2$。查表 10-3，教学楼的需用系数 $k_x=0.8\sim0.9$，取 $k_x=0.9$。查表 10-5，荧光灯 $\cos\varphi=0.6$，$\tan\varphi=1.33$。插座按 $\cos\varphi=0.8$，$\tan\varphi=0.75$ 计算。则

$$P_{js1}=k_x\Sigma P_a(1+a)=0.9[40\times12(1+0.2)+100\times4]=878.4(\text{W})$$

$$Q_{js1}=k_x\Sigma P_a(1+a)\tan\varphi=0.9(576\times1.33+400\times0.75)=959.47(\text{var})$$

$$S_{js1}=\sqrt{P_{js1}^2+Q_{js1}^2}=\sqrt{878.4^2+959.47^2}=1300.83(\text{VA})$$

$$I_{js1}=S_{js1}/U_{NP}=1300.83/220=5.91(\text{A})$$

L2 支路：荧光灯 14 只×40W，插座 6 只×100W。

$$P_{js2}=k_x\Sigma P_a(1+a)=0.9[40\times14(1+0.2)+100\times6]=1144.8(\text{W})$$

$$Q_{js2}=k_x\Sigma P_a(1+a)\tan\varphi=0.9(672\times1.33+600\times0.75)=1209.38(\text{var})$$

$$S_{js2}=\sqrt{P_{js2}^2+Q_{js2}^2}=\sqrt{1144.8^2+1209.38^2}=1665.28(\text{VA})$$

$$I_{js2}=S_{js2}/U_{NP}=1665.28/220=7.57(\text{A})$$

L3 支路：荧光灯 6 只×40W，插座 2 只×100W，白炽灯 6 只×100W。查表白炽灯 $\cos\varphi=1$，$\tan\varphi=0$，$a=0$。

$$P_{js3}=k_x\Sigma P_a(1+a)=0.9[100\times6+40\times6(1+0.2)+100\times6]=133.92(\text{W})$$

$$Q_{js3}=k_x\Sigma P_a(1+a)\tan\varphi=0.9(600\times0+288\times1.33+600\times0.75)=749.74(\text{var})$$

$$S_{js3}=\sqrt{P_{js3}^2+Q_{js3}^2}=\sqrt{1339.2^2+749.74^2}=1534.79(\text{VA})$$

$$I_{js3}=S_{js3}/U_{NP}=1534.79/220=6.98(\text{A})$$

（五）选择照明线路的导线和开关

(1) 支路导线的选择。采用二芯穿硬塑管铜线。由于线路不长，故可按允许温升条件选择导线截面，并能满足导线机械强度和允许电压损失要求。现以最大的支路计算电流，即 L2 支路的 $I_{js2}=7.57\text{A}$ 为依据，查表 10-7，选用 BV 型 $S=2.5\text{mm}^2$ 导线，其在 35℃时，$I_N=17\text{A}$，熔丝额定电流 $I_e=15\text{A}>7.57\text{A}$，故满足要求。

（2）一层电源总进线导线的选择。采用穿钢管暗敷塑料绝缘铜线。由于配电箱采用三相进线，并将三相分别供三条支路用电，故宜以最大的支路计算电流 $I_{js2}=7.57$A 为依据，查表 10-7，选用 BV 型 $S=2.5\text{mm}^2$ 导线，其在 35℃时，$I_N=21$A，熔丝额定电流 $I_e=15\text{A}>7.57$A，满足要求。

（3）总电源进线导线的选择。由于采用 380/220V 三相四线制供电，并采用绝缘线架空穿钢管进线，而每层每条支路均为一相，故总进线每相计算电流为各层相应计算电流之和。即

$$I_{L1}=2I_{js1}=2\times5.91=11.82(\text{A})$$

$$I_{L2}=2I_{js2}=2\times5.91=11.82(\text{A})$$

$$I_{L3}=2I_{js3}=2\times7.57=15.14(\text{A})$$

现仍以最大相 I_{L2} 为依据，查表 10-7，选 BV 型。$S=4\text{mm}^2$ 导线，其在 35℃时，$I_N=28\text{A}>15.14$A，且满足绝缘铜线作架空引入线，间距在 25m 以内的机械强度 $S\geqslant4\text{mm}^2$ 的要求（见表 10-10），故应选 BV 型 $S=4\text{mm}^2$ 导线。

（4）目前广泛采用自动开关作为照明供电的电源开关，其兼有过载、低压和短路保护之用。查有关设计手册，支线自动开关可选用塑料外壳 DZ5 型，$I_N=10$A 的自动开关；一层电源总进线可选用 DZ5 型，$I_N=15$A 的自动开关；总电源进线可选用 DZ5 型，$I_N=20$A 的自动开关。

（六）绘制照明平面布置图

建筑照明平面布置图的绘制方法可参考有关规定绘制，本设计的照明平面布置图如图 10-36 所示。

第七节　建筑电气识图

电气工程图集中表现了电气工程设计的意图，是电气设备安装的重要施工依据。能够读懂电气工程图纸是专业技术人员必须掌握的技能。为了能读懂电气工程图，必须熟记各种电气设备和元件的图例符号及文字标记的意义。

一、常用图形符号及标注方式

常用电气图的图形符号见表 10-11。

表 10-11　　电力及照明平面图图形符号

序号	图形符号	说　明	序号	图形符号	说　明
1	⎓	直流	2	$m\sim f$，V	交流电 m—相数 f—频率，Hz V—电压，V
	∼	交流			
	≂	交直流		3～50Hz，380V	例：示出交流，三相带中性线 50Hz，380V

续表

序号	图形符号		说明
3	L1		交流系统电源第一相
	L2		交流系统电源第二相
	L3		交流系统电源第三相
	U		交流系统设备端第一相
	V		交流系统设备端第二相
	W		交流系统设备端第三相
4	N		中性线
5	PE		保护线
6	PEN		保护和中性共用线
	规划的	运行的	
7			变电所（配电所一般符号）
	规划的	运行的	
8			变流所（示出直流变交流）

序号	图形符号		说明
9			杆上变电站
10			移动变电所
11			防爆式移动变电所
12			地下变电所
	形式1	形式2	
13	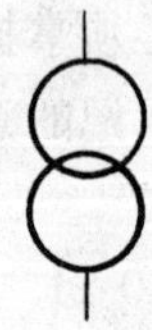	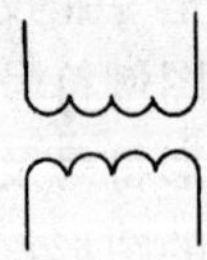	双绕组变压器
14	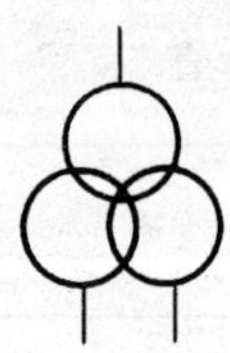	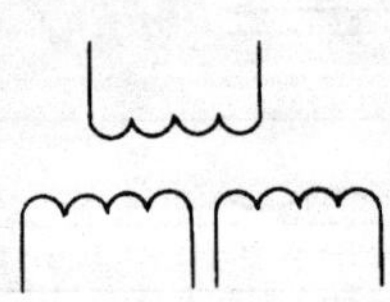	三绕组变压器

续表

序号	图形符号	说明
15	形式1  形式2 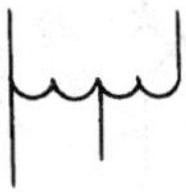	自耦变压器
16	形式1  形式2	电抗器、扼流圈
17	形式1  形式2 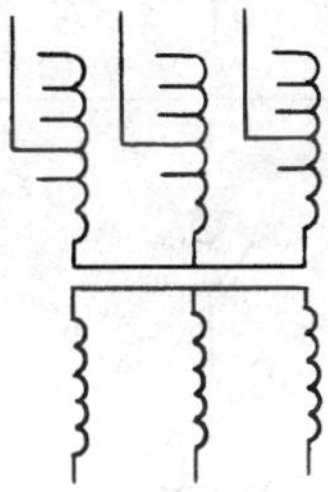	三相变压器 Y-Y连接
18	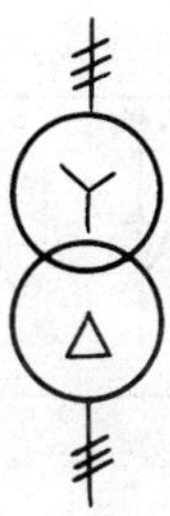	三相变压器 Y-△连接
19	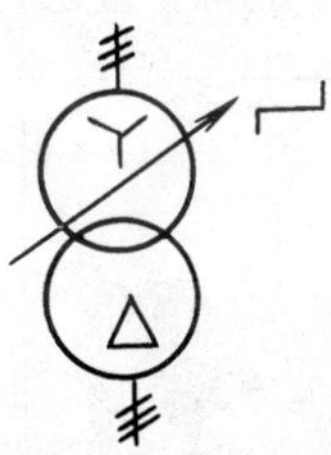	具有有载分接开关的三相变压器 Y-△连接
20		直流电动机
20	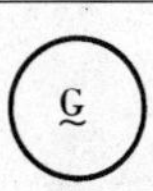	变流发电机
20		交流电动机
20	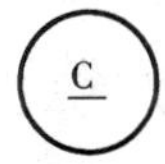	交直流变流机
21	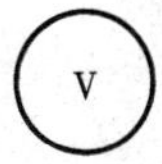	电压表
22		无功电流表
23		无功功率表
24		功率因数表
25	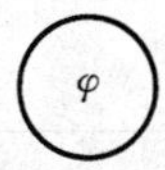	相位表
26	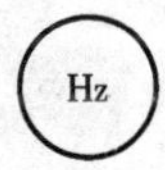	频率表
27	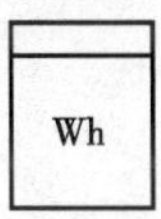	电能表（Wh计）
28		无功电度表
29		接地一般符号
30		无噪声接地（抗干扰接地）

续表

序号	图形符号	说明
31		保护接地
32	形式 1 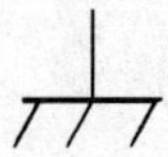 形式 2 	接机壳或接底板
33		等电位
34	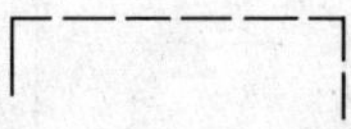	屏蔽（护罩） 注：屏蔽可画成任何方便的形状
35		三极开关 1）单线表示
		2）多线表示
36		接触器动合触点
37		具有自动释放的接触器
38	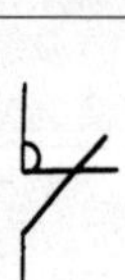	接触器动断触点
39		断路器
40	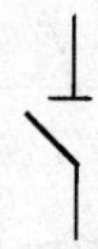	隔离开关
41		具有中间断开位置的双向隔离开关
42	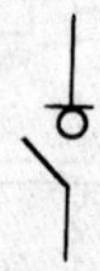	负荷开关（负荷隔离开关）
43		具有自动释放的负荷开关
44	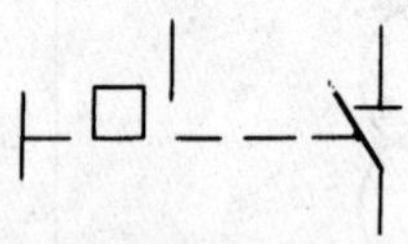	手工操作带有阻塞器件的隔离开关
45		熔断器一般符号
46	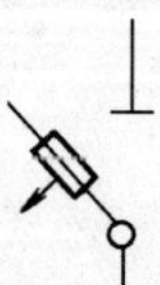	跌开式熔断器
47	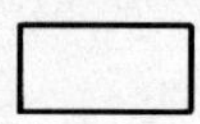	屏、台、箱、柜一般符号
48		动力或动力-照明配电箱 注：需要时符号内可标示电流种类符号

续表

序号	图形符号	说明
49	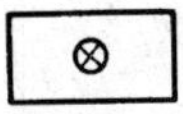	信号板、信号箱（屏）
50		照明配电箱（屏）
51		事故照明配电箱（屏）
52		多种电源配电箱（屏）
53		导线的连接
54		端子 注：必要时圆圈可画成圆黑点
55	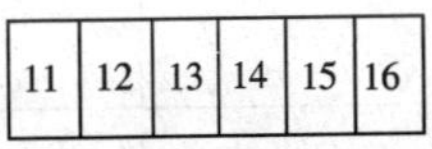	端子板（示出带线端标记的端子板）
56	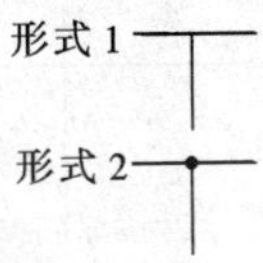	导线的连接
57	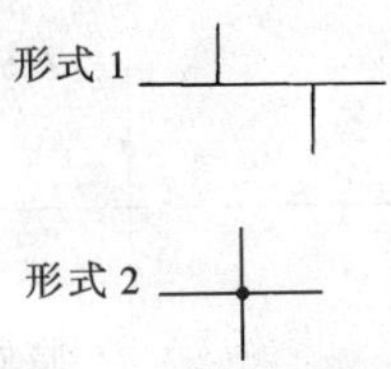	导线的多线连接
		示例：导线的交叉连接（点）单线表示法
	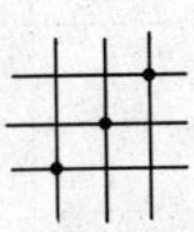	示例：导线的交叉连接（点）多线表示法
58	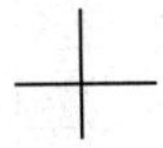	导线的不连接（跨越）
	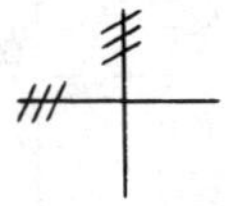	示例：单线表示法
	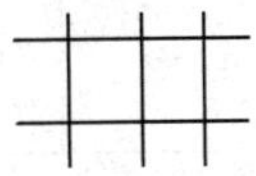	示例：多线表示法
59		导线直接连接 导线接头
60	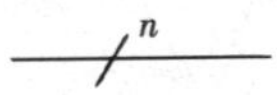	n 根导线
		示例：三根导线
	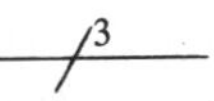	示例：三根导线
61		事故照明线
62		50V 及其以下电力及照明线路
63		控制及信号线路（电力及照明用）
64	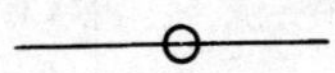	架空线路
65		管道线路
	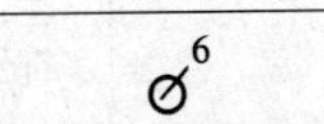	示例：6 孔管道的线路
66		中性线
67	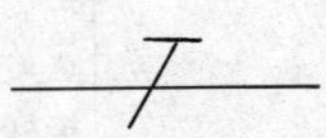	保护线

续表

序号	图形符号	说明
68		保护和中性共用线
69		具有保护线和中性线的三相配线
70	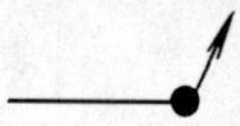	向上配线
71	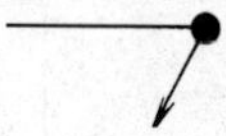	向下配线
72	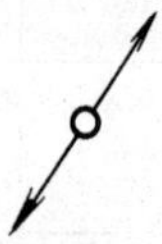	垂直通过配线
73		盒（箱）一般符号
74		带配线的用户端
75	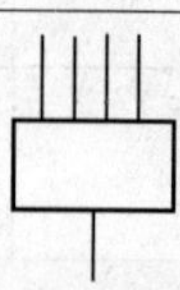	配电中心（示出五根导线管）
76		连接盒或接线盒
77		电杆的一般符号（单杆、中间杆） 注：可加注文字符号表示： *A*——杆材或所属部门 *B*——杆长 *C*——杆号
78	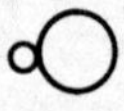	单接腿杆（单接杆）
79		双接腿杆（品接杆）
80		H形杆
81		L形杆
82	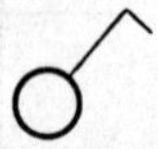	单极开关
		暗装
	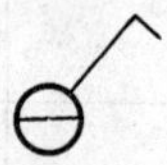	密闭（防水）
		防爆
83		双极开关
		暗装
		密闭（防水）
		防爆

续表

序号	图形符号	说　明
84		三极开关
		暗装
		密闭（防水）
		防爆
85		单极拉线开关
86		单极双控拉线开关
87	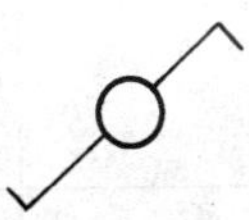	双控开关（单极三线）
88		具有指示灯的开关
89	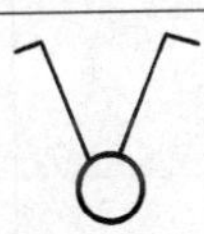	多拉开关（如用于不同照度）
90		单相插座
		暗装
		密闭（防水）
		防爆

序号	图形符号	说　明
91		带保护接点插座 带接地插孔的单相插座
		暗装
		密闭（防水）
		防爆
92		投光灯一般符号
93	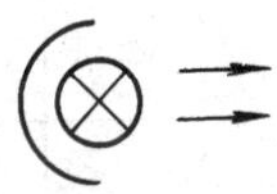	聚光灯
94		泛光灯
95	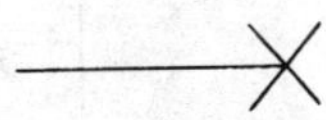	示出配线的照明引出线位置
96	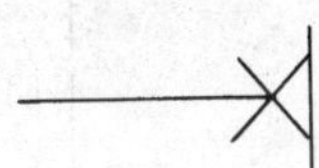	在墙上的照明引出线（示出配线向左边）
97	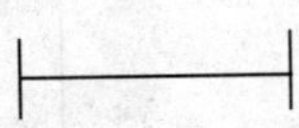	荧光灯一般符号
	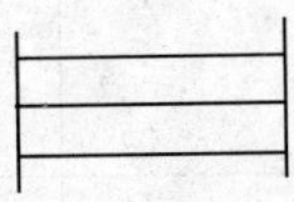	三管荧光灯
	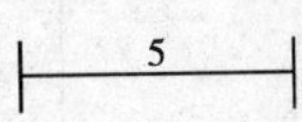	五管荧光灯

续表

序号	图形符号	说明
98	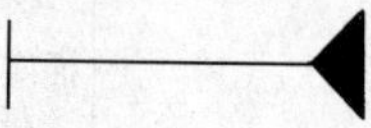	防爆荧光灯
99		在专用电路上的事故照明灯
100		自带电源的事故照明度装置（应急灯）
101	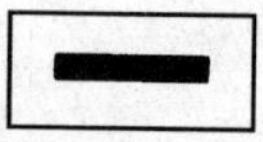	气体放电灯的辅助设备 注：仅用于辅助设备与光源不在一起时
102		深照型灯
103		广照型灯（配照型灯）
104		防水防尘灯
105		球形灯
106		局部照明灯
107		矿山灯
108		安全灯
109		隔爆灯
110		天棚灯
111		花灯
112	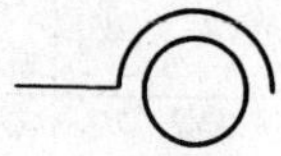	弯灯
113		壁灯
114		警卫信号探测器
115		警卫信号区域报警器
116		警卫信号总报警器
117	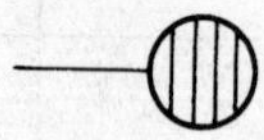	热水器（示出引线）
118	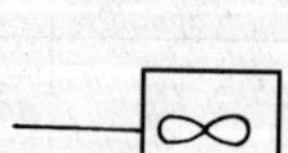	风扇一般符号（示出引线） 注：若不引起混淆，方框可省略不画
119	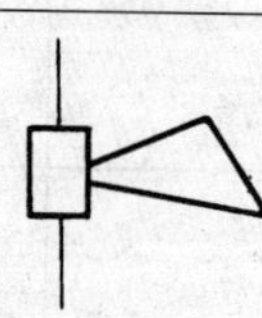	电喇叭
120	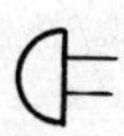	电铃

续表

序号	图形符号	说　明
121		最低照度⊙（示出15lx）
122		照明照度检查点 1）*a*：水平照度，lx
	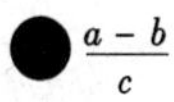	2）*a*—*b*：双测垂直照度，lx *c*：水平照度，lx
123	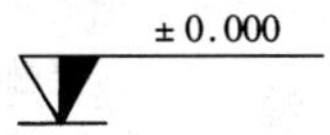	安装或敷设标高米 1）用于室内平面、剖面图上
	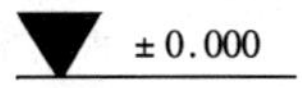	2）用于总平面图上的室外地面

二、文字符号

1. 常用的基本文字符号

常用的基本文字符号见表10-12。

表10-12　　　　常用基本文字符号表

设备、装置和元件种类		基本文字符号	
		单字母符号	双字母符号
部件组件	电桥 晶体管放大器 集成电路放大器 磁放大器	A	AB AD AJ AM
非电量到电量变换器或电量到非电量变换器	送话器 扬声器 压力变换器 位置变换器 温度变换器 速度变换器	B	 BP BQ BT BV
电容器	电容器	C	
其他元器件	发热器件 照明灯 空气调节器	E	EH EL EV
保护	避雷器 熔断器 限压保护器件	F	 FU FV
发生器电源	同步发电机 异步发电机 蓄电池	G	GS GA GB
信号器件	声光指示器 光指示器 指示灯	H	HA HL HL

续表

<table>
<tr><th rowspan="2" colspan="2">设备、装置和元件种类</th><th colspan="2">基本文字符号</th></tr>
<tr><th>单字母符号</th><th>双字母符号</th></tr>
<tr><td>继电器、接触器</td><td>电流继电器
接触器
变化率继电器</td><td>K</td><td>KA
KM
KR</td></tr>
<tr><td>变压器</td><td>电流互感器
控制变压器
电力变压器
电压互感器</td><td>T</td><td>TA
TC
TM
TV</td></tr>
<tr><td>电感器</td><td>感应线圈
驻波器
电抗器</td><td>L</td><td></td></tr>
<tr><td>电动机</td><td>电动机
同步电动机</td><td>M</td><td>MS</td></tr>
<tr><td>测量设备
试验设备</td><td>指示器件
电流表
电度表
记录仪器
电压表</td><td>P</td><td>PA
PJ
PS
PV</td></tr>
<tr><td>电力电路的开关器件</td><td>断路器
电机保护开关
隔离开关</td><td>Q</td><td>QF
QM
QS</td></tr>
<tr><td>电阻器</td><td>电阻器
变阻器
电位器</td><td>R</td><td>RP</td></tr>
<tr><td>控制、记忆、信号电路的开关器件选择器</td><td>控制开关
选择开关
按钮开关
压力开关
温度开关
温度传感器</td><td>S</td><td>SA
SA
SB
SL
ST
ST</td></tr>
</table>

2. 电气施工图的常用标注格式

在电气施工图中，常用固定的标注格式来对图纸进行说明，下面就相应介绍一下电气施工图中经常遇到的一些标注格式。

(1) 电力设备和照明设备。

标注格式：a-b-c。其中 a——设备编号；b——设备型号；c——设备容量。

(2) 电话交接箱。

标注格式：a-b。其中 a——设备编号；b——设备型号；c——线序；d——用户数。

（3）电视线路。

标注格式：a-（b）c-d。其中 a——线路编号；b——线路型号；c——敷设方式与穿管管径；d——敷设部位。

（4）照明灯具。

a——灯具数量；b——灯具型号或编号；c——每灯的灯泡或灯管数；d——灯泡（管）容量（W）；e——安装高度（m）；f——安装方式；L——光源种类。

（5）电气线路。

标注格式：a-b（$c\times d$）e-f。其中 a——线路编号；b——导线型号；c——导线根数；d——导线截面面积（mm^2）；e——敷设方式与穿管管径（mm）；f——敷设部位。

（6）通信线路。

标注格式：a-b（$c\times d$）e-f。其中 a——线路编号；b——导线型号；c——导线对数；d——导线直径（mm）；e——敷设方式与穿管管径（mm）；f——敷设部位。

（7）表达线路敷设方式的代号。

PR——塑制线槽敷设；

MR——金属线槽敷设；

PC——聚氯乙烯硬质管敷设；

FPC——聚氯乙烯半硬质管敷设；

KPC——聚氯乙烯塑制波纹电线管敷设；

TC——电线管（薄壁钢管）敷设；

SC——钢管（厚壁钢管）敷设；

RC——低压流体输送钢管（加厚钢管）敷设；

CP——穿金属软管敷设；

CT——用电缆桥架敷设；

C——直埋敷设。

（8）表达线路敷设部位的代号。

SR——沿钢索敷设；

BE——沿屋架或屋架下弦明敷设；

CLE——沿柱明敷设；

WE——沿墙敷设；

CC——沿天棚或顶板面敷设；

ACE——在能进人的吊顶内敷设；

BC——梁内暗设；

CLC——柱内暗设；

WC——墙内暗设；

CC——暗设在屋面或顶板内；

FC——暗设在地面或地板内；

ACC——暗设在不能进人的吊顶内。

（9）表达照明灯具安装方式的代号。

CP——线吊式；

CP——自在器线吊式；

CP1——固定线吊式；

CP2——防水线吊式；

CP3——吊线器式；

Ch——吊链式；

P——吊管式；

W——壁装式；

S——吸顶或直附式；

WR——墙壁内安装；

HM——座装；

SP——支架上安装；

CL——柱上安装；

T——台上安装；

R——嵌入式（嵌入不可进人的顶棚）；

CR——顶棚内安装（嵌入可以进人的顶棚）。

照明灯具的标注：$a\text{-}b\,\dfrac{c\times d\times L}{e}f$。其中，$a$——灯数；$b$——型号或编号；$c$——每盏照明灯具的灯泡数；$d$——灯泡容量，W；$e$——灯泡安装高度，m；$f$——安装方式；$L$——光源种类。

三、电气识图的方法与步骤

要了解一个建筑物的电气施工图，必须首先熟悉建筑物的土建图（包括建筑、结构、总平面图）和工艺图，了解建筑物的概貌、结构特点以及与电气布置密切相关的部分，然后再详细地进行电气识图。

（一）电气施工图纸的组成

1. 首页

首页主要内容包括：电气工程图纸目录、图例及电器规格说明和施工说明三个部分。

施工说明的作用是对图纸中不能用符号表明的，与施工有关的或对工程有特殊技术要求的补充。比如与弱电线路并排敷设时的线间距离要求，与煤气管、热力管交叉时的间距，电气线路与建筑结构的具体配合，电气保护措施等。

2. 电气外线总平面图

电气外线平面图以建筑总平面图为依据，绘出架空线路或地下电缆的位置，并注明有关做法。图中还注明了各幢建筑物的面积及分类负荷数据（光、热、力等设备安装容量），注明总建筑面积、总设备容量、总需用系数、总计算容量及总电压损失。此外，图中还标注了外线部分的图例及简要做法说明。对于建筑面积较小、外线工程简单或只是做电源引入线的工程，就没有外线总平面图。

3. 电气系统图

电气系统图是用来表示供电系统的组成部分及其连接方式，通常用粗实线表示。系统图通常不表明电气设备的具体安装位置，但通过系统图我们可以清楚地看到整个建筑物内配电系统的情况与配电线路所用导线的型号与截面、采用管径，以及总的设备容量等，可以了解整个工程的供电全貌和接线关系。

4. 各层电气平面图

电气平面图详细、具体地标注了所有电气线路的具体走向及电气设备的位置、坐标，并通过图形符号将某些系统图无法表达的设计意图表达出来，具体指导施工。它包括动力平面图、照明平面图、防雷平面图、弱电（电话、广播）平面图等。在图纸上主要表明电源进户线的位置、规格、穿线管径；配电盘（箱）的位置；配电线路的敷设方式；配电线的规格、报数、穿线管径；各种电器的位置；各支路的编号及要求等。

5. 原理图

原理图用来表示各控制信号回路的动作原理，并将各电气设备及电气元件之间的连接方式，按动作原理用展开法绘制出来，便于看清动作顺序。原理图分为一次回路（主回路）和二次回路（控制回路）。二次回路包括控制、保护、测量、信号等线路。一次回路通常用粗实线绘制，二次回路通常用细实线绘制。原理图是指导设备制作、施工和调试的主要图纸。

6. 安装图

安装图又称安装大样图，用来表示电气设备和电气元件的实际接线方式、安装位置、配线场所的形状特征等。对于某些电气设备或电气元件在安装过程中有特殊要求或无标准图的部分，设计者绘制了专门的构件大样图或安装大样图，并详细地标明施工方法、尺寸和具体要求，指导设备制作和施工。

(二) 电气施工识图步骤

(1) 先看图上的文字说明。文字说明的主要内容包括施工图图纸目录、设备、材料表和施工说明三部分。比较简单的工程只有几张施工图纸，往往不另单独编制施工说明，一般将文字说明内容表示在平、剖面图或系统图上。

(2) 看图上所画的电源从何而来、采用哪些供配电方式、使用多大截面的导线、配电使用哪些电气设备、供电给哪些用电设备等，不同的工程有不同的要求，图纸上表达的工程内容一定要搞清。

(3) 看比较复杂的电气图时，首先应看系统图，了解由哪些设备组成，有多少个回路，每个回路的作用和原理。然后再看安装图，各个元件和设备安装在什么位置，如何与外部连接，采用何种敷设方式等。

(4) 熟悉建筑物的外貌、结构特点、设计功能和工艺要求，并与电气施工说明、电气图纸一道配套研究，明确施工方法。

(5) 尽可能地熟悉其他专业（给水排水、动力，采暖通风、弱电等）的施工图或进行多专业交叉施工座谈，了解有争议的空间位置或互相重叠现象，尽量避免施工过程中的返工。

第十一章 电气安全、接地和防雷

第一节 电 气 安 全

一、电流对人体的作用

电流对人体的伤害是电气事故中最为常见的一种。了解电流对人体的作用，有利于分析各种触电事故，对制订、解释各种安全电压的标准及其应用和各种防止触电的安全措施和要求，以及对于设计和鉴定各种防止触电的安全装置都是十分重要的。

电流对人体造成伤害，主要可分为电击和电伤两大类。

电击是指电流通过人体，对人体及内部器官所造成的伤害。它可分为直接电击和间接电击两种。人体与带电体直接接触形成的触电伤害，称为直接电击，如单相触电和两相触电都属于直接电击。人体触及正常不带电而由于故障原因造成的意外带电体所发生的电击，称为间接电击，如接触电压，跨步电压的触电都属于间接电击。

电伤是指由电流所产生的热效应、化学效应或机械效应对人体所造成的创伤。电伤多见于人体外部，而且往往在机体上留下伤痕。

电弧烧伤是最常见的电伤。在低压系统中，带负荷的裸露隔离开关断开时，电弧可能烧伤人的手部和面部。线路短路、开启、熔断器熔断时，炽热的金属微粒飞溅出来可造成灼伤。在高压系统中，人体过分接近带电体，其间距小于放电距离（人与带电体间的安全距离见表 11-1）时，会直接产生强烈电弧；由于误操作所产生的电弧，亦可将人严重烧伤。

表 11-1 人与带电体间的安全距离

电压等级（kV）	10	35	60	110	154	220	330
安全距离（m）	0.4	0.6	0.7	1.0	1.4	1.8	2.6

近年来，国内外在电流对人体生理影响方面做了不少研究，认为触电致死的主要原因是由于触电电流流经人体时引起心室颤动和呼吸中枢麻痹，造成心脏停止跳动和呼吸停止。因此，电流对人体的伤害程度与电流流经人体的路径关系极大，电流从手到脚，从一手到另一手流经心脏并从头经心脏流出时，触电的伤害最为严重。

研究表明：频率为 50～60Hz 的工频电流对人是最危险的。通过人体的工频电流超过 50mA 时，对人体就有致命的危险。当通过人体的电流达到 100mA 时，就会导致人的死亡，通电时间越长，使人触电死亡的电流就越小。国际电工组织 IEC 364 根据研究结果于 1982 年提出了避免心室颤动的电压和通电时间的关系，见表 11-2。

表 11-2 最大接触电压持续时间

直　流（V）	<120	120	140	160	175	200	250	310
交　流（V）	<50	50	75	90	110	150	220	280
最大允许通电时间（s）	∞	5	1	0.5	0.2	0.1	0.05	0.03

人体的电阻以皮肤电阻为最大。如人体皮肤处于干燥、洁净和无损伤的状态下，人体电阻值在 10～100kΩ 之间。但是如果皮肤有伤口或处于潮湿和脏污状态时，那么人体电阻可

剧降至 800～1000Ω 左右。此外，皮肤接触带电体的面积越大，所承受的电压越高，时间越长，人体电阻就越小。按照对人体有致命危险的工频电流 50mA 和人体最小电阻 800～1000Ω 来计算，可知对人有致命危险的电压

$$U=0.05\times(800\sim1000)=40\sim50\ (\mathrm{V})$$

我国制定的 GB 3805—1983《安全电压》标准规定的安全电压额定值的等级为 42、36、24、12、6V 五种，规定这个电压的上限值在任何情况下不得超过交流电压有效值 50V（频率为 50～500Hz）。当电气设备采用了超过 24V 的安全电压时，必须采取防直接接触带电体的措施。除采用独立电源外，安全电压供电电源的输入电路与输出电路必须实行电路上的隔离。

二、电气安全的管理

建国以来，我国制定的一系列电气安全法规和标准，对保证安全用电、减少设备和人身伤亡事故起了很大的作用。但电气安全工作是一项综合性工作，必须同时抓好组织管理和电气工程技术措施的实施。

（1）建立、健全必要的规章制度，特别要建立和健全岗位责任制。企业要根据环境的特点，建立相适应的电气设备运行管理规程和电气设备安装规程。根据电工作业人员的不同工种，建立各种安全操作规程。必须坚持必要的工作许可制度、工作监护制度、工作间断、转移和终结制度等。

（2）加强安全教育。通过教育应使全体企业工作人员懂得电的基础知识，认识安全用电的重要性，掌握安全用电的基本方法，实施安全、有效的生产。

（3）加强电气设备运行、维护和检修、试验工作。要经常检查电气设备的绝缘体是否老化、有无破损、绝缘电阻是否合格；设备裸露带电部分是否有防护；电气设备的保护接零或保护接地是否正确和可靠，接地电阻是否符合标准；保护装置是否符合要求；移动式电器是否采取了安全措施；电气设备是否过热、过载；安全用具和电气灭火器材是否齐全等。

（4）配电、变电设备应有完善的保护装置，所有遮栏的高度不应低于 1.7m，下部边缘离地不应超过 0.1m，网眼不应大于 40mm×40mm，户外变电装置围墙高度一般不应低于 2.5m。被屏护的带电部分应有标示牌等明显标志。

（5）对易燃、易爆等危险场所，应采用密闭和防爆型电器，导线应埋地穿管敷设。特别场所要采取防静电火灾的措施。

（6）加强对手持式电动工具的管理。手持式电动工具在使用中经常移动，振动也往往较大，容易发生碰壳事故。其电源线的绝缘也容易由于拉、磨或其他机械原因而遭到破坏。因此，这类设备具有较大的触电危险性。在使用中必须坚决贯彻执行手持式电动工具管理、使用、检查和维修安全技术规程。

三、触电的急救处理

一旦发现有人触电，就应迅速进行现场急救。触电急救动作迅速、抢救及时、方法得当便可使呈现“假死”状态的人获救。从低压触电 1min 后开始救治者，90%以上有良好效果；6min 开始救治者，10%有良好效果；而从触电后 12min 开始救治者，救活的可能性很小。因此，抢救需分秒必争。急救技术不仅医务人员必须熟练掌握，从事电气工作的人员也必须熟悉和掌握。

（一）脱离电源

当人触电后，由于失去自我控制能力而不能自行摆脱电源。这时，使触电者尽快脱离电源是救活触电者的首要因素。隔离低压电源的具体作法如下：

（1）如果开关或插头距离救护人很近，应立即拉掉开关或拔出插头。

（2）如果开关距离救护人很远，可用电工钳或有干燥木柄的刀、斧、锄等切断电线，但要注意防止切断的电源线再次触及人体。

（3）当导线搭在触电人身上或压在身下时，可用干燥的木棒、竹竿或其他带有绝缘柄的工具，迅速地将电线挑开。

（4）如果触电人的衣服是干燥的，可用一只手抓住其衣服拉离电源，但不可触及其肉体。拉时救护人最好站在木板或绝缘物体上。

（5）触电者如在高空作业时触电，抢救时应采取防止摔伤的措施。

（二）急救处理

当触电人脱离电源后，应即依据具体情况，迅速对症救治，同时赶快派人请医生前来抢救。

（1）如果触电人的伤害并不严重，神志尚清醒，只是有些心慌、四肢发麻、全身无力或者虽一度昏迷，但未失去知觉时，都要使之安静休息，不要走路，并应严密细致地观察其病变。

（2）如果触电人的伤害较严重、失去知觉、停止呼吸但心脏微有跳动时，应采用口对口人工呼吸法，如果虽有呼吸，但心脏停止跳动时，则应采取人工胸外心脏按压法。

（3）如果触电人伤害得相当严重，心跳和呼吸都已停止，人完全失去知觉时，则需采用口对口人工呼吸和人工胸外心脏按压两种方法同时进行。如果现场仅有一人抢救时，可交替使用这两种方法，先进行心脏按压4～8次，然后暂停，代以口对口吹气2～3次，再进行心脏按压，如此循环连续操作。

人工呼吸应尽可能就地进行。只有在现场威胁安全时，方可将触电者抬到安全地方进行急救。在运送医院途中，也要连续施行人工呼吸，进行抢救。

第二节 接地、接零和等电位连接

为防止直接电击，通常对电气设备采用绝缘、屏护、间距等技术措施，以保证用电安全。但当设备一旦发生绝缘破坏外壳带电等故障，外壳和大地之间便存在电压，给工作人员或附近人员造成接触电压或跨步电压的触电事故，称之为间接电击。这种意外事故是非常危险的。为了确保电气设备的安全使用，防止间接电击的发生，人们采用保护接地、保护接零和等电位连接等安全技术措施。

一、配电系统的型式

根据IEC 364-3所划分的配电系统标准，我国目前使用的有TN、TT、IT 3种配电系统。在民用低压配电系统中，使用的有TN-S、TN-C和TT等系统，而以TN-C系统目前使用最广泛，TN-S系统处于发展中。

上述文字代号的意义：

第一个字母表示电力系统的对地关系：

T——一点直接接地；

I——所有带电部分与地绝缘，或一点经阻抗接地。

第二个字母表示装置的外露可导电部分的对地关系：

T——外露可导电部分对地直接电气连接，与电力系统的任何接地点无关；

N——外露可导电部分与电力系统的接地点直接电气连接（在交流系统中，接地点通常就是中性点）。

如果后面还有字母，则表示：

S——中性线和保护线是分开的；

C——中性线和保护线是合一的（PEN线）。

二、接地接零的一些基本概念

（一）接地装置

把电气设备或过电压保护装置与接地体连接，称为“接地”。埋入地中并直接与大地接触的金属导体组，称为接地体。连接电气设备接地部分与接地体的金属导体，称为接地线。接地线和接地体合称为接地装置。

（二）“地”和接地电流

电工上通常所说的“地”，就是指零电位。理论上的零电位在无穷远处，实际上距接地体20m处，已接近零电位，距离60m处则是事实上的“地”。这是因为当电气设备发生接地短路时，电流 I_d 通过接地体向大地作半球形散开，如图11-1所示。半球形的面积随着远离接地体而迅速增大，与半球形面积对应的土壤电阻随着远离接地体而迅速减小，至离开接地体20m处，半球形面积达2500m^2，土堆电阻已小到可忽略不计，故可认为远离接地体20m以外，地中电流便不再产生电压降，即实际上已是零电位。通常所说的对地电压，是指离接地体周围20m以外的大地而言，显然接地电压等于接地电流与接地电阻的乘积。接地体的对地电压曲线有近似双曲线的形状，如图11-2所示。

从带电体流入地下的电流称为接地电流。接地电流有正常接地电流和故障接地电流之分。正常接地电流是指正常工作时通过接地装置流入地下，借大地形

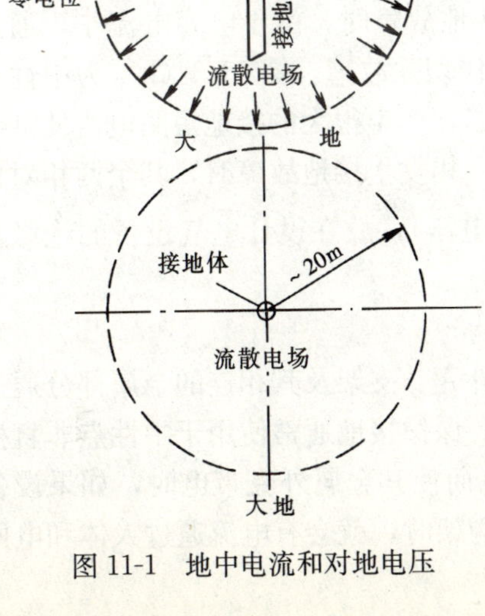

图11-1　地中电流和对地电压

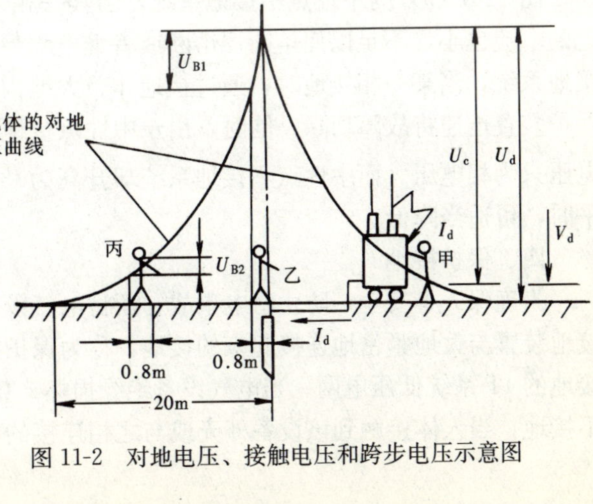

图11-2　对地电压、接触电压和跨步电压示意图

成工作回路的电流。故障接地电流是指系统或设备发生故障时出现的接地短路电流。

（三）接触电压

如果人体同时接触具有不同电位的两处，则在人体内有电流通过。这时，加在人体两点之间的电位差即所谓接触电压。如图 11-2 所示，人站在地上，手部触及已漏电的变压器，手与足之间承受大小等于漏电变压器对地电位 U_d 与他所站立地点对地电位 U_e 之差，即 U_e 就是甲所承受的接触电压。

（四）跨步电压

跨步电压系指人站在地上具有不同对地电位的两点。在人的两脚间所承受的电位差。跨步电压与跨步大小有关。人的跨步一般按 0.8m 考虑；大牲畜的跨距可按 1.0～1.4m 考虑。图 11-2 所示的乙、丙两人都承受了跨步电压。乙正处在接地体位置，承受了最大的跨步电压 U_{B1}，丙离开接地体有一定的距离，承受的跨步电压 U_{B1} 要小得多。若离开接地体 20m 以外，就可以不考虑跨步电压的问题了。

三、工作接地

为了保证电气设备在正常和事故情况下可靠地工作而进行的接地，叫做工作接地。如变压器和发电机的中性点直接接地和经消弧线圈的接地。各种工作接地都各有作用，在低压供电网络中，常将变压器中性点接地，并引出导线作为零线［见图 11-3（b）］。这样做，可起到降低人体触电电压，迅速切断接地故障和降低电气设备对地绝缘的要求等作用。

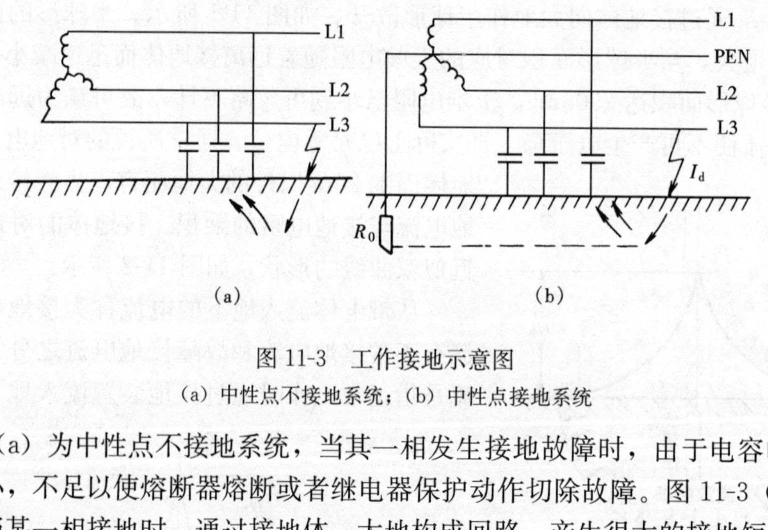

图 11-3 工作接地示意图

（a）中性点不接地系统；（b）中性点接地系统

图 11-3（a）为中性点不接地系统，当其一相发生接地故障时，由于电容电流小，通过地的电流也小，不足以使熔断器熔断或者继电器保护动作切除故障。图 11-3（b）为中性点接地系统，当某一相接地时，通过接地体、大地构成回路，产生很大的接地短路电流使继电保护装置迅速将故障切除。同时，由于中性点接地系统一相发生接地故障时，其余两相对地电压只为相电压（而中性点不接地系统却升高为$\sqrt{3}$倍相电压），故在设计电气设备的绝缘水平时，可适当降低。

四、保护接地

为确保人身安全，防止触电事故，而将电气设备的外壳、支架及其相连的金属部分通过接地装置与大地紧密地连接起来的接地，称为保护接地。保护接地通常使用于中性点非直接接地的 IT 系统低压电网。当电气设备绝缘损坏产生漏电而使其金属外壳带电时，如果设备不接地，当人体接触到该设备外壳或与之相连接的金属构架时，就会有电流通过人体和电网与大地之间的电容构成回路，危及生命安全，如图 11-4（a）所示。当采取了保护接地后，因为电气设备金属外壳与大地已有良好的连接，且接地电阻很小，当设备绝缘损坏漏电时，若有人碰及金属外壳，由于人体电阻与接地体电阻相并联，人体电阻远远大于接地电阻，电流主要流过接地装置，流经人体的电流是非常小的，对人相对比较安全，如图 11-4（b）所示。但应注意到，保护接地需要接地电阻小于 1Ω 时才能真正保证安全，现场中有时很难做到，所以接地不能真正保证安全。

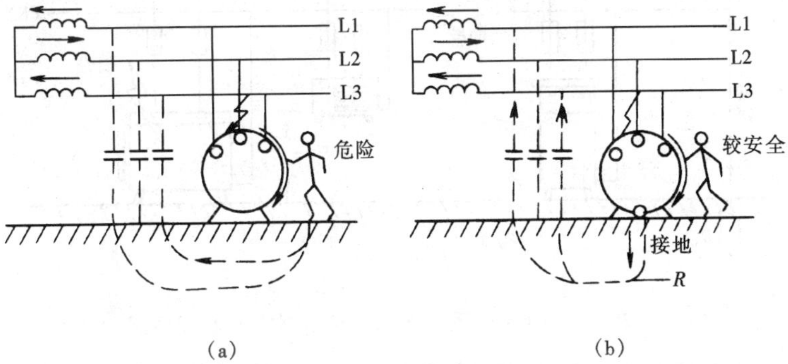

图 11-4　IT 低压系统保护接地的作用

（a）没有保护接地的电动机一相碰壳时；
（b）装有保护接地的电动机一相碰壳时

电压相同且由同一中性点不接地系统电网供电的设备，其保护接地最好是采用共同的接地装置，或者将它们的各自接地装置用导线连接起来。

五、保护接零

与发电机、变压器直接接地的中性点相连的导体，称为零线。保护接零就是把电气设备在正常情况下不带电的金属部分与电网的零线紧密连接，有效地起到保护人身和设备安全的作用。在中性点直接接地的 TN 系统低压电网中，电器装置宜采用低压保护接零。

（一）保护接零的原理和应用范围

如图 11-5 所示，由于设备接零后，当设备发生单相碰壳时，通过设备外壳形成相线对零线的单相。因零线电阻很小，相当大的单相短路电流能使过流或失压等保护装置迅速动作，从而使故障部分脱离电源，保障安全。但是只有在保护真正动作时才能起到保护作用。

对 380/220V 三相四线制中性点直接接地的 TN-C 配电系统，不论环境如何，凡因绝缘损坏而可能呈现对地电压的金属部分，均应接零。

（二）重复接地

在中性点直接接地 TN-C 低压配电系统中，除在电源（变压器、发电机）中性点进行工作接地外，还将电网零线上的一处或多处通过接地装置与大地再次连接，称为重复接地。重复接地电阻不能大于 10Ω。

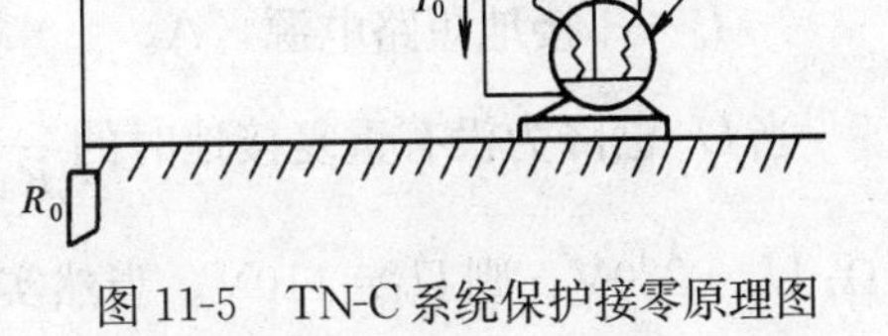

图 11-5　TN-C 系统保护接零原理图

为什么要进行重复接地呢？我们先看没有重复接地的情况。如果没有重复接地，当零线的某处发生断线时，接在断线处后面的所有电气设备就呈现既没有保护接零，又没有保护接地的情形。一旦有一相电源碰壳，断线处后面的零线和与其相连的电器设备的外壳都将带上等于相电压的对地电压，这是十分危险的，如图 11-6 所示。

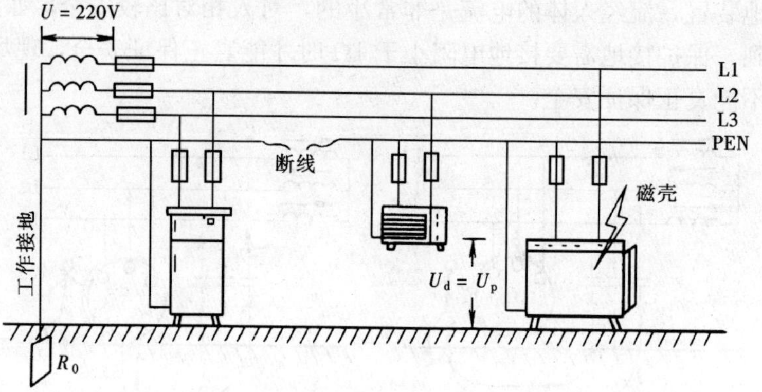

图 11-6　TN-C 系统无重复接地时零线断线情况

在有重复接地的情况下，当零线偶尔断线，发生电器设备外壳带电时，将通过重复接地与电源中性点构成电流回路，如图 11-7 所示。这时，断线处后面的零线和与其相连的电气设备外壳的对地电压降为

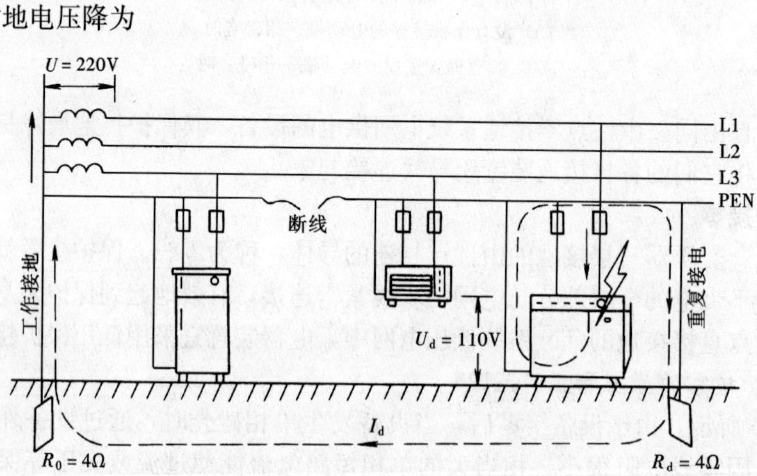

图 11-7　TN-C 系统有重复接地时零线断线的情况

$$U_d = I_d R_d = U_p \frac{R_d}{R_d + R_0} \tag{11-1}$$

式中　R_d——重复接地电阻，Ω；

R_0——中性点接地电阻，Ω；

U_p——电网相电压，V；

U_d——设备外壳对地电压，V；

I_d——接地短路电源，A。

当 U_d 已降为没有重复接地时的 $\frac{R_d}{R_d + R_0}$ 倍。使事故的危险程度减轻。若使 $R_d = R_0 = 4Ω$；$U_p=220V$，则 $U_d=110V$。当然实际上由于 $R_d > R_0$，所以 $U_d > \frac{1}{2}V_p = 110V$，对人还

是有危险的。因此零线断线的事故应尽量避免。

因此，除按安全载流量和足够的机械强度选择零线截面外，SDJB—1979《电力设备接地设计技术规程》还作了如下规定：在架空线路的干线和分支线的终端及沿线每1km处，零线也应重复接地（但距接地点不超过50m者除外）或在屋内将零线与配电屏、控制屏的接地装置相连。

（三）采用保护接零应注意的问题

（1）在接零系统中不能一些设备接零，一些设备接地。如图11-8所示，D设备采取了接地措施，而没有接零。当D设备漏电碰壳时，电流 I_d 通过 R_d 和 R_0 形成回路。如果电流 I_d 不太大，线路保护装置可能不会动作，而使故障长时间存在，使整个零线对地电压升高。这时，除了接触该设备的人有触电危险外，还使接触E设备的人有触电危险。所以，必须禁止在一个系统中同时采用接地制和接零制。

（2）规程规定：在三相四线制的低压电网中，不允许在零线上装设开关和熔断器。单相开关应装在相线上，其相线和零线应相对固定，不能互换。

（3）各设备的保护零线不允许串接，必须各自与零线干线相连。

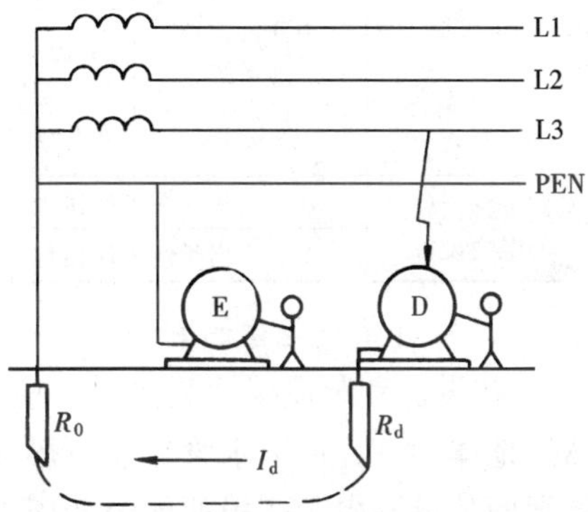

图11-8　个别设备不接零的危险

六、接地电阻的要求和接地装置敷设

（一）接地电阻

接地装置的接地电阻包括接地体的散流电阻和接地线的电阻。接地线的电阻很小，一般可忽略不计。散流电阻主要取决于接地体的电阻和土壤电阻。土壤电阻的大小用土壤电阻系数表示。土壤电阻系数就是 $1cm^3$ 的正立方体土壤的电阻值。影响土壤电阻值的原因很多，如土质、温度、厚度、化学成分、季节等。各种不同土壤的电阻系数如表11-3所示。电力设备接地装置的接地电阻容许值如表11-4所示。

表11-3　常见的土壤电阻系数 ρ　（Ω·m）

土壤名称	近似值	变动范围		
		较湿时（多雨区）	较干的（少雨区）	地下水含碱时
黏土	60	30～100	50～300	10～30
砂质黏土	100	30～300	80～1000	10～30
黄土	200	100～200	250	30
含砂黏土，砂土	300	100～1000	1000以上	30～100
黑土，园畦，白垩土	50	30～100	50～300	10～30
河土	30～280			

表11-4　电力设备接地装置的接地电阻容许值　（Ω）

接地装置种类			工频接地电阻容许值	备注
1000V以上的高压设备	大接地短路电流系统（$I\geqslant 500A$）	一般情况	$R_0>\frac{200}{I}$	高土壤电阻系数地区，接地电阻允许提高，但不应超过5Ω
		$I>4000A$ 时	可取 $R_0<0.5$	

续表

接地装置种类			工频接地电阻容许值	备注
1000V以上的高压设备	小接地短路电流系统（$I<500A$）	高低压设备公用的接地装置	$R_0\leqslant\frac{120}{I}$ 一般不应大于10	高土壤电阻系数地区，R容许提高，但不应超过：发变电所15Ω；其余30Ω
		高压设备单独用的接地装置	$R_0\leqslant\frac{250}{I}$ 一般不应大于10	
1000V以下的高压设备	中性点直接地系统	发电机或变压器的工作接地	$R_0\leqslant4$	高土壤电阻系数地区，R容许提高，但不应超过30Ω
		零线上的重复接地	$R_0\leqslant10$	
	中性点不接地系统	一般情况	$R_0\leqslant4$	
		发电机或变压器容量不小于100kVA	可取$R_0\leqslant10$	
利用大地作导线的电力设备	永久性工作接地		$R_0\leqslant50/I$	低压电网禁止使用大地作导线
	临时性工作接地		$R_0\leqslant100/I$	

（二）自然接地体的利用

在设计和装设接地装置时，应尽量利用自然接地体，以节约投资和钢材。可以作为自然接地体的有：地下水管、非可燃、非爆炸性液、气金属管道；建筑物的金属构架及敷设于地下而数量不少于两根的电缆金属外皮等。

利用自然接地体时，一定要保证良好的电气连接。在建筑物钢结构的结合处，除已焊接者外，凡用螺栓连接或其他连接方式的，都要采用跨接焊接。跨接线一般采用扁钢：作为接地干线的，其截面不得小于100mm^2；作为接地支线的，其截面不得小于48mm^2。对于暗敷管道和作为接零线的明敷管道，其结合处的跨接线，可采用截面不小于6mm^{2}的铝线。利用电缆的金属外壳作为接地体时，接地线线箍的内部须烫上约0.5mm厚的锡层。电缆钢铠与接地线线箍相接触的部分，必须刮拭干净，以保证接触良好。

（三）人工接地体的敷设

在自然接地体不能满足接地电阻值要求时，需敷设人工接地体作为补充。但发电厂，变配电所等重要地方则均以人工接地体为主。

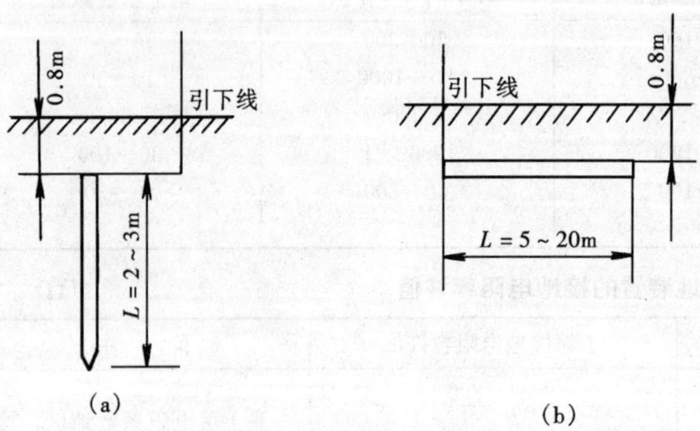

图11-9 人工接地体
(a) 棒形接地体；(b) 带形体接地

人工接地体有垂直埋设的棒形接地体和水平埋设的带形接地体两种基本结构形式，如图11-9所示。棒形接地体应用较广。通常用50mm的钢管（管厚不小于3.5mm或＜50mm×50mm×5mm以上的角钢）垂直夯入土中作为接地体、接地体的长度一般为2～3m，以2.5m为最佳，夯入土中后其顶部距地面应有0.8m左右。

为了减小相邻接地体之间相距太近所产生的屏蔽作用，要求相邻两根接地体之间距离应不小于其长度的2倍。水平接地体之间的间距，一般也不宜小于5m。接地装置的布置应尽量使电位分布均匀，以减少接触电压和跨步电压。如图11-10所示。可将接地装置布置成环形，再在环形内部加相互平行的均压带，距离为4～5m。也可在接地体外水平敷设一些与接地体无联系的扁钢等。

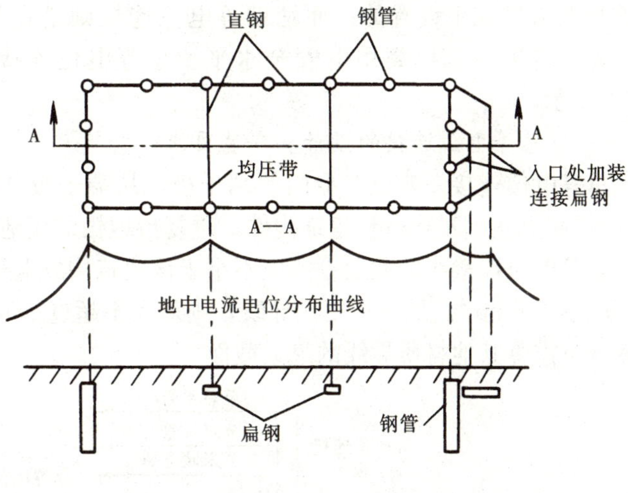

图11-10　加装均压带以使电位分布均匀

按SDJB—1979《电力设备接地设计技术规程》规定，钢接地体和接地线的最小规格如表11-5所示。

在土质较硬的地段，接地体应挖坑埋入，并须挖好接地线的坑道。接地体埋好后，埋入的土应夯实。土壤电阻系数较高的地段，可在接地体坑内埋入黏土及铁屑，也可在附近埋设引外式接地体（见图11-11），但引线通过道路时埋深应不小于0.8m。为了减小建筑物的接触电压，接地体与建筑物的基础间应保持不小于1.5m的水平距离，一般取2～3m。

表11-5　钢接地体和接地线的最小规格

材　料	规格及单位	地　上		地　下
		户　内	户　外	
圆　钢	直径（mm）	5	6	8
扁　钢	截面（mm^2）	24	48	48
	厚度（mm）	3	4	4
角　钢	厚度（mm）	2	2.5	4
钢　管	管壁厚度（mm）	2.5	2.5	3.5

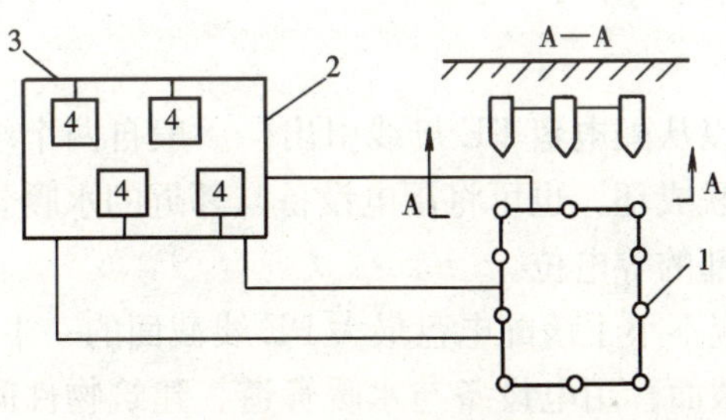

图11-11　外引式接地体
1—接地体；2—接地干线；3—接地支线；4—电气设备

七、等电位连接

常用的等电位连接有总等电位连接和辅助等电位连接两种。所谓总等电位连接是在建筑物电源线路进线处将PE干线、接地干线、总水管、总煤气管、采暖和空调立管等相连接。建筑物钢筋和金属构件与其中一些管道有多处自然连接，已纳入了总等电位连接的范围，但IEC364仍规定“建议将建筑物金属构件和其他金属管道互相再作连接”，从而使这些部分处于同一电位。所谓辅助等电位连接则是在某一局部范围内将上述管道构件作上述相同连接。总等电位连接是一建筑物或电气装置在采用切断故障电路防止人身电击措施中设置的；而辅助等电位连接则是在某些特殊情况下作为总等电位连接的补充，以进一步提高用电安全水平。总等电位连接和辅助等电位连接系统示例如图11-12所示。

（一）总等电位连接的设计和安装要求

总等电位连接一般设置专门的端子板，从端子板分别引出连接线至电源进线配电盘的PE母线和上述水暖管道和建筑构件。重复接地极的接地线也自此板引出。

总等电位连接线的截面一般应不小于该建筑构成电气装置内最大PE线截面的一半，最小不应小于$6mm^2$。如果采用铜导线，则最大不超过$25mm^2$。如为其他材料导线，则按铜导线载流量推算其他材质导线的最大截面。

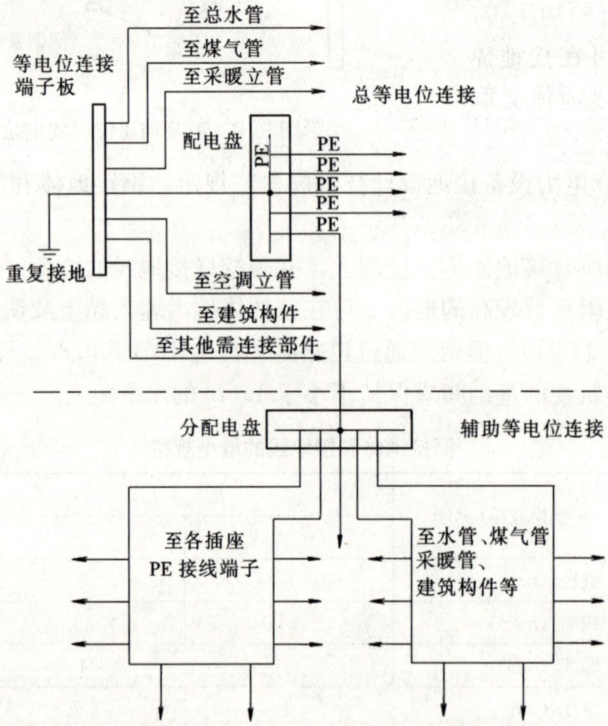

图11-12 等电位连接系统示例

（二）辅助等电位连接的设计和安装要求

辅助等电位连接可自专门的端子板引出，也可以从配电盘PE母线引出。一般自两个端子引出环形等电位连接线，将需连接的上述部分串联成环。也可将用电设备与邻近的水暖管道、建筑构件以及用电设备外壳直接连接，形成局部的等电位。

自PE母线或专用端子板引出的等电位连接线应不小于该配电盘最大PE线截面的一半。用电设备之间的连接线应不小于其中较小PE线的截面。用电设备与水暖管道、建筑物件间的连接线应不小于该设备PE线截面的一半。

上述连接线均应满足机械强度要求，即穿管时导线截面不小于$2.5mm^2$，明敷时不小于$4mm^2$。

第三节　防　　雷

一、雷击的危害性

雷击的破坏作用主要是雷电引起的。它的危害可以分成两种类型，一是雷直接击在建筑物上发生的热效应和电动力作用；二是雷电的二次作用，即雷电流产生的静电感应作用和电磁感应作用。

电力系统的破坏主要表现在数十万至数百万伏的高压冲击波毁坏电气设备的绝缘体，引起大规模停电，还有可能造成火灾甚至爆炸。绝缘体的损坏也为高压窜入低压的危险的发生准备了条件，高压冲击波还可能与附近的金属导体之间发生放电（即所谓电击），产生火花，引起火灾或爆炸。

热效应方面的破坏主要表现在巨大的雷电通过导体，在极短的时间内，转换为大量的热能，可能迅速造成金属熔化，飞溅而引起火灾或爆炸。如果雷击在可燃物上，更容易引起火灾。

机械方面的破坏主要表现在被击物遭到破坏，甚至爆裂成碎片。这是由于巨大的雷电流通过被击物时，在被击物缝隙中的气体剧烈膨胀，缝隙中的水分也急剧蒸发为气体，致使被击物破坏或爆裂。此外，静电斥力、电磁力也有很强的破坏作用。前者是指被击物上同性电荷之间的斥力，后者是指雷电流在拐弯处或雷电流相平行处的推力。

还有一种雷叫球雷，它能沿地面滚动或在空气中飘行。为防止球雷行入室内，可在烟囱和通风管道处，装上网眼不大于4cm，导线粗为2～2.5mm的接地铁丝网保护。

二、防雷措施

工厂变电所是工厂电力供应的枢纽。它的防雷有两个主要方面：即对直击雷的防护和对由线路侵入的雷电波的防护。

1. 直击雷的防护

变电所内的设备和建筑物必须有完善的直击雷保护装置，通常采用独立避雷针（或消雷器）。当避雷针遭受雷击时，雷电流沿着接闪针引下线和接地体流入大地。由于引下线和接地装置都有阻抗，因而在它们上面会产生很高的电位。这种电位有时高达几万伏，甚至几十万伏。如果防雷装置与建筑物内外的设备之间的绝缘距离不够时，两者之间会发生放电现象，这种情况称为“反击”。反击的发生，可引起电气设备绝缘破坏、金属管道烧穿，甚至引起火灾、爆炸及人身事故。

为了避免反击造成危害，需把建筑物内的金属结构与防雷接地装置可靠地连接起来造成等电位，并将防雷引下线和接地装置尽可能安装在人畜不易接近的地方，或将引下线缠上绝缘或隔离起来，以利防护。

2. 雷电波过电压的防护

对由线路侵入变电所的雷电波的保护，主要依靠进线保护段上的各种保护措施和变电所母线上的阀型避雷器。如图11-13所示，应在每路出线和变电所的每组配电母线

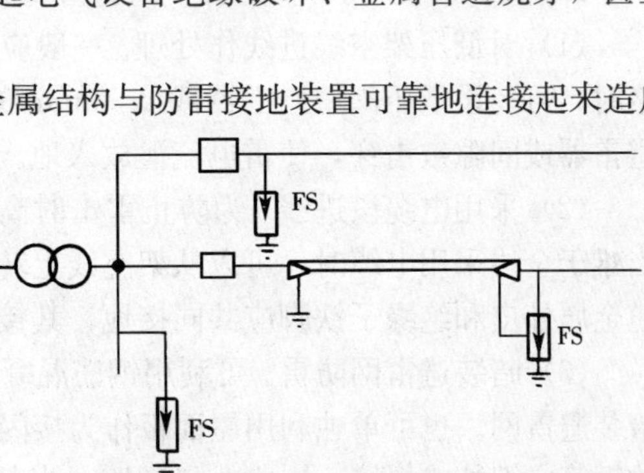

图11-13　3～10kV变电所进线防雷保护接线

上装设阀型避雷器（FS），对于具有电缆出线段的架空线路，阀型避雷器的接地除应以最短的距离与变电所的接地网相连外，还应在其附近装设集中接地装置，以保证雷电流流散。

三、工业建筑物的防雷

（一）分类

工业建筑物按其对防雷的要求分为三类：

第一类：凡因建筑物中制造、使用、贮存大量爆炸物，或在正常情况下能形成爆炸性混合物，在电火花作用下会引起爆炸而造成巨大破坏和人身伤亡者。

第二类：特征同第一类，但不致引起巨大破坏或人身伤亡者，当发生事故时，才有第一类情况出现者。

第三类：凡不属于第一、二类的建筑物，而需要作防雷保护者；按雷击的可能性及其后果对国民经济的影响而需要防雷者；按经验公式考虑，可能雷击数 $N \geqslant 0.03$ 次/年的建筑物及 15～20m 以上的烟囱水塔等孤立的高耸建筑物。

对于厂区的办公大楼、职工学校及生活福利设施等建筑物，也可按第三类工业建筑物来看待。

（二）防雷措施

关于各类建筑物的防雷措施，在规程中有明确规定。这里只简介第三类建筑物的防雷措施。

1. 第三类建筑物防直击雷的措施

一般只需在建筑物易受雷击的部位装设避雷带或避雷针。当采用避雷带时，屋面上任何一点与避雷带的距离不应大于 10m。当有三条及以上平行避雷带时，每隔 30～40m 将平行的避雷带连接起来，并要有两根以上的引下线，引下线间的距离不宜大于 30m。屋顶上装设多支避雷针时，两针间距离不宜大于 30m，并应符合下式要求

$$d \leqslant 15h_a \tag{11-2}$$

式中 d——两针间的距离；

h_a——避雷针的有效高度。

防直击雷的冲击接地电阻要求不大于 30Ω，并应与电力设备接地装置及埋地金属管道相连。

2. 第三类建筑物防高电位侵入的措施

(1) 对低压架空线进线作处理。一般应将架空线进户处绝缘子的铁脚接地，在要求较严格时，可装设低压阀型避雷器或 2～3mm 的保护间隙。当高电位沿架空线侵入时，绝缘子避雷器或间隙被击穿，使雷电流泄放入地。

(2) 采用电缆段进线。为防止雷击时高电位引入建筑物，低压线路可采用电缆线引入，当难于全线采用电缆时，可以从架空线上转换一段有金属外皮的电缆埋地引入。避雷用的电缆金属外皮和绝缘子铁脚应共同接地，其接地电阻应不大于 50～100Ω。

(3) 暗装避雷网防雷。可利用钢筋混凝土屋面板、梁、柱、基础的钢筋组成一个完整的暗装避雷网。也可单独利用屋面板作为接闪器，柱作引下线，基础作为接地装置。各构件内的钢筋应绑扎或焊接，连成电气通路。当基础的总工频接地电阻 R_0 不大于 5Ω 时，可不增设接地装置。

图 11-14 为第三类工业建筑物（非金属屋面）的防雷措施示意图。

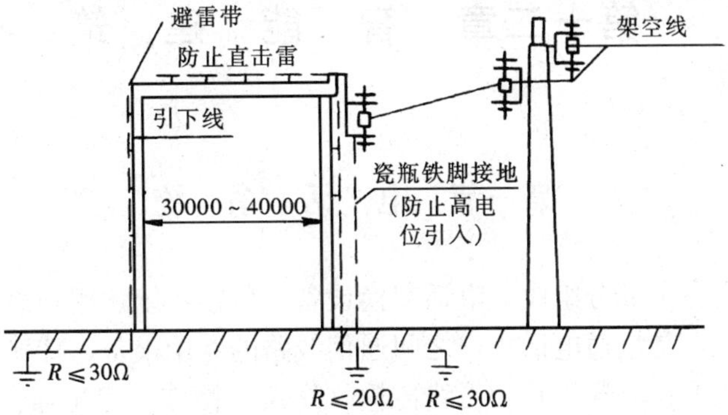

图 11-14　第三类建筑物防雷措施示意图

四、人身防雷

当天气出现雷雨暴风时，雷云可直接对人体放电，造成电击。因此，有必要注意雷电时的人身安全保护。

在野外遇到雷暴时，应尽量离开小山、小丘或隆起的小道；远离海滨、湖滨、河边、池旁、钢丝网金属晒衣绳以及旗杆、烟囱、宝塔、孤独的高大树木；尽量进入有宽大金属构架或有防雷设施的建筑物、汽车或船只里躲避。

遇到雷雨暴风天气，在室内应注意雷电侵入波的危险。须离开电话、广播线和电源以及与其相连的各种导体 1.5m 以上，以防止这些线路或导线对人身的二次放电。有关资料表明，户内 70％以上对人体二次放电的事故发生在与上述导线或导体相距 1m 的范围内，相距 1.5m 以上尚未发现死亡事故。

第十二章 智 能 建 筑

第一节 电 话 系 统

电话通信系统由三个部分组成：电话交换设备、传输系统、用户终端设备。电话交换设备主要是电话交换机，是接通电话用户之间通信线路的专用设备。传输系统的传输媒介分为有线传输（明线、电缆、波导等）和无线传输（短波、微波、卫星通信等）。用户终端的设备主要是指电话机，电话机的外形及接线如图12-1所示。随着通信技术的迅猛发展，现已增至传真机、计算机终端等。

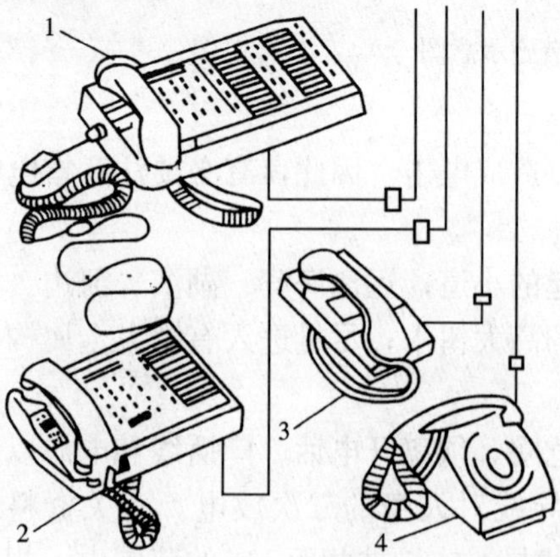

图 12-1 电话机的外形及其接线
1—话务台豪华型电话；2—标准型电话；3—按键电话；4—拨盘式电话

一、电话机的种类

1. 拨号盘式电话机

拨号盘式电话机是利用机电结构和声电互换原理来完成拨号、响铃、通话功能的一种电话机。

2. 脉冲按键式电话机

脉冲按键式电话机是利用导电橡胶作为接点和CMOS集成电路构成电子拨号器。

3. 双音多频（DTMF）按键式电话机

它的电路与拨号盘电话机相同，不同的是取消了拨号而代之以双音多频（DTMF）产生号码键盘，其信号由高低两个音频组成。

4. 无绳电话机

它是由主机和副机两部分组成。使用时将主机接入电话网内，而副机可随意放在离主机200～300m的距离任意地方，利用副机收听和拨叫市话网内的电话用户。

5. 多功能电话机

是具有多种服务功能的电话机，功能可分以下几种：

（1）不摘机通话和拨号。此功能无需拿起手柄可进行通话。

（2）存储电话号码。此功能可存储几十个电话号码，用时直接按相应存储号码。

（3）缩位拨号：此功能利用两位代号代替多位电话号码。

（4）重发号码：此功能分为"一次重发"和"连续重发"。

（5）时钟服务：此功能是将标准时间输入电话机的电脑内，可一直为用户提供服务。

（6）闹钟服务：此功能是按用户预定时间自动响铃。

（7）计时服务：此功能是在话机上按计时键，话机显示屏上开始计时显示。

（8）计算服务：此功能是在用户需要计算时只需按一下计算键即可进行8位数的+、−、×、÷运算。

（9）信息服务：接收发送信息。

（10）游戏服务：此功能是在话机上存储的小游戏。

二、现代通信网络技术的发展

随着微电子技术、光纤技术、计算机硬件技术及其软件技术以及终端技术（包括话音的处理）的高速发展和广泛应用，通信技术与计算机技术密切结合，通信网络技术正不断发展。

（一）现代通信网发展的特点

现代通信网正向数字化、综合化、智能化、宽带化、个人化的方向发展。

1. 数字化

在数字交换技术与数字传输技术广泛应用的基础上，数字化也正向用户环路数字化的方向发展。ISDN 和接入网技术促进了用户环路的数字化。移动通信实现了由模拟向数字的转化。GSM（全球移动通信系统）和 CDMA（码分多址方式）技术的应用也促进了移动电话网的数字化。

2. 综合化

综合化具有两种含义。一是技术的综合，即无论是传输、交换还是通信处理功能都是用数字技术，实现数字技术传输与数字技术交换的综合；二是业务的综合，即把来自各种信息源的通信业务（如电话、电报、传真、数据、图像等）综合在同一网内运送和处理，并可在不同用户终端之间实现互通。业务综合以技术综合为基础，两者结合就构成了综合业务数字网（ISDN）。

3. 智能化

智能化是提倡在通信网中应用更多的智能，形成智能网（IN），从而提高网络的应变能力，随时提供满足各类用户需要的业务。

4. 宽带化

随着对高速数据和文件传输，宽带业务不断增加，如可视电话、会议电话、宽带可视图文、图像通信以及多媒体、多功能终端等，人们开始着手研究开发宽带综合业务数字网(B-ISDN),以支持所有不同类型、不同速率的业务(包括连续性和突发性宽带业务)。而ATM(异步传输方式)、SDH(同步数字系列)和宽带用户接入网技术将形成 B-ISDN 的关键。

5. 个人化

个人通信就是要求在任何时间、任何地点与任何人进行各种业务（话音、数据、视频）的通信。个人通信不仅能提供终端的移动性，还能提供个人的移动性。采用与网络无关的唯一的一个通信号码可跨越多个网络建立通信，可提供的业务仅受接入网或断点网及用户终端的能力限制。

（二）现代通信网络技术及发展

现代通信网络技术就其目前发展可分为如下几种。它们是传送网络技术、交换网技术、接入网技术、数据通信网技术、ATM 技术、智能网技术、移动通信和个人通信技术、卫星通信技术及网络技术、支撑网技术。

1. 传送网技术及发展

传送技术正由传统的准同步系列（PDH）向同步数字系列（SDH）过渡，其传输速率的高速大容量发展已使 2.5Gbps 走向现实，10Gbps 也已完成实验。网络的安全性、灵活性和网络管理成为发展中必须考虑的因素。

2. 交换网技术及发展

交换机已实现程控化，数字化正由局间中继向用户端延伸。性能的提高将表现在：可靠性高、灵活性好、容量更大。交换正向无级网过渡，高智能化动态路由选择方式将成为网络组织的新课题。智能化也是交换网的发展方向之一。

3. 接入网技术及发展

光纤用户环路（FITL）是用户线发展的主要方向。混合光纤同轴电缆系统（HFC）可为接入最近用户终端提供非常宽的传输频带。ITU-T 近年标准化的 V5 接口，是实现现有网向 ISDN 和宽带网过渡的好方式，金属双绞线用户应用 HDSL 和 ADSL 技术后可继续利用原有线路，或作为过渡，无线用户环路技术也可应用于接入网中。

4. 数字通信网技术及发展

数字通信网是实现计算机间互联的主要手段，数据通信网正朝着多样化发展，数字数据网（DDN）、公用分组交换网（PSPDN）、帧中继（FR）等平台都已相继出现，面向不同的用户提供各种类型及速率的数据通信，随着多媒体通信的兴起，信息流大大增加，速率越来越高。

5. ATM 技术及发展

ATM（异步传送方式）是实现未来信息高速公路的核心技术之一，它可实现高速、宽带的信息交换，能提供不同速率、不同性能的信息业务，也是未来实现 B-ISDN 的关键技术。

6. 智能网技术及发展

使用智能电话网来开放各种现代电话新业务，将不同于现有的用程控交换机通过修改程序，设置专用对照表的方法。完整的智能网是由业务交换点（SSP）、业务控制点（SCP）、业务管理系统（SMS）和业务生成环境（SCE）组成，并由 7 号信令网支持。

7. 移动通信和个人通信技术及发展

与网络的个人化发展紧密联系在一起的，是人类走向个人通信（PCN）的一个重要环节，GSM 技术已经成熟，CDMA 有着广阔的应用前景。

8. 卫星通信技术及发展

卫星通信覆盖面极大、组网非常灵活、建设周期短，在电话通信、广播、商业、金融、计算机联网和数据通信方面正发挥越来越重要的作用。在频段利用上，除了 C 频段的卫星通信外，Ku 和 Ka 频段的卫星通信业已投入应用。VSAT（甚小口径终端）卫星通信系统发展迅速，将继续发展下去。另外，卫星移动通信可作为全球个人通信中的一个重要组成部分。

9. 计算机网络技术及发展

网络互联的技术和设备（如网关、网桥和路由器等）得到高速发展，局域网正在由共享介质型向交换型网络全面过渡，局域网互联而成的广域计算机网与公用数据信息网正趋于一体化。分布式计算机和多媒体通信对局域网和公共用通信网都提出了更高的速率、功能和服务要求。Internet（国际互联网）成为热点。网络计算机（NC）概念的提出为计算机网络发展描绘了良好的前景。

10. 计算机网络技术

常运行所必需的高层支撑网。随着电信装置数字化比例不断提高，新技术、新业务的比重不断增加，网络规模不断扩大，三大支柱网的建设的成败，将直接影响电信网的水平和运行效率。

三、电话电缆及电话线

常用的电话电缆及电话线规格型号如表 12-1～表 12-3 所示。

表 12-1 铜芯绝缘对绞电话电缆规格型号

型号	名称	主要用途	线芯对象 线芯直径（mm）				
			0.4	0.5	0.6	0.7	0.9
HQ	裸铝包电话电缆	敷设于电缆管道和吊挂钢索上	5～1200	5～1200	5～800	5～600	5～100
HQ1	铅包麻布市内电话电缆	敷设于侵蚀铅层的地下沟道	5～200	5～600	5～400	5～400	
HQ2	铅包钢带铠装市内电话电缆	敷设于斜度不大于 40°的地下，不能承受拉力	5～600	5～600	5～61200	5～600	5～400
HQ20	铅包裸钢带铠装市内电话电缆	露天架设于易起火的地方	5～200	5～500	5～400	5～400	
HQ5	铅包粗钢丝铠装市内电话电缆	敷设于水下，能承受较大的拉力	5～600	5～600	5～600	5～600	5～400
HQ11	裸铝包一级外保护层市内电话电缆	敷设于架空、管道或电缆沟内，能防护护套免受酸、碱、盐和水分的侵蚀	5～500	5～300	5～200	5～150	5～100
HQ12	铅包裸钢带铠装一级外护层市内电话电缆	直埋敷设、能一般防护护套免受酸、碱、盐和水分的侵蚀，但在严重酸性和海水中易锈烂	5～500	5～300	5～200	5～150	5～100
HQ120	铅包裸钢一级铠装一级外护层市内电话电缆	敷设于管道或电缆沟内，能一般防护护套免受酸、碱、盐和水分的侵蚀，但对铠装无防护作用	5～500	5～300	5～200	5～150	5～100

注 电缆均为将纸绝缘单根线芯绞和成对后，以同心式绞和成缆。其对数系列为 5(5)、10(10)、15(15)、20(20)、25(25)、30(30)、50(50)、80(80)、100(101)、150(151)、200(202)、300(303)、400(404)、500(505)、600(606)、700(707)、800(808)、900(909)、1000(1010)、1200(1012)，括弧内为实际对数。

表 12-2 **铜芯聚氯乙烯绝缘对绞市内电话电缆型号规格**

型号	名 称	用 途	线芯直径（mm）	线芯对数
HYQ	聚乙烯绝缘铅护套市内电话电缆	敷设于电缆管道和吊挂钢索上	0.4、0.5、0.6、0.7	10～100
HPVQ	聚氯乙烯绝缘铅包配线电缆	使用于配线架、交接箱、分线箱、分线盒等配线设备的始端或终端连接，便于与 HQ、HQ2 等铅包电缆的套管进行焊接	0.5	5～400
HYV	金属化纸屏蔽聚氯乙烯护套市内通信电缆	市内或管道内	0.5、0.63、0.9	10～300 10～300 10～200
HYY	金属化纸屏蔽聚乙烯护套市内通信电缆	架空或管道内		
HYYC	聚乙烯绝缘聚氯乙烯护套市内通信电缆	可用专用夹具直接挂于电杆上（5、10 对为同心型自承，20 对及以上为葫芦型自承）	0.5	20～100
HPVV	聚氯乙烯绝缘聚氯乙烯护套市内通信电缆	使用于配线架、交接箱、分线箱、分线盒等配线设备的始端或终端连接，但不能与铅包电缆的陶管焊接	0.5	5～400

表 12-3 **市内电话配线型号规格**

型号	名 称	芯线直径（mm）	芯线截面（根数×mm）	导线外径（mm）
HPV	铜芯聚氯乙烯电话配线（用于跳线）	0.5 0.6 0.7 0.8 0.9		1.3 1.5 1.7 1.9 2.1
HVR	铜芯聚氯乙烯及护套电话软线（用于电话机与接线盒之间连接）	6×2/1.0		二芯圆形 4.3 二芯扁圆形 3×4.3 三芯 4.5 四芯 5.1
RVB	铜芯聚氯乙烯绝缘平型软线（用于明敷或穿管）		2×0.2 2×0.28 2×0.35 2×0.4 2×0.5 2×0.6 2×0.7 2×0.75 2×1 2×1.5 2×2 2×2.5	
RVS	铜芯聚氯乙烯绝缘绞型软线（用于穿管）			

四、电话电缆和电话线的敷设

在建筑配管中，管材可分为：钢管（厚壁管，2mm 以下薄壁管）、硬聚氯乙烯管、陶瓷管等。现广泛采用钢管及硬聚氯乙烯管。在建筑物中比较集中的缆线也大量采用金属线槽明敷的方式。容纳的根数如表 12-4～表 12-8 所示。

表 12-4　　　　穿 管 的 选 择

电缆、电线敷设地段	最大管径限制（mm）	管径利用率（%）	管子截面利用率（%）
		电　缆	绞合导线
暗设于地层地坪	不作限制	50～60	30～35
暗设于楼层地坪	一般≤25 特殊≤32	50～60	30～35
暗设于墙内	一般≤50	50～60	30～35
暗设于吊顶或明敷	不作限制	50～60	25～30（30～35）
穿放用户线	≤25	50～60	25～30（30～35）

注　1. 管子拐弯处不宜超过两个弯头，其弯头角度不得小于 90°，有弯头的管段长如超过 20m 时，应加管线过路盒。
2. 直线管段长一般以 30m 为宜，超过 30m 时，应加管线过路盒。
3. 配线电缆和用户线不应同穿一条管子。
4. 表中括号内数值为管内穿放平行导线的数值。

表 12-5　　　　电话电缆穿管的最小管径

电话电缆型号规格	管材种类	穿管长度（m）	保护管弯曲数	电缆对数									
				10	20	30	50	80	100	150	200	300	400
				最小管径									
HYV HYQ HPVV 2×0.5	SC RC	30m 以下	直通	20		25	32	40		50	70	80	
			一个弯曲	25		—	—	50		70	80	100	
			二个弯曲	32		40	50	70		80	—	—	
HYV HYQ HPVV 2×0.5	TC PC	30m 以下	直通	25		32	40	50		—	—	—	
			一个弯曲	32		40	50	—		—	—	—	
			二个弯曲	40		50	—	—		—	—	—	

表 12-6　　　　电话电线穿管的最小管径

导线型号	穿管对数	导线截面积（mm²）					导线型号	穿管对数	导线截面积（mm²）				
		0.75	1.0	1.5	2.5	4.0			0.75	1.0	1.5	2.5	4.0
		SC 或 RC 管径（mm）							SC 或 RC 管径（mm）				
RVS 250V	1	20					RVS 250V	1		16		20	25
	2	15	—	—	25			2	—	20	—	—	32
	3		20	32	—	—		3	20	25	—	—	40
	4	—	—	—	—	40		4	25	—		32	—
	5	—	—	—	—	40		5	—		50	—	—
	6	—	25	32	40	50		6	—	—	—	40	—

表 12-7 电话电缆在线槽内允许容纳的根数表

安装方式		金属线槽容纳电缆根数						塑料线槽容纳电缆根数				
电话电缆型号	对数	墙上或支架				地面内		墙上或支架				
		40×30	55×40	45×45	65×120	50×25	70×36	40×30	60×30	80×50	100×50	120×50
HYV-0.5	10	3	6	5	21	3	6	3	5	11	14	16
	20	2	4	4	15	2	5	2	3	8	10	12
	30	2	3	3	11	1	3	1	2	6	7	8
	50	—	2	2	7	1	2	1	1	3	4	5
	80	—	1	1	5	—	1	—	1	2	3	4
	100	—	—	1	4	—	1	—	—	2	3	3

表 12-8 槽内电话电缆与电话支线换算

电话支线型号	HYV-0.5 电话电缆对数					
	10	20	30	50	80	100
RVS-2×0.2	8	12	16	25	37	44
RVS-2×0.5	7	8	11	18	25	31

电话支线型号	双数	HYV-0.5 电话电缆对数			
		100	80	50	30
		相当于电缆根数			
HYV-0.5	10	5	4	3	2
	20	4	3	2	1
	30	3	2	1	—
	50	2	1	—	—

第二节 有线电视与监控电视系统

一、有线电视

（一）前端设备

前端的构成多种多样，有共用天线系统，也有大型有线电视系统。随着城市有线电视的发展，新建的共用天线系统越来越少，旧的共用天线系统也逐步并入了有线电视网。

目前，有线电视系统接收节目包括：开路 VHF、UHF、卫星电视节目、开路调频节目、自放录像节目。大的有线电视台节目套数多了，常自办电视节目以及调频节目，为了改善传播质量，还在前端导频信号。

图 12-2 为一种小型前端的设置。在开路信号较弱时（如 60dB）加天线放大器，开路信号都加频道放大器，以将各个节目放大后进入混合器。从卫星或微波接收到的信号解调成 A、V 信号，经过调制器（包括上变频器）调至指定的频道。混合器有频道混合器（图 12-2 中的 V、U 混合器）、频段混合器（图 12-2 中的 UV 混合器）和宽带混合器。

前端一般建在网络所在的中心地区，这样可避免某些干线传输太远造成传输质量下降，而且维护也比较方便。前端设在比较高的地方，有利于卫星信号和微波信号的接收。前端位置应避开地面邮电微波或其他地面微波的干扰。

（二）用户分配网络

图 12-3 为常用的两种网络分配方式，其中分支 1 方式最为常用。在靠近延长放大器的

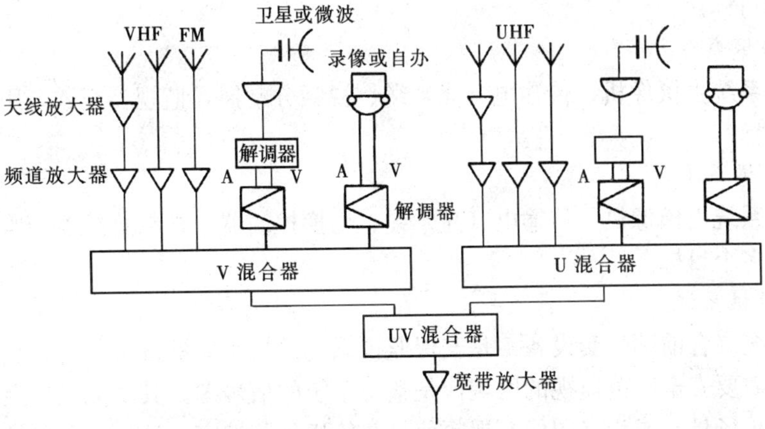

图 12-2 小型前端设置

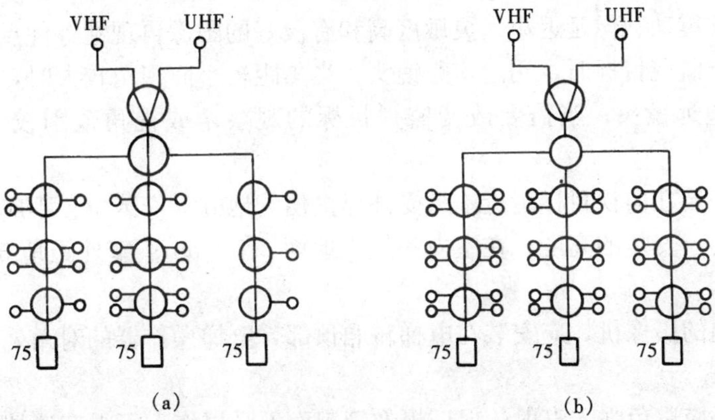

图 12-3 CATV 用户网络分配方式

(a) 分支—分支方式；(b) 分配—分支方式

地方的分支器，选用分支损耗大一些的，远离延长放大器的地方的分支器选用分支损耗小一些的，这样使用户电平保持一致。为了实现系统的匹配，最后一个分支器，输出口应接上75Ω的假负载。分配—分支方式适用于以延长放大器为中心分布的用户簇，且每簇的用户数相差不多，若为两簇，则第一个分配器采用二分配器，以此类推。

（三）线路敷设

有线电视线路在用户分配网络部分，多采用 SYKV—75 型同轴电缆。室内采用暗管敷设，但不得与照明线及电力线同线槽、同出线盒（中间有隔离的除外）、同连接箱安装。

二、安保监控电视

（一）系统组成形式

1. 单头单尾系统

单头单尾系统由摄像机、传输电（光）缆、监视器组成，用于在一处连续监视一个固定目标。

2. 多头单尾系统

多头单尾系统由摄像机、传输电（光）缆、切换控制器、监视器组成，用于在一处集中监视多个分散目标。

3. 单头多尾系统

单头多尾系统由摄像机、传输电（光）缆、视频分配器，监视器组成，用于在多处监视同一个固定目标。

4. 多头多尾系统

多头多尾系统由摄像机、传输电（光）缆、切换控制器、视频分配器、监视器组成，用于在多处监视多个目标。

（二）摄像机系统

摄像机系统（含前端配套设备）是安保监视系统的最重要的设备之一，是整个系统的前端。它装置在需要安全防范监视的区域，是整个系统的信号源，其功能是用摄像机摄取现场的各种（活动）场景，成为（图像）视频信号并传送到监控室。该系统以摄像机（机体）为主体，附加各种配套设备，如镜头、防护设备、云台、支墙架等。

摄像机一般用电荷耦合器件（CCD）型的摄像机。它具有寿命长、质量轻、体积小、不受磁场干扰、抗震动、像延迟小、灵敏度高和有极好的图像再现性等优点。

在摄取固定监视目标时，用定焦距镜头；当焦距较小而视角较大时，用广角镜头；当焦距较大时，用望远镜头；当需要改变监视目标的观察角或视角范围较大时，宜用变焦距镜头。

摄像机宜安装在监视目标附近不易受外界损伤的地方，安装位置不应影响现场设备运行和人员正常活动。安装的高度，在室内一般距地面 2.5～5m；室外距地 3.5～10m，并不得低于 3.5m。

电梯轿厢内的摄像机，应安装在电梯轿厢顶部、电梯操作器的对角处，并应能监视电梯轿厢内全景。

摄像机镜头应避免强光直射，保证摄像管靶面不受损伤。不得有遮挡监视目标的物体。

摄像机镜头应从光源方向对准监视目标，并应避免逆光安装；当需要逆光安装时，应降低监视区域的对比度。

云台是摄像机系统需要的配套设备之一，它与摄像机配套使用能达到扩大摄像监视区域范围的目的，提高摄像机的使用性。云台有遥控电动云台和手动固定云台之分。

摄像机的防护设备有室内型和室外型两种。室内型防护设备（简称“室内防护罩”），具有防尘、隐蔽、装饰性等功能，保护摄像机在室内更好地使用；室外型防护设备（也称全摄像机防护罩），具有防晒、防雨、防尘、防冻、防凝霜、全天候等功能，保证摄像机在室外各种自然环境下正常工作。

（三）传输线路

常用的传输方式有以下几种：

（1）传统模拟方式。利用视频电线传输图像信号（100m 以上距离加视频电线补偿放大器），用多芯电线传输模拟控制信号（长距离加中继器）。

（2）远距离短/长波长光纤双向传输方式。

（3）单同辅电线双向传输视频和控制的方式，不加放大器距离可达 1.5km。

（4）电话线传输方式。

（5）无屏蔽双绞线 UTP 传输方式。直接传输视频和数码控制信号，距离在 100～

300m。可用于智能建筑物综合布线系统。

在一般建筑物中、小型安保监视微机切换/监控系统中，均采用视频电缆或光纤方式加屏蔽双绞线传输数码控制信号方式。

（四）监控室

监控室，也称中控室，应满足下列基本要求：

（1）宜选择建筑物中环境噪声较小的场所。

（2）地面应光滑平整不起电，要有防静电措施，最好采用活动地板。根据机柜、控制台、墙屏等设备的相应位置，地面应有灵活的进线槽使电线能直接由下引入机柜、控制台或墙屏。监控室层高应大于 2.5m；面积应根据设备容量确定，一般为 12～50m^2。

（3）设备布置应考虑过道和维修间隔距离及人机工程等。控制台正面与墙的净距不应小于 1.2m；侧面与墙或其他设备的净距，在主要走道不应小于 1.5m，次要走道不应小于 0.8m。

第三节 建筑火灾报警及消防联动系统

一、自动火灾报警系统

火灾自动报警系统由火灾探测器、区域报警器、集中报警器等组成。

（一）火灾探测器

火灾探测器主要有感烟式、感温式和感光式等，其中感烟式应用最广泛，最大优点是能在火灾前期报警，及时消灭火源，减少火灾损失。当烟进入感烟探测器时，探测器会发出信号，通过传输线，把火灾信号送到火灾报警器。一般燃烧物品在燃烧前期是产生一定量的烟，但温度不高，所以用感烟探测器便于早期报告火灾和灭火。但有油漆味和烤焦味较浓的场所和燃烧物燃烧时不产生烟的场所不宜用感烟探测器。

感温探测器也有较多的应用，当温度达到一定值时，探测器发出信号，通过传输线，把火灾信号送到火灾报警器。感温探测器在火灾中期，温度较高时报警，会造成一定物质损失，一般是在不宜用感烟探测器时，使用感温探测器。

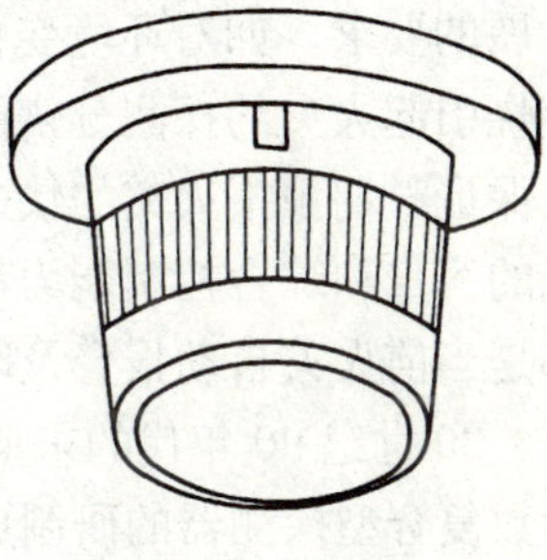
图 12-4 感烟火灾探测器外形示意

图 12-4 是感烟探测器外形图。

（二）火灾自动报警器

区域火灾报警器接收该火灾探测器送来的火警信号，同时输出火灾信号给集中报警器，发出火灾声、光信号，显示火灾的部位；并有故障自动监测功能，记录火灾发生时间功能；备有直流电源，能在交流电源中断后，使系统工作 24h。

集中报警器是将所监视的各个探测区域内的区域报警器所输入的电信号以声、光形式显示出来，它不仅具有区域报警器的功能，而且还能向消防联动控制设备发出指令，集中火灾报警器采用巡回检测的方式来及时了解各区域和各部位有无火灾和故障。

二、消防系统的组成

所谓消防系统主要由两大部分组成：一部分为感应机构，即火灾自动报警系统；另一部分为执行机构，即灭火及联动控制系统。

火灾自动报警系统由探测器、手动报警按钮、报警器和警报器等构成，以完成检测火情并及时报警之用。

灭火系统的灭火方式分为液体灭火和气体灭火两种，常用的为液体灭火方式。如目前国内经常使用的消火栓灭火系统和自动喷水灭火系统。其中自动喷水灭火系统类型较多，无论哪种灭火方式，其作用都是：当接到火警信号后应立即执行灭火任务。

联动系统有火灾事故照明及疏散指示标志、消防专用通信系统及防排烟设施等，均是为火灾下人员较好地疏散、减少伤亡所设。

综上所述，消防系统的主要功能是：自动捕捉火灾探测区域内火灾发生时的烟雾或热气，从而发出声光报警并控制自动灭火系统，同时联动其他设备的输出接点，控制事故照明及疏散标记、事故广播及通信、消防给水和防排烟设施，以实现监测、报警和灭火的自动化。

随着我国消防法规的不断完善，政府对建筑消防的管理力度不断加强，单一的火灾报警系统已无法满足要求，而且联动控制系统设备的非标设计和制造，以及多线制的控制方式，都表现出了对需求的极大不适应性，尤其是国家颁发 GB 16806—1997《消防联动设备通用技术条件》以后，总线联动控制成为火灾自动报警及消防联动控制系统的重要组成部分。在系统中，总线制的联动控制通过连接在总线上不同性能的接口或模块，向受控的消防设备输出控制信号，监视受控设备的运行状态及接收其回答信号，并通过系统软件编程的方式，完成工程设计中所要求的逻辑控制关系，实现消防设备的自动联动控制。

几年来这种总线制、开关量、多回路的集中智能型火灾自动报警及联动控制系统，以其技术上的相对成熟和完备，稳定的产品质量，以及价格低等优势已成为当前市场上的主流产品。但就其系统及产品自身，仍存在的种种缺陷和不足，仍然无法满足消防科技及市场飞速发展的要求，如对环境变化的抗干扰能力还较差，常常引起误报，甚至误动作，对不同物质燃烧引起火灾的探测分辨能力也较差，使探测器的响应灵敏度仍然比较低，这都无法从根本上保证早期预报火灾的快速准确和万无一失。另外由于整个系统的用电功耗仍然偏大，使系统的容量和综合控制能力都受到限制，不能满足超大型、超高层建筑消防工程的需求。这些都是当前火灾自动报警及联动控制系统急待解决的问题。

20 世纪 90 年代的末期，模拟量火灾探测技术的快速发展，装有低功耗微机芯片的多元参数复合型探测器的研制成功，以及采用人工神经网络算法对火灾信号的处理和计算机网络技术的应用，构成了分布智能火灾自动报警及联动控制系统。该系统是具有类似人脑的自学习功能和自适应能力，能根据现场环境自动调整运行参数，容错能力强，且信息的传送全部数字化、网络化，因此使系统的容量、结构和运行状态都有非常好的可塑性，更加适应千变万化的市场需求。

这种新一代的火灾自动报警及联动控制系统，可以探测并分辨火灾发生时不同物质的燃烧特征，同时描绘和记录其燃烧特征曲线，并通过多判据的类比分析准确无误地报警和消防联动控制。这类系统为了消除现场环境因素的影响，可以对系统运行中的多种参数给予补偿、调整和校正，保证系统的可靠运行。系统的网络化功能增加了容量扩展空间，探测器容量可以从几百点到上万点随意组合，以适应不同的建筑需求。该系统的网络通信中各报警控制器具有同等地位，使系统的操作可以在网络中的任何一台控制器上完成，网络中所有探测回路采集到的信息和操作指令都可以通过网络传送到每一个节点，实现了系统的“资源共享”，简化了系统的操作程序，方便了设计与施工。

分布智能火灾自动报警及联动控制系统，以其先进的技术性能和不断完善的综合能力很快将成为市场的主导产品。

第四节 建筑自动化系统

一、监控系统（BAS）的定义

监控系统是指建筑物本身应当具备的自动化控制功能，包括感知、判断、决策、反应、执行的自动化过程。具体体现在对温湿度、消防、保安、供水、音响、照明等系统的控制上。它的目的是使建筑物具备安全、舒适、温馨的生活环境和高效的工作环境，并能保证整个系统运行的经济性和管理的智能化。

二、监控系统（BAS）应具备的功能

（一）高低压配电系统监控

（1）自动记录高压进线电压、电流、频率、有功功率、无功功率、功率因数。

（2）自动运算并打印高峰负荷电量、日用电量、日平均用电量、停复电记录。

（3）显示高压断路器离合状态及低压开关柜运行状态。

（4）监视变压器温度、自备电站的启停及运行状态。

（二）照明系统监控

（1）分区域控制照明用电。

（2）控制事故照明、广告照明及节日照明。

（三）中央空调及新风系统监控

（1）冷却水及冷冻水系统。

（2）新风机组。

（3）空调机组。

（4）风机盘管。

（四）热力系统监控

（1）监控采暖、空调热水、生活热水循环泵及热水补水泵。

（2）监控膨胀水箱的高、低水位及超限报警。

（3）监控采暖、空调热水的供、回水温度。

（4）监控循环热水过滤器的压差报警。

（五）给、排水及中水系统监控

（1）监控地下蓄水池、污水集水池、屋顶水箱的高、低水位及超限报警。

（2）监控给、排水泵的启、停和运行状态及故障报警。

（3）监控中水系统。

（六）保安系统监控

（1）安全监视。

（2）侵入报警。

（3）出入门控制管理。

（七）建筑物自动抄表系统

(1) 实时抄表。

(2) 定期统计。

(3) 历史记录。

(4) 财务收费。

(5) 实现分时付费计费。

（八）车库管理系统

(1) 出入口管理。

(2) 泊自车位管理。

(3) IC卡系统管理。

(4) 计时收费系统。

(5) 动态分配车库。

（九）火灾消防系统

(1) 火灾区域状态监视，故障报警。

(2) 自动喷洒等设备区域状态监视，故障报警。

(3) 排烟设备区域状态监视，故障报警。

(4) 各式消防水泵状态监视，故障报警。

(5) 进风排烟机状态监视，故障报警。

(6) 紧急广播。

(7) 空调及相关系统自动停止。

(8) 消防系统有关水管水压测量。

（十）电梯系统

(1) 电梯运转台数时间控制。

(2) 电梯运转状态监视，故障报警。

(3) 定期通知维护及保养。

最后是系统的联锁控制、优化控制、节能控制、自学习控制等。

三、监控系统（BAS）的构成

(1) 传感器。用以测量需要检测的各种物理量，并把这些物理量变为有规律的电信号传送给控制器。常用的有温度、湿度、水位、压力、流量、电流、电压、红外线、声音等传感器。

(2) 就地控制器。接收传感器的电信号，配合内部的控制程序来控制水泵、风机、阀门等设备，并完成相互之间的联锁控制。常用的有直接数字控制器（DDC）、神经元智能控制器（NODE）、可编程序控制器（PC）。

(3) 中央管理计算机。将现场所有传感器及控制器发送的所有数据信息集中管理记录，根据管理人员手动下达的指令控制建筑物中各设备的运行状态。同时接至中控室的显示设备、记录设备、报警装置等。

(4) 网络。以上三种设备的连接介质，监控系统的网络结构多为自由拓扑或总线型的网络结构，传输介质多为屏蔽双绞线，传输速率多在1.25Mbps以下。

四、监控系统（BAS）的发展前景

随着社会的进步、科技的高速发展，智能建筑将成为未来城市构成最基本的“智能信息单元”，将成为一个国家、地区和城市现代化水平的重要标志之一，将是一个国家或地区科学技术水平及经济实力的综合体现。智能建筑在我国的发展将呈现以下趋势。

（1）建筑中的智能部分将成为建筑物的最基本要求之一。随着计算机网络技术、通信技术及测控技术发展，使智能建筑技术趋于完善，同时也成为建筑物中每一个用户的基本要求。

（2）国家会在资金和政策等方面积极地进行支持和引导，使智能建筑朝着健康和规范化的方向发展。

（3）向系统集成化、管理综合化以及城市智能化的方向发展。

（4）将发展成为一个新兴的技术产业。国内许多科研机构、大专院校和厂商正致力于与智能建筑技术相关的软硬件产品的开发和研制。

（5）智能建筑的功能朝着专业化、多元化方向发展。按照用户的使用功能要求，将会出现智能化宾馆、智能化住宅、智能化医院、智能化学校等各种智能建筑，并从单个建筑物向综合性智能建筑群发展。

参考文献

1. 贺平. 供热工程（第三版）. 北京：中国建筑工业出版社，1993
2. 段常贵. 燃气输配. 北京：中国建筑工业出版社，2001
3. 孙一坚. 工业通风. 北京：中国建筑工业出版社，1994
4. 赵荣义. 空气调节（第三版）. 北京：中国建筑工业出版社，1994
5. 徐勇. 通风与空气调节工程. 北京：机械工业出版社，2005
6. 许玉望. 流体力学泵与风机. 北京：中国建筑工业出版社，1995
7. 章熙民. 传热学（第四版）. 北京：中国建筑工业出版社，2001
8. 陈耀宗. 建筑给水排水设计手册（精）. 北京：中国建筑工业出版社，1992
9. 祁政敏. 施工现场临时用电安全手册. 北京：中国计划出版社，2006
10. 孙丽君. 建筑物防雷与电气安全技术问答. 北京：机械工业出版社，2006
11. 沈培坤，刘顺喜. 防雷与接地装置. 北京：化学工业出版社，2006
12. （英）戴瑞克·克莱门-克劳姆. 智能建筑设计、管理和运行. 刘叶冰等译. 北京：中国城市出版社，2006
13. 朱学莉. 智能建筑网络通信系统. 北京：中国电力出版社，2006
14. 左斌. 智能建筑设备手册. 北京：中国建筑工业出版社，2003
15. 刘介才. 供配电技术. 北京：机械工业出版社，2000
16. 丁毓山，雷振山. 中小型变电所实用设计手册. 北京：中国水利水电出版社，2000
17. 孙丽华. 电力工程基础. 北京：机械工业出版社，2006